全国高等院校计算机基础教育研究会

“计算机系统能力培养教学研究与改革课题”立项项目

数据结构

（用C++语言描述）

吴艳　赵端阳　曹平　等◎编著

北京邮电大学出版社
www.buptpress.com

内容简介

"数据结构"是计算机专业的核心课程，是从事计算机软件开发和应用人员必修的专业基础课。随着计算机学科的迅速发展，"数据结构"课程也在不断增加新的内容，在不断发展。

本书采用能够自然体现抽象数据类型概念的C++语言作为算法描述语言，从线性结构到非线性结构，从简单到复杂，深入描述了各种数据结构内在的逻辑关系及其在计算机中的实现方式和具体的应用。全书的内容包括线性表、栈、队列、数组、串、广义表、树、图、查找以及各种排序方法。此外，对常用的迭代、递归、回溯以及贪心等算法设计技巧，搜索和排序算法做了详尽的描述，并引入了一些比较高级的数据结构和简单的算法分析。

本书可作为高等院校计算机专业、软件专业的本科生教材，同时也可作为准备参加研究生入学考试、自学考试和各类程序设计竞赛人员的参考书。

图书在版编目(CIP)数据

数据结构：用C++语言描述 / 吴艳等编著. -- 北京 ：北京邮电大学出版社，2016.5（2020.1重印）
ISBN 978-7-5635-4733-3

Ⅰ. ①数… Ⅱ. ①吴… Ⅲ. ①数据结构②C语言－程序设计 Ⅳ. ①TP311.12②TP312

中国版本图书馆CIP数据核字（2016）第071909号

书　　名：数据结构（用C++语言描述）
著作责任者：吴　艳　赵端阳　曹平等　编著
责 任 编 辑：王丹丹　刘　佳
出 版 发 行：北京邮电大学出版社
社　　址：北京市海淀区西土城路10号（邮编：100876）
发 行 部：电话：010-62282185　传真：010-62283578
E-mail：publish@bupt.edu.cn
经　　销：各地新华书店
印　　刷：北京九州迅驰传媒文化有限公司
开　　本：787 mm×1 092 mm　1/16
印　　张：19
字　　数：482千字
版　　次：2016年5月第1版　2020年1月第2次印刷

ISBN 978-7-5635-4733-3　　定　价：38.00元

· 如有印装质量问题，请与北京邮电大学出版社发行部联系 ·

前　言

随着计算机的普及，人们对软件的需求量日益增长。为了提高软件的生产力，降低软件的开发成本，以高质量来满足各种合乎需要的软件，必须遵循软件工程的基本原则，把软件的开发和维护过程标准化、工程化。就软件产品而言，最重要的就是建立合理的软件体系结构和软件结构，设计有效的数据结构。因此，从事软件开发必须要了解各种数据的表示、关联和处理方法，以及如何组织数据在计算机中的存储、传递以及转换，而这些正是数据结构课程的主要内容。

"数据结构"作为一门独立的课程在国外是从 1968 年才开始设立的。1968 年美国 D. E. 克努特教授开创了数据结构的最初体系，他所著的《计算机程序设计技巧(第一卷基本算法)》是第一本较系统地阐述数据的逻辑结构和存储结构及其操作的著作。"数据结构"在计算机科学中是一门综合性的专业基础课，是介于数学、计算机硬件和计算机软件三者之间的一门核心课程。"数据结构"这一门课的内容不仅是一般程序设计(特别是非数值性程序设计)的基础，而且是设计和实现编译程序、操作系统、数据库系统及其他系统程序的重要基础。

"数据结构"课程内容丰富、涉及面广泛，而且其内容也随着各种基于计算机的应用和应用技术的发展而拓宽和发展。面向对象软件设计方法出现以后，各种数据结构的讨论都是基于抽象数据类型和软件复用的，更加符合人们认识自然、理解自然的习惯，开发出来的软件系统质量容易得到保证，且易于理解、扩充和维护。

编制本书的目的是为了引导学生在掌握课程的基本内容基础上，了解常见的数据结构的实际应用，举一反三，循序渐进，具备分析问题能力、算法设计能力，最终具备解决复杂问题的能力，从而提高软件设计和编程能力。

为此，我们结合当前与课程内容紧密相关的实际应用，参考了众多的数据结构教材，在教学内容选择、教学步骤设计、习题的编排以及实验文档组织等诸方面都做了精心的考虑和安排，邀请长期工作在教学第一线且年富力强的各课程资深专业教师，编写了这本"数据结构"教材。书中采用了自然体现数据抽象思想的 C++程序设计语言作为算法描述语言，内容覆盖了"数据结构"课程的教学大纲，课程涉及的数据结构主要是一些重要的、应用最广泛的结构，包括线性表、栈、队列、数组、串、广义表、树、图以及集合。本书对这些结构做了全面深入的讲解，阐明了各种数据结构内在的逻辑关系，讨论了它们在计算机中的存储表示以及存储特点，并结合各种典型实例说明它们在解决实际问题时的动态行为和各种必要的操作，并通过使用 C++程序设计语言介绍用面向对象技术表达和实现各种数据结构。

本教材的编写原则是：

(1) 作为数据结构入门教材，结合具体的实例使学生能较快理解各种数据结构内在的逻辑关系，掌握具体数据结构的表示；

(2) 介绍各种数据结构在计算机内的存储表示，并对比不同存储表示的特点、主要区别以及适用的场合；

(3) 针对不同的存储表示，用 C++ 编程语言写出相应的类定义，当涉及多个类时，还必须确定类与类之间的关系；

(4) 实现各种数据结构中的基本操作。

本教材的特色主要体现在以下几个方面：

(1) 借助示意图描述数据结构内在的逻辑关系、数据结构在计算机内的存储表示、算法描述以及具体实例的运行结果，简洁明了，便于理解；

(2) 结合实际应用设计具体实例，使得抽象的内容变得具体、浅显易懂；

(3) 大多数算法使用了泛型编程，支持高效的代码重用；

(4) 设计了许多有典型性的习题（难度随着题号增大而增大）和实验，实验中包含一些教学反馈信息，有助于教师了解学生学习情况；

(5) 针对重点算法给出启发式的提示和探讨。

全书采用 C++ 语言作为数据结构与算法的描述语言，通过一系列教学、实验以及练习，把数据结构的概念、理论知识与技术融入实际应用中去，从而加深对本课程的认识和理解，进一步熟悉和掌握面向对象的程序设计方法，提高编程能力和综合分析能力，并为后续课程的学习打下扎实的基础。

感谢周苏教授在本书形成过程中提供的诸多帮助和宝贵建议！本书的编写得到了浙江工业大学之江学院、浙江大学城市学院等多所院校领导及师生的大力支持，在此一并表示感谢！感谢北京邮电大学出版社编辑刘佳女士等为本书的出版所做的大量工作！

编者

2016 年 3 月于西子湖畔

读者指南

任何实际问题只有建立了数学模型才可以被计算机计算，而数据结构就是实际问题中元素的数学抽象，算法则是建立和解决数学模型的方法。

“数据结构”这个术语在整个计算机科学与技术领域中被广泛使用，它被用来反映一个数据的内部构成，即一个数据由哪些成分数据构成，以什么方式构成，呈什么样的结构等。数据结构是数据存在的形式，也是信息的一种组织方式，其目的是为了提高算法的效率，它通常与一组算法的集合相对应，通过这组算法集合可以对数据结构中的数据进行某种操作。

“数据结构”是计算机等相关专业的一门核心课程，具有承上启下的地位和作用，“程序设计语言”(例如 C、C＋＋或 Java) 和“计算机组成”是它的先导课程，“操作系统”“数据库原理”“软件工程”等是它的后续课程。

全书采用 C＋＋语言作为数据结构与算法的描述语言，通过一系列实例、实验和练习，把数据结构的概念、理论知识与技术融入实际应用中去，从而加深对本课程的认识和理解，进一步熟悉和掌握面向对象程序设计方法，提高编程能力和综合分析能力，并为后续课程的学习作一些铺垫。

本书中的所有程序都通过了 Microsoft Visual C＋＋ 6.0 软件开发环境下的调试运行，以尽可能地保证所给出算法和程序的正确性和有效性。

读者对象

高等院校计算机和信息管理等相关专业“数据结构”课程的学生可把此书作为主教材使用。对于已经具备初步的计算机应用和程序设计知识，并希望通过进一步学习得到提高、希望通过计算机等级考试的读者来说，本书也是一本自学和继续教育的良好读物。

本书的实验内容有助于“数据结构”课程的教与学，有助于读者对掌握和理解本课程内容建立起足够的信心和兴趣。

教学内容

本书的教学内容、实验以及练习几乎覆盖了“数据结构”课程教学的各个方面，内容涉及数据结构和算法分析基础、线性表、栈和队列、串、树和二叉树、图以及查找与内部排序等，全书共 9 章，9 个实验练习和 1 个实验总结。实验练习的难易程度不同，以帮助读者加深对教材中概念的理解，并逐步引导学生对本课程的深入学习。

第 1 章：绪论。包括数据结构的概念、抽象数据类型的表示和实现以及算法和算法分析等三部分内容。理解抽象数据类型的特点、定义方法和在 C＋＋语言环境下实现的方法；掌握算法的主要特征和描述方法；尝试通过具体的算法结构，计算算法的时间复杂度和空间复杂度，并对算法进行定性或定量评价。

第 2 章：线性表。包括线性表的逻辑结构、线性表的顺序表示和实现、线性表的链式表示和实现以及链表和顺序表的选取等四部分内容。理解并掌握顺序表和链表的存储结构定义；实现基本操作算法的描述和分析；进一步理解实现数据结构的 C＋＋类的定义、模板类与泛型编程，从而更深入理解面向对象程序设计的方法；与此同时，能较合理地在实际应用中选取存储结构。

第 3 章：栈和队列。包括栈、队列以及栈和队列应用等三部分内容。理解并掌握顺序栈和链式栈、顺序队列和链式队列的类定义；掌握栈和队列基本操作的过程及实现的方法；理解栈和队列作为辅助结构求解问题的思路、使用条件以及设计方法；进一步加深对栈和队列特点的理解，并区别这两种结构在解决实际问题时的区别，从而能在实际应用中合理地选择适当的数据结构。

第 4 章：广义表和数组。包括广义表和数组两部分内容。理解数据元素在广义表和数组中的逻辑关系；掌握广义表和数组的基本操作；理解广义表和数组的不同存储方式以及在具体存储方式下基本操作的实现；进一步体会存储结构对算法效率的影响。

第 5 章：串。理解并掌握串的三种常见的存储结构，以及在具体的存储结构下串的基本操作和实现。加深理解串这种常见的数据结构的特点和存储结构定义方法；掌握串的基本操作算法的描述，并能对算法进行评价和选取；理解串操作的实现方法，理解一个合理的存储结构定义对具体操作实现的重要性，并注重提高算法的健壮性，从而能更好地理解一个好算法所需要的各种综合因素。

第 6 章：树和二叉树。包括树的定义及表示、二叉树、二叉树遍历及其应用、线索二叉树、树和森林和 Huffman 树以及其应用等六部分内容。掌握二叉树的不同存储结构，并理解在具体的应用中采用合理的存储结构的思路；加深理解递归算法的设计思路，体会栈在递归算法中的作用；理解广度搜索算法的设计思路，体会队列在实际应用中的作用；理解 Huffman 树的特点、存储结构的选取以及建立 Huffman 树建立的算法思路，并在此弄清哈夫曼编码设计过程和实现代码的程序结构，从而加深对 C＋＋语言中字符串和指针的理解和灵活运用。

第 7 章：图。包括图的基本概念、图的存储结构、图的遍历、最小生成树、最短路径表示和 DAG 及其应用等六部分内容。掌握图的各种存储结构，从而更进一步理解如何根据实际问题设计合理的模板类；掌握图的两种遍历方法，即图的深度优先搜索和广度优先搜索，并根据这两种操作的实现过程确定算法中所需要采用的辅助数据结构；能根据实际问题选择图的类型和合理的存储结构，理解解决最小生成树、拓扑排序、关键路径和最短路径等经典算法的设计思想，并能根据算法写出相应的程序代码。根据贪心算法的核心思想理解贪心算法的特点，并学会设计简单的贪心算法。

第 8 章：查找。包括查找的基本概念、静态查找、树表的查找以及散列表查找等四部分内容。掌握查找表的特点，并能根据具体的查找方法定义合理的查找表的存储结构；掌握各种查找表的实现思路，能根据查找思路写出算法的描述，并对算法进行评价；掌握哈希查找的特点和影响哈希查找的因素，从而构造合理的哈希函数、采用适当的解决冲突的方法，加深理解 C＋＋语言中指向函数的指针的具体应用。

第9章:内部排序。包括排序的概念及算法性能分析、插入排序、交换排序、选择排序、归并排序以及基数排序等六部分内容。熟悉各种排序方法的算法思路,并能根据具体的实现方法定义合理的待排序数据的存储结构;掌握各种排序方法的实现思路,能根据排序思路写出算法的描述,并对相应算法进行时间复杂度和空间复杂度计算;体会各种排序算法在最好情况下和最坏情况下的算法评价,并能根据待排序数据的实际分布,确定相应的排序方法。

本书在每章之后都安排一次习题和实验,各个习题及实验难度有所不同,随着编号的增加难易程度也不断增加,从这个意义上讲,应该在完成前面部分的相关知识和习题之后再进行后面实验。如果在做实验时遇到了困难,你可能需要搜索更早的实验练习来帮助解决问题。

尽管在各章内容中涉及许多C++相关知识,但本书不会对这些C++内容深入说明,因此,在学习本课程的同时,学习相关的“C++语言程序设计”课程,则可以从实验和练习中获取更多的知识,来提高自己的综合分析能力和编程能力。

实验要求

根据不同的教学安排和要求,课程中的实验学时数也有所不同。

致教师

数据结构与算法的应用面广,涉及技术领域宽泛,也被人们赋予了很高的期望值。另一方面,要学好“数据结构”课程,仅仅通过课堂教学或自学获取理论知识是远远不够的。因此,要让学生真正理解数据结构与算法的基础理论知识,具备将数据结构与算法知识应用于社会实践的能力,积极加强数据结构课程的实验环节是至关重要的。

本书结合软件图形描述工具和相应的高级语言开发工具,通过提供一组与单元知识密切相关的实验练习作为对理论知识的补充,有助于学生对理论知识的理解,有助于提供学生的应用和开发能力。

为方便教师对课程实验的组织,我们在实验内容的选择、实验步骤的设计和实验文档的组织等诸方面都做了精心的考虑和安排。任课教师不需要投入很多精力来设计实验练习。相反,教师和学生都可以通过本书提供的实验练习来理解概念和实现应用。任课教师需要在开头的几个实验中引导学生熟悉实践环境、理解抽象的数据类型的定义方法和体会自顶向下的结构化程序设计风格,使学生能按照实验步骤循序渐进地进行数据结构设计、算法设计和程序的调试。

本书的全部实验都经过了教学实践的检验,取得了较好的教学效果,大部分学生在这种实验模式下进行实践后,分析能力和编程能力得到了显著提高。但是,在实验过程中学生仍普遍存在以下几个问题:

(1) 实验前的准备工作不充分。学生常常会忽视对每个实验的相关知识的理解和回顾,而一味只求完成实验步骤。

(2) 实验中不注重理解所做的实验内容。只是按部就班地照着实验步骤进行程序代码的输入和调试,遇到错误提示,不会积极主动地进行排错。

(3) 实验步骤完成后不能及时进行总结。为了赶时间,往往草草了事,没有投入时间对刚完成的实验内容进行消化,需要反复多次才能熟悉原本较为容易掌握的知识内容。

因此，为了保证实验的质量，建议教师重视对教学实验环节的组织，例如：

（1）要求学生对实验内容进行预习，并把预习重点放在实验中涉及相关课程知识。实验指导老师在实验开始初期对学生的预习情况进行检查，计入实验成绩。

（2）明确要求学生重视对实验内容的体会和理解，认真完成“实验总结”，并把这部分内容作为实验成绩的主要评价成分，以促使学生对所学知识的理解，并做到举一反三。

（3）对于有条件的学校（例如，学生自配有电脑，或实验室有足够的课余上机时间安排的），不理解的实验部分可以建议学生反复实践，以加深对核心和重要内容的理解。

如果需要，教师可以根据学生的学习情况，在现有实验的基础上，结合当前热门的实际应用给出一些要求、指导和布置，以进一步发挥学生的潜能和激发学生学习的主动性和创造性。

致学生

对于计算机及其相关专业的学生来说，数据结构肯定是需要掌握的重要专业基础知识之一。但是，单凭课堂教学和一般作业，要真正领会数据结构课程所介绍的概念、原理、方法和技巧等，是很困难的，应该通过大量的上机实验，才能真正理解相关知识，并做到灵活运用。

另一方面，经验表明，学习尤其是真正体会和掌握数据结构与算法的最好方式是对它进行充分的实践，无疑，通过了解、熟悉和掌握数据结构与算法程序设计，是应用数据结构与算法知识的重要途径。学生必须通过了解、熟悉一些经典算法，来逐步掌握一些编程技巧，提高自己的分析和判断能力。

实验设备

个人计算机在学生，尤其是专业学生中的普及，使得我们有机会把实验任务分别利用课内和课外时间来完成，以获得更多的锻炼。这样，对实验室和个人计算机的配置就有不同的要求。

实验室设备与环境

用来进行本书数据结构实验的实验室环境，大都需要其计算机设备安装有 Borland C＋＋ 5.0 或 Microsoft Visual C＋＋ 6.0 或 Visual studio 2015 开发环境。

由于部分实验有可能无法一次完成，有些实验在内容上有一定的互通性和连贯性，所以，实验室设备应能帮助并注意提醒学生妥善保存其实验内容。

个人实验设备与环境

用于本书数据结构实验的个人计算机环境，一般建议在其 Windows 2000 Professional、Windows XP Professional 操作系统中安装有 Visual Studio 2015 或 Microsoft Visual C＋＋ 6.0 开发环境。个人计算机环境需要为实验准备足够的硬盘存储空间，以方便实验软件的安装和实验数据的保存。

在利用个人计算机完成实验时，要重视理解在操作中系统所显示的提示甚至警告信息，注意保护自己的数据和计算环境的安全，做好必要的数据备份工作，以免产生不必要的损失。

由于有些实验在内容上有一定的互通性和连贯性，所以，要注意妥善保存自己的实验内容。

目　　录

第1章　绪　　论

学而不思则罔,思而不学则殆。

学习目标

- 掌握数据结构的基本概念,理解数据的逻辑结构与存储结构之间的区别与联系。
- 明确抽象数据类型的定义、表示以及实现方式。
- 理解抽象数据类型与C++类的对应关系,从而理解如何用C++语言描述数据结构。
- 明确算法的作用,理解并掌握算法时间复杂度和空间复杂度的估算方法。

言简意赅地说,计算机科学是一门研究数据表示和数据处理的科学。数据是计算机可以直接处理的最基本和最重要的对象。对于将要从事计算机系统开发的专业人员来说,数据结构是一个门槛,是必须切实掌握的知识;同时,它还是继续开展计算机业务的技术基础。

1.1　数据结构的概念

除了进行科学计算之外,计算机已被广泛地应用在控制、管理和数据处理等非数值计算的领域中。与此相应,处理对象也由早先纯粹的数值发展到字符、表格和图形图像等各种具有一定结构的数据,这给计算机程序设计带来了新的问题。为了编写一个"好"的程序必须明确处理对象的特征及各对象之间的关系。这就是"数据结构"这门学科形成和发展的背景。

"数据结构"作为一门独立的课程,在1968年由美国计算机科学家D. E. 克努特教授首先开创的,他所著的《计算机程序设计技巧(第一卷基本算法)》是第一本较系统阐述数据的逻辑结构和存储结构及其操作的著作。

数据结构作为计算机科学的一门分支科学,主要研究非数值计算的程序设计问题中计算机的操作对象、对象之间的关系和操作等。

例如,假设要设计一个电话号码簿系统。

(1) 确定电话号码信息(**对象**)之间的关系,即电话号码簿实际上是多个电话号码信息组成的一个序列(**对象之间的关系或逻辑数据结构**)。在具体的问题求解分析过程中得到一个个对象的过程就是**抽象**。

(2) 根据电话号码簿在日常生活中的实际应用,确定对它进行的一系列操作(电话号码信息**对象的操作**)及实现步骤(**算法**),如添加、修改或者删除一个或多个电话号码信息、查找特定的电话号码信息以及打印号码等,以及这些操作的具体实现步骤。

(3) 将(1)确定的逻辑关系或逻辑数据结构采用一定的方法存储在计算机中(逻辑数据结构在计算机中表示,即存储结构),并用具体的程序设计语言实现(2)中确定的操作。操作的实现步骤序列,简称为算法,**算法是独立于具体的编程语言的,可以用不同的程序设计语言实现同一个算法。**

（4）需要评价设计中使用的逻辑数据结构、存储结构以及算法。在实际操作中往往需要按照不同的策略选择不同的解决方案。例如，可按照姓氏笔画或建立时间顺序存储信息；也可按电话号码顺序查找指定电话信息；还可建立号码-页码索引进行号码搜索。可以从不同的角度评价解决方案的合理性和有效性。

数据结构课程重在讨论软件开发过程中的方案分析和设计阶段、编码分析和设计阶段上的若干基本问题。此外，构造好的数据结构及其实现，还要考虑数据结构的选择与评价。因此，**数据结构内容包括三个层次的两个方面的内容**，如表 1-1 所示。

表 1-1　数据结构内容体系

方面 层次	数据表示	数据处理
抽象	逻辑数据结构	基本操作
实现	存储结构	算法
评价	不同数据结构的比较及算法分析	

可以得出数据结构的三要素为**数据的逻辑结构、数据的存储结构以及数据的操作**。

（1）通过抽象层，舍弃数据元素的具体内容，就得到**逻辑结构**的表示；

（2）通过分解和抽象将处理要求划分成各种功能、舍弃实现细节，得到**操作**的定义；

（3）将问题转化为数据结构的过程即是一个从具体（具体问题）到抽象（数据结构）的过程；然后，通过增加对细节实现的考虑得到**存储结构**和具体操作（用算法描述），即实现从一个抽象（数据结构）到具体（操作）的过程。

“数据结构”是计算机科学专业基础课，它与其他课程之间的衔接关系如图 1-1 所示。

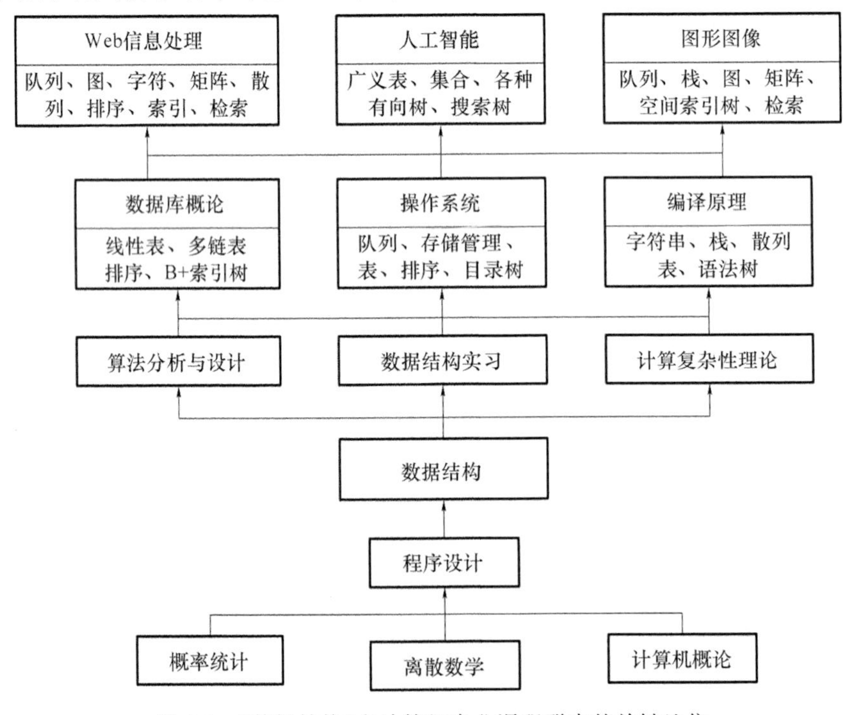

图 1-1　“数据结构”在计算机专业课程群中的关键地位

任何实际问题只有建立了数学模型才可以被计算机操作，而数据结构就是实际问题中操作对象(数据元素)的数学抽象，算法则是建立和解决数学模型的方法。

1.1.1 为什么要学习数据结构

使用计算机解决具体问题一般需要经过以下几个步骤：

(1) 从具体问题抽象出适当的数学模型；

(2) 设计或选择解决此数学模型的算法；

(3) 编写程序并进行调试、测试，直至得到最终的解。

随着计算机应用领域的扩大和软硬件的发展，非数值计算问题显得越来越重要。这类问题使得描述问题的数据元素之间的相互关系一般无法用数学方程式来表示。因此，解决问题的关键不再是数学分析和计算方法，而是设计出合理的数据结构。

程序设计的实质是对实际问题进行设计、选择合适的数据结构和高效率的算法。而高效的算法在很大程度上取决于描述实际问题的数据结构。

【例 1-1】 图书检索问题。如果要在图书馆搜索图书的相关信息，可以输入书名或出版社找到相关的一个或几个图书分类号(同名的不同图书)。可以根据图书分类号得到需要的图书的相关信息，如作者、出版社、内容提要以及目录等，如图 1-2 所示的存储结构能实现图书检索。在类似的信息管理系统的数学模型中，计算机处理的对象之间的关系存在着一种简单的线性关系。这类数学模型可以称为**线性结构**。

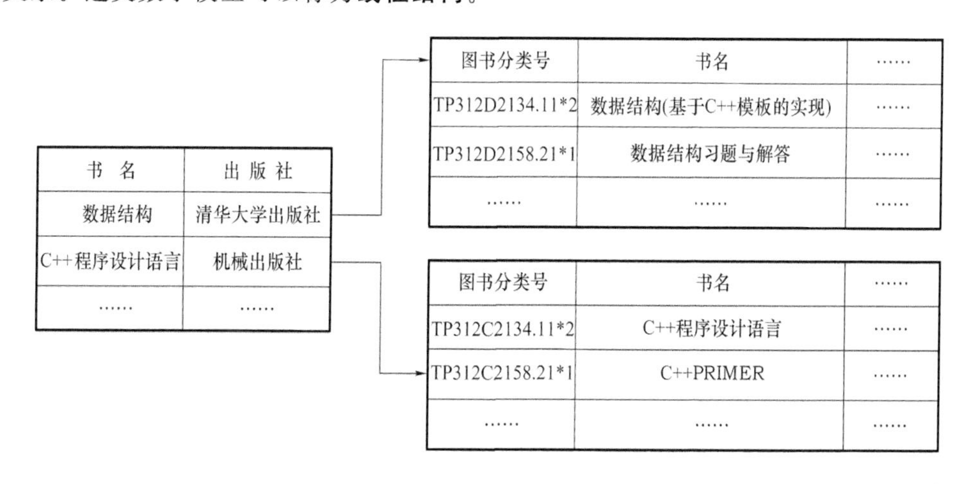

图 1-2 图书的检索结构

【例 1-2】 搜索指定文件夹问题。从根目录开始依次查找它的各个子目录，如果查到某个子目录最底层目录还未查找到指定文件夹，则返回上层目录，寻找它的另一个子目录；依此类推，直到找到指定的文件夹或搜索失败为止。在搜索文件夹的过程形成了一棵隐含的状态树(如图 1-3 所示)，**树**也是一种常见的数据结构。

【例 1-3】 铺设公园景点石板通道问题。公园的 N 个景点之间有多条石板通道，要求有 $N-1$ 条通道将所有的 N 个景点连接，并且所有通道的造价之和要最小。首先，将问题转化为一个图形模型：图中顶点代表景点，边代表可行的石板通道；然后，将问题求解转化为求解最小生成树（在离散数学中有求解过程，本书在第 7 章也有解答）；最后，使用最小生成树算法即可得出问题的解（如图 1-4 所示）。图也是一种常见的数据结构。

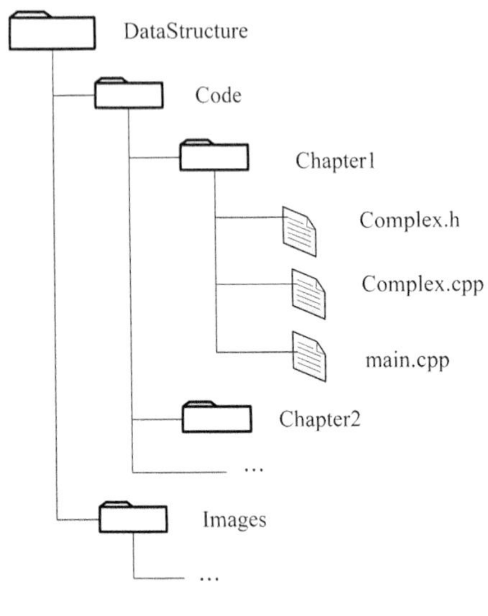

图 1-3　文件目录的树型结构

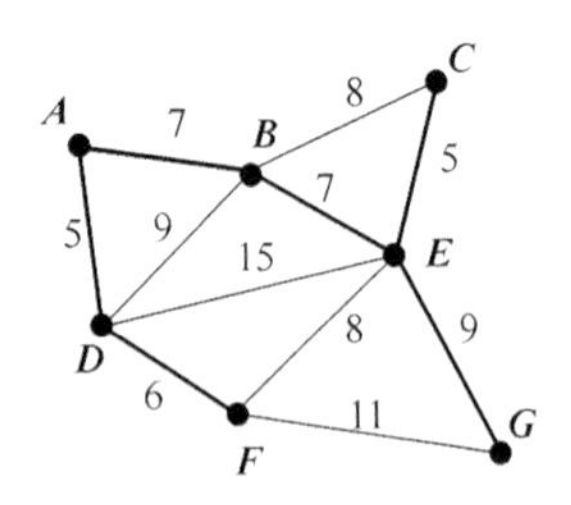

图 1-4　铺设石板通道问题的数学模型（粗线为问题题解）

由上述 3 个例子可见，描述非数值计算问题的数学模型不再是数学方程，而是诸如线性表、树和图之类的数据结构。相应地，解决问题的关键是设计合适的数据结构来表示问题，然后才能写出有效的算法。

1.1.2　数据结构主要研究的内容

人们在日常生活中会遇到各种信息，它们作为数据能够被计算机识别、存储和处理，是计算机程序加工的“原料”。

(1) 数据。数据是信息的载体，是描述客观事物的数、字符，以及所有能输入到计算机中并被计算机程序识别和处理的符号的集合。随着计算机应用领域的扩大，数据的范畴包括：整数、实数、字符串、图像和声音等。

(2) 数据元素。数据元素是数据的基本单位，也称为元素、结点或记录。一个数据元素可以由若干个数据项（也可称为字段、域、属性）组成。**数据项**是具有独立含义的**最小标识单位**。

(3) 数据对象。数据对象是具有相同性质的数据元素的集合。在某个具体问题中，数据元素都具有相同的性质（元素值不一定相等），是数据元素类的一个实例。

(4) 数据结构。数据结构指相互之间存在着一种或多种关系的数据元素的集合，用来反映计算机加工处理的对象，即数据的内部构成（数据由哪几部分构成，以什么方式构成，呈什么样的结构等）。数据元素之间的关系称为**结构**。根据数据元素之间关系不同特性，通常有下列 4 类基本结构（图 1-5 是 4 类基本结构的关系图）。

① **集合结构**。集合中的数据元素为一种松散结构。

② **线性结构**。数据元素之间存在一对一关系。

③ **树形结构**。数据元素之间存在一对多关系。

④ **图形结构**。数据元素之间存在多对多关系。

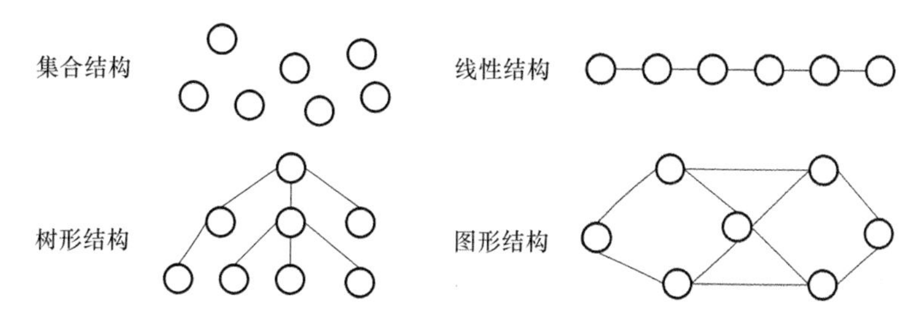

图 1-5　4 类基本结构关系图

可见，一个数据结构具有**两个要素：数据元素集合和关系集合**。因此，在形式上数据结构可用一个二元组表示：

$$数据结构=(D,R)$$

其中，D 是数据元素的有限集，R 是 D 上关系的有限集。下面用一个简单例子说明之。

【例 1-4】　复数的逻辑结构定义。在计算机科学中，复数这种数据结构可以定义为：

$$\text{Complex}=(C,R)$$

其中，C 是两个实数的集合 $\{c1,c2\}$；$R=\{P\}$，而 P 是定义在集合 C 上的一种关系 $\{<c1,c2>\}$，其中有序偶 $<c1,c2>$ 表示 $c1$ 是复数的实部，$c2$ 是复数的虚部。

上述的数据结构定义仅仅是对操作对象的一种数据描述，即是从操作对象抽象出来的数学模型。结构定义中的"关系"描述的是数据元素之间的逻辑关系，因此，又称为数据的逻辑关系。然而，描述数据结构的真正目的是为了在计算机中实现对它的操作，因此，还必须研究它在计算机中的具体表示。

数据结构在计算机中的表示(映像)称为数据的**物理结构**，或者**存储结构**。**逻辑结构**反映数据元素之间的逻辑关系，而**存储结构**反映了数据元素在计算机内部的存储安排。

这里的逻辑结构(之前所说的数据结构)和存储结构(物理结构)是指一个事物的两个方面，而不是指两个不同的对象。

存储结构是指数据在计算机中存放方式，是数据逻辑结构的物理存储方式，是属于具体实现的视图，是面向计算机的。下面是常见的 4 种存储结构(如图 1-6 所示)。

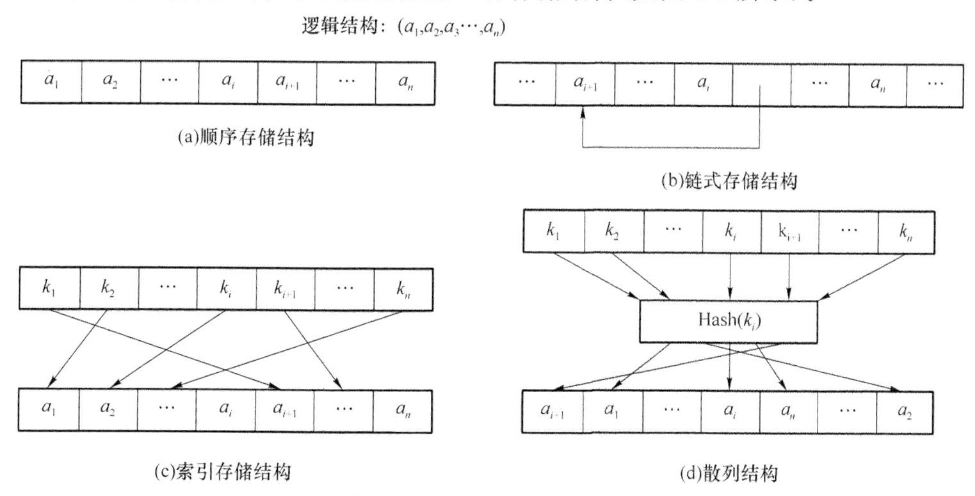

图 1-6　4 种存储结构示意图

(1) 顺序存储。 把逻辑上相邻的元素存放到物理位置上相邻的存储单元中，数据元素之间逻辑关系由存储单元的邻接位置关系来表示〔如图 1-6(a)所示，逻辑上相邻的两个数据元素 a_i 和 a_{i+1} 在存储单元上的位置也相邻〕。顺序表、循环队列等是常见的存储结构。

(2) 链式存储。 逻辑上相邻的数据元素在物理位置上不一定相邻，通过附加指针将物理位置上不相邻的元素链接表示逻辑上相邻的关系〔如图 1-6(b)所示，逻辑上相邻的两个数据元素 a_i 和 a_{i+1} 在存储单元上的位置并不相邻，而是通过 a_i 的指针域链接它的后继数据元素 a_{i+1}〕。链表、二叉链表等是常见的链式存储结构。

(3) 索引存储。 索引存储是顺序存储方法的一种推广，用于大小不等的数据结点的顺序存储。通过一个整数域到数据元素存储地址的映射函数，形成一个存储一串索引项(包括整数域和存储地址的指针)的索引表。因此，在存储数据元素的同时必须建立附加的索引表〔如图 1-6(c)所示，索引存储包括数据元素和索引表的存储〕。

(4) 散列存储。 散列存储是索引存储的延伸和拓广。将数据元素的关键码(唯一标识一个数据元素的特殊值，不一定是整数值)按照指定的散列函数映射成具体的存储地址。散列表是最常见的散列存储结构，如图 1-6(d)所示。

不同的编程环境中，存储结构有不同的描述。

研究数据结构主要是研究数据的各种逻辑结构、存储结构以及对数据的各种操作。 数据的逻辑结构是从具体问题抽象出来的数学模型，与数据在计算机内的表示无关；数据的存储结构表示数据在计算机内的存放形式，即逻辑结构中数据元素及之间关系的机内表示；操作是数据结构对外表示的行为或方法。**(本章重点)**

(1) 数据的逻辑结构。 逻辑的数据结构可分为**线性结构和非线性结构**。线性结构的逻辑特点是：若结构非空，仅只有一个“首数据元素”和一个“尾数据元素”，并且中间的各个数据元素只有一个直接前驱和一个直接后继，例如，表、栈、队列以及串等都是常见的线性结构；非线性结构特点是：一个数据元素可以有一个或多个直接前驱和直接后继，例如，数组、广义表、树和图等都是常见的非线性结构。

(2) 数据的存储结构。 存储的内容包括存储数据元素值、数据元素之间关系以及为方便操作设置的附加信息。

(3) 数据的操作。 定义在数据的逻辑结构上，每种逻辑结构都有一个操作的集合。最常见的操作包括查找、插入、修改、删除以及排序等。

通常，算法的设计取决于数据的逻辑结构，算法的实现取决于数据的存储结构。

1.2 抽象数据类型的表示和实现

1.2.1 数据类型

数据类型是与数据结构密切相关的一个概念。**数据类型是一个值的集合和定义在此集合上的一组操作的总称。** 不同类型的变量，不仅其所能取的值的范围不同，而且其能进行的操作不同。例如，在 C++语言中的“整数类型”中，就定义了整数的取值范围(例如，一个用 32 位表示的整数的取值范围是从 -2^{31} 到 $2^{31}-1$)以及在这个范围之内整数可施加的加、减、乘、除以及取模等操作。

通常，数据类型可以看作是程序设计语言中已经实现的数据结构，而把数据结构看作是用户自定义的数据类型。

按“值”是否可分，可将数据类型划分为：

(1) 原子类型。其值不可再分解，通常由语言直接提供。例如，C++语言中的整型、字符型以及浮点型等标准类型及指针等简单的导出类型。

(2) 结构类型。其值可再分解，是用户借助语言提供的描述机制自行定义的，由标准类型派生。例如，C++语言中的数组、结构体等类型。结构类型又可分为两种类型：

① 固定聚合类型。该类型的变量值由确定数目的成分按某种结构组成。例如，复数是由实部和虚部两个实数依照确定的次序关系构成的。

② 可变聚合类型。和固定聚合类型相比，可变聚合类型构成的“值”的成分的数目不确定。例如，对于一个“整数序列”的抽象数据类型，其序列的长度是可变的。

1.2.2 抽象数据类型

抽象数据类型(ADT, Abstract Data Type)是指一个数学模型以及定义在此数学模型上的一组操作。它通常是对数据的某种抽象，定义了数据的取值范围及其结构形式，以及对数据操作的集合。

抽象数据类型是描述数据结构的一种理论工具，其目的是使人们能够独立于程序的实现细节来理解数据结构的特性。**抽象数据类型的定义取决于它的一组逻辑特性，而与计算机内部如何表示无关。**

例如，各种高级程序设计语言中都有“整数”类型，尽管它们在不同处理器上实现的方法不同，但对程序员而言是“相同的”，即数学特性相同。从“数学抽象”的角度看，可称它为一个“抽象数据类型”。

抽象数据类型的特征是将使用与实现分离，从而实行封装和隐藏信息。抽象数据类型通过一种特定的数据结构在程序的某个部分得以实现，只关心在这个数据类型上的操作，而不关心数据结构具体实现。抽象数据类型的特征主要体现在以下几个方面：

(1) 数据抽象。用ADT描述程序处理的实体时，强调的是其本质的特征、其所能完成的功能以及它和外部用户的接口(即外界使用它的方法)。

(2) 数据封装。将实体的外部特性和其内部实现细节分离，并且对外部用户隐藏其内部实现细节，它包含两层含义：

① 将数据和其行为结合在一起，形成一个不可分割的独立单位；

② 信息隐藏，即尽可能隐藏数据内部细节，只留有限的对外接口形成一个边界，与外部发生联系。封装的原则使得软件错误能够局部化，大大降低排错的难度，便于软件的维护。

(3) 继承性。数据封装使得一个类型可以拥有一般类型的数据和行为，即对一般类型的继承。若特殊类型从多个一般类型中继承相关的数据和行为，则为多继承。

(4) 多态性。多态性是指在一般类型中定义的数据或行为被特殊类型继承后，具有不同的数据类型或呈现出不同的行为。例如，“苹果”是“水果”的子类，它可以有“水果”的一般“吃”法，但其本身还可以有别的多种“吃法”。

“抽象”的意义在于数据类型的数学特性，其数学特性和具体的计算机或语言无关。

1.2.3 抽象数据类型表示

抽象数据类型是一个数学模型以及定义在其上的一组操作组成，因此，抽象数据类型一般通过**数据对象、数据关系以及基本操作来定义，即抽象数据类型三要素是(D,R,P)。**

```
ADT 抽象数据类型名{
    数据对象:〈数据对象的定义〉
    数据关系:〈数据关系的定义〉
    基本操作:〈基本操作的定义〉
} ADT 抽象数据类型名
```

其中基本操作的定义格式为：

```
    基本操作名(参数表)
    初始条件:〈初始条件描述〉
    操作结果:〈操作结果描述〉
```

【例 1-5】 复数的抽象数据类型表示。

```
ADT Complex{
  Data:   C = {c1,c2 | c1,c2∈RealSet }
  Relation:R = {<c1,c2>|c1,c2∈C,c1 是实部,c2 是虚部 }
  Operation:
    InitComplex(&z,c1,c2);   操作结果:构造复数 z,实部值为 c1,虚部值为 c2
    DestroyComplex(&z);      操作结果:复数 z 被销毁
    GetReal(z,&e);           初始条件:复数 z 已存在;操作结果:e 带回 z 的实部值
    GetImag(z,&e);           初始条件:复数 z 已存在;操作结果:e 带回 z 的虚部值
    SetReal(&z,e);           初始条件:复数 z 已存在;操作结果:e 替换 z 的实部值
    SetImag(&z,e);           初始条件:复数 z 已存在;操作结果:e 替换 z 的虚部值
    Plus( z1,z2,&z3);        初始条件:复数 z1,z2 已存在;操作结果:z3 带回 z1 和 z2 之和
    Minus(z1,z2,&z3);        初始条件:复数 z1,z2 已存在;操作结果:z3 带回 z1 和 z2 之差
    Multiply( z1,z2,&z3);    初始条件:复数 z1,z2 已存在;操作结果:z3 带回 z1 和 z2 之积
    Divide(z1,z2,&z3);       初始条件:复数 z1,z2 已存在;操作结果:z3 带回 z1 和 z2 之商
} //带 & 的参数(地址传递)表示输出,不带 & 的参数(单值传递)表示输入
```

1.2.4 抽象数据类型实现

在面向对象设计(OOP)中，借助对象描述抽象数据类型，存储结构的说明和操作函数的说明被封装在一个整体结构类(class)中，使 OOP 与 ADT 的实现更加接近和一致。

因此，本书以 C++程序设计语言作为算法描述语言，用类(包括模板类)的说明来表示 ADT，用类的实现来实现 ADT。因此，C++中实现的类相当于数据的存储结构及其在存储结构上实现的对数据的操作。抽象数据类型与 C++中的类的对应关系如下：**(本章重点)**

抽象数据类型 ←→ 类

数据对象 ←→ 数据成员(属性)

基本操作 ←→ 成员函数(方法)

下面用 C++语言描述复数的抽象类型的设计和实现。

请关注具体成员函数与 ADT 中操作定义的区别。

```
class Complex{
private:
```

```
    float real,imag;             //real,imag分别是实数的实部和虚部
public:
    //构造函数实现复数的不同初始化方式
    Complex(float v1 = 0.0,float v2 = 0.0):real(v1),imag(v2){}
    float GetReal()const;       //两个Get分别取复数实部和虚部值
    float GetImag()const;
    void SetReal(float v1);     //两个Set分别修改复数实部和虚部值
    void SetImag(float v2);
    Complex operator + (const Complex z);//重载运算符+,实现两个复数相加
    Complex operator - (const Complex z);//重载运算符-,实现两个复数相减
    Complex operator * (const Complex z);//重载运算符*,实现两个复数相乘
    Complex operator /(const Complex z);//重载运算符/,实现两个复数相除
    friend istream& operator>>(istream&in,Complex&z);//重载输入/出流实现复数输入/出
    friend ostream& operator<<(ostream&out,const Complex z);
};//复数类定义
```

复数类的部分实现代码如下所示:

```
float Complex::GetReal()const{//条件:复数已存在;结果:返回复数的实部
    return real;
}
void Complex::SetReal(float v1){ //条件:复数已存在;结果:用v1替换原有复数的实部
    real = v1;
}
Complex Complex::operator + (const Complex z){//运算符重载,计算两个复数相加
    Complex result;
    result.real = real + z.real;        result.imag = imag + z.imag;
    return result;
}
Complex Complex::operator - (const Complex z){//运算符重载,计算两个复数相减
    Complex result;
    result.real = real - z.real;        result.imag = imag - z.imag;
    return result;
}
Complex Complex::operator * (const Complex z){//运算符重载,计算两个复数相乘
    Complex result;
    result.real = real * z.real - imag * z.imag;
    result.imag = real * z.imag + imag * z.real;
    return result;
}
Complex Complex::operator/(const Complex z){//运算符重载,计算两个复数相除
    Complex result;
    assert(z.real != 0.0&& z.imag != 0.0);//除数不能为0
    result.real = (real * z.real + imag * z.imag)/(z.real * z.real + z.imag * z.imag);
    result.imag = (imag * z.real - real * z.imag)/(z.real * z.real + z.imag * z.imag);
    return result;
```

```
}
istream& operator>>(istream &in,Complex& z){//重载输入流,将复数最为一个对象输入
    cout<<"please input a Complex:"<<endl;
    cout<<"the real is:";
    in>>z.real;
    cout<<"the imag is:";
    in>>z.imag;
    return in;
}
ostream& operator<<(ostream &out,const Complex z){//重载输出流,将复数最为一个对象输出
    if(z.real==0)
    {out<<"";}
    else
    {out<<z.real;}
    if(z.imag<0){
        if(z.imag != -1)
        {out<<z.imag<<"i"<<endl;}
        else
        {out<<"-i"<<endl;}
    }
    if(z.imag==0)
    {out<<endl;}
    else{
        if(z.imag>0){
            if(z.imag != 1)
            {out<<"+"<<z.imag<<"i"<<endl;}
            else
            {out<<"+"<<"i"<<endl;}
        }
    }
    return out;
}
```

在实际的实现和运行中，通常用“*.h”文件存放类的定义(包括类成员的定义和类成员函数的声明)、“*.cpp”文件存放类成员函数的定义、另一个“*.cpp”文件存放实现界面代码。这样的文件结构既能体现设计和实现的分离，又便于测试和维护。

1.3 算法和算法分析

1.3.1 算法定义

算法(algorithm)是用有限步数求解某问题的一套明确定义的规则的集合，是为执行特定任务的任何运算序列。 例如，求 $\sin(x)$ 到给定经度的一系列算术运算的顺序的完整规格说明。通俗地说，就是计算机解题的过程。在这个过程中，无论是形成解题思路还是编写程序，

都是在实施某种算法。前者是推理实现的算法,后者是操作实现的算法。

一个算法应该具有以下 5 个重要的特征。

(1) 有穷性:对于任意一组合法的输入,一个算法必须保证执行有限步骤之后结束,且每一步都可以在有穷时间内完成。

(2) 确切性:算法中的每一条指令必须有确切的含义,也就是说,读者在理解每一执行步骤时都不会产生歧义;并且,对于在任意一种条件下,算法只有唯一的一条执行路径,即对于相同的输入只能得到相同的输出。

(3) 可行性:算法中的每一步骤必须充分可及,即算法原则上能够精确地运行;而且算法中描述的操作都是可以通过有限次运算来完成的。

(4) 输入:一个算法有 0 个或多个输入,以刻画运算对象的初始情况。所谓 0 个输入是指算法本身设置了初始的输入条件。

(5) 输出:一个算法有一个或多个输出,以反映对输入数据加工后的结果,是一组与"输入"有确定关系的量值。没有输出的算法是毫无意义的。

算法的含义与程序十分相似,但有所不同,两者之间的主要区别在于:

(1) 在语言描述上,程序必须是用规定的程序设计语言来写的;而算法与具体的程序设计语言无关,即对于同一个算法,可以用不同的程序设计语言来实现。

(2) 在执行时间上,算法所描述的步骤一定是有限的,而程序可以无限地执行下去。

1.3.2　算法描述

算法可以用各种不同的方法来描述,最简单的方法是使用自然语言。但是,自然语言虽然简单易懂,但不够严谨,容易产生歧义。

伪码语言介于高级程序设计语言和自然语言之间,它可以忽略高级程序设计语言中严格的语法规则与描述细节,它比高级程序设计语言更容易描述和理解,且又比自然语言更接近高级程序设计语言。它虽然不能直接在计算机上执行,但很容易转换成高级程序设计语言。

算法可以用图形工具来描述,如程序流程图和 N-S 图等。其特点是简洁明了,但必须要将其转化为可执行的程序代码后才能在计算机上执行。出于要有一种不允许违背结构程序设计精神的图形工具的考虑,Nassi 和 Shneiderman 提出了盒图,又称为 N-S 图。

图 1-7 给出了结构化控制结构的盒图表示,也给出了调用子程序的盒图表示方法。

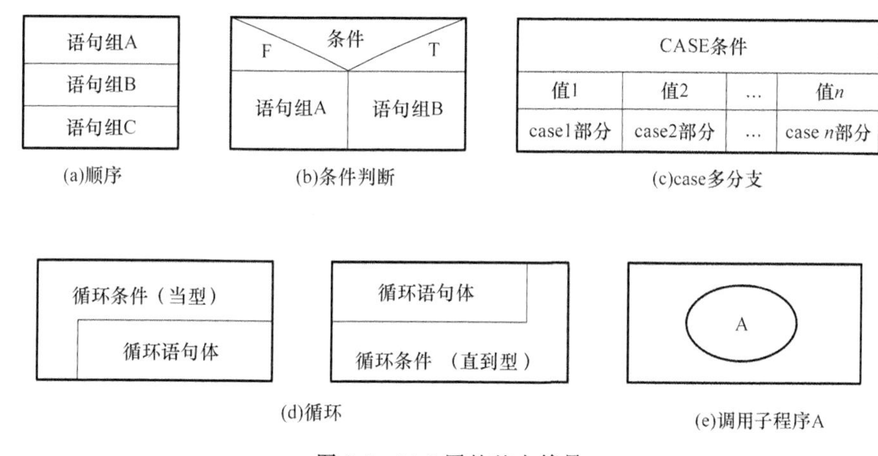

图 1-7　N-S 图的基本符号

盒图没有箭头，因此不允许随意转移控制。坚持使用盒图等作为详细设计的工具，可以使程序员逐步养成用结构化的方式思考问题和解决问题的习惯。

【例 1-6】 盒图实例。 1＋2＋…＋100 的算法描述如图 1-8 所示。

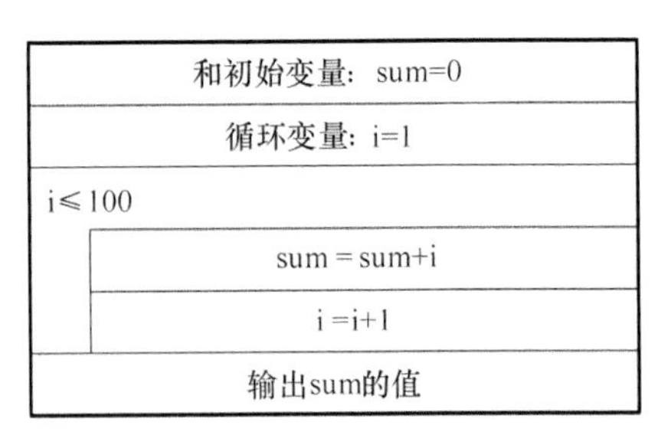

图 1-8　N-S 图实例

你能否将图 1-8 所示的 N-S 图转化为 C＋＋程序代码？

1.3.3　算法性能分析与度量

在面向对象的程序设计中，类的设计包括数据结构的设计以及操作算法的设计。因此，一旦确定了类，就确定了成员及成员之间的联系，即数据结构；同时，也确定了成员函数，即算法的实现过程。但是，类的实现，可以选取多种数据结构和多个算法。因此，**采用什么数据结构和算法，成为面向对象程序设计中一个重要问题。**

数据结构的优劣与算法直接有关。数据结构的性能实际上是通过各个算法来体现的。对数据结构的分析实质上是对算法实现的性能分析。

判断一个算法的优劣，主要有以下几个标准（CUIERS）：

(1) 正确性（correctness）。要求算法能够正确地执行预定的功能和性能需求。这是最重要的标准，这要求算法设计者能正确地、无歧义地描述算法。

(2) 可使用性（usability）。要求算法能够很方便地使用，即用户友好性。这要求算法具有良好的用户界面、可操作性以及完备的用户文档。

(3) 可理解性（intelligibility）。算法应该是可以理解的，以便于测试和维护。为达到这个要求，算法的逻辑必须是清晰的、简单的和结构化的。

(4) 效率（efficiency）。算法的效率主要指算法执行时计算机资源的消耗，包括算法的空间（存储）代价和时间（运行时间）代价。

(5) 健壮性（robustness）。算法的健壮性是指算法对于不同输入（包括合法的，或不合法的）的处理能力，即算法的容错性。这要求算法对不合理的数据也要进行检查和验证。

(6) 简单性（simplicity）。算法的简单性是指一个算法所采用的数据结构和实现方法的简单程度。简单的算法有利于理解、测试和维护，其出错率低，可靠性高。但是，简单的算法并不一定是高效的。

可以用算法的复杂度来衡量算法性能的优劣。算法复杂度的高低体现在运行该算法所需要的计算机资源的多少上，所需要的资源越多，该算法复杂性越高；反之，所需要的资源越少，该算法的复杂性越低。在计算机的各项资源中，最重要的是时间和空间（即存储器）资源。因此，算法的复杂性有**时间复杂度**和**空间复杂度**之分。

通常一个操作可以通过不同的算法实现，但各算法执行的效率各不相同。在选择一个合适的算法时，既要考虑算法执行的时间效率（时间复杂度），同时也要考虑执行算法所需要的内存辅助空间（空间复杂度），这两者往往是互相抵触的。因此，在选择算法时，需要权衡这两个因素。

算法的渐进分析（asymptotic algorithm analysis）简称算法分析，**算法分析直接与它所求解的问题规模有关。**因此，通常将问题规模作为分析的参数，求算法的时间和空间开销与问题

规模 n 的关系。**(本章重点)**

(1) 时间复杂度

一个算法执行所耗费的时间,从理论上是不能算出来的,必须上机运行测试才能知道。但不可能,也没有必要对每个算法都上机测试,只需知道哪个算法花费的时间多,哪个算法花费的时间少就可以了;并且,一个算法花费的时间与算法中语句的执行次数成正比例,算法中语句执行次数多,它花费时间就多。一个算法中的语句执行次数称为**语句频度或时间频度,记为 $T(n)$**,n 为问题的规模。当 n 不断变化时,时间频度 $T(n)$ 也会不断变化。

一般情况下,算法中基本操作重复执行的次数是问题规模 n 的某个函数,用 $T(n)$ 表示。若有某个辅助函数 $f(n)$,使得当 n 趋近于无穷大时,$T(n)/f(n)$ 的极限值为不等于零的常数,则称 $f(n)$ 是 $T(n)$ 的同数量级函数,记作 $T(n)=O(f(n))$(大 O 表示法),$O(f(n))$ 为算法的渐进时间复杂度,简称**时间复杂度**。

大 O 表示法的一般提法是:当且仅当存在正整数 c 和 n_0,使得 $T(n)\leqslant cf(n)$ 对所有的 $n\geqslant n_0$ 成立,则称该算法的时间增长率在 $O(f(n))$ 中,记作 $T(n)=O(f(n))$。

也就是说,随着问题规模 n 逐步增大,算法的时间复杂度也在增加。从数量级大小考虑,算法的程序步数(是 n 的函数)在最坏情况下存在一个增长的上限,即 $cf(n)$,那么将视这个算法的时间复杂度增长的数量级为 $f(n)$,即算法的增长率的上限在 $O(f(n))$ 中。

【例 1-7】 (线性函数) $f(n)=2n+3$。当 $n\geqslant 3$ 时,$f(n)\leqslant 2n+n=3n$。因此,$f(n)=O(n)$,$f(n)$ 是一个线性变化的函数。

【例 1-8】 (平方函数) $f(n)=5n^2+4n+3$。当 $n\geqslant 4$ 时,$f(n)\leqslant 5n^2+5n$;当 $n\geqslant 5$ 时,$f(n)=5n^2+n^2=6n^2$。因此,$f(n)=O(n^2)$。

【例 1-9】 (指数函数) $f(n)=6\times 2^n+n^2$。可以观察到当 $n\geqslant 4$ 时,$n^2\leqslant 2^n$。因此,$f(n)\leqslant 6\times 2^n+2^n=7\times 2^n$,$f(n)=O(2^n)$。

【例 1-10】 (常数函数) $f(n)=10$。当 $n_0=0$,$c=10$,即可得到 $f(n)=O(1)$。

换句话说,假设当算法的规模函数 $f(n)=2n^3+3n^2+10n+5$,当 n 充分大时,与 n^3 相比,n^2 与 n 的数值可以忽略不计,算法的时间复杂度 $T(n)=O(n^3)$。因此,对于多项式,只保留最高次幂的项,常数系数和低阶项可以不计。

当 $f(n)$ 的数量级是对数级时,可能是 $\lfloor \log_2 n\rfloor$ 的线性关系,也可能是 $\lceil \log_2 n\rceil$ 的关系,使用大 O 表示法,记为 $O(\log_2 n)$ 就可以了。

【例 1-11】 (递归函数的时间复杂度) $T(n)=\begin{cases}1 & ,n=1\\ 2T(\frac{n}{2})+cn & ,n>1\end{cases}$

解:
$$
\begin{aligned}
T(n)&=2T(n/2)+cn\\
&=2[2T(n/2^2)+cn/2]+cn\\
&=\cdots\cdots\\
&=2^kT(n/2^k)+k\times cn
\end{aligned}
$$

令 $2^k=n$,则 $k=\mathrm{lb}\,n(\mathrm{lb}\,n=\log_2 n)$

因此,
$$
\begin{aligned}
T(n)&=2^{\mathrm{lb}\,n}T(2^k/2^k)+cn\times \mathrm{lb}\,n\\
&=nT(1)+cn\times \mathrm{lb}\,n\\
&=n+cn\times \mathrm{lb}\,n\\
&=O(n\mathrm{lb}\,n)=O(n\log_2 n)
\end{aligned}
$$

常见的渐进时间复杂度关系如下所示：

$$O(1)<O(\log_2 n)<O(n)<O(n\log_2 n)<O(n^2)<O(n^3)<O(2^n)$$

根据符号大 O 的规则，设两个程序段为 S1 和 S2，其时间代价分别为 $T_1(n)=O(g_1(n))$ 和 $T_2(n)=O(g_2(n))$，则有如下的**运算规则**：

① **加法规则**（将两个程序段连接在一起得到的程序段总时间代价）

$$T(n)=T_1(n)+T_2(n)=O(g_1(n))+O(g_2(n))=O(\max(g_1(n),g_2(n)))$$

② **乘法规则**（S1 的时间单位并不是基本的，而是以 S2 的时间单位来考虑，如 S1 的一个循环中嵌套着程序段 S2）

$$T(n)=T_1(n)\times T_2(n)=O(g_1(n))\times O(g_2(n))=O(g_1(n)\times g_2(n))$$

【例 1-12】 下面程序段为两个 $n\times n$ 矩阵的相乘算法：

```
for(i = 0;i<n;i++){                        //T1(n) = O(n)
    for(j = 0;j<n;j++){                    //T2(n) = O(n)
        c[i][j] = 0;                       //T3(n) = O(1)
        for(k = 0;k<n;k++){                //T4(n) = O(n)
            c[i][j] += a[i][k] * b[k][j];  //T5(n) = O(1)
        }
    }
}
```

$$\begin{aligned}T(n)&=T_1(n)\times[T_2(n)\times[T_3(n)+T_4(n)\times T_5(n)]]\\&=O(n)\times[O(n)\times[O(1)+O(n)\times O(1)]]\\&=O(n)\times[O(n)\times[O(1)+O(n)]]\\&=O(n)\times[O(n)\times O(n)]\\&=O(n^3)\end{aligned}$$

$T(n)$就是求解两个矩阵相乘算法的时间复杂度。

有些算法的时间复杂度不仅依赖于问题的规模 n，还依赖于问题的初始状态。例如，在一个顺序序列中查找一个给定数，最好情况时间复杂度为 $O(1)$，最坏情况时间复杂度为 $O(n)$。但是，算法的平均情况时间复杂度不会超过最坏情况时间复杂度，因此，在实践中，一般使用最坏情况时间复杂度度量算法时间复杂度，遇到特殊情况使用平均情况时间复杂度（平均情况时间复杂度在第 2 章会介绍）。

（2）空间复杂度

算法的空间复杂度是指运行一个算法所需要的内存空间大小。算法所需要的空间主要由以下几个部分构成：

① **指令空间**。用来存储编译后的指令空间。算法所需要的指令空间的数量取决于算法编译成机器代码的编译器、编译时实际采用的编译器选项以及目标计算机配置。

② **数据空间**。用来存储所有常量和变量的空间；存储复合变量（如数组）所需要的空间，包括数据结构所需要的空间和动态分配的空间。

③ **环境栈空间**。用来保存函数调用返回时恢复运行所需要的信息，如返回执行的指令地址、被调用时局部变量值以及传值形式参数的值等。

根据变量分配的时间，也可以把一个算法所需要的空间分成两部分。

① **固定部分**。独立于实例的特征，包括指令空间、简单变量及定长复合变量空间、常量空间等。

② **可变部分**。由复合变量空间、动态分配空间以及递归栈空间构成。

当被解决问题的规模(以某种单位计算)由 1 增至 n 时,解该问题所需占用的空间也以某种单位由 $f(1)$增至 $f(n)$,这时则称该算法的空间代价是 $f(n)$。该算法的空间复杂度$S(n)$为 $O(f(n))$。

1.3.4　常见的算法类型

在实际应用中,算法的表现形式千变万化,但许多算法的设计思想具有相似之处。归纳起来,常用的算法大致可分为以下几类:

(1) 蛮力法。也称穷举法,其基本思想是在一个可能存在可行状态(可行解)的状态全集中依次遍历所有的数据元素,并判断是否为可行状态。

(2) 贪心法。基本思想是期望通过局部最优解的选择来产生全局最优解。

(3) 递归法。基本思想是把问题转化为规模缩小了的同类问题的子问题,然后递归调用函数(或过程)来得到问题的最终解。

(4) 递推法。基本思想是从问题的初始条件出发,利用特定关系得到中间推论,直至推出所需求的最终结果。

(5) 分治法。基本思想是把一个规模较大的问题划分成若干个规模较小的、独立的且与原问题类似的子问题,逐个递归求解子问题,然后将各个子问题合并得到原问题的解。

(6) 回溯法。基本思想是一步一步向前试探,等有多种选择时任意选择一种,只要可行就继续向前,一旦失败时就后回退到前一状态选择其他可能性。

(7) 动态规划法。基本思想是把大问题分解为若干小问题,通过求解子问题来得到原问题的解。由于这些子问题相互包含,为了复用已计算的结果,常把计算的中间结果全部保存起来,自底向上多路径地求解计算原问题的解。

本章总结

• 数据结构主要研究数据的各种逻辑结构和存储结构,以及对数据的各种操作。数据结构的三要素包括数据的逻辑结构、存储结构以及与之相关的操作。

• 逻辑的数据结构包括线性结构和非线性结构两大类。线性结构主要有表、栈、队列和串;非线性结构主要有数组、广义表、树和图等。

• 常见的存储结构主要有顺序存储、链式存储、索引存储以及散列存储等。

• 常用的衡量算法性能指标是算法时间和空间复杂度估算方法,时间复杂度运算规则有加法规则和乘法规则。

练　　习

一、选择题

1. 数据结构主要研究数据的各种逻辑结构和存储结构,以及对数据的(　　)。

A. 关系描述　　B. 结构实现　　C. 各种操作　　D. 各种定义

2. 计算机算法指的是((1)),它必须具备((2))这三个特性。

(1) A. 计算方法　　B. 排序方法
　　C. 解决问题的步骤序列　　D. 调度方法

(2) A. 可执行性、可移植性、可扩充性　　B. 可执行性、确定性、有穷性
C. 确定性、有穷性、稳定性　　D. 易读性、稳定性、安全性

3. 从逻辑上可以把数据结构分为(　　)两大类。
A. 动态结构和静态结构　　B. 顺序结构和链式结构
C. 线性结构和非线性结构　　D. 初等结构和构造型结构

4. 连续存储设计时，存储单元的地址(　　)。
A. 一定连续　　B. 一定不连续
C. 不一定连续　　D. 部分连续，部分不连续

5. 下面关于算法说法错误的是(　　)。
A. 算法最终必须由计算机程序实现
B. 为解决某问题的算法同相应的程序相同
C. 算法的可行性是指指令不能有二义性
D. 以上几个都是错误的

6. 以下与数据的存储结构无关的术语是(　　)。
A. 循环队列　　B. 链表　　C. 散列表　　D. 栈

7. 以下数据结构中，(　　)是线性结构。
A. 广义表　　B. 二叉树　　C. 稀疏矩阵　　D. 串

8. 以下哪个数据结构不是多型数据类型(　　)。
A. 有向图　　B. 广义表　　C. 字符串　　D. 栈

9. 在下面的程序段中，对 x 的赋值语句的频度为(　　)。

```
for(i = 1;i<= n; ++ i)
    for(j = 1;j<= n; ++ j)
        x = x + 1;
```

A. $O(2n)$　　B. $O(n)$　　C. $O(\log_2 n)$　　D. $O(n^2)$

10. 有一程序段：

```
for(i = 1;i<= n; ++ i)
    for(j = 1;j<= i; ++ j)
if(A[j]>A[j + 1])A[j]与 A[j + 1]对换;
```

其中 n 为正整数，则最后一行的语句频度在最坏情况下是(　　)。
A. $O(n)$　　B. $O(n^3)$　　C. $O(n\log_2 n)$　　D. $O(n^2)$

二、判断题

1. (　　)数据元素是数据的最小单位。
2. (　　)算法的优劣与算法描述语言无关，但与所用计算机有关。
3. (　　)健壮的算法不会因非法的输入数据而出现莫名其妙的状态。
4. (　　)数据逻辑结构说明数据元素之间的顺序关系，它依赖于计算机的储存结构。
5. (　　)数据的物理结构是指数据在计算机内的实际存储形式。
6. (　　)数据结构的抽象操作的定义与具体实现有关。
7. (　　)在顺序存储结构中，有时也存储数据结构中元素之间的关系。
8. (　　)顺序存储方式的优点是存储密度大，且插入、删除运算效率高。
9. (　　)数据结构的基本操作设置的最重要的准则是，实现程序与存储结构的独立。

10.（　　）算法可以用不同的语言描述，如果用C语言或PASCAL语言等高级语言来描述，则算法实际上就是程序了。

三、填空

1. 数据的物理结构包括________的表示和________的表示。

2. 对于给定的 n 个元素，可以构造出的逻辑结构有________、________、________、________四种。

3. 线性结构中元素之间存在________关系，树形结构中元素之间存在________关系，图形结构中元素之间存在________关系。

4. 一个数据结构在计算机中的________称为存储结构。常见的存储结构有________、________、________以及________。

5. 一个算法具有5个特性：________、________、________、有零个或多个输入、有一个或多个输出。

6. 数据结构中评价算法的两个重要指标是________和________，通常用________方法表示它们。

7. 数据结构是研讨数据的________和________，以及它们之间的相互关系，并对与这种结构定义相应的________，设计出相应的________。

8. 抽象数据类型的定义仅取决于它的一组________，而与________无关，即不论其内部结构如何变化，只要它的________不变，都不影响其外部使用。

9. 已知如下程序段：

```
for(i = n;i >= 1;i--){      //语句 1
    x++;                    //语句 2
    for(j = n;j >= i;j--)   //语句 3
        y++;                //语句 4
}
```

语句1执行的频度为________；语句2执行的频度为________；语句3执行的频度为________；语句4执行的频度为________。

10. 在下面的程序段中，对x的赋值语句的频度为________（表示为 n 的函数）。

```
for(i = 1;i<= n; ++i)
    for(j = 1;j<= i; ++j)
        for(k = 1;k<= j; ++k)
            x = x + delta;
```

四、应用题

1. 当你为解决某一问题而选择数据结构时，应从哪些方面考虑？

2. 若有100个学生，每个学生有学号、姓名、平均成绩，采用什么样的数据结构最方便？写出这个结构。

3. 编写一个函数：将一个字符串逆置，并输出逆置后的字符串，请评价你写的算法。

4. 假定一维数组a[n]中的每个元素均在[0,200]区间内，编写一个函数，分别统计出落在[0,20]，[21,50]，[51,80]，[81,130]，[131,200]等各区间内的元素个数。

5. 设计一个函数，在数组的第 i 个下标前插入和删除一个数据元素，并保持数组元素的连续性。

实　验　1

一、实验估计完成时间(90 分钟)

二、实验目的

1. 理解构成数据结构的三要素：数据的逻辑结构、数据存储结构以及数据的操作；
2. 理解抽象数据类型的特点，以及抽象数据类型和 C＋＋中类的对应关系；
3. 理解评判算法优劣标准和算法的度量。

三、实验内容

1. 试用 C＋＋类定义“有理数”的抽象数据类型：

(1) 定义有理数的分母和分子。

(2) 声明有理数成员函数。

① 获取和修改有理数的分子和分母。

② 重载运算符＋、－、＊、/，实现有理数的加、减、乘、除运算。

③ 重载的流函数输入/输出一个最简有理数。

(3) 实现有理数的常规操作。

2. 运行下面的两个算法(实现同样的操作)，并比较它们的运行时间。

```
#include<stdio.h>
#include<sys/timeb.h>
void main(){        //算法 1
    timeb t1,t2;   long t;   double x,sum = 1,sum1;   int i,j,n;
    cout<<"请输入 x,n:"<<endl ;  cin>>x>>n ;
    ftime(&t1);   //求得当前时间
    for(i = 1;i<= n; ++ i){
        sum1 = 1;
        for(j = 1;j<= i; ++ j)
          {sum1 = sum1 * ( - 1.0/x);}
        }
        sum += sum1;
    }
    ftime(&t2);   //求得当前时间
    t = (t2.time - t1.time) * 1000 + (t2.millitm - t1.millitm);  //计算时间差,转换成毫秒
    cout<<"sum = "<<sum<<",用时 "<<t<<" 毫秒\n" ;
} //输入 x,n:123 10000    sum = ???
#include<stdio.h>
#include<sys/timeb.h>
void main(){        //算法 2
    timeb t1,t2;   long t;   double x,sum1 = 1,sum = 1;   int i,n;
    cout<<"请输入 x,n: "<<endl ;   cin>>x>>n ;
    ftime(&t1);     //求得当前时间
    for(i = 1;i<= n; ++ i){
        sum1 * = - 1.0 / x;
        sum += sum1;
```

```
    }
    ftime(&t2);     //求得当前时间
    t = (t2.time - t1.time) * 1000 + (t2.millitm - t1.millitm);//计算时间差,转换成毫秒
    cout<<"sum = "<<sum<<",用时 "<<t<<" 毫秒\n" ;
} //输入 x,n:123 10000    sum = ???
```

3. 若有100个学生的学生表,每个学生有学号、姓名、平均成绩。试着用C++类描述此数据结构,并在此数据结构上声明基本的操作,如增删改查等操作。

四、实验结果

1. 有理数类实现源代码。(课堂验收)
2. 算法一和算法二完成的操作是什么? 哪一个算法的效率比较高? 为什么?

____

____

3. 请写出学生表的数据结构(包括类成员定义和成员函数声明)。

五、实验总结

1. 实验中有哪些C++知识有待加深理解?

(1)

(2)

(3)

2. 调试程序代码时,主要有哪些问题出现?

(1)

(2)

(3)

3. 通过本次实验,你能掌握以下要点吗?

(1) 为什么要定义数据的抽象数据类型?

(2) 你认为怎样的算法为好的算法?

六、实验得分(   )

第2章　线　性　表

学而时习之　不亦说乎？

学习目标

- 理解线性表的逻辑结构特性，并熟悉线性表的顺序存储结构和链式存储结构定义。
- 熟练掌握线性表的一些基本操作，以及这些操作在不同的存储结构中实现的方法。
- 从时间效率和空间效率的角度比较两种存储结构的特点，并在具体场合灵活应用。

线性表是最简单、最基本和最常用的一种线性结构。线性结构的特点有以下4点：

(1) 存在唯一的一个被称作“第一个”的数据元素；

(2) 存在唯一的一个被称作“最后一个”的数据元素；

(3) 除第一个之外，每个数据元素均只有一个前驱元素；

(4) 除最后一个之外，每个数据元素均只有一个后继元素。

2.1　线性表的逻辑结构

2.1.1　线性表的定义

线性表(Linear List)是形式为$(a_1,a_2,\cdots,a_n)$($n\geqslant 0$，$n=0$时为空表)的数据元素的有序序列，是最常用且最简单的一种数据结构。非空表中的每个数据元素都有一个确定的位置。

线性表是一个相当灵活的数据结构，它的长度可根据需要增长或缩短，对线性表不仅可以进行访问数据元素的操作，还可以对其进行插入、修改、删除以及其他操作。

2.1.2　线性表的抽象数据类型定义

线性表的抽象数据类型定义如下：

```
ADT List{
  Data:D = {ai | ai∈ESet,i = 1,2,…,n,n≥0,ESet 是同性质的数据元素的集合。当 n = 0 时，为空表}
  Relation:R = {< ai-1,ai >| ai-1,ai∈D,i = 2,…,n }
  Operation:
    InitList(&L)            构造一个空的线性表 L
    DestroyList(&L)         销毁线性表 L
    IsEmpty(L)              若 L 为空，返回真，否则返回假
    Length(L)               返回 L 中数据元素个数
    GetElem(L,i,&e)         用e返回第 i 个数据元素的值，且 1≤i≤ListLength(L)
    LocateElem(L,e)         返回第一个和 e 相等的数据元素的位序。否则，则返回为 0
    PriorElem(L,cur,&pre)若cur 是 L 第一个数据元素，则操作失败；否则，pre 为它的前驱值
    NextElem(L,cur,&next)若cur 是 L 最后一个数据元素，则操作失败；否则，next 为它的后继值
```

```
    ListInsert(&L,i,e)     在L中第 i 个位置之前插入新的数据元素 e,长度加 1 且 1≤i≤Length(L) + 1
    ListDelete(&L,i,&e)    删除 L 中第 i 个数据元素,用 e 返回其值,长度减 1,且 1≤i≤Length(L)
    ListTraverse(L)        依次输出 L 中的每个数据元素的值
}
```

这里列出的是线性表中一些常见的基本操作,也可以根据需要添加其他的操作。

【例 2-1】 用线性表实现集合的并集操作。 $L_a(a_1,a_2,\cdots,a_n)$和$L_b(b_1,b_2,\cdots,b_m)$分别表示两个集合 A 和 B,要求实现 $A=A\cup B$。

▶▶ 算法思路

(1) 从 L_b 中依次取每个元素 $b_i(1\leqslant i\leqslant m)$。

(2) 在 L_a 中进行依次查找 L_b 中每个元素 b_i。

(3) 若 b_i 不在 L_a 中,则将 b_i 追加到 L_a 中(作为 L_a 中最后一个元素);否则,转到(1)。若 b_i 是 L_b 中最后一个元素,则操作完毕。

```
void Union(List&La,List Lb){      //实现集合的并集操作
    La_len = Length(La);     Lb_len = Length(Lb);     //求集合的长度
    for(i = 1;i<= Lb_len; ++ i){//依次判断 Lb 中每个元素是否在 La 中
        GetElem(Lb,i,e);
        if(! LocateElem(La,e)){ //如果元素不在 La 中,则追加到 La 中
            ListInsert(La, ++ La_len,e);
        }
    }
}
```

2.2 线性表的顺序表示和实现

2.2.1 线性表的顺序表示

线性表主要有两种存储表示方法,即**顺序表示**和**链式表示**。

线性表的顺序表示是指用一组地址连续的存储单元依次存储线性表中的数据元素。

假设线性表的每个数据元素需占用 L 个存储单元,第 1 个数据元素存储地址为 B。那么,第 2 个数据元素的地址为 $B+L$;依此类推,线性表的第 i 个数据元素的地址为 $B+(i-1)\times L$ $(1\leqslant i\leqslant n$,n 为线性表中数据元素的个数)。线性表中数据元素的存储位置状态如图 2-1所示。

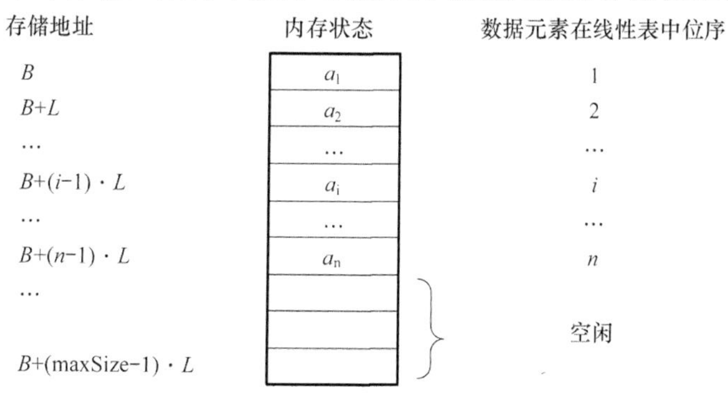

图 2-1 线性表的顺序存储结构示意图

由图 2-1 可以得出，线性表的第 i 个数据元素 a_i 的存储位置为：

$$LOC(a_i)=LOC(a_1)+(i-1)\times L$$

其中：$LOC(a_1)$ 是顺序表的第一个数据元素 a_1 的存储位置，通常称为线性表的起始位置。其中，maxSize 为顺序表允许的最大空间量。

线性表的这种机内表示称作线性表的顺序存储结构或顺序映像，用这种结构表示的线性表为顺序表。

请关注在顺序表中，每个数据元素的存储地址是该数据元素在表中的位置的 i 的线性函数。只要知道第一个数据元素在表中的位置，就可以在相同时间内求出任一个数据元素的存储地址。因此，顺序表是一种随机存取结构，即顺序表具有按数据元素的序号随机存取的特点。

顺序表的主要特点为：（本章重点）

（1）以数据元素在计算机内“物理位置相邻”表示线性表中数据元素之间的逻辑关系。

（2）顺序表可以通过数据元素的下标随机存取元素，因此，顺序表是随机存取结构。根据下标存取数据元素的时间复杂度为 $O(1)$。

（3）顺序表中“物理相邻”即是“逻辑相邻”，因此，无须为表示数据元素之间的关系增加额外空间。

（4）顺序表中进行插入或删除数据元素时，需要在移动大量的数据元素上消耗时间，效率较低，插入或删除数据元素的时间复杂度为 $O(n)$。

（5）顺序表开辟的存储空间不易扩充或缩小（如要扩充或缩小，必须先释放原有空间；然后，再重新开辟新的存储空间）。

2.2.2 顺序表表示

顺序表中的元素占用一组地址连续的存储单元，因此，该对象的数据成员中应包括元素的起始地址、顺序表的长度（元素个数）以及顺序表允许的最大空间（即顺序表可容纳的元素个数）。顺序表的组成结构如图 2-2 所示。

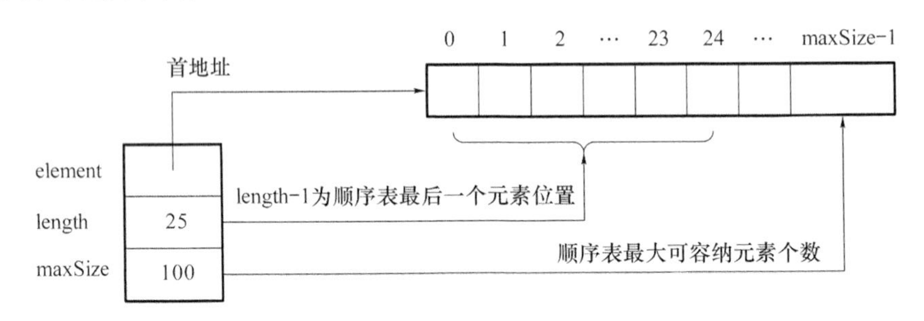

图 2-2 顺序表中的数据成员描述示意图

由图 2-2 可以得出，数据项 element 存放顺序表中元素的起始地址，根据该地址可以直接存取表中元素；表中可以操作的元素范围为 0～length－1，增加或删除顺序表中的元素时，length 值也需要增或减；顺序表需要提供连续地址的上限值，此值存放在 maxSize 中。

顺序表的 C＋＋类定义代码如下所示（文件 seqlist.h）。**（本章重点）**

由于顺序表中元素的类型随着应用的变化而改变。因此，将顺序表类定义为一个模板类（在该模板类中，元素的类型为 T。为了便于理解，T 在本书中为原子类型）。

```
template<class T>
class SeqList{
private:
    T   * element;              //顺序表项中元素的数据类型为 T
    int length;                 //顺序表长度,即表中元素个数
    int maxSize;                //顺序表允许的最大容量
public:
    SeqList(int size = 100);//构造函数,默认为一个最大空间为 100 的空表
    SeqList(const SeqList<T> &List);//复制构造函数
    ~SeqList(){delete [ ]element;}   //析构函数
    int Length()const{return length;} //求顺序表中元素个数
    bool GetElem(int k,T &val)const;   //将顺序表中第 k 个元素赋给 val;如 k 越界,则返回 false
    bool IsEmpty()const{return length = = 0;}//如果顺序表为空,返回真;否则,返回假
    int LocateElem(const T val)const;  //返回第一个与 val 相同的元素位置;返回 0,则查找失败
    bool ListInsert(int k,const T val);//在顺序表中第 k 个元素前插入值为 val 的元素
    bool ListDelete(int k,T &val);     //删除顺序表中第 k 个元素,被删除的元素由 val 带回
    void MergeList(const SeqList<T> &La,const SeqList<T> &Lb);//有序顺序表的合并
    void Union(SeqList<T> &List);      //用顺序表实现集合的并集操作
    friend istream& operator>>(istream &in,SeqList<T> &List);//输入线性表
    friend ostream& operator<<(ostream &out,const SeqList<T> &List);//输出线性表
};//顺序表类定义
```

element 定义为指针变量的目的是在程序运行过程中动态开辟连续的存储空间,相对数组而言,增强了扩展和减少顺序表存储空间的灵活性。

2.2.3 顺序表基本操作的实现

sqlist.cpp 文件中存放顺序表中成员函数的定义,部分基本操作函数定义如下所示。

(1) 顺序表的初始化操作

为顺序表分配一个预定义大小为 sz 的连续存储空间,并将表的当前长度 length 设为 0。

```
template<class T>
SeqList<T>::SeqList(int size){//开辟一个空间长度为 sz 的空表
    maxSize = size;   length = 0;   element = new T[maxSize];
} //算法的时间复杂点为 O(1)
```

(2) 创建表操作

用已知的一个顺序表创建一个新的顺序表,采用复制构造函数实现这一功能。

```
template<class T>
SeqList<T>::SeqList(const SeqList<T> &List){//创建一个顺序表,其大小和元素值与 List 相同
    maxSize = List.maxSize;   length = List.length;   element = new T[maxSize];
      //新开辟一个空间,依次复制 List 中所有元素值
    for(int i = 0;i<length; + + i){
        element[i] = List.element[i];//深复制线性表中元素的值
    }
} //算法的时间复杂点为 O(n)
```

在此不能用 element=List.element,具体请参照 C++程序设计语言中深复制和浅复制的特点以及它们之间的区别。

(3) 按指定条件查找元素操作

如果要确定与已知值 val 相同的顺序表中第一个元素的位置,则要从表中第一个元素开

始遍历整个表,直至查找到指定元素为止(第一个符合条件的元素),返回其在线性表中的逻辑地址;若整个表均已遍历,但仍未查到此元素,则查找失败,返回 0。

```
template<class T>
intSeqList<T>::LocateElem(const T val)const{
  //返回顺序表中第一个与 val 值相同的元素的位置;若表中没有与 val 相同的元素,则返回 0
    int i = 0;
    while(i<length){//在顺序表中依次查找与 val 相同的元素
        if(element[i] == val){
          //查找到第一个与 val 相同的元素,返回其在线性表中的逻辑序号
            return i + 1;
        }
        ++ i;   //查找下一个元素
    }
    return 0;    //查找失败
}//算法的时间复杂点为 O(n)
```

(4) 取元素操作

根据给定的线性表逻辑地址,在顺序表中获取该元素的值。

```
template<class T>
boolSeqList<T>::GetElem(int k,T &val)const{
  //将顺序表中第 k(1≤k≤length)个元素值付给 val;如果 k 越界,则操作失败
    if(k >= 1&& k<= length){
        val = element[k - 1];//元素的逻辑地址和物理地址相差 1
        return true;
    }
    return false;
}//算法的时间复杂点为 O(1)
```

请考虑,为什么 GetElem 函数不能直接返回元素的值,即 T GetElem(int k)?

(5) 插入元素操作

在线性表的第 $k(1\leqslant k\leqslant n+1$,$n$ 为线性表长度)个数据元素前插入一个新的数据元素 val,使长度为 n 的线性表$(a_1,a_2,\cdots,a_n)$变成长度为 $n+1$ 的线性表$(a_1,a_2,\cdots,a_{k-1},\mathrm{val},a_k,\cdots,a_n)$。插入值为 50 的数据元素的过程如图 2-3 所示(顺序表中元素类型以整型为例)。

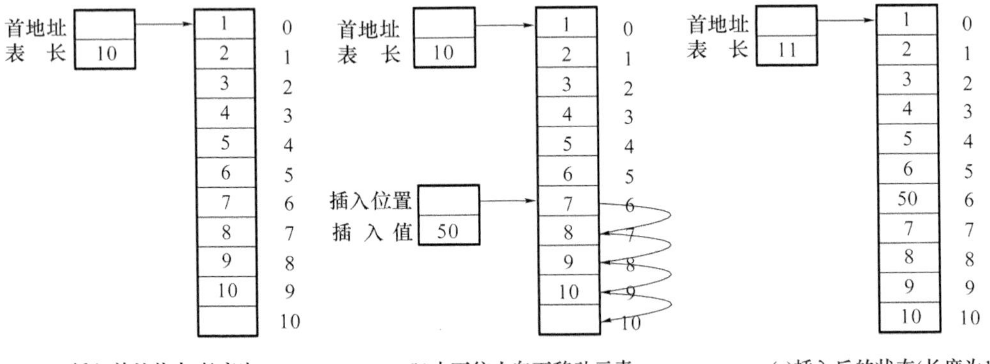

(a) 插入前的状态(长度为10)　(b)由下往上向下移动元素　(c)插入后的状态(长度为11)

图 2-3　顺序表插入元素过程示意图

请关注:(1)顺序表中数据域的空间大小是确定的,在表已满时插入数据元素会产生溢出错误(如果避免溢出,可以考虑对顺序表空间进行扩展操作);(2)插入前要验证插入位置的有效性,即 k 的范围;(3)注意数据的移动方向。

```
template<class T>
bool SeqList<T>::ListInsert(int k,const T val){
  //若 1≤k≤length+1,且 length≠maxSize,则在表中第 k 个元素前插入值为 val 的元素;否则,操作失败
    if(k<1 || k>length+1){  //插入位置错误
        cout<<"the position is not right!";  return false;
    }
    if(length == maxSize){      //顺序表上溢
        cout<<"the list is overflow!";  return false;
    }
    for(int i = length-1;i >= k-1;--i){  //元素后移
        element[i+1] = element[i];
    }
    element[k-1] = val;  length++;           //插入元素,顺序表长度增 1
    return true;
} //算法的时间复杂度为 O(n)
```

(6) 删除元素操作

删除线性表的第 $k(1\leqslant k\leqslant n)$ 个元素后,使长度为 n 的线性表 $(a_1,a_2,\cdots,a_n)$ 变成长度为 $n-1$ 的线性表 $(a_1,a_2,\cdots,a_{k-1},a_{k+1},\cdots,a_n)$。删除元素的过程如图 2-4 所示(顺序表中元素类型以整型为例)。

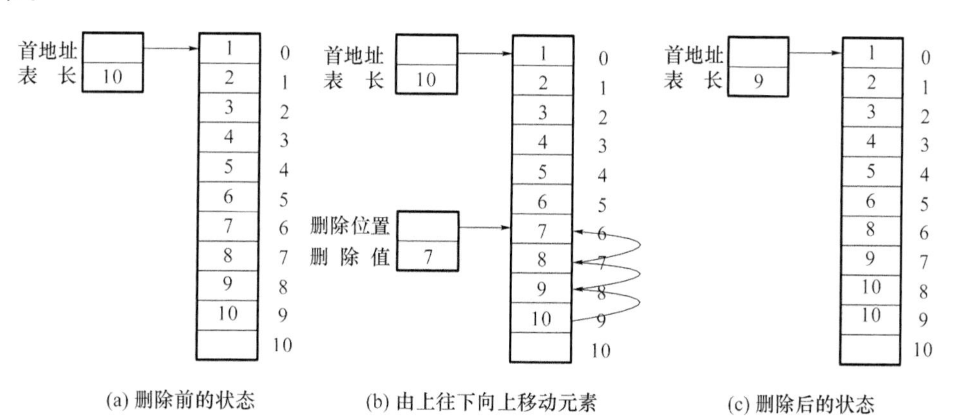

图 2-4 顺序表删除过程示意图

请关注在图 2-4(c)中位序 9 已超出线性表表长范围,因此,此空间中保留的值无效。

```
template<class T>
bool SeqList<T>::ListDelete(int k,T &val){
  //若 1≤k≤length,且表非空,则 val 返回顺序表中第 k 个元素值后将该元素删除;否则,操作失败
    if(k<1 || k>length){//删除位置超范围
        cout<<"the position is not right!";  return false;
    }
    if(IsEmpty()){          //空表不能删除元素
        cout<<"the list is empty!";  return false;
    }
    val = element[k-1];  //将删除元素的值带回其调用函数
```

```
    for(int i = k;i<length; ++ i){//元素前移
        element[i - 1] = element[i];
    }
    length -- ;              //顺序表的长度减 1
    return true;
} //算法的时间复杂度为 O(n)
```

请关注：(1)空表不能删除数据元素；(2)插入前要验证插入位置的有效性，即 k 的范围；(3)注意数据的移动方向，并将删除数据返回到调用函数。

算法分析

当在顺序表中某个位置插入或删除一个元素时，其操作时间主要消耗在移动元素上(即移动元素的操作作为预估计算法时间复杂度的基本操作)，而移动元素的个数取决于具体的插入或者删除元素的位置。

假设顺序表长度为 n，则插入算法最坏的时间复杂度为 $O(n)$(插入的位置是第一个元素之前)；最好的时间复杂度为 $O(1)$(在顺序表最后追加一个元素)。删除算法最坏的时间复杂度为 $O(n)$(删除第一个元素)；最好的时间复杂度为 $O(1)$(删除最后一个元素)。

那么插入算法和删除算法平均移动元素次数的期望值(平均次数)分别为：

$$E_{\text{it}} = \sum_{i=1}^{n+1} p_i(n-i+1), E_{\text{ds}} = \sum_{i=1}^{n} q_i(n-i)$$

其中，p_i 是在第 i 个元素之前插入一个元素的概率，q_i 是删除第 i 个元素的概率。

不失一般性，假设在顺序表的任何位置上插入或者删除元素是等概率的，即：

$$p_1 = p_2 = \cdots = p_{n+1} = \frac{1}{n+1}, q_1 = q_2 = \cdots = q_n = \frac{1}{n}$$

那么，最终得到的插入和删除算法的平均移动元素次数的期望值为：

$$E_{\text{is}} = \frac{1}{n+1}\sum_{i=1}^{n+1}(n-i+1) = \frac{n}{2}, E_{\text{ds}} = \frac{1}{n}\sum_{i=1}^{n}(n-i) = \frac{n-1}{2}$$

因此，在顺序表中插入或删除一个元素，算法的时间复杂度都为 $O(n)$。

(7) 顺序表输入操作

通过重载输入流，可以实现将顺序表作为一个对象进行数据输入，例 cin>>L，输入顺序表 L，就像输入一个整型变量 i 一样直观，即 cin>>i。

由于重载输入/输出流已在 SeqList<T> 中定义为友元，因此，可以直接对该类的私有成员进行操作。

```
template<class T>
istream& operator>>(istream &in,SeqList<T> &List){
  //用输入流建立一个顺序表 List
    int maxSpace,listNumber;
    cout<<"输入线性表最大空间数量:";     in>>maxSpace;
    cout<<"输入线性表中元素个数:";       in>>listNumber;
    cout<<"依次输入"<<listNumber<<"个数据元素的值:"<<endl;
    List.maxSize = maxSpace;List.length = listNumber;List.element = new T[List.maxSize];
    for(int i = 0;i<List.length; ++ i){//逐一读入数据(简单类型)
        in>>List.element[i];
    }
    return in;
} //算法的时间复杂度为 O(n)
```

（8）输出顺序表中元素操作

同样地，重载输出流可以将一个顺序表中所有元素输出，如 cout<<L。

```
template<class T>
ostream& operator<<(ostream &out,const SeqList<T> &List){   //输出流输出 List 中所有元素
    out<<"输出顺序表中所有元素值:"<<endl;
    for(int i = 0;i<List.length; ++ i){
        out<<List.element[i]<<"   ";
    }
    out<<endl;
    return out;
} //算法的时间复杂度为 O(n)
```

若 T 为结构类型，上述操作中的赋值、输入以及输出操作等不能直接用“＝”“cin”以及“cout”实现。可以采用重载运算符实现复制操作，输入和输出函数参数表中添加一个函数指针用于指向一个特定的输入或输出操作。在后面的内容中不再赘述。

建立一个 main. cpp 文件，在文件中的 main 函数中调用 List Insert 函数可以建立并输出一个顺序表中所有元素，具体代码及运行结果如下所示。

```
void main(){
    SeqList<int> S;
    for(int i = 1;i<= 10; ++ i){//通过调用插入函数建立一个顺序表，输入顺序为 1～10
        S.ListInsert(1,i);
    }
    cout<<S;
}
输出结果:
输出顺序表中所有元素值:
10  9  8  7  6  5  4  3  2  1
```

?运行上述 main 函数，为什么元素插入的次序和输出的次序相反？如果输出次序要和输入次序一致，应如何修改代码？试着测试前面定义的所有的成员函数。

2.2.4　顺序表应用举例

【例 2-2】　有序顺序表的归并。归并两个“元素值非递减有序排列”的线性表 $L_a(a_1,\cdots,a_i,\cdots,a_n)$ 和 $L_b(b_1,\cdots,b_j,\cdots,b_m)$，求归并后产生的线性表 $L_c(c_1,\cdots,c_k,\cdots,c_{n+m})$ 具有同样的特性。

算法思路

（1）用 i 和 j 分别指示 L_a 和 L_b 中当前数据元素的序号，k 为 L_c 中插入位置（初始值为 $i=j=k=0$）。

（2）若 $a_i \leqslant b_j$，则将 a_i 插入到 L_c 中，i 和 k 都增 1；否则，将 b_j 插入到 L_c 中，j 和 k 都增 1。

（3）重复（1）和（2），直至 L_a 和 L_b 中有一个表中元素已全部插入到 L_c 中。

（4）将另一个表中的剩余元素都插入到 L_c 中。

```
template<class T>
void SeqList<T>::MergeList(const SeqList<T> &La,const SeqList<T> &Lb){
  //将非递减有序顺序表表 La 和 Lb 合并产生一个新表，即 Lc 也非递减有序
```

```
    int La_length,Lb_length,i = 1,j = 1,k = 0;
    T tmpa,tmpb;
    La_length = La.Length();    Lb_length = Lb.Length(); //分别获取 La 和 Lb 表长
    while(i<= La_length&& j<= Lb_length){           //La 与 Lb 均未搜索完
        La.GetElem(i,tmpa);    Lb.GetElem(j,tmpb);   //获取 La 和 Lb 中元素的值
        if(tmpa<= tmpb){//元素较小值插入到 Lc 中,指示器增 1
            ListInsert( ++ k,tmpa);    ++ i;
        }
        else{
            ListInsert( ++ k,tmpb);    ++ j;
        }
    }
    //表中剩余数据的插入
    while(i<= La_length){
        La.GetElem(i,tmpa);
        ListInsert( ++ k,tmpa);
        ++ i;
    }
    while(j<= Lb_length){
        Lb.GetElem(j,tmpb);
        ListInsert( ++ k,tmpb);
        ++ j;
    }
} //假设两个线性表的长度分别为 m 和 n,算法的时间复杂度是 O(m + n)
```

【例 2-3】 集合的并集。用顺序表实现【例 2-1】,具体的代码如下所示。

```
template<class T>
void SeqList<T>::Union(SeqList<T> &List){  //实现集合的并集操作
    int len = Length(),L_len = List.Length();    //求集合的长度
    for(int i = 1;i<= L_len; ++ i){//依次判断 L 中每个元素是否在当前集合中
        T e;
        List.GetElem(i,e);
        if(!LocateElem(e)){        //如果元素不在当前集合中,则追加到当前集合中
            ListInsert( ++ len,e);
        }
    }
}
```

通过此例,能加深理解抽象数据类型的特征,即使用与实现分离,从而实行封装和隐藏信息(只需要关注操作的接口,而与计算机内部实现无关)。此外,通过抽象数据类型与C++语言的对应关系,很容易地将抽象数据类型转化为 C++类定义。

2.3 线性表的链式表示和实现

为了克服顺序表插入和删除操作中需要移动大量数据元素的不足,可以采用链式存储结构存储线性表。链式存储结构不仅可以表示线性表,也可用来表示许多非线性的数据结构。

2.3.1 单向链表的概念

线性表的链式存储结构是指用一组任意的存储单元存储线性表的数据元素，这组存储单元可以是连续的，也可以是不连续的。

为了表示每个数据元素 a_i 与其直接后继数据元素 a_{i+1} 之间的逻辑关系，对数据元素 a_i 来说，除了存储其本身的信息(数据域)之外，还需要存储其直接后继 a_{i+1} 的地址（指针域，即直接后继的存储位置)。这两部分信息组成数据元素 a_i 的存储映像，称为结点(Node)。结点包括两个域：其中存储元素信息的域称为**数据域**；存储直接后继存储位置的域称为**指针域**，指针域中存储的信息称为**指针或链**。

n 个结点 $a_i(1\leqslant i\leqslant n)$ 的存储映像链接成的一个链表，**即为线性表的链式存储结构**。由于此链表的每个结点中只包含一个指针域，故又称**单向链表**。

例如，有一个线性表 L 为(Li，Wang，Zhang，Liu，Chen，Yang，Zhao，Huang，Zhou，Wu)的存储结构如表 2-1 所示。

整个链表的存取必须从**头指针**开始，头指针指示链表中的第一个结点(即线性表第一个数据元素的存储映像)的存储位置；最后一个数据元素没有直接后继，故链表中最后一个结点的指针为“空”(NULL)。

通常，把链表画成用箭头相链接的结点的序列，结点之间的箭头表示链域中的指针。

链表是数据元素之间的逻辑关系的映像，可以看出，线性表逻辑上相邻的两个数据元素其存储的物理位置不一定相邻。

图 2-5 是表 2-1 单向链表的一种表示形式，在使用时只需要关注线性表中的数据元素之间的逻辑顺序，而不是每个数据元素在存储器中的实际地址。

表 2-1 L 的存储结构示意

存储地址	数据域	指针域	存储地址	数据域	指针域
1	Wang	49	31	Liu	7
7	Chen	37	37	Yang	43
13	Huang	55	43	Zhao	13
19	Wu	NULL	49	Zhang	31
25(头指针)	Li	1	55	Zhou	19

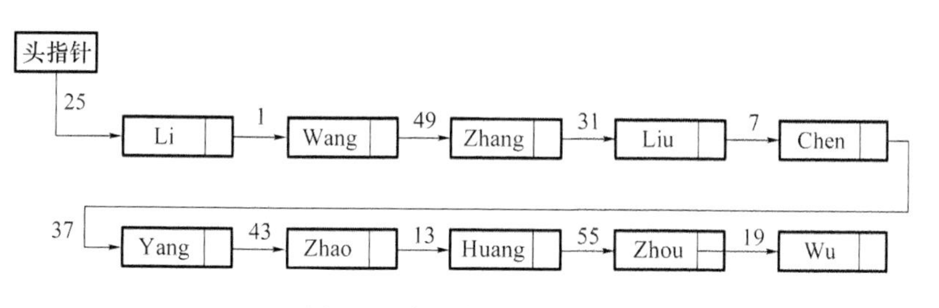

图 2-5 线性表的链式表示

如果一个结点由 data(数据域)和 link(指针域)两部分表示，p 为指向一个结点的指针，则 p 所指向结点的数据值可表示为：p->data 或者(*p). data，该结点的后继结点地址(或指针)为 p->link 或者(*p). link。指针变量和结点变量的比较如表 2-2 所示。

表 2-2　指针标量和结点变量的比较

	指针变量	结点变量
定义	显式定义	通过 new 动态生成
取值	非空时，存放结点地址	存放结点的数据域和指针域值
操作方式	通过变量名直接访问	通过指针生成、访问以及释放

综上所述，**链表的主要特点**可以归纳为以下几点：**（本章重点）**

（1）逻辑关系上相邻的两个数据元素在物理位置上不一定相邻。

（2）从链表的头指针开始，通过结点中的链顺序可以存取表中元素，因此，链表是一种顺序存取结构，在链表中存取元素的效率低，算法的时间复杂点为 $O(n)$。

（3）为了表示逻辑上的相邻关系，在存储链表中的元素时，需要为表示元素之间的关系增加额外空间。

（4）插入和删除链表中的元素不必移动大量的元素，因此，链表的插入/删除效率高，算法的时间复杂度为 $O(1)$。

（5）在链表中增加或删除结点时，无须改变其他结点的地址（只需要修改相关结点中指针域的值即可），因此，链表容易扩充与缩小。

有时，在单链表的第一个结点之前附设一个结点，称之为头结点。头结点的数据域可以不存储任何信息，也可以存储如线性表的长度等附加信息（视具体的数据类型而定）；头结点的指针域存储指向第一个结点的指针（即第一个元素结点的存储位置）。此时，带头结点的单链表的逻辑状态如图 2-6 所示。

图 2-6　带头结点的单链表的逻辑状态示意图

单向链表中设置头结点的主要作用是：

（1）使空表和非空表统一，即链表始终具有一个头结点；且对任意一个元素来说，都有一个唯一的前驱结点。

（2）使算法处理结点一致，即对链表中任意元素结点的操作，都不会改变头结点的值。

当链表中最后一个结点的指针域指向头结点，整个链表形成一个环时称为**循环链表**（Circular Linked List）。由此，从链表中任一结点出发均可找到链表中其他结点。单向循环链表的逻辑状态如图 2-7 所示。

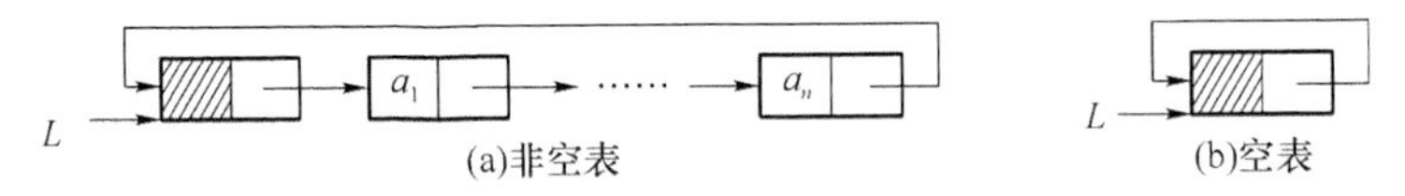

图 2-7　带头结点的循环单链表的逻辑状态示意图

单向循环链表和单向链表操作基本一致，区别在于算法中循环语言的判断条件不是结点的地址为空或结点的指针域为空，而是结点的指针域是否指向头结点。

在单链表中的每个结点只设有一个指向其直接后继结点的指针，由此，从某个结点出发只能顺指针往后寻找其他结点。若要寻查结点的直接前驱，则需从链表的头结点出发判断。为了克服单链表的这种单向性缺陷,在链表中的每个结点中增设一个指向该结点直接前驱的指针,构成一个双向链表。其逻辑状态如图 2-8 所示。

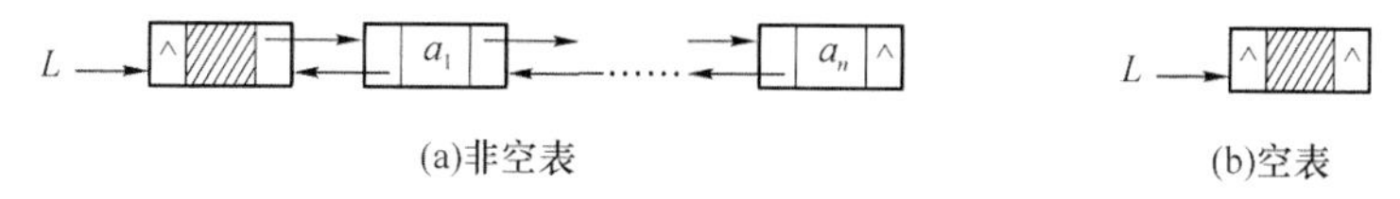

图 2-8　带头结点的双向链表的逻辑状态示意图

有时也可构成一个双向循环链表,其逻辑状态如图 2-9 所示。

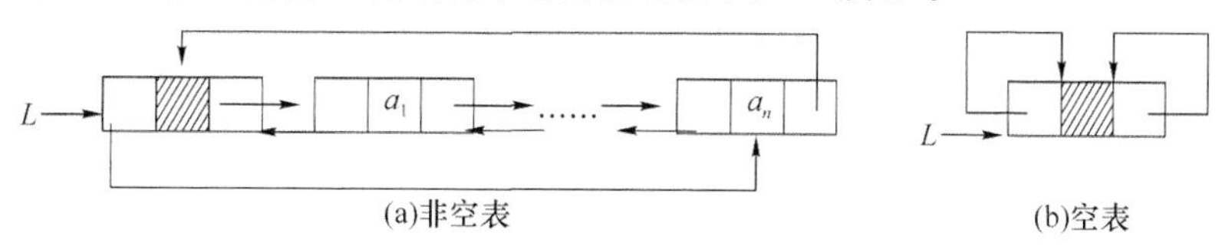

图 2-9　带头结点的双向循环链表的逻辑状态示意图

简便起见,未明确指明的链表特指为单向链表。

2.3.2　链表的类定义

链表是由结点组成的,因此,在链表的类定义中涉及两个类:一个是结点类,另一个是链表类。为了方便操作,在此,采用**聚合关系(常见的类之间的关系主要有关联、聚合、组合、泛化、实现以及依赖)**表达两个类之间的关系(换句话说,链表类是由结点类组成的)。利用在结点类中声明友元的方法,让链表类能访问结点类的私有成员,结点类的一个对象作为链表类的数据成员。

类定义代码存放在文件 linklist.h 中。类的定义如下所示:**(本章重点)**

```
template<class T>class LinkedList;//链表类事先声明
template<class T>
class ListNode{
private:
    T data;                          //结点数据域,数据类型抽象为 T
    ListNode<T> * link;              //结点指针域(递归的数据结构)
public:
    friend class LinkedList<T>;      //链表类是结点类的友元,可对其私有成员操作
    ListNode(ListNode<T> * ptr = NULL){link = ptr;}
    ListNode(const T& item,ListNode<T> * ptr = NULL):data(item),link(ptr){}
};//链表结点类定义

template<class T>
class LinkedList{
public:
    LinkedList(){first = new ListNode<T>;   len = 0;}  //构造函数初始化一个带头结点的空表
    LinkedList(LinkedList<T> &List);         //复制构造函数
    ~LinkedList(){MakeEmpty();   len = 0;}   //析构函数释放结点空间
    void MakeEmpty();                        //清空一个链表
    bool IsEmpty()const{return first->link == NULL;} //如链表空,返回真;否则,返回假
    int Length()const{return len;}       //返回链表长度(即链表中结点的个数)
    ListNode<T> * LocateElem(const T val)const;//返回链表中第一个与 val 值相同的元素地址
    ListNode<T> * GetElem(int k)const;//返回链表中第 k 个结点的地址,k 越界返回空
    T GetElem(ListNode<T> * ptr){return ptr->data;}//获取指定结点的数据值(前提是 ptr 非空)
    bool ListInsert(int k,T val);//在链表的第 k 个结点前插入一个值为 val 的结点
```

```
    bool ListDelete(int k,T &val);//删除链表中第 k 个结点,并将值返回给 val
    friend istream& operator>>(istream &in,LinkedList<T> &List);        //建立一个链表
    friend ostream& operator<<(ostream &out,LinkedList<T> &List);       //输出所有结点值
private:
    ListNode<T> * first;//链表头结点定义(由此,可以得出链表类与结点类之间是聚合关系)
    int len;                //结点个数,即链表长度
    void CreateList(istream &in);     //建立一个链表
    void TraverseList(ostream &out); //从表头到表尾依次输出链表中所有结点的值
};//链表类定义
```

2.3.3 链表基本操作的实现

链表类中成员函数的定义存放在 linklist. cpp 中。以下是链表部分操作源代码：

（1）创建表操作

用已知的一个链表创建一个新的链表,采用复制构造函数实现这一操作。

```
template<class T>
LinkedList<T>::LinkedList(LinkedList<T> &List){//深复制实现链表的复制
    ListNode<T> * srcptr = List.first ->link;  //从 List 的第一个结点开始复制
    first = new ListNode<T>;  //调用结点类的第一个构造函数,建立头结点
    ListNode<T> * destptr = first;  //用此结点链接要复制的结点
    while(srcptr){//新建一个结点,并与前一结点连接,即调用结点类的第二个构造函数
        destptr ->link = new ListNode<T>(srcptr ->data);
        destptr = destptr ->link;   srcptr = srcptr ->link;
        ++ len;                                  //链表的长度增 1
    }
    destptr ->link = NULL;                       //为新表设置结束标志
} //算法时间复杂度为 O(n)
```

（2）清空表操作

将表中结点逐一删除并释放去占用的空间,但不要删除头结点。

```
template<class T>
void LinkedList<T>::MakeEmpty(){//删除头结点后所有的结点
    ListNode<T> * p;
    while(first ->link){//如果链表中存在元素结点,就释放该结点的空间
        p = first ->link;   first ->link = p ->link;   //将头结点链接到 p 所指结点的后一个结点
        delete p;
    }
    len = 0;
} //算法时间复杂度为 O(n)
```

在此不能用 first->link=NULL 将表置空。否则,系统无法回收链表中结点占用的空间。

（3）获取元素操作

链表是一个顺序存取结构,即使已知某元素的逻辑序号,也无法根据序号直接存取元素的值。还是必须从链表的第一个结点依次找到第 k 个结点才能取出元素的值。因此,该操作的限制条件是:$n \geqslant k \geqslant 1$($n$ 为表中元素的个数)。

```
template<class T>
ListNode<T> * LinkedList<T>::GetElem(int k)const{ //获取链表中第 k(len≥k≥1)个结点的地址
    if(k<1 || k >len){cout<< "无此结点!"<<endl;   return NULL;}
    ListNode<T> * p = first ->link;   int i = 1;
```

```
    while(p && i<k){//将指针移到第 k 个结点
        p = p->link;   ++ i;
    }
    return p;
} //算法的时间复杂度为 O(n)
```

(4) 查找元素操作

在链表中查找元素的过程与在顺序表中的查找类似。不同点在于顺序表中返回的是元素在表中的逻辑序号,而在链表中返回的是结点的地址。

```
template<class T>
ListNode<T> * LinkedList<T>::LocateElem(const T val)const
{//返回链表中第一个与 val 值相同的结点的地址;若表中没有与 val 值相同的结点,则返回 NULL
    ListNode<T> * p = first ->link;
    while(p){//在链表中依次查找与 val 值相同的结点
        if(p ->data = = val){return p;} //查找到第一个与 val 值相同的结点,返回其地址
        p = p ->link;
    }
    return NULL;//查找失败
}//算法的时间复杂点为 O(n)
```

?想一想:在顺序表和链表中如何实现同一个算法,在实现时的特点是什么?

(5) 插入结点操作

链表的插入就是在第 $k(1\leqslant k\leqslant len+1$,len 为链表长度)个结点前插入一个新的结点。首先,用指针 p 定位到一个结点(第 $k-1$ 个结点);然后,定义一个新的结点(指针 newPtr 存放新结点地址);最后,将新结点插入到指定位置,插入操作如图 2-10 所示。

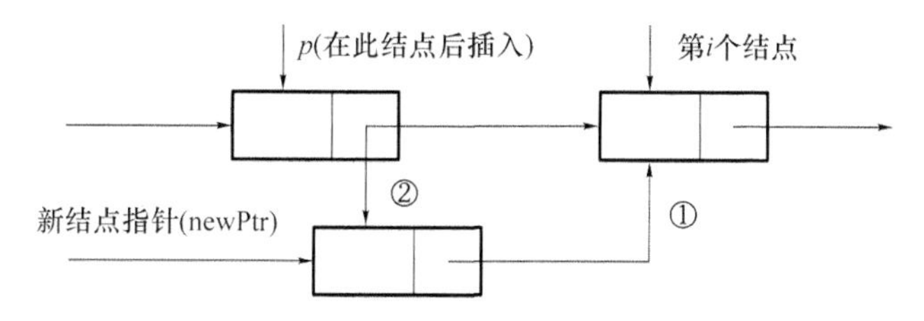

① newPtr->link = p->link ② p->link = newPtr

图 2-10 链表中插入结点示意图

```
template<class T>
bool LinkedList<T>::ListInsert(int k,T val){
  //在表中第 k(1≤k≤len + 1)个结点前插入一个结点,其值为 val
    if(k<1 || k>len + 1){cout<< "插入位置错误!"<<endl;   return false;}    //k 值非法
    ListNode<T> * p = first, * newPtr;    int j = 0;
    while(j<k - 1){//将指针移到第 k - 1 个结点
        p = p ->link;   ++ j;
    }
    //插入新结点 newPtr,修改相关指针域
    newPtr = new ListNode<T>(val);
    newPtr ->link = p ->link;    p ->link = newPtr;
    ++ len;          //插入成功,链表长度增 1
    return true;
}//算法的时间复杂度为 O(n)
```

插入结点的算法(不包括指针定位)时间复杂度为 $O(1)$，但上面的算法包括指针定位，由于链表是一种顺序存储结构，故上面的插入结点算法的时间复杂度为 $O(n)$。

可以用插入操作实现链表的创建。建立一个 main. cpp 文件，在该文件的 main 函数中调用 ListInsert 函数可以建立并输出一个链表中所有结点的值，具体代码及运行结果如下所示。

```
void main(){
    LinkedList<int> L;
    for(int i = 1;i<11; ++ i){//以插入结点方式建立一个单向链表
        L.ListInsert(i,i);
    }
    cout<<L;                    //具体的实现代码在(8)中
}
```

输出结果：

单向链表中结点的值为：

1 2 3 4 5 6 7 8 9 10

(6) 删除指定结点操作

链表的删除就是删除链表中第 k 个结点。首先，要用指针 p 定位到一个结点(第 $k-1$ 个结点)，然后指针 q 定位到 p 的后一个结点，接着将 p 所指的结点与 q 所指结点的后一个结点相连，最后将 q 所指的结点删除。删除操作如图 2-11 所示。

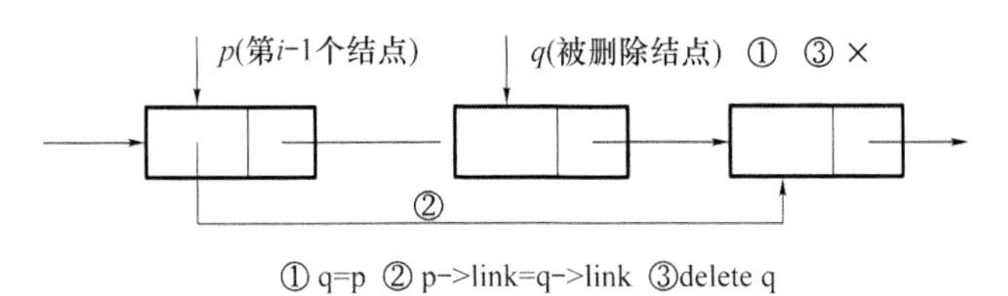

图 2-11 链表中删除结点示意图

```
template<class T>
bool LinkedList<T>::ListDelete(int k,T &val){  //删除第 k(1≤k≤len)个结点,空表不能删除
    if(k<1 || k>len){cout<< "插入位置错误!";   return false;}
    if(!first->link){cout<< "空表不能删除!" ;   return false;}
    ListNode<T> * p = first;   int j = 0;
    while(j<k - 1){//将指针移到第 k - 1 个结点
        p = p->link;   ++ j;
    }
    ListNode<T> * q = p->link;
    p->link = q->link;   val = q->data;   delete q;  //删除结点 q,修改相关指针域
    -- len;                                          //链表长度减 1
    return true;
}//删除算法(包括删除位置定位)的时间复杂度为 O(n)
```

(7) 建立新表操作

每次在头结点后插入 1 个结点，便可建立一个表长为 n 的带头结点的单向链表。用此方法建立单向链表，输入数据的顺序和输出数据的次序刚好相反。此方法无须为插入元素定位，

在不考虑链表中元素的顺序时，采用此方法建表最快捷。该操作的算法描述如图 2-12 所示。

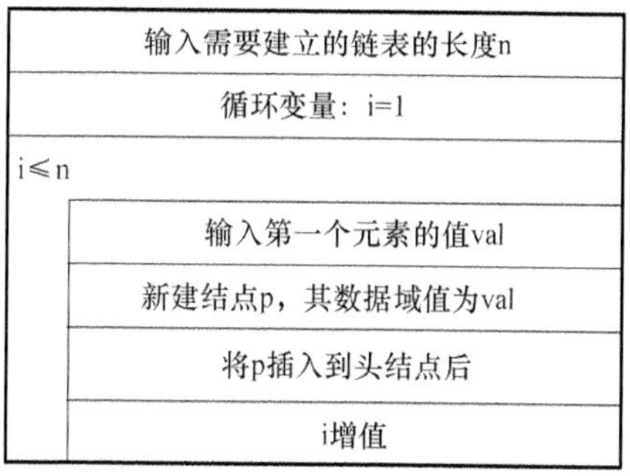

```
template<class T>
void LinkedList<T>::CreateList(istream &in){
  //新建一个链表，in 是与重载输入流函数联系的接口
    ListNode<T> * p;
    T val;   int i = 1,n;
    cout<<"新建一个链表:"<<endl;   cout<<"输入结点的个数:";   in>>n;
        while(i<= n){//依次建立 n 个新结点
        cout<<"输入第"<<i<<"个结点的值:";   in>>val;
        p = new ListNode<T>(val);
        p->link = first->link;   first->link = p;   //将新结点始终插入在头结点之后
        ++i;
    }
    len = i - 1;
} //算法的时间复杂度为 O(n)
```

输入需要建立的链表的长度n

循环变量：i=1

i≤n

输入第一个元素的值val

新建结点p，其数据域值为val

将p插入到头结点后

i增值

图 2-12　算法程序流程图

```
template<class T>
istream& operator>>(istream &in,LinkedList<T> &List){
  //重载输入流，调用 CreateList(in)函数建立一个新的链表
    List.CreateList(in);   return in;
} //
```

②想一想，为什么不能在重载数据流中直接写入 CreateList 函数中的代码？如果要让元素插入的次序和输出的次序相同，该如何修改上面的算法？

(8) 输出链表

只要从链表的第一个结点开始遍历整个链表，就可以将链表中所有结点值依次输出。

```
template<class T>
ostream& operator<<(ostream &out,LinkedList<T> &List){   //调用 TraverseList()函数输出链表
    List.TraverseList(out);
    return out;
}
template<class T>
void LinkedList<T>::TraverseList(ostream&out){//输出链表
    ListNode<T> * p = first->link;              //p 指向链表的第一个结点
    out<<"单链表中结点的值为:"<<endl;
    while(p){//setw 函数指定输出位置，由库函数 iomanip.h 解释
        out<<setw(5)<<p->data;   p = p->link;
    }
    out<<endl;
} //算法的时间复杂度为 O(n)
```

将上述操作代码全部写入 linklist. cpp 中，在执行文件 main. cpp 中加入适当的代码调用 linklist. cpp 中函数即可实现相应的操作。若要实现其他操作，只要将操作定义加入 linklist. h 中，操作代码加入 linklist. cpp 中，再在 main. cpp 中修改代码，则可以实现具体的操作。

```
void main(){
    LinkedList<int>L;
    cin>>L;
    cout<<L;
}
```

输出结果：

```
新建一个链表：
输入结点的个数:5
输入第 1 各结点的值:3
输入第 2 个结点的值:23
输入第 3 个结点的值:33
输入第 4 个结点的值:45
输入第 5 个结点的值:10
单链表中结点的值为：
  10   45   33   23   3
```

2.3.4 双向链表

在单向链表中，根据已知结点的 link 链域便可直接获取该结点的后继结点。但是，要获取该结点的前驱结点，必须从第一个元素开始，顺着各结点的 link 域进行搜索，即算法时间复杂度为 $O(n)$。

如果要方便地获取已知结点的前驱结点，只需要在单向链表结点结构中再增添一个指向前驱结点的指针域，这样的链表被称为双向链表。**在双向链表中，每个结点包括三个域：一个数据域(data)、一个指向前驱的指针域(prior)以及一个指向后继结点的指针域(next)。**双向链表的 C++类定义如下所示(头文件保存在 doublelist. h 中)。

```
template<class T>class DoubleList;
template<class T>
class DoubleNode{
private:
    T data;
    DoubleNode<T> * prior, * next ;
public:
    friend class DoubleList<T>;
    DoubleNode(DoubleNode<T> * left = NULL,DoubleNode<T> * right = NULL)
    : prior(left),next(right){}
    DoubleNode(T item,DoubleNode<T> * left = NULL,DoubleNode<T> * right = NULL)
    : data(item),prior(left),next(right){}
};//双向链表结点类定义

template<class T>
class DoubleList{
private:
    DoubleNode<T> * first;          //双向链表头结点
    int length ;                    //链表中结点个数
public:
    DoubleList()                    //带头结点的双向循环链表初始化
    {first = new DoubleNode<T>;  first ->next = first ;  first ->prior = first ;length = 0;}
```

```
    ~DoubleList(){MakeEmpty();}   //析构函数
    void MakeEmpty();             //删除链表中所有结点
    bool IsEmpty(){return first->next==first;}
    bool Find(int i,T &val)const ; //val 带回链表中第 i 个结点
    bool Insert(int i,const T val); //在第 i 个结点前插入一个值为 val 的结点
    bool Remove(int i,T &val);    //删除第 i 个结点,val 带回其值
    void Output()const;           //从第 1 个结点开始,输出链表中所有结点值
};//双向链表类定义
```

下面主要介绍双向链表的插入和删除的操作步骤。

(1) 双向链表中结点的插入

设 p 指向双向链表中某个结点,newPtr 指向待插入的新结点,其值为 val。操作示意图如图 2-13 所示。

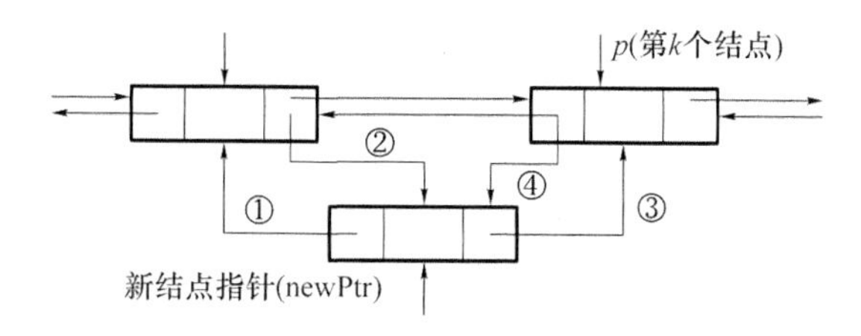

图 2-13 双向链表中插入结点操作示意图

具体的插入操作步骤如下。

① newPtr->prior=p->prior;

② p->prior->next=newPtr;

③ newPtr->next=p;

④ p->prior=newPtr;

操作的次序不是唯一的,但也不是任意的。操作①②必须在操作④之前进行,否则 p 所指结点的前驱地址将会错位。试一试写写在 p 所指的结点后插入一个结点的操作步骤。

(2) 双向链表中结点的删除

设 p 指向双向链表中要删除的结点,删除结点前必须将其前驱和后继结点的后继链和前驱链重新设置。具体的操作如图 2-14 所示。

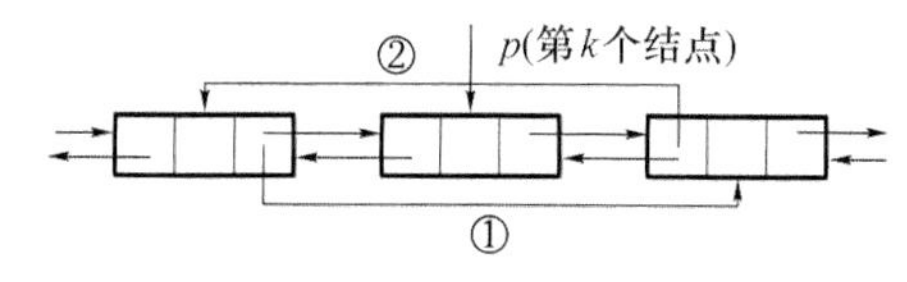

图 2-14 双向链表中删除结点操作示意图

具体的删除操作步骤如下。

① p->prior->next=p->next;

② p->next->prior=p->prior;

③ delete p;

双向链表的部分操作实现源代码如下所示(doublelist.cpp 存放操作源代码)。

```
template<class T>
void DoubleList<T>::MakeEmpty(){//将链表中除头结点外所有结点删除
    DoubleNode<T> *p;
    while(first->next != first){ //如果存在一个结点就删除它
        p=first->next;    first->next=p->next;    delete p;
    }
    first->next=first;   first->prior=first;   length=0;
} //算法的时间复杂度为 O(n)
```

```
template<class T>
bool DoubleList<T>::Find(int i,T &val)const{//查找第 i 个结点,val 带回其值
    if(i<1 || i>length){cout<<"i 超界!"<<endl;   return false;}
    DoubleNode<T> * p = first ->next;   int j = 1;
    while(j<i){
        p = p ->next;   ++ j;
    }
    val = p ->data;
    return true;
}  //算法的时间复杂度为 O(n)

template<class T>
bool DoubleList<T>::Insert(int i,const T val){//在第 i 个结点前插入一个值为 val 的结点
    if(i<1 || i>length + 1){return false;}      //i 值非法
    DoubleNode<T> * p = first, * newPtr;   int j = 0;
    while(j<i  ){                              //将指针移到第 i 个结点
        p = p ->next;   ++ j;     //新结点插入到 p 指针指向的结点之前
}
    newPtr = new DoubleNode<T>(val,p ->prior,p);
    p ->prior ->next = newPtr;   p ->prior = newPtr;   ++ length;
    return true;                               //插入成功
} //算法的时间复杂度为 O(n)

template<class T>
bool DoubleList<T>::Remove(int i,T &val){      //删除第 i 个结点,值由 val 带回
    if(i<1 || i>length){return false;}         //i 值非法
    if(IsEmpty()){cout<< "空表不能删除!" ;  return false;}
    DoubleNode<T> * p = first;   int j = 0;
    while(p ->next ! = first && j<i){//将指针移到第 i 个结点
        p = p ->next;   ++ j;
    }
    DoubleNode<T> * tmp = p;          //tmp 指向要删除的结点
    p ->prior ->next = p ->next;   p ->next ->prior = p ->prior;//tmp 前后结点链接
    val = tmp ->data;   delete tmp;   //释放删除结点空间
    -- length;
    return true;                      //删除成功
} //算法的时间复杂度为 O(n)

template<class T>
void DoubleList<T>::Output()const{//依次输出链表中所有结点的值
    DoubleNode<T> * p = first ->next;
    cout<<"双向链表中所有结点的值为:"<<endl;
    while(p ! = first){
        cout<<p ->data<<"   ";   p = p ->next;
    }
    cout<<endl;
} //算法的时间复杂度为 O(n)
```

循环链表中没有 NULL 的指针域，其空链判断不同于非循环链表；因此，其特点是无须增加存储量，仅对表的链接方式稍作改变，即可使得表处理更加方便灵活。

在执行文件 main.cpp 的 main 函数中加入适当的代码调用 doublelist.cpp 中相应的函数即可实现相应的操作。下面是双向链表中插入和删除结点操作的演示。

```
void main(){
    DoubleList<int>List;
    for(int i = 1;i<11; ++ i){//以插入结点方式建立一个双向循环链表
        List.Insert(i,i);
    }
    List.Output();
    int k,val;
    cout<<"输入要删除的结点序号(逻辑序号):"<<endl;   cin>>k;
    List.Remove(k,val);
    cout<<"删除第"<<k<<"个结点后链表中结点的值:"<<endl;
    List.Output();
    cout<<"被删除的值为:"<<val<<endl;
}
```

输出结果:

```
双向链表中所有结点的值为:
1  2  3  4  5  6  7  8  9  10
输入要删除的结点序号(逻辑序号):
5
删除第 5 个结点后链表中结点的值:
1  2  3  4  6  7  8  9  10
被删除的值为:5
```

2.3.5　链表应用实例

【例 2-4】　单向链表逆置。已知单向链表 H,写一个算法将其逆置(要求无额外的附加存储空间),即实现图 2-15 所示的操作。

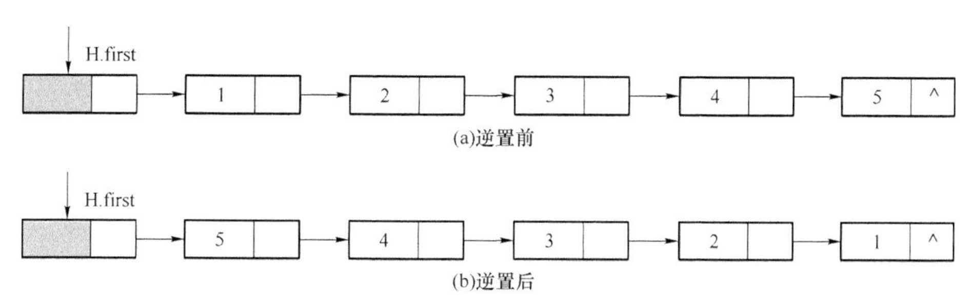

图 2-15　单向链表的逆置效果

算法思路

(1) 将原表分成带头结点的空表(可视为空的逆置表)和不带头结点的两个子表;

(2) 在后一个子表中依次取原链表中的每个结点;

(3) 将其作为第一个结点插入到逆置表的头结点后;

(4) 重复(2)和(3),直到后一个子表为空。

```
template<class T>
void LinkedList<T>::Inverse(){//链表逆置
```

```
    ListNode<T> * p, * q;
    if(IsEmpty()){cout<< "空表!"<<endl;    return;} //空链表不操作
    p = first ->link;
    first ->link = NULL;          //初始化逆置表
    while(p){//依次取出结点 p,插入到逆置表头结点后面
        q = p ->link;   p ->link = first ->link;   first ->link = p;
        p = q;                    //p 指向下一个要插入的结点
    }
} //算法的时间复杂度为 O(n)
```

【例 2-5】 利用单向循环链表实现 Josephus 问题。设 n 个人围坐在一个圆桌周围，现在从第 s 个人开始报数，数到第 m 个人，让他出局；然后出局的下一个人重新开始报数，数到第 m 个人，再让他出局，……，如此反复直到所有的人全部出局为止。

假设 $n=9,s=1,m=5$，人工模拟 Josephus 问题的部分求解过程如图 2-16 所示。

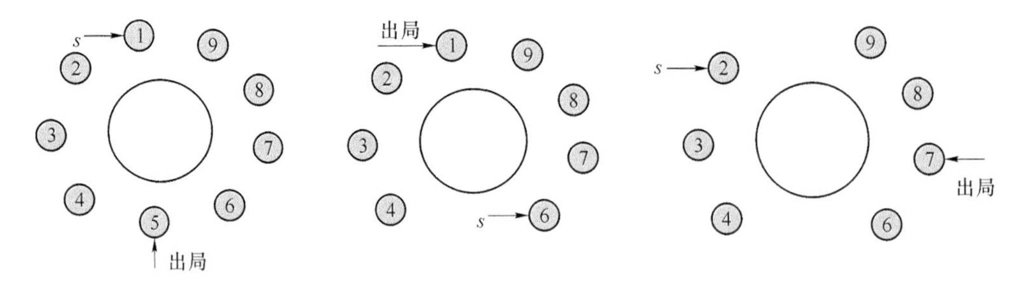

图 2-16　Josephus 问题的求解过程示意图(5、1 和 7 依次出局)

算法思路

(1) 存储结构的选取。出局意味着删除操作，每次报数到 m 就删除 1 个元素，为了避免反复移动被删除元素后的所有元素。因此，采用链表作为解决问题的存储结构比顺序表高效。此外，链表中元素必须首位衔接，循环链表就能保证每次指针走到尾部便自动返回表首。

(2) 具体算法如下所示：

① 一个指针指向开始报数的第 s 个元素(首元素)，另一个指针指向 p 指向元素的前一个元素(尾元素)。

② 如果首尾元素不是同一个元素(即表非空)，则转到③；否则，删除最后一个元素，即全部人员均已出局。

③ 开始报数。

④ 如果报到 m，则删除此元素，即该人出局，返回②，否则，转到⑤。

⑤ 首尾元素顺移，重复②～⑤，直至所有元素均被删除。

```
template<class T>
void LinkedList<T>::Josephus(int n,int s,int m)const{
  //共有 n 个人围成圈,从第 s 个人开始报数,数到第 m 个人出局;再从后一个人开始报数,直到所有人
    出局为止(请仔细阅读代码,在适当处加上注释)
    ListNode<T> * p = first, * q;   int i,j,k = 1;
    for(i = 1;i<= n;i ++ ){//新建一个由 1～n 组成的循环链表
        q = new ListNode<T>(i);     p ->link = q;    p = q;
    }
    p ->link = first ->link; //______________________________
    //写出下面 for 语句操作意图:______________________________
    for(p = first ->link;p ->link != first ->link;p = p ->link){cout<<"   "<<p ->data;}
    cout<<"   "<<p ->data;
```

```
    j = 1;    //初始化,p指向第一个结点,j为计数器
    p = first->link;
    while(j<s){//写出下面while语句操作意图:____________________
        p = p->link;  j++;
    }
    q = p->link;
    while(q->link != p){q = q->link;}
    cout<<endl;
    while(p->link != p){//报数不足m,则指针后移。首元素和尾元素随着更新
        for(j = 1;j<= m-1;j++){
            q = p;  p = p->link;
        }
        cout<<setw(5)<<p->data;//报m数者出局,即删除首元素开始的第m个元素
        q->link = p->link; delete p;
        p = q->link;            //从出圈后面开始报数
    }
    cout<<setw(5)<<p->data;
}
```

2.4 链表和顺序表的选取

通常通过以下几点考虑顺序表和链表的选取:

(1) 存储空间

顺序表的存储空间是静态分配的,需要事先估计线性表的长度或存储规模,在程序运行过程中还要考虑存储空间的扩充;而链表中的结点是在程序运行过程中动态生成或释放的,不用事先估计存储规模,在内存容量足够大的情况下一般不考虑链表的上溢。

由于顺序表中元素序列反映的是线性表逻辑上排列顺序,因此,无须安排额外的存储空间存放元素之间的关系;但链表的存储密度较低,存储密度是指一个结点中数据元素所占的存储单元和全部结点所占的存储单元之比,显然,链表的存储密度是小于1的。

(2) 主要操作的效率

顺序表是随机存储结构,按序号对表中元素进行存或取操作,访问的时间复杂度为$O(1)$,而链表从标头开始顺序存取表中元素,是顺序存取结构,访问元素的时间复杂度为$O(n)$。

在对顺序表进行插入或删除操作时,需要移动元素,操作的时间复杂度为$O(n)$;但对链表进行插入或删除操作时,只需要改变结点中的指针域,而无须移动元素。

在选择具体的存储结构时,要考虑主要执行的操作的性质,是静态的、还是动态的,是否便于操作的有效运行。

(3) 存储结构的运行机制

为防止顺序表中元素越界存储,在顺序表中增设表长来防止表的上溢或下溢。而在对链表进行操作时,往往要注意链接的正确性;否则,会引发数据的丢失,或对空指针进行操作。顺序表相对于链表来说,调试和实现比较容易。

两种存储结构各有长短,选择哪一种由实际问题中的主要因素,如空间大小、操作性质以及实现的难易程度等决定。通常"较稳定"的线性表选择顺序表,而动态操作较频繁的线性表适宜选择链表。

对于线性链表,也可用一维数组来进行描述。这种描述方法便于在没有指针类型的高级程序设计语言中使用链表结构。**用数组描述的链表,即称为静态链表**(如图2-17所示)。这种

存储结构，仍需要预先分配一个较大的空间，但在作为线性表的插入和删除操作时不需移动元素，仅需修改指针（后继元素的序号），故仍具有链式存储结构的主要优点。

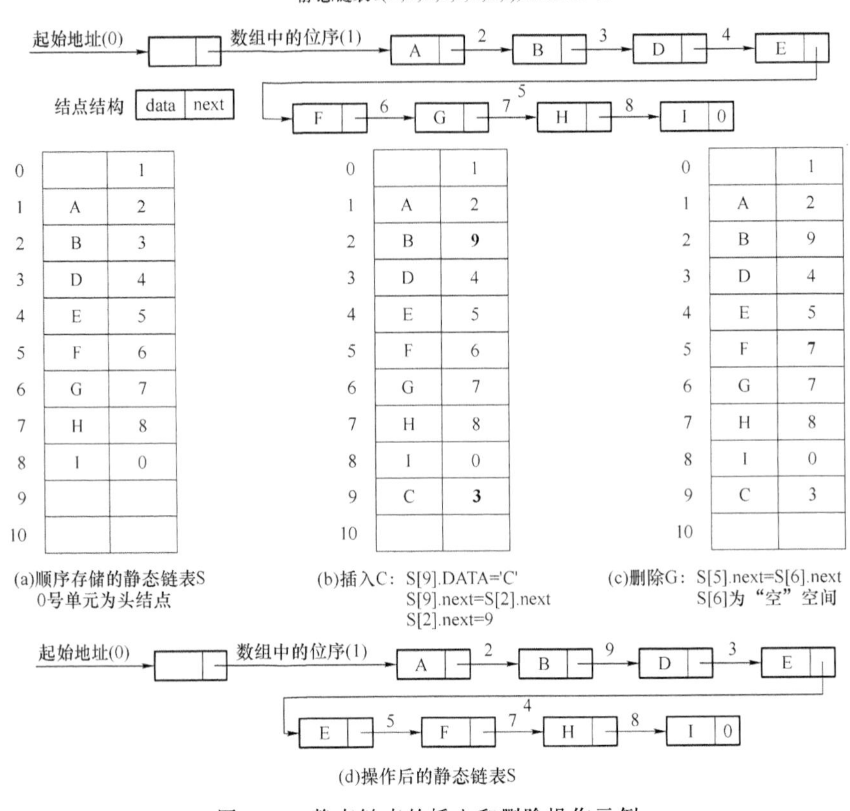

图 2-17　静态链表的插入和删除操作示例

C++语言标准库中定义了许多容器类，vector 容器类和 list 容器类实现的都是线性表的操作，阅读这两个容器类的源代码，加深顺序表和链表的理解，并在合适场合选取使用相应的容器类。

本章总结

• 顺序表中的遍历是靠表示数据元素位置的序号的移动，诸如具体的语句可以表示为：i=i+1；而链表中的遍历是靠指针的链接，诸如具体的语句表示为 p=p->link（其中，i 为整型为序号，p 为结点的指针）。

• 顺序表和链表的选取要从几个因素考虑：(1)顺序表不适合存储空间经常变动的场所；在进行插入和删除操作时需要移动大量数据；但按序存取操作效率比较高。(2)一般地，在内存允许情况下，链表伸展空间不受限制，且动态操作比较灵活且效率高；但存取操作效率低；并且，在操作链表时，错误的链接会引发数据丢失或对空指针操作。

• 在实际应用时，应根据实际的环境选择合适的数据结构，要折中考虑算法的时间复杂度和空间复杂度。

练　　习

一、选择题

1. (　　)是顺序存储结构的优点?

A. 存储密度大　　B. 插入运算方便

C. 删除运算方便　　D. 可方便地用于各种逻辑结构的存储表示

2. 下面关于线性表的叙述中,错误的是(　　)。

A. 线性表采用顺序存储,必须占用一片连续的存储单元

B. 线性表采用顺序存储,便于进行插入和删除操作

C. 线性表采用链接存储,不必占用一片连续的存储单元

D. 线性表采用链接存储,便于插入和删除操作

3. 线性表采用链式地址时,其地址(　　)。

A. 必须是连续的　　B. 一定是不连续的

C. 部分地址必须是连续的　　D. 连续与否均可以

4. 在单链表指针为 p 的结点之后插入指针为 s 的结点,正确的操作是(　　)。

A. p->link=s;　s->link=p->link;

B. s->link=p->link;　p->link=s;

C. p->link=s;　p->link=s->link;

D. p->link=s->link;　p->link=s;

5. 若长度为 n 的线性表采用顺序存储结构,在其第 i 个位置插入一个新元素的算法的时间复杂度为(　　)($1\leqslant i\leqslant n+1$)。

A. $O(0)$　　B. $O(1)$　　C. $O(n)$　　D. $O(n^2)$

6. 链表不具有的特点是(　　)。

A. 插入、删除不需要移动元素　　B. 可随机访问任一元素

C. 不必事先估计存储空间　　D. 所需空间与线性长度成正比

7. 若在一个长度为 n 的顺序存储线性表中向第 i 个元素($1\leqslant i\leqslant n+1$)之前插入一个新元素,则需要从后向前依后移(　　)个元素。

A. $n-i$　　B. $n-i+1$　　C. $n-i-1$　　D. i

8. 若某线性表最常用的操作是存取任一指定序号的元素和在最后进行插入和删除运算,则利用(　　)存储方式最节省时间。

A. 顺序表　　B. 双链表

C. 带头结点的双循环链表　　D. 单循环链表

9. 以下关于线性表的说法不正确的是(　　)。

A. 线性表中的数据元素可以是数字、字符、记录等不同元素

B. 线性表中包含的数据元素个数不是任意的

C. 线性表中的每个结点都有且只有一个直接前驱和直接后继

D. 存在这样的线性表,表中各结点都没有直接前驱和直接后继

10. 线性表的表元存储方式有(　　)和链接两种。试指出下列各表中使用的是何种存储方

式:表 1 是(   )存储方式;表 2 是(   )存储方式;表 3 是(   )存储方式;表 4 是(   )。

表 1

表元编号	货号	数量	表元间联系
1	618	40	2
2	205	2	3
3	103	15	4
4	501	20	5
5	781	17	6
6	910	24	0

表 2

表元编号	货号	数量	表元间联系
1	618	40	5
2	205	2	1
3	103	15	4
4	501	20	2
5	781	17	6
6	910	24	3

表 3

表元编号	货号	数量	表元间联系
1	618	40	5
2	205	2	1
3	103	15	4
4	501	20	0
5	781	17	6
6	910	24	3

表 4

表元编号	货号	数量	表元间联系	
			1	2
1	618	40	5	2
2	205	2	1	0
3	103	15	4	6
4	501	20	0	3
5	781	17	6	1
6	910	24	3	5

供选择的答案:

A. 连续　　B. 单向链接　　C. 双向链接　　D. 不连接

E. 循环链接　　F. 树状　　G. 网状　　H. 随机

I. 顺序　　J. 顺序循环

二、判断题

1. (   )链表中的头结点仅起到标识的作用。
2. (   )顺序存储结构的主要缺点是不利于插入或删除操作。
3. (   )单向链表是一种随机存取方式。
4. (   )循环链表不是线性表。
5. (   )对任何数据结构链式存储结构一定优于顺序存储结构。
6. (   )顺序存储方式只能用于存储线性结构。
7. (   )集合与线性表的区别在于是否按关键字排序。
8. (   )所谓静态链表就是一直不发生变化的链表。
9. (   )取线性表的第 i 个元素的时间同 i 的大小有关。
10. (   )若要建立一个有序的线性表,则采用链表比较合适。

三、填空

1. 顺序存储结构是通过________表示元素之间的关系的;链式存储结构是通过________表示元素之间的关系的。

2. 线性表 $L=(a_1,a_2,\cdots,a_n)$用数组表示,假定删除表中任一元素的概率相同,则删除一个元素平均需要移动元素的个数是________。

3. 设单链表的结点结构为(data,next),next 为指针域,已知指针 px 指向单链表中data为 x 的结点,指针 py 指向 px 后一结点,若将 py 指向的结点删除,则需要执行以下语句:__________________;__________________。

4. 在双向链表中,每个结点包含两个指针域,一个指向________结点,另一个指向________结点。

5. 在单链表中设置头结点的作用是:(1)________________________;(2)________________________。

6. 当线性表的元素总数基本稳定,且很少进行插入和删除操作,但要求以最快的速度存取线性表中的元素时,应采用__________存储结构。

7. 循环单链表的最大优点是:________________________。单向循环链表 L(L 为头结点,next 是指针域)为空的条件是________________________。

8. 对于一个具有 n 个结点的单链表,在已知的结点 $*p$ 后插入一个新结点的时间复杂度为________,在给定值为 x 的结点后插入一个新结点的时间复杂度为________。

9. 下面函数实现的操作是________________________。

```
template<class T>
void LinkedList<T>::func(){
    ListNode<T> * p = first ->link, * q, * r;
    while(p){
        r = p;   q = p ->link;
        while(q){
            if(q ->data = = p ->data){
                r ->link = q ->link;   delete q;   q = r ->link;
            }
            else{
                r = q;   q = q ->link;
            }
        }
        p = p ->link;
    }
}
```

10. 下面程序段是建立带头结点的单向链表函数,新建结点的次序和输出结点的次序相同(结点的个数为 n)。试填写相应语句,实现指定操作。

```
template<class T>
void LinkedList<T>::Create(int n){//链表结点包括数据域 data 和指针域 link。按输入次序依次在
                                    表尾插入结点
    ListNode<T> * p = ________, * newPtr;
    T val;   Len = n;
    for(int i = 1;i<= n; ++ i){
        cout<< "input the "<<i<< "th data:";        cin>>val;
        newPtr = new ListNode<T>(val);
        ____________________;   ____________________;
    }
    ____________________;
}
```

四、应用题

1. 线性表有两种存储结构：一是顺序表，二是链表。试问：

(1) 如果有 n 个线性表同时并存，并且在处理过程中各表的长度会动态变化，线性表的总数也会自动地改变。在此情况下，应选用哪种存储结构？为什么？

(2) 若线性表的总数基本稳定，且很少进行插入和删除，但要求以最快的速度存取线性表中的元素，那么应采用哪种存储结构？为什么？

2. 线性表($a_1, a_2, a_3, \cdots, a_n$)中元素递增有序且按顺序存储于计算机内。设计算法完成：

(1) 用最少时间在表中查找数值为 x 的元素；

(2) 若找到将其与后继元素位置相交换；

(3) 若找不到将其插入表中并使表中元素仍递增有序。

3. 设计一个静态链表类，实现对其的增删改查操作。

实　验　2

一、实验估计完成时间(90 分钟)

二、实验目的

1. 理解链表类设计过程：数据成员与基本操作的设计，弄清链表类与结点类的关系；
2. 理解基本操作的实现算法和 C++语言定义，以及设计简单的实现界面；
3. 理解顺序表和链表的特点，并能在实际应用中进行选取。

三、实验内容

1. 建立单向链表类定义(存放在文件 linklist.h 中)和基本操作(存放于文件 linklist.cpp 中)，操作包括：

(1) 初始化链表；

(2) 销毁链表；

(3) 查找给定值的结点；

(4) 在指定位置前插入结点；

(5) 输出链表中结点的值。

2. 编写一个 main.cpp 文件，用插入函数执行建立链表的操作，要求：数据输入次序和输出次序相同。

3. 下面是用链表实现【例 2-1】的代码，请在空白处填上适当语句完成指定操作，并上机验证该函数的正确性。

```
template<class T>
void LinkedList<T>::MergeList(LinkedList<T> &La,LinkedList<T> &Lb){
    ListNode<T> * pa = La.first->link, * pb = Lb.first->link, * p = first;
    while(pa&&pb){
        if(pa->data<= pb->data){
            ____________________;____________________;____________________;
```

```
            }
            else{
            ____________________;____________________;____________________;
            }
            ____________________;
        }
        while(pa){
            p->link = pa;    ____________________;    ____________________;
            pa = pa->link;
        }
        while(pb){
            p->link = pb;    ____________________;    ____________________;
            pb = pb->link;
        }
    }
```

4. 编写一个函数，建立一个有序单向链表。

四、实验结果

1. 链表类实现源代码。(课堂验收)
2. 在调试链表类成员函数时，遇到哪些问题？找出原因了吗？____________________

____

____

____

3. 如果让你建立一个有序链表，请画出描述算法的 N-S 图。

试着根据 N-S 图写出相应的 C++语句：

____________________　　____________________

____________________　　____________________

____________________　　____________________

____________________　　____________________

____________________　　____________________

____________________　　____________________

____________________　　____________________

____________________　　____________________

五、实验总结

1. 实验中有哪些 C++知识有待加深理解？

2. 链表类定义中，使用了类与类之间的聚合关系，你能说明聚合关系与泛化关系（在 C++语言中用继承表示）的区别吗？为什么在链表类定义中采用复合关系而不是泛化关系？

3. 通过本次实验，你能掌握以下要点吗？

（1）为什么顺序表是一个随机存取结构，而链表是一个顺序存储结构？

（2）设计一个一元多项式类（包括多项式的一些常规操作）。

4. 通过本次实验，你有什么收获？

六、实验得分（　　　　）

第3章　栈和队列

吾日三省吾身——为人谋而不忠乎？与朋友交而不信乎？传不习乎？

学习目标

- 掌握栈和队列两种逻辑数据结构的特点以及存储方式。
- 理解并掌握栈和队列的基本操作以及建立在相应存储结构上的实现方式。
- 熟练运用栈和队列解决实际问题。

栈和队列是两种操作受限制的线性结构，是使用频率较高的数据结构，往往会使得一些复杂的算法变得简单、明了。

3.1　栈

3.1.1　栈的定义及操作

栈(stack)是一种很重要的特殊线性结构。栈是限定在表尾进行插入或删除操作的线性表。对栈来说，表尾端有其特殊含义，称为栈顶(top)；相应地，表头端称为栈底(bottom)。不含元素的栈称为空栈。

由于栈的插入和删除操作仅在表的一端(栈顶)进行，后进栈的数据元素必先出栈，因此，**栈的特点是后进先出(LIFO)。**

图3-1中出栈的次序必定是 $a_{n-1}, a_{n-2}, \cdots, a_0$。

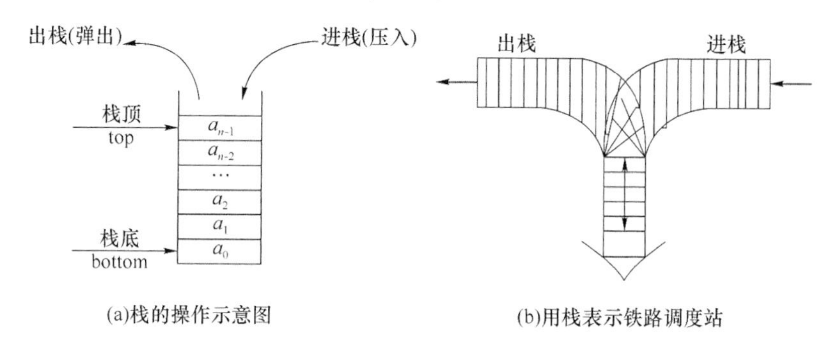

图3-1　栈的示意图

例如，向一个弹匣里装子弹时，子弹被一颗颗压入(Push)，这就类似进栈操作；相反，在射击时，子弹从弹匣顶部一颗颗弹出(Pop)，则类似出栈操作。很容易理解，后压入的子弹先射出，先压的子弹后射出。

栈的基本操作除了在栈顶实现进栈和出栈外，还有初始化栈、判空及取栈顶元素等。

3.1.2　栈的抽象数据类型定义

栈的抽象数据类型定义如下。

```
ADT Stack{
  Data:D = {aᵢ| aᵢ∈ElemSet,i = 1,2,…,n,n≥0,ElemSet 为同性质数据元素的集合}
  Relation:R = {< aᵢ₋₁,aᵢ>| aᵢ₋₁,aᵢ∈D,i = 2,…,n}
  Operation:
    Create(&S);          创建一个空栈
    Push(S,x);           元素 x 进栈
    Pop(S,T &val);       出栈,并将值赋予 val
    GetTop(S,T &val);    val 用于返回栈顶元素
    IsEmpty(S);          判栈空
    IsFull(S);           判栈满
    Traverse(S);         自栈底到栈顶输出栈内数据元素值
}
```

这里列出的是栈中一些常见的基本操作,可以根据需要添加其他的基本操作。

3.1.3　栈的存储及操作实现

与线性表类似,栈也有顺序栈和链式栈两种存储方式。**(本章重点)**

1. 顺序栈

利用顺序存储方式实现的栈称为**顺序栈**。

栈的许多操作限制在栈顶一端进行,因此,在栈的操作中需要设置一个栈顶指示器(常用 top 表示)标注栈顶位置。通常,将 0 下标端称为栈底,即栈的指示器 top=－1(空栈时 top 的值)。进栈时,top 加 1,出栈时 top－1。通过图 3-2 这两个实例可以了解 top 的作用。

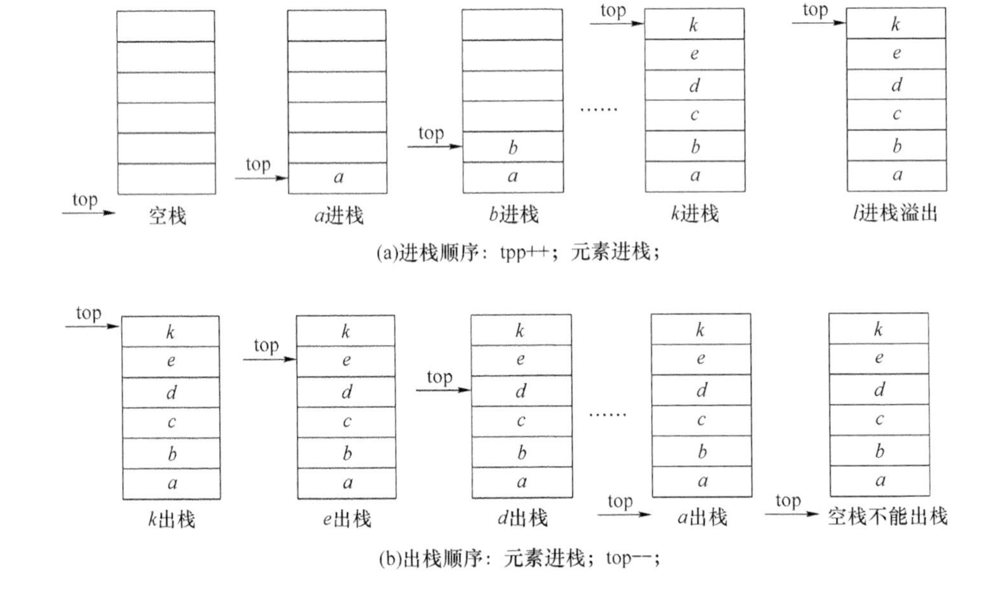

图 3-2　栈顶指针 top 与栈中数据元素的关系

进栈和出栈次序与 top 的初始位置有关。如果 top=0 为空栈标志,则进栈次序应先插入元素,然后 top 增 1;出栈时,则应使 top 减 1,然后获取元素值。

与顺序表类似,顺序栈中的元素占用一组地址连续的存储单元;因此,该对象的数据成员中应包括元素的起始地址、顺序栈中元素的个数以及顺序栈允许的最大空间(即可容纳的元素个数)。顺序栈的类定义(代码存储在 seqstack. h 中)如下所示。

```
template<class T>
class SeqStack{
private:
    T * theArray;       //theArray为连续空间首地址
    int top;            //top为栈顶元素位序指示器
    int maxSize;        //顺序栈所允许的最大空间
public:
    SeqStack(int sz = 20){//建立一个空栈
        maxSize = sz;   theArray = new T[maxSize];   top = -1;
    }
    ~SeqStack(){delete [ ]theArray;}               //析构函数
    bool Push(const T val);                        //栈未满,将元素 val 进栈
    bool Pop(T &val);                              //栈不空,弹出栈顶元素赋予 val
    bool GetTop(T &val)const;                      //栈不空,val 保存栈顶元素值
    bool IsEmpty()const{return top == -1;}         //判栈空
    bool IsFull()const{return top == maxSize;}     //判栈满
    voidTraverse()const;                           //自栈顶到栈底输出所有元素
};//顺序栈类定义
```

顺序栈的基本操作实现代码如下所示。

(1) 进栈操作

在栈未满情况下,允许元素进栈:栈顶指示器上移一个空间,然后将一个新元素放入栈顶指示器所指的空间中。

```
template<class T>
bool SeqStack<T>::Push(const T val){//进栈(若上溢,则操作失败)
    if(IsFull()){cout<<"栈上溢,操作失败!"<<endl;   return false;}
    theArray[++top] = val;   return true;
} //算法的时间复杂点为 O(1)
```

(2) 出栈操作

在栈未空的情况下,允许将栈顶指示器所指空间的元素删除:将栈顶指示器所指空间元素保存到一个变量中,然后栈顶指示器下移一个空间。

```
template<class T>
bool SeqStack<T>::Pop(T &val){//出栈,并将删除值赋予 val(若栈空,则操作失败)
    if(IsEmpty()){cout<<"栈空,操作失败!"<<endl;   return false;}
    val = theArray[top--];
    return true;
} //算法的时间复杂点为 O(1)
```

(3) 取栈顶元素操作

在栈未空的情况下,允许将栈顶指示器所指空间的元素保存到一个变量中。

```
template<class T>
bool SeqStack<T>::GetTop(T &val)const{//val 返回栈顶栈顶元素
    if(IsEmpty()){cout<<"栈空,操作失败!"<<endl;   return false;}
    val = theArray[top];
    return true;
} //算法的时间复杂点为 O(1)
```

出栈操作不同于取栈顶元素操作，后者并不改变 top 值和栈中元素。

(4) 输出操作

自栈顶到栈底依次输出栈中所有元素的值（栈顶指示器的值不能改变）。

```
template<class T>
void SeqStack<T>::Traverse()const{//遍历栈，即自栈顶至栈底依次输出栈中所有元素
    cout<<"栈中自栈顶至栈底元素值依次为："<<endl;
    int i = top;
    while(i > = 0){
        cout<<theArray[i]<<endl;   -- i;
    }
} //算法的时间复杂点为 O(n)
```

以上的各个操作代码写入文件 seqstack. cpp 中。在 main. cpp 文件建立 main 函数可以实现上述介绍的栈的基本操作，具体代码及运行结果如下所示。

```
void main(){
    SeqStack<int>S;int val;
    for(int i = 1;i<= 10; + + i){//建立一个顺序栈，输入顺序为 1～10
        S. Push(i);
    }
    S. Traverse();
    S. Pop(val);                //如果删除的元素无用，则可忽略此步
    cout<< "本次出栈的元素值为：”<<val<<endl;
    S. Traverse();
}
输出结果：
栈中自栈顶至栈底元素值依次为：
10  9  8  7  6  5  4  3  2  1
本次出栈的元素值为：10
栈中自栈顶至栈底元素值依次为：
9  8  7  6  5  4  3  2  1
```

2. 共享栈

当顺序栈满时要发生溢出，为了避免这种情况的产生，需要设置一个足够大的空间。但如果栈中没有几个元素，那么又会造成空间的浪费。此外，在程序设计中，当需要使用多个同类型的栈时，可能会产生一个栈空间过小，容量发生溢出；而另一个栈空间过大，造成大量存储单元浪费的现象。为了充分利用各个栈的存储空间，这时可以采用多个栈共享存储单元，即给多个栈分配一个足够大的存储空间，让多个栈实现存储空间优势互补。

图 3-3 是两个栈共享空间的存储示意。

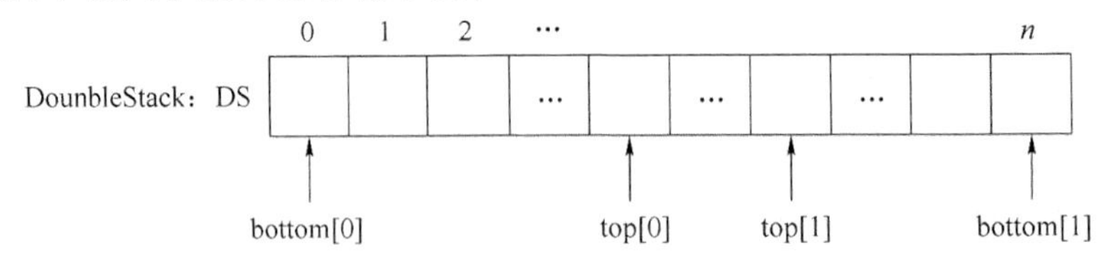

图 3-3　两个栈共享空间示意

假设共享栈中两个栈共享一个连续的存储空间 vector[0..maxSize－1]，第一个栈的栈底和栈顶指示器分别用 bottom[0]和 top[0]表示；第二个栈的栈底和栈顶指示器分别用 bottom[1]和 top[1]。表示为了达到存储空间互补，需要将两个栈的栈底分别设在表的两个端点(bottom[0]＝－1，bottom[1]＝maxSize)。在实现进栈和出栈时要针对具体的栈分别对两个栈顶指示器 top[0]和 top[1]进行修正。

(1) 进栈操作

进栈操作时，两个栈均从两端向中间伸展，直到两个栈顶指针相遇(栈满)，即共享栈栈满条件为：top[0]＋1＝＝top[1]。

假设 top[0]＝－1 时，第一个栈是空栈；top[1]＝maxSize 时，第二个栈是空栈。那么，第一个栈进栈的操作(插入的值为 elem)是：top[0]＋＋；vector[top[0]]＝elem；第二个栈进栈的操作(插入的值为 elem)是：top[1]－－；vector[top[1]]＝elem。

(2) 出栈操作

显然，只要两个栈中只要有一个不为空(bottom[i]≠top[i]，i 为 0 或 1)时，就能进行出栈操作：当第一个栈不为空时，val＝elem[top[0]]；top[0]－－；当第二个栈不为空时，val＝elem[top[1]]；top[1]＋＋。

共享栈的类结构定义及基本操作源代码如下(doublestack.h 存放共享栈类定义)所示。

```
template<class T>
class DoubleStack{
private:
    T * vector;                 //共享栈存储空间
    int bottom[2],top[2];       //共享栈中两个栈的栈底栈顶指示器定义
    int maxSize;                //允许的最大空间
public:
    DoubleStack(int size = 100); //构造函数,初始化共享队列
    bool IsEmpty(int i)const;   //判共享栈空
    bool IsFull()const{return(top[0] + 1 == top[1]);}//判共享栈满
    bool Push(int i,T elem);          //第 i 个栈进栈
    bool Pop(int i,T &elem);          //第 i 个出栈
    bool GetTop(int i,T &elem)const;  //取第 i 个栈栈顶元素
    voidTraverse()const;              //从头至尾输出共享栈中所有元素值
};//共享栈类定义
```

文件 doublestack.cpp 存放操作定义：

```
template<class T>
DoubleStack<T>::DoubleStack(int size){//初始化共享栈
    maxSize = size;    vector = new T[maxSize];
    bottom[0] = -1;    bottom[1] = maxSize;
    top[0] = -1;       top[1] = maxSize;
} //算法的时间复杂点为 O(1)

template<class T>
bool DoubleStack<T>::IsEmpty(int i)const{//判共享栈空,1≤i≤2
    if(i<1 || i>2){cout<<"The data is not in its range!"<<endl;  return false;}
    else{                                    //判第 i 个栈空
        return(top[i-1] == bottom[i-1]);
    }
} //算法的时间复杂点为 O(1)
```

```
template<class T>
bool DoubleStack<T>::Push(int i,T elem){ //进共享栈
    if(IsFull()){cout<<"OverFlow!"<<endl;   return false;}
    if(i == 1){                          //进第一个栈
        vector[++top[0]] = elem;   return true;
    }
    else{
        if(i == 2){                      //进第二个栈
            vector[--top[1]] = elem;   return true;
        }
        else{cout<<"The data is not in its range!"<<endl;   return false;}
    }
} //算法的时间复杂点为 O(1)

template<class T>
bool DoubleStack<T>::Pop(int i,T&elem){  //出共享栈
    if(i<1 || i>2){cout<<"The data is not in its range!"<<endl;   return false;}
    if(IsEmpty(i)){cout<<"Empty Stack!";   return false;}
    if(i == 1){                          //出第一个栈
        elem = vector[top[0]--] ;    return true;
    }
    else{                                //出第二个栈
        elem = vector[top[1]++] ;    return true;
    }
} //算法的时间复杂点为 O(1)

template<class T>
bool DoubleStack<T>::GetTop(int i,T&elem)const{//取栈顶元素
    if(i<1 || i>2){cout<<"The data is not in its range!"<<endl;   return false;}
    if(IsEmpty(i)){cout<<"Empty Stack!";   return false;}
    if(i == 1){
        elem = vector[top[0]] ;    return true;
    }
    else{
        elem = vector[top[1]] ;    return true;
    }
} //算法的时间复杂点为 O(1)

template<class T>
void DoubleStack<T>::Traverse()const{//从头到尾输出共享栈中元素
    int i = bottom[0] + 1;
    cout<<"The first stack:"<<endl;
    while(i<= top[0]){
        cout<<vector[i]<<"   ";   ++i;
    }
    i = top[1];
    cout<<"\nThe second stack:"<<endl;
    while(i<bottom[1]){
        cout<<vector[i]<<"   ";   ++i;
    }
    cout<<endl;
} //算法的时间复杂点为 O(n)
```

3. 链栈

用链式存储结构实现的栈称为**链栈**。

通常，用单向链表表示链栈。因此，链栈的类定义与单向链表相似。由于栈的操作主要在栈顶进行，故没有必要在单向链表中加上头结点。因此，对单向链表的初始化构造函数稍加修改，就能构造一个没有头结点的单向链表。

链栈类定义如下所示。

```
template<class T>class LinkedStack;
template<class T>
class LinkNode{
private:
    T data;
    LinkNode<T> * link;
public:
    LinkNode(LinkNode<T> * ptr = NULL){link = ptr;}
    LinkNode(const T&item,LinkNode<T> * ptr = NULL):data(item),link(ptr){}
    friend class LinkedStack<T>;
};//链表结点类

template<class T>
class LinkedStack{
private:
    LinkNode<T> * top;              //栈顶指针,即链表头指针
public:
    LinkedStack(){top = NULL;}      //建立一个空栈,没有头结点
    ~LinkedStack(){MakeEmpty();}    //析构函数
    void Push(const T val);         //将元素 val 进栈(内存空间足够大,不考虑上溢)
    bool Pop(T &val);               //如果栈不空,弹出栈顶元素赋予 val
    bool GetTop(T &val)const;       //如果栈不空,返回 1;否则,返回 0
    bool IsEmpty()const{return top == NULL;}//判栈空否
    voidMakeEmpty();
    voidTraverse()const;
};//链栈的类定义文件为 linkstack.h,其基本操作存放在文件 linkstack.cpp 中
```

链式栈的基本操作实现源代码如下所示。

```
template<class T>
void LinkedStack<T>::MakeEmpty(){//清空栈中所有元素
    LinkNode<T> * p;
    while(top){                     //逐个删除栈顶结点
        p = top;      top = p->link;    delete p;
    }
} //算法的时间复杂点为 O(n)

template<class T>
void LinkedStack<T>::Push(const T val){//进栈
    top = new LinkNode<T>(val,top);
} //算法的时间复杂点为 O(1)
```

仔细体会语句 top=new LinkNode<T>(val,top)；实际上它是三步合一：① 申请一个新结点空间，其数据域值为 val；② 新结点的指针域指向栈顶指针；③ 新结点为栈顶结点。

```
template<class T>
bool LinkedStack<T>::Pop(T& val){//出栈素
    if(IsEmpty()){cout<<"栈空，操作失败！";  return false;}
    LinkNode<T> * p = top;   val = top->data;   top = top->link;   delete p;
    return true;
} //算法的时间复杂点为 O(1)

template<class T>
bool LinkedStack<T>::GetTop(T &val)const{//取栈顶元素
    if(IsEmpty()){cout<<"栈空，操作失败！";  return false;}
    val = top->data;
    return true;
} //算法的时间复杂点为 O(1)
template<class T>
void LinkedStack<T>::Traverse()const{//遍历栈，自栈顶至栈顶输出所有元素
    cout<<"output the elements from top to bottom"<<endl;
    LinkNode<int> * p = top;
    while(p){
        cout<<p->data<<endl;   p = p->link;
    }
} //算法的时间复杂点为 O(n)
```

3.1.4　栈的应用

【例 3-1】　十进制数转化为八进制数。十进制数 N 和其他 d 进制数的转换是计算机实现计算的基本问题，其解决方法很多，其中一个简单算法基于下列原理：

$$N=(N \text{ div } d)\times d+N \text{ mod } d,\ N=N \text{ div } d\ (N>0)$$

例如：$(1348)_{10}=(2504)_8$

运算过程如表 3-1 所示。

表 3-1　十进制数转化八进制数运算过程示意

N	N div 8	N　mod 8	N	N div 8	N　mod 8
1348	168	4	21	2	5
168	21	0	2	0	2

在转换过程中，由低到高依次得到八进制中每一位数字；而在输出过程中，要由高到低次序输出每一位数字，所以此问题适合用栈来解决。

算法思路

(1) 若 $N\neq0$，则将 $N\%8$ 压入栈 S 中。

(2) $N=N/8$，当 $N>0$ 则转入(1)；否则，转入(3)。

(3) 将栈 S 中元素自顶至底输出所有元素，算法结束。

```
int ConvertNum(int number){//输入的任意一个非负十进制整数,返回等值的八进制数
    LinkedStack<int> S; //S 为链栈,栈中元素类型为整型
    int e,num = 0;
    while(number){          //求出的八进制数字由低到高入栈
        S.Push(number % 8);        number = number/8;
    }
    while(!S.IsEmpty()){  //由高到低输出八进制的每一位
        S.Pop(e);     num = num * 10 + e;
    }
    return num;
}
```

?此算法适合十进制到 2～9 进制的转换,对于到十六进制的转换又该如何实现?

【例 3-2】 括号匹配问题。在计算机语言的编译过程中用栈进行语法检查,例如判断花括号、方括号以及圆括号是否配对,若这些括号完全匹配,则返回 true;否则,返回 false。

!在扫描语句时,按嵌套层次由外到内依次得到每个左括号;而在匹配过程中,要由内次到外层依次匹配每个右括号,所以此问题适合用栈来解决。

▶▶▶ 算法思路

检验括号是否匹配的方法可用“期待的急迫程度”这个概念来描述。以匹配圆括号为例,说明整个匹配过程:

(1) 括号的匹配过程与栈的特点一致,因此,在算法中设置一个空栈。

(2) 每读入一个括号,若是右括号,则或者使置于栈顶的最急迫的期待得以消解,或者是不合法的情况,即“缺少左括号”;若是左括号,则作为一个新的更急迫的期待压入栈中,自然使原有的在栈中的所有未消解的期待的急迫性都降了一级。

(3) 重复(2),直到读入结束。如果栈为空,则说明括号匹配成功;否则,栈中仍有左括号,即“缺少右括号”。

```
bool match(char * str){//判断表达式中的括号是否匹配,此例中只考虑圆括号的匹配
    LinkedStack<char> S;                    //设置一个空的字符链栈
    int i = 0;   char e;
    while(str[i] ! = '\0'){                 //当字符串未结束时进行操作
        switch(str[i]){
            case '(':{S.Push(str[i]);  break;} //读到左括号进栈(忽略别的字符)
            case ')': if(!S.IsEmpty()){
                        S.Pop(e);           //读到右括号,左括号出栈与右括号比较
                        if(e! = '('){
                            cout<<("左右括号不匹配\n");  return false;
                        }
                    }
                    else{
                        cout<<("缺乏左括号\n");  return false;
                    }
            default: ;
        }
        ++ i;
    }
    if(S.IsEmpty()){
        cout<<"所有括号匹配!"<<endl;   return true;
```

```
        }
        else{
            cout<<("缺乏右括号\n");  return  false;
        }
    }
```

?怎样修改上面的算法，使之能实现括号、圆括号以及方括号等所有括号的匹配？

【例 3-3】 表达式求值。表达式求值是程序设计语言编译中的一个最基本的操作。表达式是由运算符、操作数（运算对象）以及圆括号组成的有意义的式子。操作数可以是常量、变量和函数；运算符可以是单目运算符（只需要一个操作数）和双目运算符（需要两个操作数）。在此，仅讨论含双目和个位操作数的算术表达式（以下简称表达式）求解过程。

双目运算符出现在两个操作数之间的表示称为表达式的中缀表示，这种表达式也就叫中缀表达式。类似的，将算术运算符放在其双操作数之后的表达式称为后缀表达式。

中缀表达式的计算必须遵守 3 条原则：

（1）先计算括号内的子表达式，后计算括号外的子表达式；并且，括号内层的表达式计算优先于括号外层的表达式计算。

（2）同层括号内（或无括号），乘除的优先级高于加减的优先级。

（3）同一优先级的算术运算符，左运算符的优先级高于优运算符的优先级。

双目运算符的优先次序如表 3-2 所示（假设“＃”为中缀表达式结束符且优先级最低）。

表 3-2 双目运算符的优先关系

左＼右	+	−	*	/	(	)	#
+	>	>	<	<	<	>	>
−	>	>	<	<	<	>	>
*	>	>	>	>	<	>	>
/	>	>	>	>	<	>	>
(	<	<	<	<	<	=	
)	>	>	>	>		>	>
#	<	<	<	<	<		=

在编译器处理表达式的过程中，先将中缀表达式转化为后缀表达式，然后再对后缀表达式求值。后缀表达式中的运算符是按优先级高低从左到右排列，且表达式中没有括号。

!在中缀表达式转化为后缀表达式从左往右的扫描过程中，由优先级低到高依次得到表达式中每个运算符（同优先级的运算符先读到的优先）；而最终得到的后缀表达式过程中，要由优先级高到低依次输出每个运算符，所以此问题适合用栈来解决。

在表达式转化过程中，操作数的相对顺序是不变的，只有运算符的位置在发生变化。因此，在从左至右扫描中缀表达式时，操作数按其原有次序依次输出到后缀表达式中。

由中缀表达式转化为后缀表达式的过程中，可以得出在后缀表达式中的运算符已经按照表 3-2 所示的优先关系从高到低顺序排列，而且对于每个运算符而言，它需要的操作数已在之前最近位置顺序排列完毕。因此，在求解后缀表达式值时，读取到的操作数时依次进栈；一旦遇到运算符，则最靠近它的操作数就在栈顶，对栈顶两个操作数进行运算后，结果进栈；一次类推，便可以求得表达式最终的值。

表 3-3 是中缀表达式“2＊(6/2＋4)－9/3＃”转化为后缀表达式时，栈的变化过程。

表 3-3 中缀表达式转化为后缀表达式运算符栈的变化状态

读值	操作说明	栈中状态	后缀表达式当前值
2	操作数直接输出	#	2
*	优先级>"#",进栈	# *	2
(	优先级>"*",进栈	# *(	2
6	操作数直接输出	# *(	2 6
/	优先级>"(",进栈	# *(/	2 6
2	操作数直接输出	# *(/	2 6 2
+	优先级<"/","/"出栈;优先级>"(",进栈	# *(+	2 6 2 /
4	操作数直接输出	# *(+	2 6 2 / 4
)	优先级<"+","+"出栈;优先级="(","("出栈	# *	2 6 2 / 4+
−	优先级<"*","*"出栈;优先级>"#",进栈	#−	2 6 2 / 4+ *
9	操作数直接输出	#−	2 6 2 / 4+ * 9
/	优先级>"−",进栈	#−/	2 6 2 / 4+ * 9
3	操作数直接输出	#−/	2 6 2 / 4+ * 9 3
#	优先级<"/"和"−","/−"出栈;优先级="#",转换结束	#	2 6 2 / 4+ * 9 3 /−

算法思路

假设用一个字符串数组 exp 存放转化后的后缀表达式，s 为按优先级存放运算符的栈(在表达式转化之间,s 中事先存入"#",假设"#"的优先级比任何运算符都低)。

具体的转化步骤如下所示：

(1) 若遇到的是操作数,则直接写入到 exp 中。

(2) 若遇到的是左括号,则应把它压入到运算符栈中,待以它开始的括号内的表达式转换完毕后再出栈。

(3) 若遇到的是右括号,则表明括号内的中缀表达式已经扫描完毕,把从栈顶直到保存着的对应左括号之间的运算符依次出栈并写入 exp 中。

(4) 若遇到的是运算符,并且该运算符的优先级大于栈顶运算符的优先级时,表明该运算符的后一个运算对象还没有被扫描也没有被放入到 exp,应把它暂存于运算符栈中;若优先级小于或等于栈顶运算符的优先级,这表明栈顶运算符的两个运算对象已经被保存到 exp 中,应将栈顶运算符退栈并写入到 exp 中,重复(4),直到优先级大于栈顶运算符为止,该运算符进栈。

(5) 重复(1)～(4),直到扫描到中缀表达式结束符"#"时,把栈中剩余的运算符依次出栈写入到后缀表达式中。

(6) 在 exp 尾写入表达式结束符"#",整个转换过程就处理完毕。exp 中的字符串就是转换成的后缀表达式串形式。

```
void InConvertPost(char * str,char * exp){//中缀表达式转化为后缀表达式,结果保存在 exp 数组中
    char ch = str[i ++ ],c;    int i = 0,k = 0;
    LinkedStack<char>s;    s.Push('#');        //初始化一个运算符栈 s
    while(ch ! = '#'){                         //中缀式字符串没有结束时
        if(ch > = '0'&& ch<= '9'){exp[k ++ ] = ch;}  //数字字符直接输入到 exp 串中
        else{
            if(ch == '('){s.Push(ch);}         //左括号进栈
            else{
                if(ch == ')'){//将左右括号中运算符依次出栈
```

```
                    s.GetTop(c);
                    while(c != '('){
                        s.Pop(c);   exp[k++] = c;   s.GetTop(c);
                    }
                    s.Pop(c);//舍弃右括号
                }
                else{//若是运算符,则判断优先级大小,进行相应的操作
                    if(ch == '+' || ch == '-'){ //遇到加或减号
                        s.GetTop(c);
                        while(c != '#'&& c != '('){//小于等于栈顶运算符则出栈
                            s.Pop(c);   exp[k++] = c;   s.GetTop(c);
                        }
                        s.Push(ch);//优先级大于栈顶优先级,则进栈
                    }
                    else{
                        if(ch == '*' || ch == '/'){//遇到乘或除号
                            s.GetTop(c);
                            while(c == '*' || c == '/'){//小于等于栈顶运算符出栈
                                s.Pop(c);   exp[k++] = c;   s.GetTop(c);
                            }
                            s.Push(ch);//优先级大于栈顶优先级,则进栈
                        }
                    }
                }
            }
        }
        ch = str[i++];  //判断中缀表达式下一个字符
    }
    while(!s.IsEmpty()){//将栈中所有运算符依次输出到 exp 中
        s.Pop(c);
        if(c != "#"){exp[k++] = c;}
    }
    exp[k] = "#";           //给后缀表达式加上结束符
}
```

此算法的难点在于：确定参加运算的运算符的优先级次序；需要分清入栈和出栈状况。

?如果操作数是任意位整数或实数，那么应该如何修改上述算法？试着分析一下：如何对后缀式进行求值？其算法应该如何设计？

【例 3-4】 求解迷宫问题。利用回溯算法可以求解迷宫问题。回溯法(backtracking)也叫试探法，这种方法将问题候选解按某种顺序逐一枚举和检验：当发现当前候选解不可能是解时，就放弃它而选择下一个候选解；如果当前的候选解除了不满足问题规模外，其他要求都满足，则扩大当前候选解的规模继续试探；如果当前候选解满足了包括问题规模在内的所有要求，则这个候选解将成为问题的一个解。

在回溯法中，放弃当前候选解，寻找下一个候选解的过程叫**回溯**；扩大当前候选解的规模并继续试探的过程叫**向前试探(图论中称为优先深度搜索)**。

显而易见，向前试探的寻找候选解的次序和回溯寻找另一个候选解的次序恰好相反；因此，可以借助栈求解迷宫问题。用回溯法求解问题时，常常使用递归方法。

对于迷宫问题，提法如下：把一只老鼠从一个无顶盖的大盒子(迷宫)的入口外赶进迷宫，迷宫中设置了许多墙形成了许多障碍。在每个出口处放置了一块奶酪，吸引老鼠在迷宫中寻

找通路，直至找到出口。

算法中需要解决的问题以及涉及的数据结构主要有以下几个。

(1) 迷宫的表示——迷宫的数据结构

迷宫由通路和障碍(墙)组成，因此，可用值为 0 或 1 的 $n \times n$ 二维数组表示(如图 3-4 所示)。"0"表示通路，"1"表示墙或障碍。

(2) 试探候选解(也是回溯候选解)的保存——栈结构

为了保证在任何位置上都能沿原路退回，显然需要用一个后进先出的结构来保存从入口到当前位置的试探路径上所有候选解。

栈中需要保存的候选解数据域包括通路位置(行标和列表)、目前通路在当前试探路径中的序号以及从该通路开始试探的方向序号(0:东;1:南;2:西;3:北)。

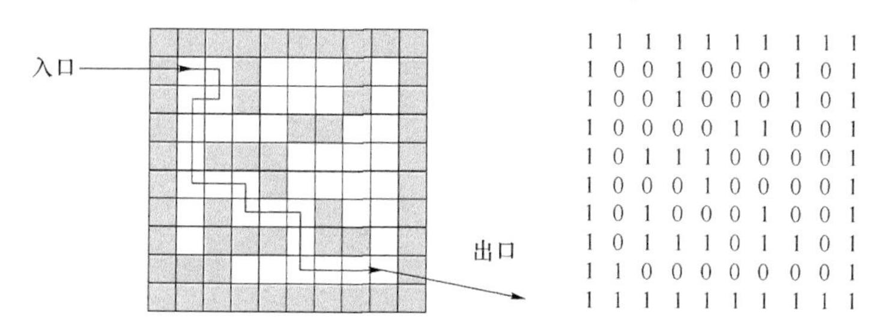

图 3-4　用二维数组(n=10)表示的迷宫(填色的为障碍，空白的为通路)

	(N)[i-1][j]	
(W)[i][j-1]	X [i][j]	[i][j+1](E)
	(S)[i+1][j]	

图 3-5　迷宫中可能的前进方向及相对于通路 X 的坐标

(3) 试探方向的确定——方向位移数据结构

假设迷宫的每个通路有 4 个方向需要试探，如当前通路的坐标为(x,y)，与其相应的正东、南、西、北的 4 个通路的坐标可以根据与该通路的相邻方位得到，如图 3-5 所示。

显然，用一个 4×2 二维数组可以表示某个方向通路相对于当前通路的坐标位移量：正东 E(0,1)，正南 S(1,0)，正西 W(0,−1)，正北(−1,0)。

从出发点开始，每个点按照四个邻域计算(如图 3-5 所示)，按照东、南、西、北顺序搜索下一个通路的坐标，有路则进，无路即退回前点再从下一个方向搜索。如果所有的方向都不通，则退回到上一个路口，换个方向重复试探过程，直到找到出口或出发点的所有方向试探完仍为未找到出口(此迷宫无法走通)为止。

算法思路

求解迷宫算法描述如图 3-6 所示。

根据算法的 N-S 图，便可得到相应的实现源代码。其中涉及的数据结构描述如下：

```
typedef int MAZE[100][100];//迷宫数据结构
typedef struct{
    int x,y;                  //通道的横纵坐标
} PostType;                   //通道位置坐标存储结构
typedef struct{
   int ord;                   //通路在试探路径上的序号
   int di;                    //试探方向序号(0:东;1:南;2:西;3:北)
   PostType seat;             //通路坐标
} SElemType;                  //候选解栈
```

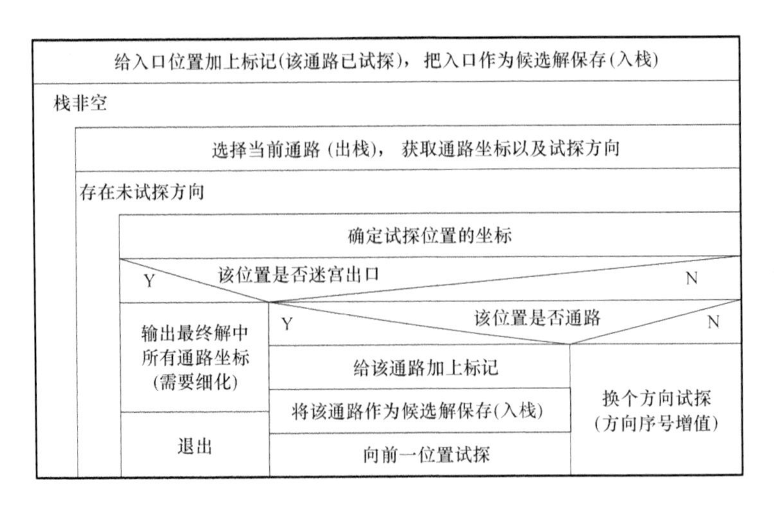

图 3-6　求解迷宫问题算法的 N-S 图

求解迷宫的程序代码如下所示。

```
MAZE maze = {{1,1,1,1,1,1,1},{1,0,1,1,0,0,1},{1,0,0,1,1,0,1},{1,1,0,1,0,1,1},{1,1,0,0,0,1,
  1},{1,1,1,0,0,0,1},{1,1,1,1,1,1,1}};                    //初始化迷宫 maze
int direction[4][2] = {{0,1},{1,0},{0, - 1},{ - 1,0}};//初始化方向数组

void mazePath(PostType start,PostType end){
  //求解迷宫操作。初始条件:迷宫已存在;操作结果:输出迷宫中一条路径,或不能通过迷宫的信息
    int i,j,k,g,h,curstep = 1;          //通道位置在路径上序号的初始值为 1
    PostType curpos;
    SElemType element;
    LinkedStack<SElemType> S,Temp;//初始化链栈 S
    maze[start.x][start.y] = 2;         //从入口开始,做过的通道作标记
    curpos = start;
    element.ord = curstep;    element.seat = curpos;    element.di = 0;
    S.Push(element);                    //入口信息入栈
    while(!S.IsEmpty()){  //若栈 S 非空
        S.Pop(element);//栈顶元素出栈,即从当前位置出发按四个方位探测
        i = element.seat.x;    j = element.seat.y;    k = element.di;
        while(k<4){  //若还有未探测的方位
            g = i + direction[k][0];    h = j + direction[k][1];
              //设置指定方位的 x 和 y 坐标值
            if(g == end.x&& h == end.y&& maze[g][h] == 0){//如果已经到达终点
                cout<<"迷宫中从出口到入口的逆路径为:"<<endl;
                cout<<"第"<<element.ord + 1<<"个通道:("<<end.x<<","<<end.y<<")"<
                  <endl;
                while(!S.IsEmpty()){
                    S.Pop(element);
                    cout<<"第 "<<element.ord<<" 个通道为:("<<element.seat.x<<","
                        <<element.seat.y<<")"<<endl;
                }
                cout<<"第 "<<1<<" 个通道为:("<<start.x<<","<<start.y<<")"<<endl;
            }
```

```
            if(maze[g][h] == 0)        {//走到没走过的点
                maze[g][h] = 2;        //走过此位置,作标记
                curstep++ ;            //设置该通道在路径上的序号,即路径上前一个通道的序号
                                         增1
                element.ord = curstep;element.seat.x = g;element.seat.y = h;element.di = k;
                S.Push(element);       //将该通道信息入栈
                i = g;   j = h;   k = 0; //从该通道继续按方位向前探测
            } else{ ++k;}              //遇到墙,则换个方位探测
        }
    }
    cout<<"迷宫中不存在一条通路!"<<endl;//栈中所有位置均已试探,但未能找到一条路径
}
```

在测试链式栈基本操作的 main.cpp 文件中的 main 函数程序代码调用迷宫实现函数,其运行程序代码及运行结果如下所示。

```
#include"linkstack.cpp"        //使用链栈的相关操作
……                             //迷宫数据结构定义

void main(){
    PostType start,end;
    start.x = 1;   start.y = 1;
    end.x = 5;   end.y = 5;
    mazePath(start,end);
}
```

输出结果:

```
迷宫中从出口到入口的逆路径为:
第 9 个通路为:(5,5)
第 8 个通路为:(5,4)
第 7 个通路为:(4,4)
第 6 个通路为:(4,3)
第 5 个通路为:(4,2)
第 4 个通路为:(3,2)
第 3 个通路为:(2,2)
第 2 个通路为:(2,1)
第 1 个通路为:(1,1)
```

⑦用此算法求解迷宫问题,只能得到一个解。如果想得到迷宫问题的多个解,该如何设计数据结构和算法?在此基础上,能否再进一步,求得迷宫问题的最优解?

3.2 栈与递归

许多数据结构,如后面要介绍到的广义表、树、二叉树等,是通过递归方法定义的。因而,采用递归技术实现操作算法是顺理成章的。递归是一种强有力的数学工具,它可使问题的描述和求解变得简洁和清晰,采用递归技术设计出来的算法结构清晰、便于理解,因而可读性强。不过,**递归程序在运行过程中执行效率低**。因此,在实际应用中,往往采用非递归算法代替递

归算法，提高算法的执行效率。

3.2.1 递归的概念

递归是一个重要的课题，在计算方法、运筹学模型、行为策略以及图论等的研究中，从理论到时间，都得到广泛的应用。

所谓递归是指：**若在一个函数、过程或者数据结构定义的内部，直接（或间接）出现定义本身的应用，则称它们是递归的，或者是递归定义的。**

例如，在计算 $n! = 1 \times 2 \times 3 \times \cdots \times (n-1) \times n$ 和 $S(n) = \sum_{i=1}^{n} i = 1 + 2 + 3 + \cdots + (n-1) + n$ 时，如果已经求得 $n!$ 和 $S(n)$，那么在计算 $(n+1)!$ 和 $S(n+1)$ 时，就可以直接利用公式得到解：$(n+1)! = n! \times (n+1)$，$S(n+1) = S(n) + (n+1)$。这样做既简洁又便于理解，这种用前已有的计算过程来得到最终解的过程就叫递归过程。以下 3 种情况常常用到递归技术。

(1) 定义是递归的

数学上常用的阶乘、幂函数以及斐波那契数列等，它们的定义和计算都是递归的。例如，阶乘的定义公式是：

$$n! = \begin{cases} 1 & , n = 0 \\ n \times (n-1)! & , n > 0 \end{cases}$$

可以编写一个递归函数来求解 $n!$ 的递归定义。

```
long Factorial(long n){                        //计算阶乘的递归函数
    if(n == 0){return 1;}                      //递归终止条件
    else{return(n * Factorial(n - 1));}        //递归公式
}
```

程序代码中的 if…else…语句将递归终止和继续递归两种情况区别开来。if 语句使得递归算法得以结束；else 语句则处理递归过程。

图 3-7 描述了执行 Factorial(3)阶乘递归函数调用和求值的顺序。最初是 main 函数调用了 Factorial(3)。在递归函数体内，当参数为 2，1 时递归调用 Factorial 函数；最后一次参数为 0 时，满足递归终止条件，继而终止递归。同时，返回时计算 1!，2! 以及 3! 的值。

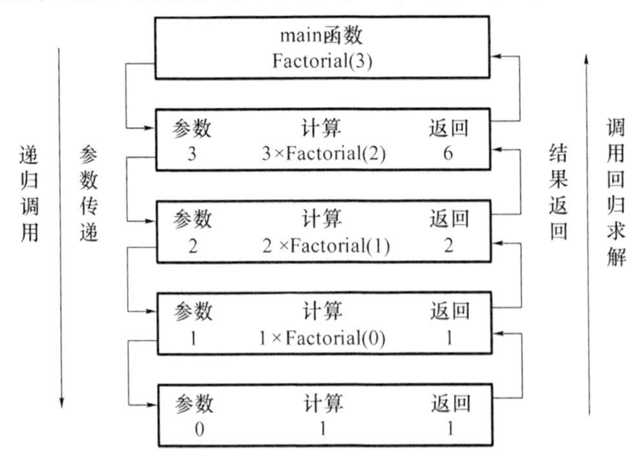

图 3-7　递归求解 3! 的过程

从该例中，可以得知递归算法常常比非递归算法更容易设计，尤其是当问题本身或所涉及的数据结构是递归定义的时候，使用递归算法特别合适。递归算法的设计步骤为：

① 将规模较大的原问题分解为一个或多个规模更小但具有类似于原问题特性的子问题，即**较大的问题用解决子问题方法来描述，解原问题的方法同样可用来解这些子问题。**这种分而治之的递归求解方法，也称为分治法。

② **确定一个或多个无须分解可直接求解的最小子问题。**把这些可以直接求解的问题称为递归终止条件)。

在这种情况中，递归过程直接反映了定义的结构。

(2) 数据结构是递归的

某些数据结构就是递归的。例如，链表就是一种递归的数据结构(结点的定义中包括数据域和指针域，而指针域又由结点类定义)。因此，从概念上讲，一个头指针为 first 的单向链表就是一个递归结构：

① first 为 NULL，则是一个空单向链表。

② first 不为 NULL，则其指向结点的指针域指向一个单向链表(仍是一个单向链表)。

对于递归的数据结构，采用递归的方法来编写算法十分直观。下面是一个用递归算法搜索单向链表中最后的结点，并返回其地址。

```
ListNode<T> * LinkedList<T>::FindRear(){
  //搜索单向链表后最后一个结点(单向链表结构见第 2 章，且没有头结点)
    if(!first){return NULL;}
    if(!first->link){return first;}
    return FindRear(first->link);
}
```

不仅是链表，第 4 章介绍的广义表和第 6 章介绍的树形结构的数据结构也是递归定义的，关于它们的许多算法，都可以用递归过程来实现。

(3) 问题的解法是递归的

有些问题只能用递归算法(或者是借助栈的非递归算法)来解决。一个典型的例子就是汉诺塔(Tower of Hanoi)问题。

【例 3-5】 汉诺塔问题。问题是源于印度一个古老传说的益智玩具。上帝创造世界的时候做了三根金刚石柱子，在一根柱子上从下往上安大小顺序摞着 64 片黄金圆盘。上帝命令婆罗门把圆盘从下面开始按大小顺序重新摆放在另一根柱子上。并且规定，在小圆盘上不能放大圆盘，在三根柱子之间一次只能移动一个圆盘。假设 $f(n)$ 为移动 n 个圆盘的次数，显然，$f(1)=1$，$f(2)=3$，$f(3)=7$，$f(k+1)=2\times f(k)+1$。此后不难得出 $f(64)=2^{63}-1$。假如每秒钟一次，移动所有的圆盘则需要 5845 亿年以上。

算法思路

求解汉诺塔问题的递归算法将问题分解为 3 个子问题：

(1) 将 A 塔(原始塔)上 $N-1$ 个盘借助 C(目标塔)塔移到 B(中间塔)塔上；

(2) 将 A 塔上唯一的盘移到 C 塔上；

(3) 将 B 塔上所有的盘借助 A 塔移到 C 塔上。

由于(1)和(3)构成子问题的递归调用，且问题变得更简化，即将 N 个盘移动问题简化到 $N-1$ 个盘移动问题，依次简化，直到简化到一个盘的直接移动。

移动 4 个圆盘的汉诺塔过程如图 3-8 所示。具体的实现代码如下所示。

```
void Hanoi(int n,char A,char B,char C){//汉诺塔递归求解
    if(n==1){cout<<" move "<<A<<" to "<<C<<endl;}
    else{
        Hanoi(n-1,A,C,B);
        cout<<" move "<<A<<" to "<<C<<endl;
        Hanoi(n-1,B,A,C);
    }
}
```

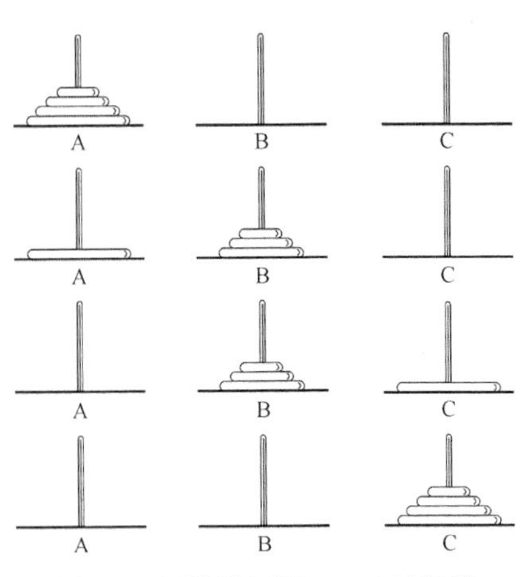

图 3-8　汉诺塔问题($n=4$)的解答

当 $n=3$ 时，上述递归过程图解描述如图 3-9 所示。上下层表示程序的调用关系，同一个模块的各个子模块从左到右顺序执行。处于递归结束位置的子模块执行圆盘移动功能，每个模块的最右子模块之行结束后就实现了它的上一层模块的功能。图中的序号为执行次序。

请注意递归和递推是两个不同的概念。递推是利用问题本身具有的递推关系对问题求解的一种方法。递推算法具有递推性质，即能从规模为 1，2，…，$n-1$ 的一系列解中，构造出问题的规模为 n 的解，例如，求等差级数的第 n 项等。递推问题可以用递归方法求解，也可以用迭代的方法求解。

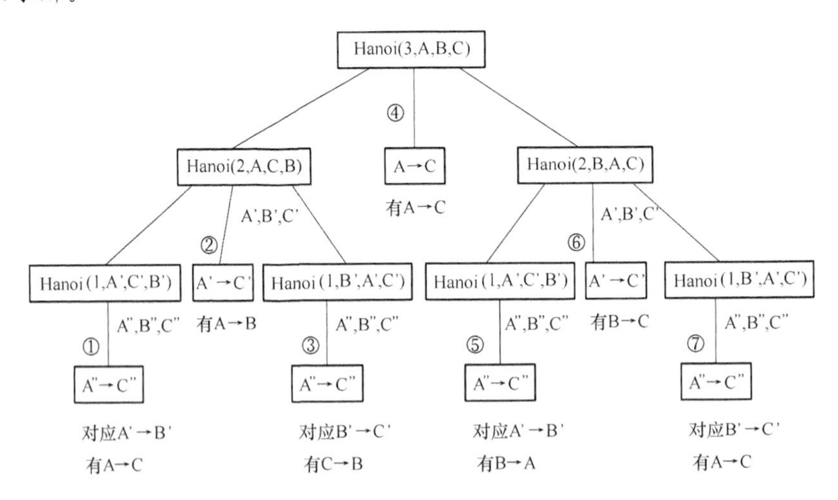

图 3-9　汉诺塔问题的递归调用树

3.2.2　递归过程与递归工作栈

在图 3-7 的实例中，主程序调用 Factorial(3)属于外部调用，其他调用属于内部调用，即递归过程在其过程内部调用中完成。调用方式不同，调用结束时返回的方式也不同。

外部调用结束后，将返回调用递归过程的主程序；内部调用结束后，将返回到递归过程内部本次调用语句的后继语句处。

函数每次定义一层，必须重新分配一批工作单元。由于，在实现递归过程中，调用函数和返回函数的次序恰好相反；因此，利用栈保存本层使用的一些数据，如参数表(上一层传来的实际参数副本)、函数返回地址以及被调用函数局部变量等。这样既可以防止使用数据的冲突，又能在退出本层、返回到上层后恢复上一层数据。

在高级语言的处理程序中，利用“递归工作栈”来保存和传递每次递归调用时需要的参数，以确保递归过程每次调用和返回的正确执行。递归工作栈在递归过程具体体现为：

(1) 调用函数时，系统将会为调用者构造一个由参数表和返回地址组成的活动记录，并将其压入到由系统提供的运行时刻栈的栈顶，然后将程序的控制权转移到被调函数。若被调函数有局部变量，则在运行时刻栈的栈顶也要为其分配相应的空间。

因此，活动记录和这些局部变量形成了一个可供被调函数使用的活动结构(如图 3-10 所示)。

(2) 函数返回时：系统将运行时刻栈栈顶的活动结构退栈，并根据退栈的活动结构中所保存的返回地址将程序的控制权转移给调用者继续执行。

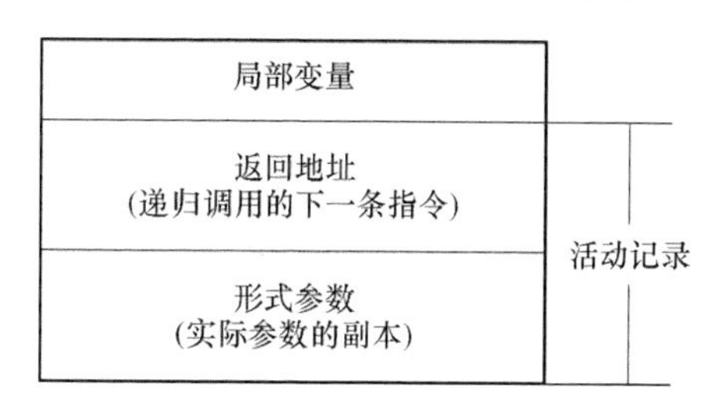

图 3-10 被调用函数使用的活动结构框架示意

在每进入一层递归时，系统就要建立一个新的工作记录，把活动记录登入，并加到递归工作栈栈顶。每退出一层递归，就从递归工作栈退出一个工作记录。

以图 3-7 所示的计算 Factorial(3)，介绍递归过程中递归工作栈和活动记录的使用(参看下面的主程序和递归程序代码)。

```
void main(){
    //调用 Factorial(3)时活动记录进栈，返回地址 RetLocl 在赋值语句
    long n = Factorial(3);
    RetLocl ______↗
        cout<< "n = "<<n<<endl;
}
long Factorial(long n){      //计算阶乘的递归函数
    int temp;
    if(n == 0){return 1;  }//活动结构退栈
    else{                    //调用 Factorial(n - 1)时，活动记录进栈
        temp = n * Factorial(n - 1);
    RetLoc2 ______↗
    }
    return temp;             //活动记录退栈
    }
```

最初对 Factorial(3)的调用由主程序执行。当函数运行结束后控制返回到 RetLocl 处，在此处 n 被赋为 6(即 3!)。

在函数 Factorial(3)中递归调用 Factorial(2)时，返回地址在 RetLocl2。在此处计算$n\times(n-1)!$，计算结果放在临时变量 temp 中。

就 Factorial 函数而言，活动结构由三个域组成：传递过来的实参值 n、返回位置和局变量 temp。主程序外部调用的活动记录在栈底部，随内部调用一层层地进栈。递归结束条件出现于函数 Factorial(0)的内部，从此开始一连串的返回语句。退出栈顶的活动记录，控制按返回地址转移到上一层调用递归处。

3.2.3 递归算法向非递归算法的转换

递归算法实际上是一种分而治之的方法，它把复杂问题分解为简单问题来求解。对于某些复杂问题(例如 Hanio 塔问题)，递归算法是一种自然且合乎逻辑的解决问题的方式，但是递归算法的执行效率通常比较差。因此，在求解某些问题时，常采用递归算法来分析问题，用非递归算

法来求解问题；另外，有些程序设计语言不支持递归，这就需要把递归算法转换为非递归算法。

对于递归过程，可以利用栈将它改为非递归过程。

将递归算法转换为非递归算法有两种方法：**直接转换法**直接求值（迭代 / 循环），不需要回溯；**间接转换法**不能直接求值，需要回溯。前者使用一些变量保存中间结果，后者使用栈保存中间结果，下面分别讨论这两种方法。

（1）直接转换法

直接转换法通常用来消除尾递归和单向递归，将递归结构用循环结构来替代。

① 单向递归

简单地说是指递归的过程总是朝着一个方向进行。如果函数 1 调用了函数 2，而函数 2 又调用了函数 1，则这种情况不属于单向递归（间接递归）。

例如，斐波那契数列的递归求解可转用一个迭代法实现。斐波那契数列的递归求解为：

```
int Fib(int n){//斐波那契数列递归求解
    if(n<=1){return n;}
    else{return Fib(n-1)+Fib(n-2);}
}
```

转化为迭代求解的程序代码为：

```
int Fib(int n){//斐波那契数列非递归求解(迭代)
    if(n<=1){return n;}
    int twoBack=0,oneBack=1,current;
    for(int i=2;i<=n;++i){
        current=twoBack+oneBack;   twoBack=oneBack;   oneBack=current;
    }
    return cur;
}
```

② 尾递归

尾递归函数是以递归调用结尾的函数，是单向递归的特例。它的递归调用语句只有一个，而且是放在过程的最后。当递归调用返回时，返回到上一层递归调用语句的下一语句，而这个位置正好是程序的结尾，因此递归工作栈中可以不保存返回地址；除了返回值和引用值外，其他参数和局部变量都不再需要，因此可以不用栈，直接采用循环写出非递归过程。

阶乘函数就不是一个尾递归。因为在它收到递归调用的结果后，必须在返回调用前再做一次乘法运算。但是阶乘函数可以转化成一个尾递归函数，例：

```
long Factorial(int n)
{//阶乘的递归求解
    if(n==0){return 1;}
    else
    {return n* Factorial(n-1);}
}
```

```
long Factorial(int ass,int x)
{//尾递归求解(ass=1)
    if(x<=1){return ass;}
    else
    {return Factorial(x*ass,x-1);
}
```

用循环结构就能直接得出阶乘的非递归求解过程：

```
long Factorial(int n){//阶乘的非递归求解
    long factorial=1;
    for(int i=1;i<=n;++i){factorial *=i;}
    return factorial;
}
```

⚠尾递归的重要性在于当进行尾递归调用时，调用者的返回位置不需要保存在调用栈里。当递归调用返回时，它直接转到先前已保存的返回地址。因此，在支持尾递归优化的编译器上，尾递归在时间和空间上都比较划算。

⚠迭代算法需要一个临时变量，这无疑导致了程序的可读性降低，迭代函数不像递归函数那样需要考虑函数调用的支出；而且对一个线程来说可用的栈空间通常比可用的堆空间要少得多，而递归算法则相对迭代算法需要更多的栈空间。

(2) 间接转换法

该方法使用栈保存中间结果，一般需根据递归函数在执行过程中栈的变化得到。其一般过程如下所示。

```
将初始状态 s0 进栈
while(栈不为空){
    退栈,将栈顶元素赋给 s;
    if(s 是要找的结果){返回;}
    else{寻找到 s 的相关状态 s1;    将 s1 进栈;}
}
```

间接转换法在数据结构中有较多实例，如二叉树遍历算法的非递归实现、图的深度优先遍历算法的非递归实现等。

3.2.4　递归的应用

【例 3-6】　递归求解迷宫问题。在例 3-4 中，已经了解了回溯法求解迷宫问题的思路和过程。由于，每次向前试探和回溯过程相同，因此，用递归实现会很直观。

▶▶▶ 算法思路

(1) 设置一个迷宫入口位置。

(2) 按每个试探方向寻找一个试探位置，如果是通路，并且是迷宫出口，则算法结束；如果该位置只是通路，则标注“已经试探”，并执行(2)，即递归试探下一条路径；否则，换个方向试探(0,1,2,3 代表东，南，西，北)。

(3) 在寻找通路过程中逆向输出通路路径坐标。

递归求解迷宫算法的程序代码如下所示。

```
bool MazePath(PostType start,PostType end){//递归求解迷宫问题
    int j,k,g,h;   PostType current = start;
    if(start.x == end.x&& start.y == end.y){return 1;}
    j = current.x;   k = current.y;
    for(int i = 0;i<4; ++ i){      //从东开始顺时针方向试探
        g = j + direction[i][0];   //根据方向位移计算新试探位置
        h = k + direction[i][1];
        if(maze[g][h] == 0){       //如果是通路,则加上通过标注,即该通路值为 2
            maze[g][h] = 2;   current.x = g;   current.y = h;
            if(MazePath(current,end)){//试探成功,逆向输出路径坐标
                cout<<"("<<g<<","<<h<<")"<<endl;
                return true;
            }
        }
    }
```

```
        if(current.x == start.x&& current.y == start.y){
            cout<<"no path in Maze!"<<endl;    return false;
        }
    }
```

3.3 队　　列

3.3.1 队列的定义及基本操作

队列是另一种很重要的特殊线性结构，是限定在表的两端进行插入或删除操作的线性表。 对队列来说，表头端(front)和表尾端(rear)具有其特殊含义(如图 3-11 所示)。

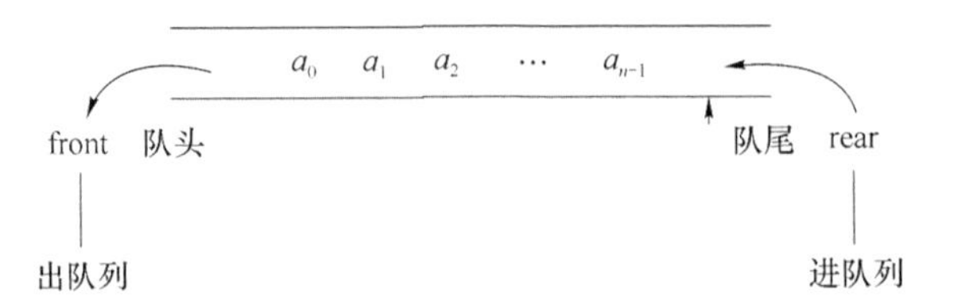

图 3-11　队列示意图

先进入队列的元素先删除，因此，队列的特点是**先进先出(FIFO)**。

队列的基本操作除了在队列尾部实现进队列和在队列头部出队列外，还有初始化队列、判空及取队列头元素等。

3.3.2 队列的抽象数据类型

队列的抽象数据类型定义如下：

```
ADT Queue{
    Data:D = {ai | ai ∈ ElemSet,i = 1,2,…,n,n≥0,ElemSet 为同性质数据元素的集合}
    Relation:R = {< ai-1,ai >| ai-1,ai ∈ D,i = 2,…,n}
    Operation:
        Create();              创建一个空队列
        EnQueue(T val);        元素 val 进队列
        DeQueue(T &val);       出队列,并将值赋予 val
        GetFront(T &val);      返回队列首元素,值赋予 val
        IsEmpty();             判队列空
        IsFull();              判队列满
} //这里列出的是队列中一些常见的基本操作,可以根据需要添加其他的基本操作
```

3.3.3 队列的存储及操作实现

与线性表和栈类似，队列也有顺序队列和链式队列两种存储方式。

1. 顺序队列

用顺序存储结构存储的队列称为顺序队列。**(本章重点)**

进队列和出队列操作是队列的主要操作，其过程如图 3-12 所示。

进队时队尾指针增 1(rear＝rear＋1)，再将新元素按 rear 指示位置加入；出队时队头指

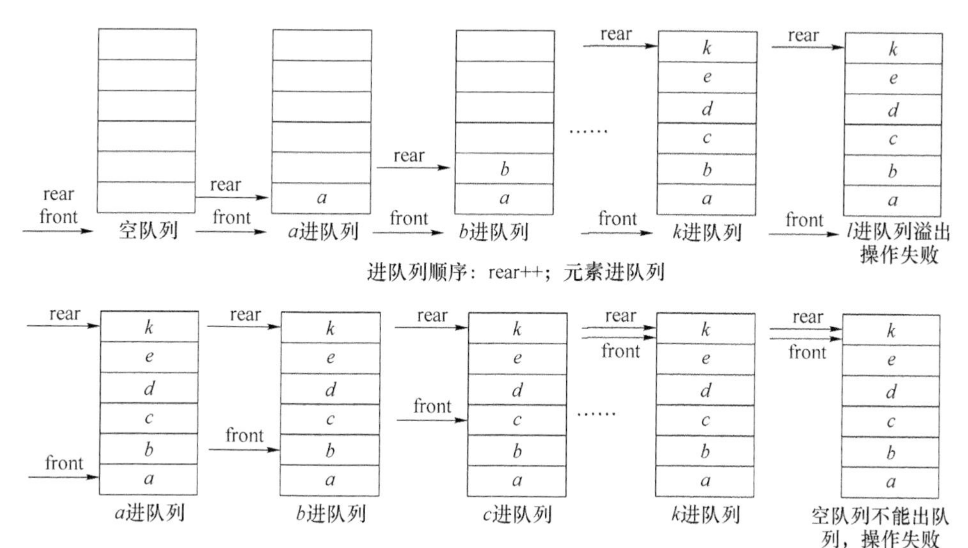

图 3-12　进/出队列示意图

针增1(front=front+1)，再将 front 指示的元素取出。队列满时再进队列将导致溢出出错；队列空时再出队列将视为操作失败。

由图 3-13 可以得出，当 rear 指向最大空间时队列满，当 rear 与 front 相遇时，队列为空。

当 rear 指向最大空间，即队列已满；而有时 front 指针未指向最小空间(队列中尚有剩余空间)，这种现象称为**假溢出现象。**

消除假溢出现象的有效方法是采用循环队列。循环队列是将队列的数据区看作是头尾相接的循环结构，其结构如图 3-13 所示。

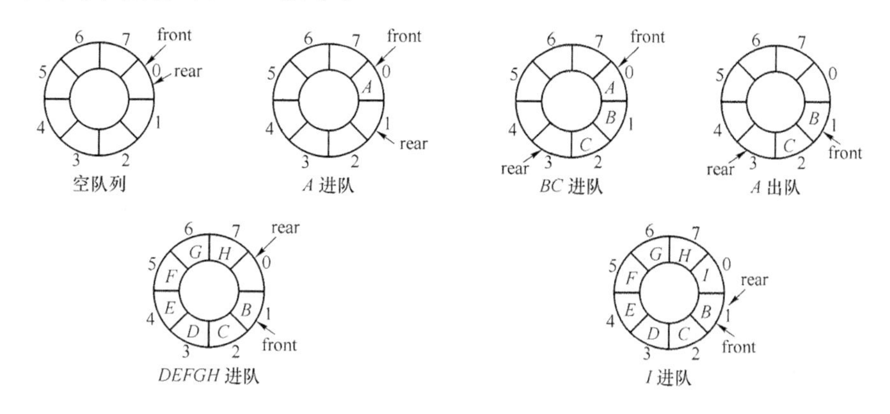

图 3-13　进/出循环队列示意图

循环队列中要解决两个问题：

(1) 如何区分队列空和满两个状态，因为在这两个状态里 rear 和 front 值相同。

(2) 队尾和队头两个指示器如何从序号最大的空间顺移到序号最小的空间。

利用模运算就可以解决(2)问题，即 front=(front+1)%maxSize，或 rear=(rear+1)%maxSize，maxSize 为顺序队列允许的最大空间数。

少用一个空间可以解决(1)问题，当 front=rear 时，队列空；而当(rear+1)%maxSize=

front 时，队列满。除此之外，还可以通过设置标志来区分队列空和满两种状态。

解决了上述两个问题，即可得出循环队列类定义及基本操作的实现。

顺序队列的数据存储结构与顺序栈类似，只不过多了一个指示器。在顺序队列中一个指示器 rear 保存当前队列尾位序，而 front 则保存队列头位序。顺序队列类定义如下所示。

```
template<class T>
class SeqQueue{
public:
    SeqQueue(int sz = 20);                      //构造函数，初始化空队列
    ~SeqQueue(){delete [ ] theArray;}           //析构函数
    bool EnQueue(const T val);                  //进队列
    bool DeQueue(T &val);                       //出队列
    bool GetFront(T &val)const;                 //取队列头元素
    bool IsEmpty()const  {return front == rear;}//判队列空
    bool IsFull()const  {return(rear + 1) % maxSize == front;}  //判队列满
    int Length()const  {return(rear - front + maxSize) % maxSize;}    //求队列长度
private:
    int rear,front;                             //定义队列首、尾指示器
    T   * theArray;                             //队列起始地址
    int maxSize;                                //队列允许最大空间数
};//顺序队列类定义(存放在文件 seqqueue.h 中)
```

循环队列的基本操作实现代码如下所示。

（1）初始化队列操作操作

为队列开辟一个大小为 sz 的连续存储空间，队头和队尾指示器值均为 0。

```
template<class T>
SeqQueue<T>::SeqQueue(int sz): front(0),rear(0),maxSize(sz){//初始化队列
    theArray = new T[maxSize];
} //算法的时间复杂点为 O(1)
```

（2）进队列操作

新元素存放在 rear 指示的空间，然后 rear 下移一个空间，即增值 1。

```
template<class T>
bool SeqQueue<T>::EnQueue(const T val){//进队列
    if(IsFull()){return false ;}            //队列满，操作失败
    theArray[rear] = val;
    rear = (rear + 1) % maxSize;            //先进队列，然后后移 rear
    return true;
} //算法的时间复杂点为 O(1)
```

（3）出队列操作

front 所指空间的元素出队列（即删除），存放在一个变量中，然后 front 下移一个空间。

```
template<class T>
bool SeqQueue<T>::DeQueue(T & val){//出队列
    if(IsEmpty()){return false;}        //空队列不能进行出队列操作
    val = theArray[front];
    front = (front + 1) % maxSize;      //先出队列，然后后移 front
    return true;
} //算法的时间复杂点为 O(1)
```

(4) 取队列头元素操作

将 front 所指示空间的元素值存放在一个变量中,但是 front 指针并不改变。

```
template<class T>
bool SeqQueue<T>::GetFront(T& val)const{//取队列首元素
    if(IsEmpty()){return false;}            //空队列不能进行取元素操作
    val = theArray[front];
    return true;
} //算法的时间复杂点为 O(1)
```

以上的各个操作代码写入文件 seqqueue. cpp 中。在 main. cpp 文件中建立一个 main 函数可以实现上述介绍的队列的基本操作,具体代码如下所示。

```
void main(){
    SeqQueue<int> Q;int val;
    for(int i = 1;i<= 10;i++){//建立一个顺序队列,输入顺序为 1~10
        Q.EnQueue(i);
    }
    cout<<"队列中包含"<<Q.Length()<<"个元素。"<<endl;
    Q.DeQueue(val);
    cout<<"出队列操作后,队列中包含"<<Q.Length()<<"个元素。"<<endl;
    Q.GetFront(val);
    cout<<"查看队列首元素操作后,队列中包含"<<Q.Length()<<"个元素。"<<endl;
}
```

输出结果:

队列中包含 10 个元素。

出队列操作后,队列中包含 9 个元素。

查看队列首元素操作后,队列中包含 9 个元素。

2. 链式队列

链式队列的存储结构与单向链表类似,不同的是需要一个指针指向队尾,如图 3-14 所示。

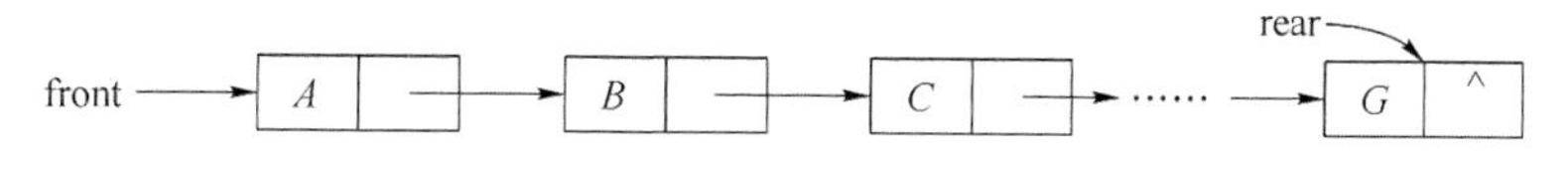

图 3-14 链式队列示意图

链式队列插入(进队列)只需要在队尾追加一个结点,而删除一个结点(出队列)即删除链表的首结点(这时的链表不设头结点)。链式队列的类定义(linkqueue. h)如下所示。

```
template<class T>class LinkedQueue;
template<class T>
class LinkNode{
private:
    T data;
    LinkNode<T> * link;
    LinkNode(LinkNode<T> * ptr = NULL){link = ptr;}
    LinkNode(const T item,LinkNode<T> * ptr = NULL):data(item),link(ptr){}
    friend class LinkedQueue<T>;
};//链表结点类定义
template<class T>
```

```
class LinkedQueue{
public:
    LinkedQueue():rear(NULL),front(NULL){}      //构造函数
    ~LinkedQueue(){MakeEmpty();}                //析构函数
    void EnQueue(const T& val);                 //进队列
    bool DeQueue(T& val);                       //出队列
    bool GetFront(T& val)const;                 //取队头元素
    void MakeEmpty();                           //置空队列
    bool IsEmpty()const{return front == NULL;}  //判队列空
    int Length()const;                          //求队列中元素个数
protected:
    LinkNode<T> * front, * rear;
};//链式队列的类定义
```

链式队列主要操作代码如下所示，其基本操作存放在文件 linkqueue.cpp 中：

```
template<class T>
void LinkedQueue<T>::MakeEmpty(){//将队列置空，释放所有结点
    LinkNode<T> * p;
    while(front != NULL){              //逐个结点释放
        p = front;  front = front->link;   delete p;
    }
    return;
} //算法的时间复杂点为 O(n)

template<class T>
void LinkedQueue<T>:: EnQueue(const T&val){//将新元素 x 插入到队列的队尾
    if(front == NULL){//如果是空队列，则插入元素为队头元素
        front = rear = new LinkNode<T>(val);
    }
    else{//否则，在队尾插入元素。假设内存足够大，不用判断上溢
        rear->link = new LinkNode<T>(val);    rear = rear->link;
    }
} //算法的时间复杂点为 O(1)

template<class T>
bool LinkedQueue<T>::DeQueue(T &val){//删去队头结点，并返回队头元素的值
    if(IsEmpty()){return false;}          //队列空不能删除
    LinkNode<T> * p = front;val = p->data;        //保存队头的值
    front = front->link;   delete p;              //front 是新队头
    if(!front){rear = front;}//如果队列删空，rear 指针重新定位
    return true;
} //算法的时间复杂点为 O(1)

template<class T>
bool LinkedQueue<T>::GetFront(T& val)const{//若队不空，则函数返回队头元素的值
    if(IsEmpty()){return false;}
    val = front->data;    return true;
}

template<class T>
int LinkedQueue<T>::Length()const{//求队列中元素个数，即对链表中结点顺序计数
    LinkNode<T> * p = front;    int i = 0;
    while(p){
```

```
        ++i;   p=p->link;
    }
    return  i;
} //算法的时间复杂点为O(n)
```

3.3.4 双端队列

除了栈和队列外，还有一种限定性数据结构是双端队列(deque，double-ended queue)。双端队列是一种具有队列和栈的性质的数据结构。双端队列中的元素可以从两端弹出，其限定插入和删除操作在表的两端进行。在实际使用中，还可以有输出受限的双端队列(即一个端点允许插入和删除，另一个端点只允许插入的双端队列)和输入受限的双端队列(即一个端点允许插入和删除，另一个端点只允许删除的双端队列)。而如果限定双端队列从某个端点插入的元素只能从该端点删除，则该双端队列就蜕变为两个栈底相邻的栈了。

尽管双端队列看起来似乎比栈和队列更灵活，但实际应用远不及栈和队列。

3.3.5 队列的应用

【例3-7】 输出杨辉三角形。杨辉三角形的特点是两个腰上的数字都为1，其他位置上的数字是其上一行中与之相邻的两个整数之和(如图3-15所示)。

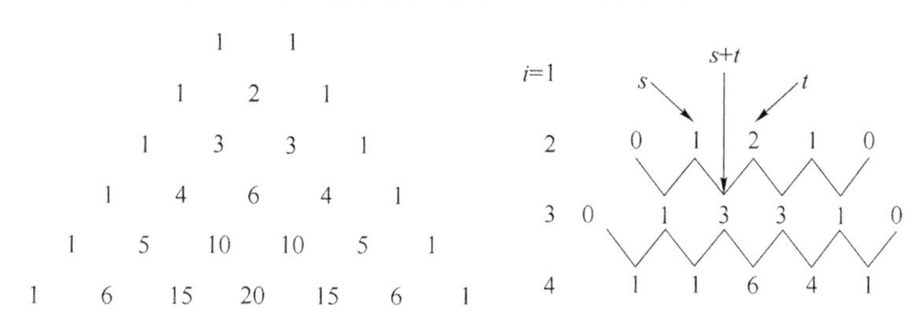

图3-15　杨辉三角形求解过程示意图

在计算过程中，第i行数据项由$i-1$行的数据项累计产生，因此，可以利用队列来输入杨辉三角形。

算法思路

(1) 初始化一个空队列，并将杨辉三角形第一行两个数依次进队列。

(2) 计算并依次输出每行各项值：

首先，每行补0，即将0进队列；

其次，上行取两个数相加作为本行相应数据值(其中，一个加数来自队列，另一个为参加两次操作的s)。

(3) 重复(2)过程，直到第n行所有数据全部计算完毕。

实现代码如下所示。

```
void YANGVI(int n){  //以阶梯形输出杨辉三角形
    LinkedQueue<int>  q;                    //链式队列初始化
    q.MakeEmpty();    q.EnQueue(1);      q.EnQueue(1);
    int s=0;
    for(int i=1;i<=n;++i){                  //逐行计算
        cout<< endl;    q.EnQueue(0);       //每行前补0
```

```
        for(int k = n - i - 1;k >= 0;k -- ){          //每行输出前留的空格
            cout<<" ";
        }
        for(int j = 1;j<= i + 2;j ++ ){               //下一行
            int t = q.DeQueue();q.EnQueue(s + t);    //上行的相邻两个数相加
            s = t;                                   //一个数据作为相邻数要参加两次运算
            if(j != i + 2){//输出的数据值比上行多 1
                cout<< s<< " ";
            }
        }
    }
} //算法的时间复杂度为 O(n²)
```

拓展 **在许多实际应用时，还会用到一种优先队列(Priority Queue)，每次从队列中取出的应是具有最高优先权的元素。请查阅有关双端队列和优先队列的相关信息，了解它们的实际应用。**

本章总结

- 顺序栈和顺序队列中元素的遍历是靠整型指示器 top、rear 或 front 的移动；而链式栈和链式队列中元素的遍历是靠指针的链接。
- 栈和队列的选取场所考虑：(1)栈和队列是两种插入和删除操作受限制的线性结构。在应用时要从实际求解过程出发，如果求解过程和得解过程相反，则选取栈；否则选取队列。(2)在回溯算法或深度优先搜索中要采用栈作为辅助结构；在广度优先搜索中要采用队列作为辅助数据结构。(3)在某些场合应用栈或队列并不是从它们的特点出发的，而是作为一种插入和删除无须移动数据元素的辅助数据结构使用。
- 递归和回溯算法是经常使用的两种算法。当定义是递归的、数据结构是递归的或者解法是递归的，采用递归算法解决问题，用递归技术编写的程序代码结构清晰，易理解，但是效率低；所以，在应用时经常将递归算法转化为非递归算法，以达到较高的执行效率。用回溯算法求解问题时，往往需要从某个不合适的候选解回退到它之前的候选解，再从该解出发试探新的候选解，该算法中要使用栈来保存已经求得的候选解。
- 在实际应用时，应根据实际的环境选择合适的数据结构、要折中考虑算法的时间复杂度和空间复杂度以及要考虑最优解。

练　　习

一、选择题

1. 在作进栈运算时，应先判别栈是否(①)，在作退栈运算时应先判别栈是否(②)。当栈中元素为 n 个，作进栈运算时发生上溢，则说明该栈的最大容量为(③)。为了增加内存空间的利用率和减少溢出的可能性，由两个栈共享一片连续的内存空间时，应将两栈的(④)分别设在这片内存空间的两端，这样，当(⑤)时，才产生上溢。

①,②：A. 空　　B. 满　　C. 上溢　　D. 下溢

③：A. $n-1$　　B. n　　C. $n+1$　　D. $n/2$

④：A. 长度　　B. 深度　　C. 栈顶　　D. 栈底

⑤：A. 两个栈的栈顶同时到达栈空间的中心点

B. 其中一个栈的栈顶到达栈空间的中心点

C. 两个栈的栈顶在栈空间的某一位置相遇

D. 两个栈均不空，且一个栈的栈顶到达另一个栈的栈底

2. 一个栈的输入序列为123…n，若输出序列的第一个元素是n，输出第$i(1\leqslant i\leqslant n)$个元素是（　　）。

A. 不确定　　B. $n-$i$+1$　　C. i　　D. $n-$i

3. 有六个元素6,5,4,3,2,1的顺序进栈，（　　）不是合法的出栈序列？

A. 5 4 3 6 1 2　　B. 4 5 3 1 2 6　　C. 3 4 6 5 2 1　　D. 2 3 4 1 5 6

4. 一个递归算法必须包括（　　）。

A. 递归部分　　B. 终止条件和递归部分

C. 迭代部分　　D. 终止条件和迭代部分

5. 设有一个顺序栈S，元素s_1,s_2,s_3,s_4,s_5,s_6依次进栈，如果6个元素的出栈顺序为s_2,s_3,s_4,s_6,s_5,s_1，则顺序栈的容量至少应为（　　）个。

A. 1　　B. 2　　C. 3　　D. 4

6. 若一个栈以向量V[1..n]存储，初始栈顶指针top为$n+1$，则下面x进栈的正确操作是（　　）。

A. top=top+1;V [top]=x　　B. V [top]=x; top=top+1

C. top=top−1;V [top]=x　　D. V [top]=x; top=top−1

7. 栈在（　　）中应用。

A. 递归调用　　B. 子程序调用　　C. 表达式求值　　D. A,B,C

8. 4个数据元素依次进栈，共有（　　）种出栈序列。

A. 24　　B. 20　　C. 14　　D. 12

9. 表达式a*(b+c)−d的后缀表达式是（　　）。

A. abcd*+−　　B. abc+*d−　　C. abc*+d−　　D. −+*abcd

10. 执行完下列语句段后，i值为：（　　）

```
int f(int x){
    return  ((x>0)? x* f(x-1):2);
}
int i ;   i = f(f(1));
```

A. 无限递归　　B. 2　　C. 8　　D. 4

二、判断题

1. （　　）栈与队列是一种特殊操作的线性表。

2. （　　）栈是实现过程和函数等子程序所必需的结构。

3. （　　）栈和队列都是限制存取点的线性结构。

4. （　　）两个栈共享一片连续内存空间时，为提高内存利用率，减少溢出机会，应把两个

栈的栈底分别设在这片内存空间的两端。

5. (　　)即使对不含相同元素的同一输入序列进行两组不同的合法的入栈和出栈组合操作，所得的输出序列也一定相同。

6. (　　)有 n 个数顺序(依次)进栈，出栈序列有 C_n 种，$C_n=[1/(n+1)]*(2n)!/[(n!)*(n!)]$。

7. (　　)消除递归不一定需要使用栈。

8. (　　)设 5 个元素 A、B、C、D 和 E 依次进队列，重复下列 4 步操作，直到队列空位置，得到的序列是 ACE。

(1)输出队首元素；(2)将队首元素复制到队尾；(3)出栈；(4)在此出栈

9. (　　)两个栈共用静态存储空间，对头使用也存在空间溢出问题。

10. (　　)任何一个递归过程都可以转换成非递归过程。

三、填空

1. 栈是________________的线性表，其运算遵循____________的原则。

2. 队列是________________的线性表，其运算遵循____________的原则。

3. 当两个栈共享一存储区时，栈利用一维数组 stack(1,n)表示，两栈顶指针为 top[1]与 top[2]，则当栈 1 空时，top[1]为________，栈 2 空时，top[2]为________，栈满时为________。

4. 双端队列是____。

5. 区分循环队列的满与空的两种方法有________________和________________。循环队列的引入，目的是为了克服________________现象。

6. 优先队列具有____________的行为特征，即____________________。

7. 已知链队列的头尾指针分别是 f 和 r，则将值 x 入队的操作序列是________。

8. 表达式 23+((12*3-2)/4+34*5/7)+108/9 的后缀表达式是__________________。

9. 设循环队列用数组 A[1..M]表示，队首、队尾指针分别是 FRONT 和 TAIL，判定队满的条件为____。

10. 完善下面算法。后缀表达式求值(表达式 13/25+61 的后缀表达式串为:13,25/61,+)。

```
float compute(char * str){//后缀表达式存储在字符串 str 中
    LinkedStack<int>s;
    int i = 0,op1,op2;
    char ch = __________;
    while(ch != '#'){
        if(ch >= '0'&& ch<= '9'){
            while(ch != ','){//获取多位操作数
                x = x * 10 + ord(ch) - ord('0');    ++i;
                ch = __________;
            }
            __________;
        }
        else{//读到运算符
            __________;  __________;
            switch(ch){
                case'+': x = op1 + op2;    break;
```

```
                case'-': x = op1 - op2;   break;
                case'*': x = op1 * op2;   break;
                case'/': x = op1 / op2;   break;
                default: ;
            }
            s.Push(x);
        }
        ++i;
        ch = ________;
    }
    return ________;
}
```

四、应用题

1. 什么是递归程序？递归程序的优、缺点是什么？递归程序在执行时，应借助于什么来完成？递归程序的入口语句、出口语句一般用什么语句实现？

2. 使用一个循环单向链表（只有一个 tail 指针指向链表最后一个结点）模拟队列的入/出操作。

3. 试用递归和非递归算法判断一个字符串是否为回文。所谓“回文”，就是正读与反读都相同的字符串。如，“abcba”和“abccba”都是“回文”，而“abcda”则不是“回文”。

实　验　3

一、实验估计完成时间（90 分钟）

二、实验目的

1. 熟悉栈和队列的数据结构定义，并能熟练顺序队列和链式队列的操作。
2. 加深理解栈和队列的特点和区别，并能在实际应用中灵活择取。
3. 利用栈和队列解决实际问题。

三、实验内容

1. 建立一个顺序栈类，并实现栈的基本操作：
(1) 编写一个构造函数初始化栈。
(2) 编写函数进/出栈操作。
(3) 编写函数自栈顶至栈底输出栈中所有元素的值。
试编写一个 main 函数实现图 3-16 所示的操作。
2. 建立一个链式队列类，并实现队列的基本操作：
(1) 编写一个构造函数初始化队列。
(2) 编写函数入/出队列操作。
(3) 编写函数自队列头至队列尾输出队列中所有元素的值。

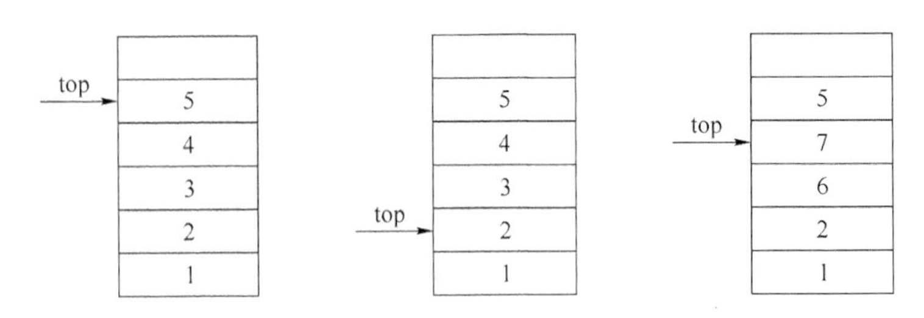

图 3-16　栈操作示意图

试编写一个 main 函数实现图 3-17 所示的操作。

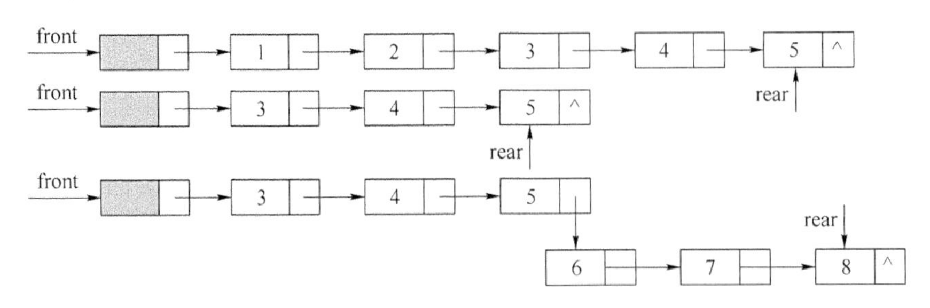

图 3-17　队列操作示意图

3. 分别编写一个递归算法和迭代算法，找出一个整型数组中最大数。

4. 试着编写一个算法，实现十进制数和别的进制数之间的转换。

四、实验结果

1. 顺序栈类和链式队列类实现源代码。（课堂验收）

2. 通过顺序栈和链式队列的操作对比，能体会顺序存储结构和链式存储结构的特点吗？

3. 分别写出递归和迭代求解整型数组中最大数的程序代码。

4. 写出内容 4 的实现代码。

五、实验总结

1. 写出链式栈和顺序队列的类定义(只要写出主要操作的成员函数声明)。试说明如何在实际应用中选取栈或队列作为辅助数据结构。

选取栈和队列的理由：____。

2. 书中给出的迷宫算法能求出几个解？如果要输出所有解,应用什么方法,说说你的算法思路,并画出改进后的N-S图。

3. 通过本次实验,你有哪些收获和问题？

六、实验得分(　　　　　)

第4章　数组和广义表

知之者不如好之者，好之者不如乐之者。

学习目标

- 了解数组的两种存储表示方法，并掌握数组在以行为主和列为主的存储结构中地址的计算方法。
- 了解稀疏矩阵压缩存储方法的特点和适用范围。
- 掌握广义表的结构特点及存储表示方法。

在工程领域中，经常要用到多维数组、特殊矩阵、稀疏矩阵以及广义表等数据结构。为了节省算法的空间和提高算法的执行速度，往往需要采用自定义的方法描述这些数据结构，目的是为了节省存储空间，减少某些操作的运行时间。

4.1　数　　组

4.1.1　多维数组的概念与存储表示

数组是下标(index)和值(value)组成的序对的集合。在数组中，每个有定义的下标都与一个值对应，这个值称为数组的元素。

在C++中有静态数组和动态数组之分：

(1) 静态数组必须在定义它时指定大小和类型，在程序运行过程中其结构不能改变，直到程序结束时被自动撤销。

(2) 动态数组是在程序运行时才被分配空间的。

多维数组的抽象数据类型定义如下所示。

ADT Array{

　Data:

　　$D=\{a_{j_1,j_2,\cdots,j_i,\cdots,j_n} \mid j_i=0,1,\cdots,b_i-1,i=1,2,\cdots,n\}$

　Relation:

　　$R=\{R_1,R_2,\cdots,R_n\}$

　　$R_i=\{<a_{j_1,\cdots,j_i,\cdots,j_n},a_{j_1,\cdots,j_{+1i},\cdots,j_n}> \mid a_{j_1,\cdots,j_i,\cdots,j_n},a_{j_1,\cdots,j_{+1i},\cdots,j_n}\in D,$
　　$0\leqslant j_k\leqslant b_k-1,1\leqslant k\leqslant n$ 且 $k\neq i,0\leqslant j_i\leqslant b_i-2,i=1,2,\cdots,n\}$

　Operation:

```
        InitArray(&A,n,bound1,…,boundn)        //初始化数组
        DestroyArray(&A)                       //销毁数组
        Value(A,&e,index1,…,indexn)            //取出数组的某个元素值
        Assign(&A,e,index1,…,indexn)           //给数组的某个元素赋值
}
```

数组是线性表的推广，其特点是结构中的数据元素本身可以是具有某种结构的数据，但属于同一数据类型。例如，一维数组符合线性结构，因此，可以看作是一个线性表；二维数组可以看作"数据元素是一维数组"的线性表，三维数组可以看作"数据元素是二维数组"的线性表；依此类推，多维数组（n 维数组）就可以看作"数据元素是 $n-1$ 维数组"的线性表。但是多维数组中数据元素之间关系不符合线性关系；因此，**多维数组是非线性结构**。

严格地讲，数组是一个逻辑结构。多维数组是多维的结构，而存储空间是一个一维的结构。因此，语言中的数组指的是数组的存储结构。

在数组中通常有两种操作：

（1）取值操作：给定一组下标，读取与其对应的数据元素的值。

（2）赋值操作：给定一组下标，存储或修改与其对应的数据元素的值。

数组只有引用型操作，没有加工型操作。

多维数组实际上是用一维数组来实现的，因此，多维数组就可以用一维数组的存储方式来存储。在存储多维数组时，通常是按各个数组元素的排列顺序，顺次存放在一个连续的存储区域内，这样最终可以得到一个含有多维数组所有数据元素的线性序列。

数组有两种顺序映像的方式：

（1）**以行序为主序（低下标优先）**

从第一行开始，一次对每一行中的每个下标索引从左到右连续编号。大多数程序设计语言，如 Basic，Pascal，COBOL，C/C++以及 Java 等都是以行为主顺序把数组中的数据元素存放到一维数组中的。**以行为主序的分配规律是：**最右边的下标先变化，即最右下标从小到大依次排列后，右边第 2 个下标从小到大依次排列，……，从右向左，最后是最左下标。

（2）**以列序为主序（高下标优先）**

即对下标索引从左开始，每列按照从小到大的次序排列。例如，Fortran 语言是以列为主分配数组中的数据元素的。**以列为主的分配规律是：**最左边的下标先变化，即最左下标从小到大依次排列后，左边第 2 个下标从小到大依次排列，……，从左向右，最后是最右下标。

例如，一个 2×3 的二维数组，其内存映像如图 4-1 所示。

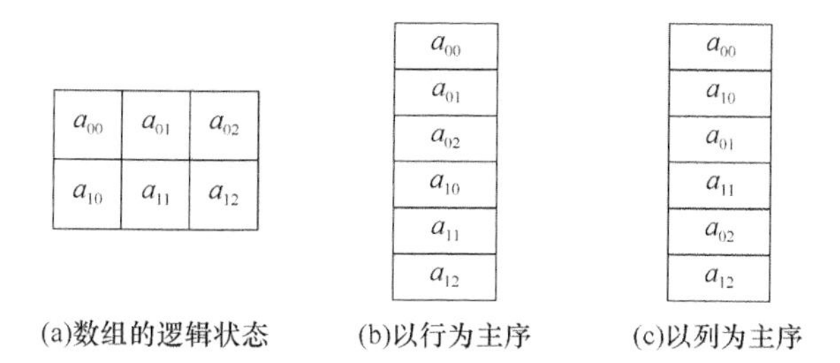

图 4-1　一个 2×3 数组的内存映像

以 $m\times n$ 二维数组 $A[m][n]$ 为例，讨论通过元素下标求"以行为主序"地址的方法。

假设数组的基址为 $LOC(a_{00})$，每个数组元素占据 1 个地址单元，那么 a_{ij} 的物理地址可以用线性寻址函数计算：

$$LOC(a_{ij})=LOC(a_{00})+(i\times n+j)\times l$$

这是因为在第 i 行数组元素之前有 $i\times n$ 个元素（$0..i-1$ 行元素，而每行有 n 个元素）；在第 j 个元素之前有 $j(0..j)$ 个元素。

那么，对于三维数组 $A[m][n][p]$，数组元素的物理地址计算公式为：

$$LOC(a_{ijk})=LOC(a_{000})+(i\times n\times p+j\times p+k)\times l$$

依次类推，在以行序为主序的数组 $A[m_1][\cdots][m_n]$ 中，计算某个元素的物理地址的公式为（假设一个元素占 l 个空间，每一列的下标底限为 0）：

$$LOC(a_{i_1,i_2,\cdots,i_n})$$
$$=LOC(a_{0,0,\cdots,0})+(i_1\times m_2\times m_3\times\cdots\times m_n+i_2\times m_3\times m_4\times\cdots\times m_n+\cdots+i_{n-1}\times m_n+i_n)\times l$$
$$=LOC(a_{0,0\cdots,0})+\left[\left(\sum_{j=1}^{n-1}i_j\prod_{k=j+1}^{n}m_k\right)+j_n\right]\times l$$

?如果以列为主序存储多维数组中数据元素，该如何推导其物理地址的计算公式？

4.1.2 特殊矩阵及压缩存储

所谓**特殊矩阵**是指非零元素或零元素的分布有一定规律的矩阵。常见的有对称矩阵、三角矩阵和对角矩阵等。对于这些矩阵，如果能利用其自身的一些性质，就能寻找到一些特殊的存储方式，从而节省大量的存储空间和计算时间。

(1) 对称矩阵的压缩存储

在一个 $n\times n$ 阶方阵 **A** 中，若矩阵中任意元素满足 $a_{ij}=a_{ji}(0\leqslant i\leqslant n-1,0\leqslant j\leqslant n-1)$，则称 **A** 为**对称矩阵**。

对称矩阵中的元素关于主对角线对称，只要存储矩阵中上三角或下三角中的元素，就可以让每两个对称的元素共享一个存储空间。对于一个 $n\times n$ 阶方阵来说，整个数组元素共有 n^2 个，而上三角或下三角的元素共有 $1+2+\cdots+n=n(n+1)/2$ 个，因此，让对称元素共享一个存储空间能节约近一半的存储空间。

① 按“行优先顺序”存储主对角线（包括对角线）以下的元素

按 $a_{00},a_{10},a_{11},\cdots,a_{n-1,0},a_{n-1,1},\cdots,a_{n-1,n-1}$ 次序存放在一个向量 **sa**$[0..n(n+1)/2-1]$ 中（如图 4-2 所示，下三角矩阵中，元素总数为 $n(n+1)/2$）。

	0	1	2	3	4	5 …		n(n-1)/2 …			n(n+1)/2-1
sa	a_{00}	a_{10}	a_{11}	a_{20}	a_{21}	a_{22}	…	$a_{n-1,0}$	$a_{n-1,1}$	…	$a_{n-1,n-1}$

图 4-2 数组元素在向量 **sa** 中的内存映射

其中：**sa**$[0]=a_{00}$，**sa**$[1]=a_{10}$，**sa**$\left[\frac{n\times(n+1)}{2}-1\right]=a_{n-1,n-1}$

② 数组元素 a_{ij} 的存放位置

a_{ij} 元素前有 i 行（从第 0 行到第 $i-1$ 行），一共有：$1+2+\cdots+i=\frac{i\times(i+1)}{2}$ 个元素；在第 i 行上，a_{ij} 之前恰有 j 个元素（即 $a_{i0},a_{i1},\cdots,a_{i,j-1}$），因此有：**sa**$\left[\frac{i\times(i+1)}{2}+j\right]=a_{ij}$

③ 数组元素在 **sa** 中的映射关系

根据②中的数组元素 a_{ij} 存放位置的计算，可以得知数组元素的下标 i,j 和元素在 **sa** 中的对应位置 k 之间的下标变换关系公式为：

若 $i\geqslant j,k=\frac{i\times(i+1)}{2}+j,0\leqslant k\leqslant\frac{n\times(n+1)}{2}$；

若 $i<j,k=\frac{j\times(j+1)}{2}+i,0\leqslant k\leqslant\frac{n\times(n+1)}{2}$。

⚠通过下标变换公式，能立即找到矩阵元素 a_{ij} 在其压缩存储表示 **sa** 中的对应位置 k，因此对称矩阵的压缩存储结构是随机存取结构。

(2) 三角矩阵的压缩存储

以主对角线划分，三角矩阵有上三角矩阵和下三角矩阵两种：

$$\begin{pmatrix} a_{00} & a_{01} & \cdots & a_{0,n-1} \\ C & a_{11} & \cdots & a_{1,n-1} \\ \vdots & \vdots & & \vdots \\ C & C & \cdots & a_{n-1,n-1} \end{pmatrix} \qquad \begin{pmatrix} a_{00} & C & \cdots & C \\ a_{10} & a_{11} & \cdots & C \\ \vdots & \vdots & & \vdots \\ a_{n-1,0} & a_{n-1,1} & \cdots & a_{n-1,n-1} \end{pmatrix}$$

① 上三角矩阵

它的下三角(不包括主角线)中的元素均为常数 C。

② 下三角矩阵

与上三角矩阵相反，它的主对角线上方均为常数 C。

⚠在多数情况下，三角矩阵的常数 C 为零。

三角矩阵中的重复元素 C 可共享一个存储空间，其余的元素正好有 $\frac{n\times(n+1)}{2}$ 个，因此，三角矩阵可压缩存储到向量 **sa**$\left[0..\frac{n\times(n+1)}{2}-1\right]$中，$C$ 存放在的第 $\frac{n\times(n+1)}{2}$ 个分量中。

① 上三角矩阵中 a_{ij} 在 **sa** 中的映射关系

上三角矩阵中，主对角线之上的第 p 行($0\leqslant p<n$)恰有 $n-p$ 个元素，按行优先顺序存放上三角矩阵中的元素 a_{ij} 时，a_{ij} 元素前有 i 行(从第 0 行到第 $i-1$ 行)，一共有：

$(n-0)+(n-1)+\cdots+(n-i+1)=\frac{i\times(2n-i+1)}{2}$ 个元素；

在第 i 行上，a_{ij} 之前恰有 $j-i$ 个元素(即 $a_{ii},a_{i,i+1},\cdots,a_{i,j-1}$)，因此有：

sa$\left[\frac{i\times(2n-i+1)}{2}+j-i\right]=a_{ij}$；当 $i>j$ 时，数组中的常量放在 **sa** 最后一个分量中。所以上三角矩阵中数组元素的下标和元素在 **sa** 中对应的位置 k 之间的变换公式如下所示：

$$k=\begin{cases}\frac{i\times(2n-i-1)}{2}+j, & i\leqslant j\\ \frac{n\times(n+1)}{2}, & i>j\end{cases}$$

② 下三角矩阵中 a_{ij} 在 **sa** 中的映射关系

由对称矩阵下三角下标变换公式，可以得出下三角矩阵中下标变换公式为：

$$k=\begin{cases}\frac{i\times(i+1)}{2}+j, & i\geqslant j\\ \frac{n\times(n+1)}{2}, & i<j\end{cases}$$

⚠三角矩阵的压缩存储结构是随机存取结构。

4.2 稀疏矩阵的压缩存储

假设 m 行 n 列的矩阵含 t 个非零元素，则称：$\delta=\frac{t}{m\times n}$ 为稀疏因子。通常认为 $\delta\leqslant0.05$ 的

矩阵为稀疏矩阵。

所谓的**稀疏矩阵**，从直观上讲，是指矩阵中大多数元素为零的矩阵。一般地，当非零元素个数只占矩阵元素总数的 25%～30%，或低于这个百分数，通常，将这样的矩阵为**稀疏矩阵**。在图 4-3(a)所示的矩阵 **A** 中，非零元素个数均为 6 个，矩阵元素总数均为 6×7＝42，显然 6/42＜30%，所以 **A** 是稀疏矩阵。

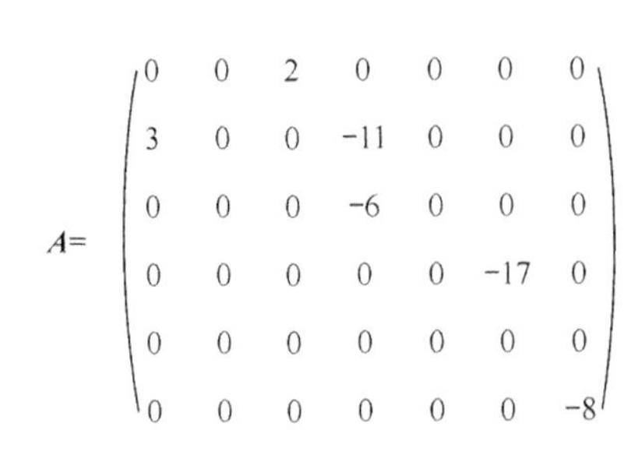

(a)矩阵*A*

序号	行	列	值
0	0	2	2
1	1	0	3
2	1	3	-11
3	2	3	-6
4	3	5	-17
5	5	6	-8

(b)*A*的三元组表示

图 4-3　稀疏矩阵 **A** 示意图

以常规方法，即以二维数组表示高阶的稀疏矩阵时产生的问题主要有：静零值元素占了很大空间；计算中进行了很多和零值的运算；遇除法，还需判别除数是否为零。

解决这些问题的原则是尽可能少存或不存零值元素；尽可能减少没有实际意义的运算；还要使操作方便，即：能尽可能快地找到与下标值(i,j)对应的元素；能尽可能快地找到同一行或同一列的非零值元。

常见的稀疏矩阵有两类：

(1) 特殊矩阵，即非零元素在矩阵中的分布有一定的规则，如三角矩阵、对角矩阵和对称矩阵等。

(2) 随机稀疏矩阵，非零元素在矩阵中随机分布。

特殊矩阵的压缩存储方法在前一节已经介绍了，下面就介绍随机稀疏矩阵（以下简称稀疏矩阵）的几种压缩方法。

4.2.1　稀疏矩阵的三元组表示

稀疏矩阵的压缩存储方法是只存储非零元素。由于稀疏矩阵中非零元素的分布没有任何规律，所以在存储非零元素时必须同时存储该非零元素所对应的行标和列标。

因此，一个稀疏矩阵中非零元素必须由一个三元组＜row，column，value＞才能唯一确定（row，column 分别为非零元素的行标和列标，value 为非零元素的值）。**一个稀疏矩阵中多个非零元素的三元组表示就构成了这个矩阵的一个三元组线性表。**

若把稀疏矩阵的三元组线性表按顺序存储结构存储，则称为稀疏矩阵的**三元组顺序表**。一个 6×7 稀疏矩阵 **A**〔如图 4-3(b)所示〕对应的三元组线性表 L 为〔(0,2,2)，(1,0,3)，(1,3,−11)，(2,3,−6)，(3,5,−17)，(5,6,−8)〕。

稀疏矩阵的三元组表示法虽然节约了存储空间，但比起矩阵正常的存储方式来讲，其实现相同操作要耗费较多的时间；同时也增加了算法的难度，即以耗费更多的执行时间为代价来换取空间的节省。

三元组表的 C++类声明(triplelist.h)如下所示:**(本章重点)**

```
#include<iostream.h>
#include<iomanip.h>
#include<assert.h>
template<class T>class TripleList;   //三元组表声明
template<class T>
class Triple{
private:
    int row,col;                     //非零元素的行标和列标
    T val;                           //非零元素的值(T为抽象类型)
public:
    friend class TripleList<T>;      //三元组表类可以使用其私有成员
```

友元不具备传递性,重复申明输入/输出流函数为了能访问 Triple 私有成员。

```
    friend istream& operator>>(istream &in,TripleList<T> &M);
    friend ostream& operator<<(ostream &in,TripleList<T> &M);
    Triple(){}
    Triple(int r,int c,T v): row(r),col(c),val(v){}
};//三元组类定义

template<class T>
class TripleList{
private:
    Triple<T> * data;                //data指向矩阵第一个非零元素首地址
    int rows,cols,nums;              //矩阵的最大行标、列标以及非零元素个数
    int maxSize;                     //定义最大空间
public:
    TripleList(int size=40);         //矩阵初始化
    ~TripleList(){delete [ ]data;}   //析构函数
    bool Find(Triple<T> value);      //查找元素
    bool Insert(Triple<T> value);    //插入一个元素,用此函数可建立矩阵
    friend istream& operator>>(istream &in,TripleList<T> &M);
      //重载输入流操作符建立矩阵
    friend ostream& operator<<(ostream &out,TripleList<T> &M);
      //重载输出流操作符输出矩阵
    bool Add(TripleList<T> &M,TripleList<T> &result);
      //矩阵相加,结果保存在result中
    bool Multiply(TripleList<T> &M,TripleList<T> &result);//矩阵相乘,结果保存在result中
    void Transpose(TripleList<T> &M);//矩阵转置
    void FastTranspose(TripleList<T> &M);//另一种矩阵转置方法
};//三元组顺序表类定义
```

下面给出三元组表的操作的程序代码。

(1) 初始化空矩阵

给三元组表分配一个 size 大小的空间,大小为 0。

```
template<class T>
TripleList<T>::TripleList(int size){//初始化一个空矩阵
    nums=0;   maxSize=size;   data=new Triple<T>[maxSize];
} //算法的时间复杂点为O(1)
```

(2) 在矩阵中添加一个非零元素

即在原有的三元组表尾加入一个三元组。如果三元组表溢出或者插入的三元组不规则，则操作失败。否则，将给定的三元组追加到三元组表表尾，非零元个数增 1。

```
template<class T>
bool TripleList<T>::Insert(Triple<T> value){//在已有的三元组表插入一个矩阵非零元素
    if(nums >= maxSize){return false;} //空间已满，无法插入
    if (value.row>rows - 1 || value.row<0 || value.col>cols - 1 || value.col<0){
      //元素行列标超界
        return false;
    }
    data[nums++] = value;return true;   //将非零元追加到三元组表表尾
} //算法的时间复杂点为 O(1)
```

(3) 查找一个矩阵元素

如果三元组表中存在指定的三元组，则操作成功；否则，操作失败。

```
template<class T>
bool TripleList<T>::Find(Triple<T> value){//判定一个三元组是否在表中
    for(int i = 0;i<nums; ++i){
        if(data[i] == value){return true;}
    }
    return false;
} //算法的时间复杂点为 O(n)
```

(4) 建立一个矩阵

重载输入流操作符，建立一个三元组表，包括行数、列数、非零元个数以及所有非零元的值。该函数要使用三元组表以及三元组类中私有成员，则必须在两个类中声明是友元。

```
template<class T>
istream& operator>>(istream &in,TripleList<T> &M){//重载输入流操作符，建立一个矩阵
    int r,c,n,i = 0;
    cout<<"输入稀疏矩阵的行数:";   in>>r;
    cout<<"输入稀疏矩阵的列数:";   in>>c;
    cout<<"输入稀疏矩阵的非零元个数:";   in>>n;
    M.nums = n;   M.rows = r;   M.cols = c;
    cout<<"输入"<<M.nums<<"个元素的三元组数据值:(行列标从 0 开始)"<<endl;
    while(i<M.nums){//依次输入三元组各数据域值
        in>>M.data[i].row>>M.data[i].col>>M.data[i].val;
        if(M.data[i].row>= r || M.data[i].col> = c){//行列标超界
            cout<<"行标或列标输入有误，请重新输入正确的值:"<<endl;   continue;
        }
        ++i;
    }
    return in;
} //算法的时间复杂点为 O(n)
```

(5) 输出一个矩阵

重载输入流操作符，建立一个三元组表，包括行数、列数、非零元个数以及所有非零元的值。同重载输入流一样，必须在两个类中声明是友元。

```
template<class T>
ostream& operator<<(ostream &out,TripleList<T> &M){//重载输出流操作符，输出一个矩阵
```

```
    out<<"这是一个"<<M.rows<<"X"<<M.cols<<"的稀疏矩阵,它共有"<<M.nums
    <<"个非零元素!"<<endl;
    out<<setw(10)<<"行数"<<setw(10)<<"列数"<<setw(10)<<"值"<<endl;
    for(int i = 0;i<M.nums; ++ i){
        out<<M.data[i].row<<setw(10)<<M.data[i].col<<setw(10)<<M.data[i].val<<
          endl;}
    }
    return out;
}//算法的时间复杂点为 O(n)
```

(6) 矩阵转置

将一个矩阵转置,就是把原矩阵中的行和列对换,对换后的三元组表中的元素要按行号从小到大排列。图 4-4(b)是图 4-4(a)给出的三元组表的转置矩阵压缩表示。

	行(row)	列(col)	值(val)
[0]	0	2	2
[1]	1	0	3
[2]	1	3	-1
[3]	2	3	-6
[4]	3	5	-17
[5]	5	6	-8

A.data
(A.rows=6,A.cols=7,A.nums=6)
(a)稀疏矩阵的三元组表

	行(row)	列(col)	值(val)
[0]	0	1	3
[1]	2	0	2
[2]	3	1	-1
[3]	3	2	-6
[4]	5	3	-17
[5]	6	5	-8

M.data
(M.rows=7,M.cols=6,M.nums=6)
(b)转置矩阵的三元组表

图 4-4　用三元组表表示的稀疏矩阵及其转置

算法思路

(1) 从当前矩阵的第 0 列(即 $c=0$)开始扫描三元组表。

(2) 对于每个列号 c,扫描整张三元组表,如果存在列号为 c 的三元组元素,则将该元素行、列互换后存入一个临时元素 t 中,然后将 t 追加到三元组表 M 尾。共做 nums 趟。

(3) 列号 c 增 1,重复(2),直到矩阵中所有列全部扫描完毕(共做 cols 趟)。

```
template<class T>
void TripleList<T>::Transpose(TripleList<T> &M){//稀疏矩阵转置,即元素的行列位置对换
    if(!nums){return;}                          //如果是空矩阵,操作失败
    M.data = new Triple<T>[nums];               //M 为转置后的矩阵,先进行初始化
    M.rows = cols;    M.cols = rows;
    for(int c = 0;c<cols; ++ c){                //按列号从小到大扫描所有的列
        for(int p = 0;p<nums; ++ p){            //将列号为 c 的三元组行列互换
            if(data[p].col == c){               //将元素行标和列标交换
                Triple<T> t;
                t.row = data[p].col;    t.col = data[p].row;    t.val = data[p].val;
                M.Insert(t);                    //将转置后元素插入到 M 中
            }
        }
    }
} //算法的时间复杂点为 O(n×m²),其中 n 为行数,m 为列数
```

建立一个 main.cpp 文件,在文件中的 main 函数中调用 Transpose 函数实现矩阵转置。

具体代码及运行结果如下所示。

```
void main(){
    TripleList<int> T,Arr;
    cin>>T;
    T.Transpose(Arr);
    cout<<Arr;
}
输出结果：
输入稀疏矩阵的行数：4
输入稀疏矩阵的列数：4
输入稀疏矩阵的非零元个数：4
输入 4 个元素的三元组数据值：(行标和列标均从 0 开始)
0 1 5
1 3 -1
2 0 3
3 1 2
这是一个 4×4 的稀疏矩阵，它共有 4 个元素！(说明，下列是转置后的矩阵)
行数            列数            值
 0               2             3
 1               0             5
 1               3             2
 3               1            -1
```

算法分析

对于矩阵的每一列，该算法都需要扫描一次三元组表。因此，稀疏矩阵的转置的主要工作是在一个双重循环中完成的，故算法的时间复杂度为 $O(\text{cols}\times\text{nums})$，即与矩阵的列数和非零元的个数的乘积成正比。若非零元素个数和 rows×cols 同级，则算法的时间复杂度为 $O(\text{rows}\times\text{cols}^2)$。虽然算法的空间复杂度有所改善，但时间复杂度却更差了一些。

算法低效的原因在于反复搜索当前三元组表 data 中的元素，若能直接定位原 data 中元素在 M 中的位置，则只需要扫描一次 data 序列即可。

改进算法的思路：对 data 扫描一次，按 data 第二列提供的列号一次确定位置装入转置后的一个三元组。

具体实施如下：一遍扫描先确定矩阵元素的位置关系；二次扫描由位置关系装入矩阵元素。可见，矩阵元素的位置关系是此种算法的关键。

根据这个思路，要确定矩阵元素的位置关系必须确定 data 中每一列的第一个非零元素在 Arr 中的位置和每一列中非零元素个数，即某列中某个元素的位置为该列第一个元素位置加上该元素在该列中序号。在此，引入两个向量 cpot 和 num，其中 num[i]表示为第 i 列中包含的非零元素个数，cpot[i]为 data 中第 i 列的第一个元素在 Arr 中的位置(序号)。于是有：

```
cpot[0] = 0
cpot[col] = cpot[col - 1] + num[col - 1](col 为矩阵元素的列标)
```

图 4-3 中矩阵 **A** 相应的 num 和 cpot 向量值如表 4-1 所示。

表 4-1 矩阵 A 的 num 和 cpot 值

col	0	1	2	3	4	5	6
num[col]	1	0	1	2	0	1	1
cpot[col]	0	1	1	2	4	4	5

改进后算法源代码如下所示。

```
template<class T>
void TripleList<T>::FastTranspose(TripleList<T> &M){//改进后的转置算法
    if(!nums){return;}
    M.data = new Triple<T>[nums];
    M.rows = cols;   M.cols = rows;
    int  * num = new int[cols], * cpot = new int[cols];  //为两个辅助数组分配空间
    int c,p;
    for(c = 0;c<cols; ++ c){num[c] = 0;}                 //num 数组中所有元素清 0
    for(p = 0;p<nums; ++ p){num[data[p].col] ++ ;}       //num 中相应列的非零数个数统计
    cpot[0] = 0;
    for(c = 1;c<cols; ++ c){                              //设置每列第一个元素在 M 中的位置数组 cpot
        cpot[c] = cpot[c - 1] + num[c - 1];
    }
    for(p = 0;p<nums; ++ p){                              //每个非零元素行列互换,进行转置
        c = cpot[data[p].col];                            //c 为 data 中当前元素在 M 中位置
        M.data[c].row = data[p].col;   M.data[c].col = data[p].row;
        M.data[c].val = data[p].val;
        cpot[data[p].col] ++ ;                            //同列的下一个元素在 M 中位置
    }
    M.nums = nums;
} //算法的时间复杂点为 O(n + m),其中 n 为行数,m 为列数
```

该改进算法所需要的存储空间比改进前的算法多了两个数组,但算法的时间复杂度为 O(cols+nums),比改进前算法有所改善。

(7) 矩阵相加

两个矩阵相加的前提条件是:两个矩阵的大小相同,即行数和列数分别对应相等。相加后的结果仍为一个相同大小的矩阵。图 4-5 给出了矩阵相加的图示。

$$\boldsymbol{A}_{3\times4}=\begin{pmatrix}2&0&0&3\\0&1&0&0\\0&0&0&0\end{pmatrix}\quad \boldsymbol{B}_{3\times4}=\begin{pmatrix}0&0&0&-2\\2&1&0&0\\0&0&5&0\end{pmatrix}\quad \boldsymbol{C}_{3\times4}=\boldsymbol{A}+\boldsymbol{B}=\begin{pmatrix}2&0&0&1\\2&2&0&0\\0&0&5&0\end{pmatrix}$$

A.data

row	col	val
0	0	2
0	3	3
1	1	1

B.data

row	col	val
0	3	-2
1	0	2
1	1	1
2	2	5

C.data

row	col	val
0	0	2
0	3	1
1	0	2
1	1	2
2	2	5

图 4-5 三元组表表示的矩阵相加示意图

如果扫描三元组表中行列找到非零元素，然后执行元素相加，算法的效率将会很低，时间复杂度会达到 $O(m\times n)$（m、n 分别为矩阵的行数和列数）。

根据三元表压缩存储的特点，很容易得到三元组表中三元组在原矩阵中行序位置（二维数组以行为主序得到的序号），由这个位置即可推出三元组元素在三元组表中的相对位置。位置相同的三元组元素值即可相加。

算法思路

(1) 初设两个变量 i 和 j，分别为 A 和 B 的第一个三元组序号。

(2) 分别计算第 i 个和第 j 个三元组元素在各自矩阵中的行序，令：

index_a＝A. data[i]. row×A. cols＋A. data[i]. col

index_b＝B. data[j]. row×B. cols＋B. data[j]. col

如果 index_a＞index_b，则 A. data[i]对应到一个三元组表中的位置就要在 B. data[j]之后，应该往 C 中添加 B. data[j]，j 序号增 1；如果 index_a＜index_b，则 A. data[i]就在 B. data[j]之前，应该往 C 中添加 A. data[i]，i 序号增 1；如果 index_a＝index_b，则 A. data[i]与 B. data[j] 行号和列号相同，如果两个三元组元素的值相加后不为 0，往 C 中添加的三元组的值应为相加后的结果，同时 i 和 j 序号分别增 1。

(3) 重复(2)，直到 i 和 j 中至少有一个值超出三元组表的范围。如果 A 中或 B 中仍有三元组未加入 C 中，则将这些三元组依次追加到 C 的三元组表尾。

具体的程序实现代码如下所示。

```
template<class T>
bool TripleList<T>::Add(TripleList<T> &M,TripleList<T> &result){//两个矩阵和存在 result 中
    if(rows != M.rows || cols != M.cols){//两个矩阵大小不相同,操作失败
        cout<<"Incompatible matrices"<<endl;    return false;
    }
    int i = 0,j = 0,index_a,index_b;    result.rows = rows;    result.cols = cols;
    while(i<nums && j<M.nums){//按序号在两个三元组表中分别取 1 个元素
        index_a = data[i].row * cols + data[i].col;    //计算在原矩阵中的行序
        index_b = M.data[j].row * M.cols + M.data[j].col;
        if(index_a>index_b){//M.data[j]位置在先,追加到 result 中,序号增 1
            result.Insert(M.data[j]);    ++j;
        }
        else{
            if(index_a<index_b){//data[i]位置在先,追加到 result 中,序号增 1
                result.Insert(data[i]);    ++i;
            }
            else{//同行同列元素相加,添加到 result 中的元素值不为 0
                T sum = data[i].val + M.data[j].val;
                if(sum){
                    Triple<T> temp;
                    temp.row = data[i].row;    temp.col = data[i].col;    temp.val = sum;
                    result.Insert(temp);
                }
                ++i;    ++j;//序号同时增 1
            }
        }
    }
```

```
    //将剩余的三元组追加到 result 中
    while(i<nums){result.Insert(data[i]);   ++i;}
    while(j<M.nums){result.Insert(M.data[j]);   ++j;}
    return true;
} //O(nums + M.nums)
```

算法分析

在整个程序中共有 3 个并列的循环，其中第 1 个 while 最多会执行(nums+M. nums)次；第 2 个 while 最多执行 nums 次；第 3 个 while 最多执行 M. nums 次。因此，算法的时间复杂度为 O(nums+M. nums)。当(nums+M. nums)≪ rows×cols 时，稀疏矩阵的加法效率大大提高，其算法的时间复杂度比二维数组表示时的时间复杂度 $O(m\times n)$要好得多。

(8) 矩阵相乘

两个矩阵 $\boldsymbol{A}(m\times n)$和 $\boldsymbol{B}(n\times p)$相乘的条件是 $\boldsymbol{A}$ 的列数要等于 $\boldsymbol{B}$ 的行数。对于一个二维数组表示的矩阵而言，$\boldsymbol{A}$ 和 $\boldsymbol{B}$ 相乘后的结果矩阵的每一个元素的累加公式为：

$$\boldsymbol{C}[i][j]=\sum_{k=0}^{n-1}(\boldsymbol{A}[i][k]\times\boldsymbol{B}[i][j])$$

其中，$0\leqslant i\leqslant m-1$，$0\leqslant j\leqslant p$。相乘算法结构是 3 重循环，时间复杂度是 $O(m\times n\times p)$。

根据累计公式，在三元组表表示的矩阵(如图 4-6 所示，为了说明问题，矩阵中非零元较多)相乘的过程为：假设三元组表 A 中的一个三元组 A. data[q]. row=i，A. data[q]. col=k，那么就要在三元组表 B 中寻行为 k 的三元组，即 B. data[r]. row=k，假设 B. data[r]. col=j，那么 A. data[q]. val×B. data[r]的积就要累加到结果三元组表 C 的三元组 C. data[l]中，其中 C. data[l]. row=A. data[q]. row，C. data[l]. col=B. data[r]. col。

$$A_{3\times4}=\begin{pmatrix}2&0&0&3\\0&1&0&0\\1&0&0&0\end{pmatrix}\quad B_{4\times2}=\begin{pmatrix}0&-2\\2&0\\0&0\\1&6\end{pmatrix}\quad C_{3\times2}=A\times B=\begin{pmatrix}3&14\\2&0\\0&-2\end{pmatrix}$$

A.data

row	col	val
0	0	2
0	3	3
1	1	1
2	0	1

B.data

row	col	val
0	1	-2
1	0	2
3	0	1
3	1	6

C.data

row	col	val
0	0	3
0	1	14
1	0	2
2	1	-2

图 4-6　三元组表表示的矩阵相乘示意图

算法的关键是如何根据 A 中三元组的列号 k，找到 B 中所有行号为 k 的元素组。从三元组表存放元素的规律中不难得出：三元组表中的元素是按行号从小到大排列的，且行号相同的元素集中在一起，那么只要找到等于 k 的第 1 个元素，其他元素只需顺序读取；第 k 行第 1 个元素的位置又可以根据－1 第 $k-1$ 上元素的个数可以得出；依此类推，第 1 行第 1 个元素位置就等于第 0 行第 1 个元素位置(即 0)与第 0 行元素个数之和，因此，需要设置两个辅助数组 rowSize 和 rowStart 分别记录每行元素个数和每行的第 1 个元素位置，其推导过程类似于快速矩阵转置算法：

```
rowStart [0] = 0
rowStart[k] = rowStart[k - 1] + rowSize[k - 1]
```

算法思路

(1) rowSize 数组清 0 后,统计每行元素个数。

(2) 从 0 行开始推导所有行的第 1 个元素位置。

(3) 从矩阵 **A** 第 current 个元素开始处理,current 初值为 0。

(4) 当前行各元素累加器清 0,rowA 为第 current 个元素的行号。

(5) 当 current 没有超过三元组表的长度,并且第 current 个元素的行号为 rowA 时,colA 为其列号。到 **B** 矩阵中扫描行号和 colA 值相同的元素,将两个元素相乘,并将积累加到 temp[colA]中(相同的行有几个就累加几次)。

(6) current 增 1,重复(5),直到 **A** 矩阵中第 rowA 行扫描完毕,或者 **A** 的整张三元组表扫描完毕。

(7) 将 rowA 行各个列的累计结果追加到 **C** 矩阵中。

(8) 从第 current 个元素开始,重复(5),直到 **A** 的整张三元组表扫描完毕。

(9) 释放所有辅助数组的空间。

具体的实现程序代码如下所示。

```
template<class T>
bool TripleList<T>::Multiply(TripleList &M,TripleList<T> &result){ //两矩阵相乘,存到
                                                                      result 中
    if(cols != M.rows){return false;}   //两个矩阵不符合相乘条件,操作失败
    result.rows = rows;    result.cols = M.cols;
    int *rowSize = new int[M.rows];      //定义三个辅助数组
    int *rowStart = new int[M.rows + 1];
    T *temp = new T[M.cols];
    int i,current = 0,rowA,colA,colB;
    for(i = 0;i<M.rows; ++ i){rowSize[i] = 0;} //每行个数初始化 0
    for(i = 0;i<M.nums; ++ i){rowSize[M.data[i].row] ++ ;} //统计 M 中每行元素个数
    rowStart[0] = 0;
    for(i = 1;i<= M.rows; ++ i){//计算 M 中各行第 1 个元素在三元组表中的位置
        rowStart[i] = rowStart[i - 1] + rowSize[i - 1];
    }
    while(current<nums){//从第 current 个元素开始扫描
        rowA = data[current].row;
        for(int i = 0;i<M.cols; ++ i){temp[i] = 0;}    //累计器清 0
        while(current<nums && data[current].row == rowA){
            colA = data[current].col;//当前矩阵扫描到的元素列号
            for(i = rowStart[colA];i<rowStart[colA + 1]; ++ i){
              //找到行号为 colA 的所有三元组
                colB = M.data[i].col;       //M 中相乘元素的列号
                temp[colB] += data[current].val * M.data[i].val; //乘积累计
            }
            ++ current;//当前三元组表的下一个元素
        }
        for(i = 0;i<M.cols; ++ i){//将累计结果追加到 result 中
            if(temp[i]){
                Triple<T> t;
                t.row = rowA;    t.col = i;    t.val = temp[i];
                result.Insert(t);
```

```
            }
        }
    }
    delete [ ]rowSize;   delete [ ]rowStart;   delete [ ]temp;//清空所有辅助空间
    return true;
} //O(max(rows × M.cols,nums × M.nums))
```

算法分析

程序中有 4 个并列循环。第 1 个和第 3 个循环的时间复杂度都是 $O(M.\text{rows})$；第 3 个循环的时间复杂度是 $O(M.\text{nums})$。

第 4 个循环是一个 3 层嵌套循环：最外层对整个三元组表扫描一次，最多执行 rows 次。它的内层循环是 3 个并列的循环：第 1 个和第 3 个循环各执行 $M.\text{cols}$ 次，在最外层控制下的时间复杂度为 $O(\text{rows}\times M.\text{cols})$；第 2 个循环在外层循环控制下针对当前矩阵某一行进行操作；因此，与最外层配合共执行 nums 次，它包含的内层循环最坏情况下执行 $M.\text{nums}$ 次。

所以，算法总的时间复杂度为 $O(\max(\text{rows}\times M.\text{cols},\text{nums}\times M.\text{nums}))$。当稀疏因子<0.05 时，其时间复杂度相当于 $O(m\times p)$，与二维数组表示矩阵相乘的时间复杂度 $O(m\times n\times p)$ 相比，显然，是一个比较理想的结果。

4.2.2 稀疏矩阵的链式存储法

当矩阵中非零元素的个数和位置经过运算后变化较大时，就不宜采用顺序存储结构，而应采用链式存储结构来表示三元组，主要的方法有**单向链表表示法**、**行链表表示法**以及**十字链表表示法**。

(1) 单向链表表示法

三元组表是三元组元素的顺序表示，也可以用指针域将三元组元素链接起来，组成一个带头结点的单向循环链表。其存储结构如图 4-7 所示。

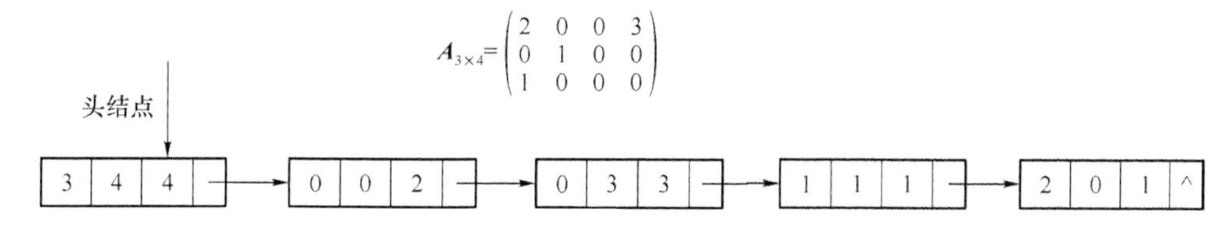

$$A_{3\times4}=\begin{pmatrix}2&0&0&3\\0&1&0&0\\1&0&0&0\end{pmatrix}$$

图 4-7 矩阵 **A** 的单向链表结构

矩阵的单向链表表示法中的结点包括 4 个数据域：非零元素的行号、非零元素的列号、非零元素的值以及指向下一个非零元素的指针。头结点中的数据域包括矩阵的行数、矩阵的列数、矩阵的非零元素个数以及指向第一个非零元素的指针。

这种表示法的优点是插入和删除一个非零元素非常方便，由于它是个顺序存取结构，在进行矩阵运算时要获取同行或同列元素，或者改变元素之间相对位置都要付出较大代价。

(2) 行链表表示法

该表示法综合了顺序存储结构和链式结构：矩阵是一个包括行指针的顺序表；行指针链接的是同行每个列的非零元素。其存储结构如图 4-8 所示。

若矩阵的行数为 M，非零元素个数为 N，则这种存储结构的存储量为 $3N+M$。每一行非零元素个数最多为 N，则存取元素的时间复杂度为 $O(N)$；根据元素列号在相应的行链中插入非零元素，则插入非零元素的时间复杂度为 $O(N)$；逐行逐列扫描行链中每个非零元素，并使

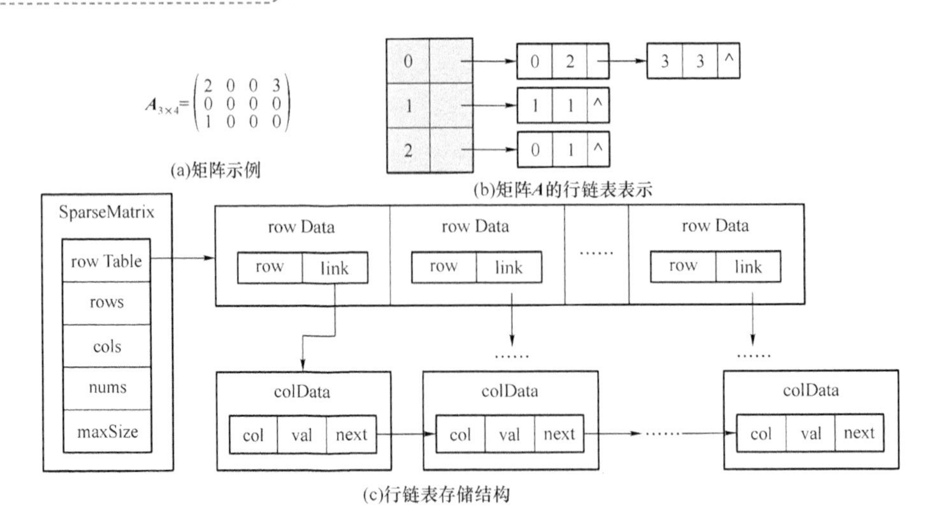

图 4-8　矩阵 **A** 的行链表表示及存储结构示意

同行同列元素相加或相减，则矩阵加或减运算的时间复杂度为 $O(M\times N)$；逐行逐列扫描每个非零元素并进行矩阵转置：将元素中列序号改为行序号，并按行序号插入到指定行链（行链的标号为转置前元素的列序号）的适当位置，保持行链中各个非零元素按列号从小到大有序排列，矩阵转置的时间复杂度为 $O(M\times N)$。

?根据图 4-8 所示的存储结构如何设计一个以行链表示的稀疏矩阵数据结构?

(3) 十字链表表示法

十字链表为矩阵的每一行设置一个单独的循环链表，同时也为每一列设置一个单独的循环链表。这样稀疏矩阵的每一个非零元素就同时包含在两个链表中，即每一个非零元素同时包含在所在行的行链表中和列链表中，这就大大降低了链表的长度，便于链表中行和列方向的搜索，因而大大降低了算法的时间复杂度。对于一个 $m\times n$ 的稀疏矩阵，每个非零元素用一个结点表示，结点的结构如图 4-9(a)所示。

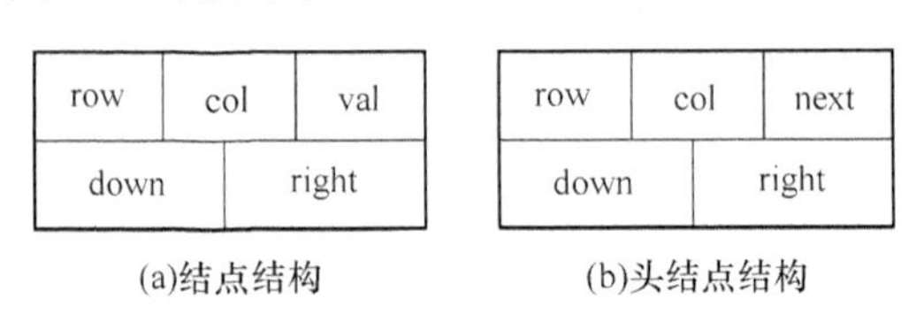

图 4-9　十字链表结点结构

其中，row、col 和 val 分别代表非零元素所在的行标、列标以及元素值；down 和 right 分别用来链接同列和同行的下一个非零元素节点。也就是说，同列非零元素是通过 down 指针链接成一个列链表，而 right 指针则把同行非零元素链接成一个行链表。对稀疏矩阵的每个非零元素来说，既是列链表中一个结点，同时也是行链表中一个结点。每个非零元素就好比处于一个十字路口，因此，这种表示稀疏矩阵的存储结构称为十字链表。

十字链表中设置行头结点、列头结点以及链表头结点。它们采用与非零元素结点类似的结构，如图 4-9(b)所示。由于行头结点中只有 right 指针指向该行第一个非零元素（down 为空），列头结点中只有 down 指针指向该列的第一个非零元素（right 为空）。因此，为了节省空间，行头结点和列头结点可以共用一组头结点，行列头结点数为矩阵行数和列数中的最大值，并且设置 row 和 col 的值均为 0，各个头结点之间用 next 指针域连接。

此外，再为十字链表配置一个表头结点，其 row 和 col 值分别为矩阵的行数和列数，next 指针指向第一个行列头结点。十字链表如图 4-10 所示。

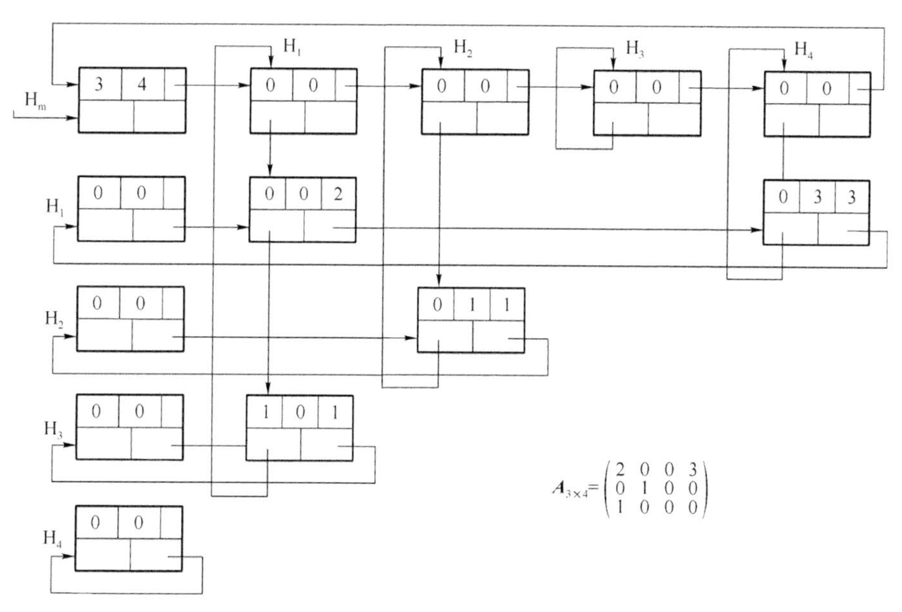

图 4-10 矩阵 **A** 的十字链表示意图

4.3 广 义 表

广义表是一种非线性的数据结构，顾名思义，它也是线性表的一种推广。广泛地用于人工智能等领域的表处理语言 LISP 语言，把广义表作为基本的数据结构，就连程序也表示为一系列的广义表。

4.3.1 广义表的基本概念

一个广义表是 $n(n\geqslant0)$ 个表元素的一个序列，若 $n=0$ 时则称为空表。设 a_i 为广义表的第 i 个元素，则广义表 GL 的一般表示与线性表相同：

$$GL=(a_1,a_2,\cdots,a_i,\cdots,a_n)$$

其中，n 表示广义表的长度，即广义表中所含元素的个数，且 $n\geqslant0$。

如果 a_i 是单个数据元素，则 a_i 是广义表 GL 的**原子**；如果 a_i 是一个广义表，则 a_i 是广义表 GL 的**子表**。广义表的抽象数据类型定义如下所示：

```
ADT GList{
    Data:D = {eᵢ| i = 1,2,…,n,n≥0;eᵢ∈AtomSet(某个数据对象)或 eᵢ∈GList }
    Relation:R = {< eᵢ₋₁,eᵢ>| eᵢ₋₁,eᵢ∈D,2≤i ≤n}
    Operator:
        InitGList(&L);          操作结果:创建一个广义表 L
        DestroyGList(&L);       初始条件:广义表 L 已存在;操作结果:销毁 L
        Length(L);              初始条件:L 已存在;操作结果:返回 L 的长度
        Depth(L);               初始条件:L 已存在;操作结果:返回 L 的深度
        IsEmpty(L);             初始条件:L 已存在;操作结果:判断 L 是否空
        GetHead(L);             初始条件:L 已存在;操作结果:取 L 的头
```

```
        GetTail(L);           初始条件:L已存在;操作结果:取L的尾
        InsertFirst(&L,e);    初始条件:L已存在;操作结果:e插入为L的首个元素
        DeleteFirst(&L,&e);   初始条件:L已存在;操作结果:用e返回L的首元素值
        Travese(L);           初始条件:L已存在;操作结果:输出L中元素
    }
```

广义表具有如下重要的特性：(本章重点)

(1) 有序性。广义表中的数据元素有相对次序。

(2) 有长度。广义表的**长度**定义为最外层包含元素个数。

(3) 有深度。广义表的**深度**定义为所含括弧的重数。其中,原子的深度为0,空表的深度为1。

(4) 可共享。一个广义表可以为其他广义表共享,这种共享广义表称为再入表。

(5) 可递归。广义表是一种递归的数据结构。一个广义表可以是自已的子表,这种广义表称为递归表。递归表的深度是无穷值,长度是有限值。

(6) 多层次。任何一个非空广义表 GL **均可分解为表头** Head(GL)$=a_1$ **和表尾** Tail(GL)$=(a_2,\cdots,a_n)$两部分。其表头可能是原子元素,也可能是广义表,但其表尾必为广义表。

为了简单起见,在此只讨论一般的广义表。另外,我们规定用小写字母表示原子,用大写字母表示广义表的表名。例如:

$A=()$。A 是一个空表,其长度为0。

$B=(e)$。B 是长度为1的广义表,它的元素是原子元素,是一个线性表。Head$(B)=e$,Tail$(B)=()$。

$C=(a,(b,c,d))$。C 是长度为2的广义表。Head$(C)=a$,Tail$(C)=((b,c,d))$。

$D=(A,B,C)=((),(e),(a,(b,c,d)))$。$D$ 是长度为3的广义表,3个元素全是子表。Head$(D)=A$,Tail$(D)=(B,C)$。

$E=((a,(a,b),((a,b),c)))$。E 的长度为1,元素是一个子表。Head$(E)=(a,(a,b),((a,b),c))$,Tail$(E)=()$。

注意广义表()和(())是不同的,前者是长度为0的空表,对其不能执行表头和表尾运算,而后者是长度为1的非空表(只不过该表中唯一的元素是空表),对其可以进行分解,得到的表头和表尾均是空表()。

若用圆圈和方框分别表示子表和原子元素,并用线段把表和它的元素(元素结点应在其表结点的下方)连接起来,则可得到一个广义表的图形表示。

例如,上面五个广义表的图形表示如图4-11所示。其中,A、B、C、D 和 E 的深度分别为1、1、2、3和4。

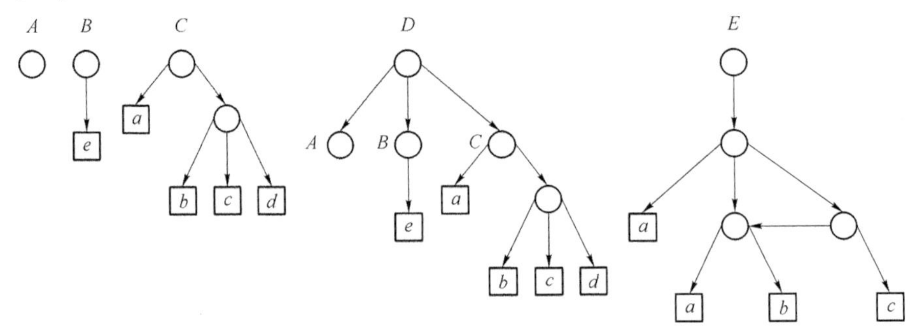

图4-11　广义表图形示例

4.3.2 广义表的存储结构

广义表是一种递归的数据结构,因此很难为每个广义表分配固定大小的存储空间,所以其存储结构只好采用动态链式结构。按结点形式不同,广义表的链式存储结构又可以分为两种不同存储方式:**头尾表示法和孩子兄弟表示法**。

(1) 头尾表示法

若广义表非空,则可将表分解为表头和表尾两个部分;反之,一对已经确定的表头和表尾可唯一确定一个广义表。头尾表示法就是根据这一性质设计的。

由于广义表中的数据元素是原子或者广义表,则在存储结构中定义两种结点结构形式:

① 表结点。由指向表头的指针 hp、指向表尾的指针 tp 以及结点标志(值为 1)组成。

② 元素结点。由结点标志(值为 0)以及元素值 data 组成。

图 4-12 是图 4-10 中广义表的头尾表示法的存储结构示例。

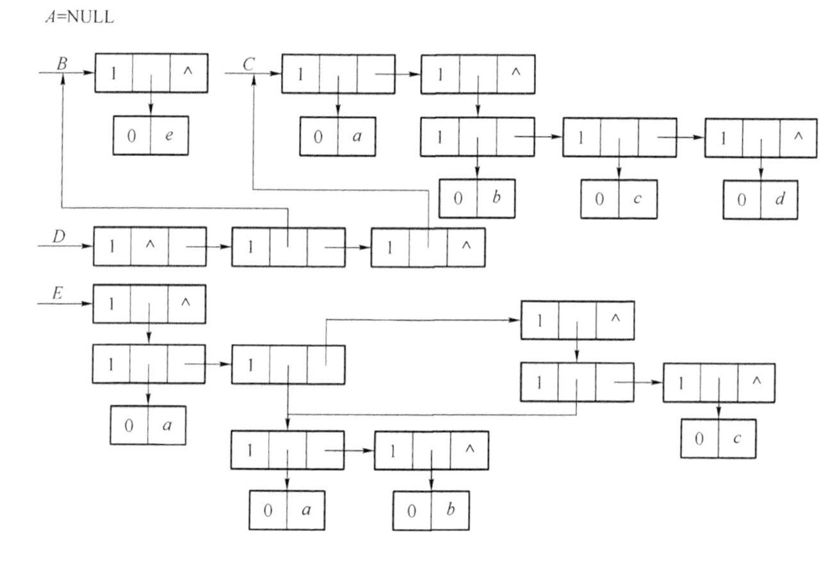

图 4-12　广义表的头尾表示法存储结构示例

采用头尾表示方法容易分清列表中原子元素或子表所在的层次。例如,在广义表 D 中,a 与 e 在同一层,b、c 和 d 在同一层,比 a 和 e 低一层,子表 B 和 C 在同一层。另外,最高层的表结点的个数即为广义表的长度,表结点所在的最大层次数为广义表的深度,例如,广义表 D 的最高层有 3 个结点,广义表的长度即为 3。

头尾表示法表示的广义表的类定义如下所示(文件 glist.h 中)。

```
typedef enum{ATOM,LIST}ElementTag;
template<class T>class GList;
template<class T>
class GLNode{
    friend class GList<T>;
private:
    ElementTag tag;
    union{
        T data;
```

```
        struct{GLNode<T> * hp, * tp;}Ptr;
    };
public:
        GLNode(){}
        GLNode(ElementTag f,GLNode<T> * h = NULL,GLNode<T> * t = NULL){
            tag = f;
            if(f == 1){Ptr.hp = h;    Ptr.tp = t;}
        }
        GLNode(ElementTag f,T elem){if(f == ATOM){tag = f;    data = elem;} }
        GLNode<T> *  Copy()const;
};//结点类

template<class T>
class GList{
private:
    GLNode<T> * first;                   //广义表头指针
    int Depth(GLNode<T> * LP)const;      //求深度递归算法
    void Traverse(GLNode<T> * LP)const;  //遍历递归算法
    void DestroyGList(GLNode<T> * LP);   //销毁广义表递归算法
public:
    GList():first(NULL){}                //初始化空表
    ~GList(){DestroyGList();}            //析构函数
    void DestroyGList();                 //销毁广义表
    void CopyGList(GList<T>&List)const;  //复制广义表
    GLNode<T> *  GetHead()const;         //取表头
    bool GetTail(GList<T>&list)const;    //取表尾(子表)
    int Depth()const{return Depth(first);} //求表的深度
    int Length()const;                   //求表的长度
    bool IsEmpty()const{return L == NULL;} //判表空
    void InsertFirst(T elem);            //在表头元素前插入一个原子
    void InsertFirst(GList<T> &list);    //在表头元素前插入一个子表
    bool DeleteFirst(GLNode<T> * &elem); //删除表头元素
    void Traverse()const;                //遍历广义表
};//头尾表示法的广义表类定义
```

广义表是一种递归定义数据结构,因此,它的许多操作可以用递归算法实现。在头尾表示法表示的广义表的递归算法中,经常用到“分治法”,即把广义表分成表头和表尾两部分元素分别操作。

下面介绍几个常见的广义表操作实现过程(成员函数定在 glist. cpp 中)。

① 结点和广义表的复制

广义表结构是用表的头尾表示,因此,结点的复制分两部进行:一是复制头元素;二是复制子表。广义表的复制是建立在结点复制的基础上,即将广义表头指针所指的所有结点复制到一张新的广义表中。具体的程序实现代码如下所示。

```
template<class T>
GLNode<T> *  GLNode<T>::Copy()const{//结点复制
    GLNode<T> * newNode, * newTail;
    newNode = new GLNode<T>();newNode->tag = tag;    //建立新的结点,复制原有结点值
```

```
        if(tag == ATOM){newNode->data = data;}        //原子复制
        else{//子表复制
            if(Ptr.hp){newHead = Ptr.hp->Copy();} //头复制
            else{newHead = NULL;}
            if(Ptr.tp){newTail = Ptr.tp->Copy();} //尾复制
            else{newTail = NULL;}
            newNode->Ptr.hp = newHead;    newNode->Ptr.tp = newTail;    //子表复制
        }
        return newNode;
    }

    template<class T>
    void GList<T>::CopyGList(GList<T> &List)const{//调用结点复制函数,实现广义表复制
        if(!first){List.first = NULL;}
        List.first = first->Copy();
    }
```

② 广义表的销毁

广义表的销毁就是释放头指针所指所有结点。头指针的所指的结点包括头元素和子表,因此,在删除表的过程中递归调用删除头和尾的指针。具体程序实现代码如下所示。

```
    template<class T>
    void GList<T>::DestroyGList(){                    //调用销毁结点函数销毁广义表
        if(first){DestroyGList(first);}
    }
    template<class T>
    void GList<T>::DestroyGList(GLNode<T> * LP){      //销毁LP指针指向的所所有结点
        GLNode<T> * p1, * p2;
        if(LP){
            if(LP->tag == 1){                         //销毁子表
                p1 = LP->Ptr.hp;      p2 = LP->Ptr.tp;
                DestroyGList(p1);     DestroyGList(p2);  //销毁表头尾元素
            }
        }
        delete LP;    LP = NULL;
    }
```

③ 取头元素和尾元素

广义表中取头元素,即是将结点头指针(hp)所指的原子或子表的地址返回;而广义表的尾元素一定是一个子表,即是将结点尾指针的地址返回。具体程序实现代码如下所示。

```
    template<class T>
    GLNode<T> * GList<T>::GetHead()const{             //取广义表头元素。如果是空表,则返回空值
        if(!first){return NULL;}
        GLNode<T> * head;
        head = first->Ptr.hp->Copy();                 //深度复制头元素
        return head;
    }

    template<class T>
    bool GList<T>::GetTail(GList<T> &list)const{      //取广义表尾元素,为一个广义表
```

```
    if(!first){return NULL;}
    GLNode<T> * tail;
    tail = first->Ptr.tp->Copy();                       //深度复制表尾元素
    return tail;
}
```

④ 添加和删除头元素

在广义表的表首插入一个头元素，包括原子元素和子表。为了便于输入原子数据和子表数据，在此，用了两个重载函数。具体的程序实现代码如下所示。

```
template<class T>
void GList<T>::InsertFirst(T elem){//在广义表头元素前添加一个原子，其值为 elem
    GLNode<T> * newNode = new GLNode<T>(ATOM);   //新建一个原子指针
    GLNode<T> * newFirst = new GLNode<T>(LIST);  //新建一个头元素指针
    newNode->data = elem;
    newFirst->Ptr.hp = newNode;                  //新的头指针指向新原子
    if(first){newFirst->Ptr.tp = first;}
    first = newFirst;
}
template<class T>
void GList<T>::InsertFirst(GList<T> &list){//在广义表头元素前插入一个子表
    GLNode<T> * First = new GLNode<T>(LIST);     //新建一个头元素指针
    First->Ptr.hp = list.first->Copy();          //复制 list,作为新表头元素
    First->Ptr.tp = first;    first = First;
}

template<class T>
bool GList<T>::DeleteFirst(GLNode<T> * &elem){//删除广义表的头元素，如是空表，则操作失败
    if(!first){return false;}
    elem = first->Ptr.hp;    first = first->Ptr.tp;
    return true;
}
```

添加和删除广义表元素时，要注意对象的初始化形式和指针的链接。

⑤ 计算广义表长度和深度

广义表长度就是广义表中元素的个数，即广义表最高层结点个数（由 Ptr.tp 链接）。具体的程序实现代码如下所示。

```
template<class T>
int GList<T>::Length()const{      //求广义表长度
    int len = 0;
    GLNode<T> * p = first;
    while(p){
        len++;    p = p->Ptr.tp; //指向广义表下一个元素
    }
    return len;
}
```

广义表的深度即为括号的重数，广义表深度的计算可以按以下的计算公式：

$$\mathrm{Depth(LP)}=\begin{cases}1 & ,\mathrm{LP}==NULL\\ 0 & ,\mathrm{LP}\text{ 指向原子}\\ \mathrm{Max}\{\mathrm{Depth}(p_1),\mathrm{Depth}(p_2),\cdots,\mathrm{Depth}(p_n)\}+1 & ,\mathrm{LP}\text{ 指向子表}\end{cases}$$

例如，计算广义表 $D(A,B,C)=(A(),B(e),C(a,(b,c,d)))$ 的深度，按照上面的递归计算公式可以得出以下的递归过程以及计算过程：

递归过程为：

```
Depth(D) = Max{Depth(A),Depth(B),Depth(C)} + 1
Depth(A) = 1
Depth(B) = Max{Depth(e)} + 1
Depth(C) = Max{Depth(a),Depth((b,c,d))} + 1
Depth((b,c,d)) = Max{Depth(b),Depth(c),Depth(d)} + 1
Depth(a) = Depth(b) = Depth(c) = Depth(c) = Depth(e) = 0
```

计算过程为：

```
Depth(C) = Max{Depth(a),Depth((b,c,d))} + 1 = Max{0,Max{0,0,0} + 1} + 1 = 2
Depth(B) = Max{0} + 1 = 1
Depth(D) = Max{1,1,2} + 1 = 3
```

具体递归算法执行代码为：

```
template<class T>
int GList<T>::Depth(GLNode<T> * LP)const{//递归求解头指针是 LP 的广义表的深度
    if(!LP){return 1;}                    //空表深度为 1,递归终止条件
    if(LP->tag == 0){return 0;}           //原子深度为 0,递归终止条件
    GLNode<T> * temp = LP;    int max = 0;
    for(;temp;temp = temp->Ptr.tp){       //深度为广义表中子表深度最大值 + 1
        int dep = Depth(temp->Ptr.hp);
        if(dep>max){
            max = dep;
        }
    }
    return(max + 1);
}
```

⑥ 广义表遍历

按照头尾元素输出次序递归遍历广义表，在输出元素的同时，输出各个层次的括号。具体的程序执行代码如下所示：

```
template<class T>
void GList<T>::Traverse(GLNode<T> * LP)const{//广义表遍历递归算法
    int flag = 0;
    if(LP){
        if(LP->tag == ATOM){cout<<LP->data;} //如果是原子,则输出值
        if(LP->Ptr.hp || LP->Ptr.tp){//如果表头元素或表尾元素存在,则递归遍历
            if (LP->Ptr.hp&& LP->Ptr.hp->tag == LIST){cout<<"(";}
              //如果头元素是子表
            if(LP->Ptr.hp){          //如果存在头元素,则递归遍历头元素
                Traverse(LP->Ptr.hp);
                if(LP->Ptr.tp){cout<<",";} //如果存在表尾元素
                else{cout<<")";} //如果不存在表尾元素,该子表遍历结束
            }
            if(LP->Ptr.tp){        //如果表尾元素不空,则递归遍历表尾
                Traverse(LP->Ptr.tp);
            }
        }
```

```
    }
    return;
}

template<class T>
void GList<T>::Traverse()const{
    cout<<"该广义表结构如下所示:"<<endl;   cout<<"(";
    Traverse(first);cout<<endl;
}
```

建立一个 main. cpp 文件，在文件中的 main 函数中调用 Insert 算法可以建立并输出一个广义表中所有元素，具体代码及运行结果如下所示：

```
void main(){
    GList<char>A,B,C;
    A.InsertFirst('e');   A.InsertFirst(A);   B.InsertFirst('d');   B.InsertFirst('c');
    C.InsertFirst(B);   C.InsertFirst('b');   A.InsertFirst(C);   A.InsertFirst('a');
    A.InsertFirst(B);   A.Traverse();
    cout<<"表的长度为:"<<A.Length()<<",    ";
    cout<<"表的深度为:"<<A.Depth()<<endl;
}
```

输出结果：

```
该广义表结构如下所示：
((c,d),a,(b,(c,d)),(e),e)
表的长度为:5,  表的深度为 3
```

(2) 孩子兄弟表示法

广义表的孩子兄弟表示法中，也存在两种结点形式：

(1) 子表结点：包括标志域(值为 1)、指向第一个孩子的指针域 hp 以及指向兄弟的指针域 tp。

(2) 原子结点：包括标志域(值为 0)、数据域 data 以及指向兄弟的指针域 tp。

对于图 4-11 中各个广义表用孩子兄弟法表示的存储结构如图 4-13 所示。

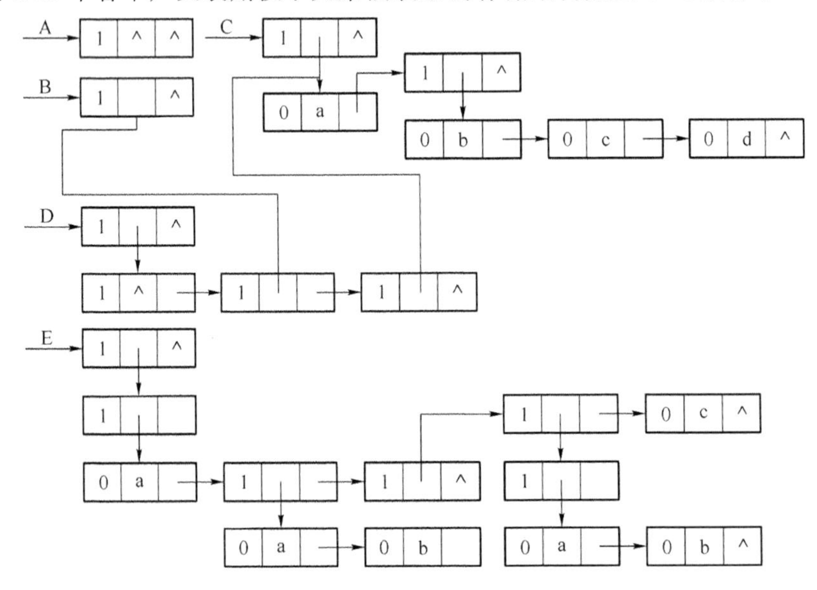

图 4-13 广义表的孩子兄弟表示法存储结构示例

对于广义表的两种存储结构，只要根据自己的习惯掌握其中一种结构即可。

拓展 **用广义表能表示 m 元多项式，试着画出它的链接表示以及写出其结构定义，并实现一些基本的操作。**

本章总结

• 数组是具有相同性质的数据元素的集合，数据元素不仅有值，还有下标。因此，可以说数组是元素值和下标构成的偶对的有穷集合。从逻辑结构上看，n 维数组的每个元素均属于 n 个向量。但是，整体来说，数组是一种非线性结构。

• 稀疏矩阵的压缩表示有顺序结构（如三元组表）、链式结构（如单链表和十字链表）以及顺序和链式联合结构（如行链表表示法）。每种结构都有各自的特点，在选择具体的存储结构时要权衡算法的空间效率、时间效率以及简单性和可读性。

• 广义表是线性表的推广，即广义表中放松对表元素的原子限制，容许它们具有其自身结构。同时，广义表也是对树的推广，并且具有共享和递归特性的广义表可以和有向图建立对应。因此，广义表的大部分运算与这些数据结构上的运算类似。要根据实际应用选择合适的广义表存储方式。

• 通过广义表的递归算法，进一步熟悉递归算法的设计和求解过程。

练 习

一、选择题

1. 设有数组 $A[i,j]$，数组的每个元素长度为 3 字节，i 的值为 1 到 8 ，j 的值为 1 到 10，数组从内存首地址 BA 开始顺序存放，当用以列为主存放时，元素 $A[5,8]$的存储首地址为(　　)。

A. BA+141　　B. BA+180　　C. BA+222　　D. BA+225

2. 设有一个 10 阶的对称矩阵 $\boldsymbol{A}$，采用压缩存储方式，以行序为主存储，a_{11} 为第一元素，其存储地址为 1，每个元素占一个地址空间，则 a_{85} 的地址为(　　)。

A. 13　　B. 33　　C. 18　　D. 40

3. 有一个 100×90 的稀疏矩阵，非 0 元素有 10 个，设每个整型数占 2 字节，则用三元组表示该矩阵时，所需的字节数是(　　)。

A. 60　　B. 66　　C. 18000　　D. 33

4. 对稀疏矩阵进行压缩存储目的是(　　)。

A. 便于进行矩阵运算　　B. 便于输入和输出

C. 节省存储空间　　D. 降低运算的时间复杂度

5. 下面说法不正确的是(　　)。

A. 广义表的表头总是一个广义表　　B. 广义表的表尾总是一个广义表

C. 广义表难以用顺序存储结构　　D. 广义表可以是一个多层次的结构

6. 设广义表 $L=((a,b,c))$，则 L 的长度和深度分别为(　　)。

A. 1 和 1　　B. 1 和 3　　C. 1 和 2　　D. 2 和 3

7. 广义表 $A=(a,b,(c,d),(e,(f,g)))$，则 head(tail(head(tail(tail(A)))))的值为（　　）。

A. (g)　　B. (d)　　C. c　　D. d

8. 已知广义表 $L=((x,y,z),a,(u,t,w))$，从 L 表中取出原子项 t 的运算是（　　）。

A. head(tail(tail(L)))　　B. tail(head(head(tail(L))))

C. head(tail(head(tail(L))))　　D. head(tail(head(tail(tail(L)))))

9. 设 $\boldsymbol{A}$ 是 $n \times n$ 的对称矩阵，将 $\boldsymbol{A}$ 的对角线及对角线上方的元素以列为主的次序存放在一维数组 B[1..$n(n+1)/2$]中，对上述任一元素 a_{ij} $(1 \leqslant i,j \leqslant n$，且 $i \leqslant j)$ 在 B 中的位置为（　　）。

A. $i(i-l)/2+j$　　B. $j(j-l)/2+i$

C. $j(j-l)/2+\mathrm{i}-1$　　D. $i(i-l)/2+j-1$

10. 用数组 r 存储静态链表，结点的 next 域指向后继，工作指针 j 指向链中结点，使 j 沿链移动的操作为（　　）。

A. $j=r[j]$.next　　B. $j=j+1$　　C. $j=j$->next　　D. $j=r[j]$->next

二、判断题

1. （　　）从逻辑结构上看，n 维数组的每个元素均属于 n 个向量。

2. （　　）稀疏矩阵压缩存储后，必会失去随机存取功能。

3. （　　）数组是同类型值的集合。

4. （　　）对长度为无穷大的广义表，由于存储空间的限制，不能在计算机中实现。

5. （　　）数组可看成线性结构的一种推广，因此与线性表一样，可以对它进行插入、删除等操作。

6. （　　）一个稀疏矩阵 $\boldsymbol{A}_{m\times n}$ 采用三元组形式表示，若把三元组中有关行下标与列下标的值互换，并把 m 和 n 的值互换，则就完成了 $\boldsymbol{A}_{m\times n}$ 的转置运算。

7. （　　）广义表的取表尾运算，其结果通常是个表，但有时也可是个单元素值。

8. （　　）若一个广义表的表头为空表，则此广义表亦为空表。

9. （　　）广义表的同级元素（直属于同一个表中的各元素）具有线性关系。

10. （　　）数组（接近语言中的数组）不适合作为任何二叉树的存储结构。

三、填空题

1. 数组的存储结构采用__________存储方式。n 维数组的每个元素最多有__________个直接前驱。

2. 设二维数组 $A[-20..30,-30..20]$，每个元素占有 4 个存储单元，存储起始地址为 200。如按行优先顺序存储，则元素 $A[25,18]$的存储地址为____________；如按列优先顺序存储，则元素 $A[-18,-25]$的存储地址为____________。

3. 对矩阵压缩是为了____________________，上三角矩阵压缩的下标对应关系为：________________________________。

4. 广义表简称表，是由零个或多个原子或子表组成的有限序列，原子与表的差别仅在于____________________。为了区分原子和表，一般用________表示表，用________表示原子。

5. 一个广义表的长度是指________，而广义表的深度是指________。

6. 已知广义表 $A=(9,7,(8,10,(99)),12)$，试用求表头和表尾的操作 Head()和 Tail()将原

子元素 99 从 A 中取出来：____。

7. 设广义表 $L=((),())$，则 head(L)是__________；tail(L)是__________；L 的长度是__________；深度是__________。

8. 广义表 $A(((),(a,(b),c)))$，head(tail(head(tail(head(A)))))操作结果为________。

9. 已知 a 数组元素共 5 个，依次为 12，10，5，3，1；b 数组元素共 4 个，依次为 4，6，8，15，则执行如下所示的过程语句 sort 后得到 c 数组各元素依次为 15，12，10，8，6，5，4，3，1；数组 a，b，c 的长度分别为 $l=5$，$m=4$，$n=9$，请在程序中方框内填入正确的成分，完成上述要求。

```
void Sort(int a[ ],int b[ ],int c[ ]){
  //将数组 a 中的 5 个元素和数组 b 中 4 个元素依次移入数组 c 中，并按小到大顺序排列
    int i,j,k,x;
    int d[4];
    for(i = 0;i<4; ++ i){//将 b 数组逆置赋予 d 数组
        d[i] = _______①_______;
    }
    i = 0;  j = 0;  k = 0;
    while((i<5)&&(j<4)){
        if(a[i]>d[j]){
            _______②_______;  _______③_______;
        }
        else{
            _______④_______;  _______⑤_______;
        }
        c[k] = x; _______⑥_______;
    }
    while(____⑦____){
        c[k] = a[i];     ++ k;     ++ i;
    }
    while(____⑧____){
        c[k] = d[j];     ++ k;     ++ ;
    }
}
```

10. 约瑟夫环问题：设有 n 个人围坐一圈，并按顺时针方向 $1\sim n$ 编号。从第 s 个人开始进行报数，报数到第 m 个人，此人出圈，再从他的下一个人重新开始从 1 到 m 的报数进行下去，直到所有的人都出圈为止。

```
void Josef(int A[ ],int n,int s,int m){
  //求解约瑟夫环问题，从 s 开始报数，报数到 m 出列，直到 A 中数全部出列
    for(i = 1;i<11;i ++ ){A[i] = i;}      //0 号位置不放数
    sl = s;
    for(i = 2;i<11; ++ i){
        sl = _______①_______;        //计算出圈人 s1
        if(sl = = 0){_______②_______;
            w = A[sl];        //A[s1]出圈
            for(_______________③_______________){
                A[j] = A[j + 1];
            }
            A[i] = w;
```

```
        }
    }
    cout<<"'出圈序列为:";                    //输出出圈序列
    for(i=n;i>=1;--i){cout<<A[i];}
}
```

四、应用题

1. 编写算法将自然数 $1\sim n^2$ 按"蛇形"填入 $n\times n$ 矩阵中。$1\sim 4^2$ 的"蛇形数"如图 4-14 所示。

2. 设表 H 如图 4-15 所示。其中，A,B,C 为子表名，$a1,a2,b1,c1,c2,X$ 为其元素。(1) 试用广义表形式表示 H，并写出运算 HEAD(H) 和 TAIL(H) 函数从 H 中取出单元素 $a2$ 的运算；(2) 画出表 H 头尾表示的链式存储结构。

1	3	4	10
2	5	9	11
6	8	12	15
7	13	14	16

图 4-14　$1\sim 4^2$ 蛇形图

<table>
<tr><td colspan="2">A</td><td>B</td><td colspan="2">C</td><td rowspan="2">X</td></tr>
<tr><td>a1</td><td>a2</td><td>b1</td><td>c1</td><td>c2</td></tr>
</table>

图 4-15　表 H

3. 写出广义表中查找某个原子的递归算法。

实　验　4

一、实验估计完成时间(90 分钟)

二、实验目的

1. 熟悉稀疏矩阵和广义表的数据结构定义，并能熟练数组和广义表的常用操作。
2. 加深理解数组、广义表与线性表的区别，并能在实际应用中灵活择取。
3. 利用数组和广义表解决实际问题。

三、实验内容

1. 建立一个三元表类 TripletList，并实现矩阵的基本操作：

(1) 建立一个矩阵；

(2) 实现矩阵的转置；

(3) 输出一个矩阵；

(4) 编写一个 main 函数验证(1)～(3)几个函数的正确性。

2. 根据书中图 4-8 写出稀疏矩阵的行链表表示法的类定义(只需写出几个操作定义)。

3. 在 1 的基础上，实现两个矩阵相加操作。

四、实验结果

1. 三元组表数据结构定义以及基本操作实现源代码。(课堂验收)
2. 内容 2 的类定义如下：

______________________________ ______________________________

______________________________ ______________________________

______________________________ ______________________________

______________________________ ______________________________

______________________________ ______________________________

______________________________ ______________________________

______________________________ ______________________________

3. 两个稀疏矩阵相加的源代码为：

______________________________ ______________________________

______________________________ ______________________________

______________________________ ______________________________

______________________________ ______________________________

______________________________ ______________________________

______________________________ ______________________________

______________________________ ______________________________

______________________________ ______________________________

______________________________ ______________________________

五、实验总结

1. 请写出用三元组法表示的矩阵相加算法的思路，能否进一步改进？

____

____

____。

2.请在写几个书中没有介绍的广义表操作的函数原型。

(1) ____

(2) ____

(3) ____

3. 通过本次实验，你有哪些收获和问题？

____

____

____。

六、实验得分(　　　　　)

第5章　串

温故而知新，可以为师矣。

学习目标

- 熟悉串的基本操作，并在这些基本操作的基础上实现串的其他操作。
- 熟悉串的几种常见的存储结构，并能在这些结构上实现串的各种操作。
- 理解常见的串匹配算法，进一步熟悉和掌握串的特点及其使用方法。

计算机上非数值处理的对象基本上是字符串数据。随着语言加工程序的发展，产生了字符串处理。这样，字符串也就作为一种变量类型出现在越来越多的程序设计语言中，同时也产生了一系列字符串的操作。

5.1　串的基本概念及抽象数据类型

5.1.1　串的基本概念

字符串一般简称为串。**串是由零个、1个或多个字符组成的有限序列**，一般记作 $s=$“$a_1a_2\cdots a_n$”$(n\geqslant 0)$，串中字符的个数为串的**长度**，零个字符的串称为**空串**(长度为0)。

串中任意一个连续的字符组成的子序列称为该串的**子串**。包含该子串的串相应地称为**主串**。通常字符在序列中的序号为该字符在串中的位置。子串在主串中的位置则以子串的第一个字符在主串中的位置来表示。

例如，假设 a,b,c,d 分别为以下4个字符串：

a = "HANGZHOU"　　b = "HANG"　　c = "ZHOU"　　d = "HANG ZHOU"

则它们的长度分别为8、4、4、9；并且 b 和 c 都是 a 和 d 的子串，b 在 a 和 d 的子串位置都是1；c 在 a 中的子串位置为5，而在 d 中的子串位置为6；a 不是 d 的子串。

称两个串是相等当且仅当这两个串的值相等。也就是说，只有当两个串的长度相等，并且各个对应位置的字符都相等时才相等。上例中，a、b、c 以及 d 这4个串彼此互不相等。

❗“空格串”和“空串”。由一个或多个空格组成的串称为空格串，它的长度为空格字符的大小；而空串是零个字符组成的串，为了清楚起见，常用“ϕ”表示“空串”。

5.1.2　串的抽象数据类型

本质上串也是一种特殊的线性结构，其特殊性在于串的数据对象约束为字符集。不仅如此，**串的基本操作与线性表有很大区别**。在线性表的基本操作中，常以“单个数据元素”为操作对象，例如，在线性表中查找一个数据元素、求取或设置某个数据元素的值、在特定位置插入或删除某个数据元素等；而在串的基本操作中，大多以“串的整体”作为操作对象，如查找某个子串、求取一个子串、在串的特定位置插入或删除一个子串等。常见的串的基本操作有串的建立、判空串、串的比较、串的连接、串的定位、串的插入和删除、串的替换等。

串的抽象数据类型的定义如下：

```
ADT String{
    Data:D = {ai | ai ∈ CharacterSet,i = 1,2,…,n,n≥0}
    Relation:R = {< ai-1 ,ai >| ai-1 ,ai ∈ D, i = 2,…,n }
    Operation:
        StrAssign(&T,chars)   用字符串 chars 生成串 T
        StrCopy(&T,S)         由串 S 复制得到串 T
        StrEmpty(S)           若串为空,返回真;否则,返回假
        StrCompare(S,T)       若 S>T,则返回 1;若 S<T,则返回 - 1;否则,返回 0
        StrLength(S)          返回串的长度,即串中字符个数
        ClearString(&S)       将 S 清为空串
        Concat(&T,S1,S2)      用 T 返回 S1 和 S2 连接而成的新串
        SubString(&Sub,S,pos,len)//用 Sub 返回串 S 的第 pos 个字符起长度为 len 的子串
        Index(S,T,pos)        在主串 S 中第 pos 位置开始寻找子串 T 的匹配位置
        Replace(&S,T,V)       用 V 串替换串 S 中出现的所有与串 T 相同的不重叠子串
        StrInsert(&S,pos,T)   在串 S 的第 pos 个字符前插入串 T
        StrDelete(&S,pos,len)从串 S 中删除第 pos 个字符起长度为 len 的子串
        DestroyString(&S)     将串 S 销毁
}
```

在不同类型的应用中，所处理的字符串具有不同的特点，要有效地实现串的处理，就必须根据具体情况使用合适的存储结构。

5.1.3　C＋＋有关串的库函数

串在解决实际问题时有广泛的应用，因此，要考虑可能的串的操作。C＋＋提供的有关字符串的库函数的名为<string. h>，要使用这些操作，必须在程序中加载头文件：

```
#include<string.h>
```

在此所指的字符串库函数是对一般字符串的操作，而不是对标准库 string 类型的对象实行的操作，因此，在编程时要注意区分一般字符串和 string 类型对象，这点很重要。

下面给出了<string. h>库函数中常见的一些字符串操作。

(1) 字符串复制函数 strcpy

函数原型：char * strcpy(char * strDestination，const char * strSource)；

函数说明：把 strSource 中包括结尾的结束符复制到 strDestination 所指的位置，并返回目标字符串，没有错误信息返回。函数不检查空间完备性，因而会造成缓冲区越界。

示例说明：char str1[ ] = "word1",str2[ ] = "word2";　strcyp(str1,str2);

执行结果：str1＝"word2"，str2＝"word2"

(2) 字符串部分复制函数 strncpy

函数原型：int strncpy(char * strDest，const char * strSource，size_t count)；

函数说明：把 strSource 最初的 count 个字符复制到 strDest 中，并返回 strDest。函数不检查空间完备性，因而会造成缓冲区越界。要注意添加字符的个数。

示例说明：char str1[ ] = "Hello",str2[ ] = "World",size_t n = 2;　strncpy(str1,str2,n);

执行结果：str1＝"Wollo"，str2＝"World"

C＋＋字符串库函数规定了一些配套类型（与机器无关），size_t 就是这些配套类型中一

种。它的定义为与 unsigned 型(unsigned int 或 unsigned long)具有相同的含义,可以保证足够大能存储任意字符串的长度或索引号。函数原型中用的 count 是 size_t 类型,所以,在使用时也用这种类型定义实际参数。

(3) 字符串连接函数 strcat

函数原型:char * strcat(char * strDestination,const char * strSource);

函数说明:把 strSource 添加到 strDestination 尾部,在字符串末尾加上结束符;并返回目标字符串,没有错误信息返回。函数不检测上溢。

示例说明:char str1[ ] = "Hello ",str2[ ] = "World!"; strcat(str1,str2);

执行结果:str1="Hello World!",str2="World!"

(4) 字符串部分连接函数 strncat

函数原型:char * strncat(char * strDest,const char * strSource,size_t count);

函数说明:把 strSource 中开头 count 个字符添加到 strDest 尾部,在字符串末尾加上结束符;并返回目标字符串。函数不检测上溢出。要注意添加字符的个数。

示例说明:char str1[ ] = "Hello ",str2[ ] = "World!",size_t n = 2; strncat(str1,str2,n);

执行结果:str1="Hello Wo",str2="World!"

(5) 字符串搜寻指定字符首次出现的函数 strchr

函数原型:char * strchr(const char * str,char c);

函数说明:在 str 中查找 *c*。若查找成功,返回第一个 *c* 的指针(即字符地址);否则,操作失败,返回 NULL。

示例说明:char str[ ] = "Hello ",c = 'l', * first = strchr(str,c);int result = (int)(first - str + 1);

执行结果:result=3

(6) 字符串搜寻指定字符最后出现的函数 strrchr

函数原型:char * strrchr(const char * str,int c);

函数说明:在 str 中查找 *c*。若查找成功,返回最后一个 *c* 的指针(即字符地址);否则,操作失败,返回 NULL。

示例说明:char str[ ] = "Hello ",c = 'l', * first = strrchr(str,c);int result = (int)(first - str + 1);

执行结果:result=4

(7) 字符串搜寻指定字符串首次出现的函数 strcspn

函数原型:size_t strcspn(const char * string,const char * strCharSet);

函数说明:返回在 string 中第 1 个属于 strCharSet 的字符集的第 1 个字符的下标值(起始位置从 0 开始)。若查找失败,则返回 string 结束符的下标。

示例说明:char str1[ ] = "Hello ",str2 = "ll",size_t n = strcspn(str1,str2);

执行结果:n=2(若 str2="lll",则 n=5)

(8) 字符串长度函数 strlen

函数原型:size_t strlen(const char * str);

函数说明:返回 str 中字符个数,不包括字符串结束符。若没有返回值,则出错。该函数提供了一种方式用来解决缓冲区越界问题。

示例说明:char str[ ] = "Hel\0lo ";

执行结果:str 的长度是 3,而不是 6。

(9) 字符串比较函数 strcmp

函数原型:int strcmp(const char * string1,const char * string2);

函数说明:比较 string1 和 string2 的大小,若 string1 = string2,返回 0;若 string1 > string2,则返回 1;否则,返回 -1。

示例说明:strcmp("wu","shen") = 1;strcmp("wu","zhao") = -1;strcmp("wu","wu") = 0

strcmp("wu","wuwu") = -1;strcmp("zhejiang","zhegongda") = 1

(10) 字符串部分比较函数 strncmp

函数原型:int strncmp(const char * string1,const char * string2,size_t count);

函数说明:比较 string1 和 string2 前 count 个子串的大小,若 string1 子串=string2 子串,返回 0;若 string1 子串>string2 子串,则返回 1;否则,返回 -1。

示例说明:size_t n = 3;int result = strncmp("zhejiang","zhegongda",n);

执行结构:result=0;

(11) 字符串查找首次公共字符函数 strpbrk

函数原型:char * strpbrk(const char * str,const char * strCharSet);

函数说明:返回 str 和 strCharSet 中的任何公共字符的第一次出现的指针;若两个字符串没有公共字符,则返回 NULL。

示例说明:

```
char str [100] = "The 3 men and 2 boys ate 5 pigs\n";
char * result = strpbrk(str,"0123456789");
cout<<result++;
result = strpbrk(result,"0123456789");
cout<<result;
```

执行结果:3 men and 2 boys ate 5 pigs

2 boys ate 5 pigs

(12) 字符串查找首次出现的子串函数 strstr

函数原型:char * strstr(const char * str,const char * strCharSet);

函数说明:返回 strCharSet 在 str 中第 1 次匹配的首字符出现的指针;若 str 中没有 strCharSet 子串,则返回 NULL。

示例说明:

```
char str1[ ] = "The 3 men and 2 boys ate 5 pigs",str2[ ] = "boys";
int result = (int)(strstr(str1,str2) - str1 + 1);
```

执行结构:result=17;

5.1.4 串的存储结构

串有如下 3 种常见的机内表示方法:

(1) 串的定长顺序存储表示。类似于线性表的顺序存储结构,用一组地址连续的存储单元存储串值的字符序列。在该结构中,按照预先定义的大小,为每个定义的串变量分配一个固定长度的存储区,即用定长的字符数组来实现,存储空间是在程序编译时静态分配的。

(2) 串的堆分配存储表示。仍以一组地址连续的存储单元存放串值字符序列,但它们的存储空间是在程序执行过程中动态分配得到。可以使用 new 和 delete 等函数动态存储管理的函数,根据实际需要动态地分配和释放串的存储空间。

(3) 串的块链存储表示。以一组地址不连续的存储单元存放字符序列结点,每个结点可存放一个或多个字符。

5.2 串的顺序存储结构及基本操作实现

5.2.1 串的顺序存储结构

用 C++的类定义来描述串的抽象数据类型是很自然的。在串的类定义中，将串的数据成员置于私有(private)部分，以实现数据的封装；将其函数可以使用的服务放在公有(public)部分，以实现对串中数据成员的访问。这些函数称为接口的成员函数。

所谓串的**顺序存储，即开辟一个连续的存储空间，依次存放串值中的字符序列。**顺序串的存储分配可以分为两种：静态分配的数组表示和动态分配的数组表示，也称为**串的定长顺序存储表示和串的堆分配存储表示。**

由于串的定长顺序存储表示中存储数组的空间是在程序编译时静态分配的，在程序的运行过程中空间的大小不能随意改变，会给很多串操作带来不便。采用堆分配存储表示可以在程序的运行中，动态地为串分配空间，并能随时改变数组空间的大小，处理简单且操作灵活。

在此，着重介绍串的堆分配存储结构以及基本操作的实现。

串的类定义源代码(sstring.h)如下所示：**(本章重点)**

```
#define DEFAULTSIZE 128
#include<iostream.h>
#include<string.h>
#include<stdlib.h>
class Sstring{
public:
    Sstring(int sz = DEFAULTSIZE);  //构造一个最大长度为 sz,实际长度为 0 的串
    Sstring(const char * init);     //构造一个最大长度为 sz,值为 init 的串对象
    Sstring(const Sstring&ob);      //复制构造函数
    ~Sstring(){delete [ ]ch;}       //析构函数
    int Length()const{return curLength;}
    char * getString(){return ch;}
    Sstring operator()(int pos,int len);//返回一个从 pos 开始,长度为 len 的串
    bool operator == (Sstring &ob)const{return strcmp(ch,ob.ch) == 0;}//重载运算符
    bool operator != (Sstring &ob)const{return strcmp(ch,ob.ch) != 0;}//判断两串不等
    Sstring& operator = (Sstring &ob);  //串赋值
    Sstring& operator += (Sstring &ob); //两串连接
    char& operator[ ](int i)const;      //取串中第 i 个字符
    bool insert(int i,char * s);        //在串的第 i 个字符前插入串字符串 s
    bool deleted(int i,int len,Sstring &subString);//删除串从 i 个字符开始的 len 个字符
    void replace(Sstring& s,char * r);  //在已有串中若存在子串 s,则用 r 值替换
    int Find(Sstring &ob,int k)const;   //返回 ob 在串中第 k 个字符开始第一次匹配位置
    friend istream& operator>>(istream& in,Sstring &ob);//重载输入流符,建立一个串
    friend ostream& operator<<(ostream& out,Sstring &ob);//重载输出流符,输出串值
private:
    char * ch;          //串最后一位加结束符,便于字符串操作
    int curLength;      //字符个数,不包括结束符
    int maxSize;        //字符串最大空间数
};//顺序串类定义
```

5.2.2 串的基本操作及实现

由于顺序串中的字符序列存储在一个动态的数组 ch 中,因此,串的许多操作可以借助C++的字符串库函数来实现,下面介绍一些基本的串操作以及实现(保存在 sstring.cpp 中)。

(1) 设置空串操作

利用构造函数初始化一个空串,串的最大存储空间为指定参数 sz 的值,实际长度为 0。在此操作中必须设置一个串结束标志,以便进行其他串的操作。具体源代码如下所示:

```
Sstring::Sstring(int sz){//构造一个最大长度为 sz,实际长度为 0 的字符串
    curLength = 0;
    maxSize = sz;
    ch = new char[maxSize + 1];        //留一位给结束符
    ch[0] = '\0';                      //设置串的结束符
}
```

(2) 创建新串操作

利用构造函数可以创建一个新串,其值可以完全等于另一个串;也可以把一个已存在的字符串中的值作为新串的值。前一种情况可以采用复制构造函数来实现,但必须对串进行深复制。具体源代码如下所示:

```
Sstring::Sstring(const Sstring &ob){//复制构造函数
    curLength = ob.curLength;
    maxSize = ob.maxSize;
    ch = new char[maxSize + 1];        //开辟新串空间
    strcpy(ch,ob.ch);                  //调用串值复制函数
}
```

🛈调用 C++字符串标准库的复制函数进行串值复制,其中也包括结束符的复制。所以,无须在串的字符序列尾部加上结束符。

```
Sstring::Sstring(const char * init){//构造字符串,复制的不是串对象,而是字符串 init 值
    int len = strlen(init);    curLength = len;    maxSize = DEFAULTSIZE;
    ch = new char[maxSize + 1];
    strcpy(ch,init);                   //调用串值复制函数
}
```

🛈Sstring S1(" We will create a new string!"),S2(S1);该语句创建两个不同的串对象,但串值相同。

串赋值操作于复制构造函数的实现过程类似。如果原串的空间不够,在复制前必须将原串删除,然后再将一个串完全复制。

```
Sstring& Sstring::operator = (Sstring &ob){//赋值运算符重载
    if(ob.maxSize>maxSize){//赋值串空间大于被赋值串的空间,则重新为被赋值串分配空间
        maxSize = ob.maxSize;    ch = new char[maxSize + 1];
    }
    curLength = ob.curLength;
    strcpy(ch,ob.ch);
    return * this;
}
```

(3) 子串截取操作

在子串截取操作中，必须先要判断子串起始位置(pos)或长度(len)是否在串的范围之内，即如果 pos<1 或 len<0，则说明取值范围越界；如果 pos+len−1>maxSize 取不到符合要求的子串。介于上述两种情况，函数返回一个空串。除了上述两种情况外，函数将返回一个新串，其值为原串字符集中的子字符集。具体的实现源代码为：

```
Sstring Sstring::operator()(int pos,int len){//返回一个从 pos 开始(从 1 开始)，长度为 len 的字串
    Sstring temp;
    if(pos<1 ‖ pos + len - 1>maxSize ‖ len<0){cout<< "参数越界!!!"<<endl;}
    else{
        if(pos + len - 1>curLength){        //只能取到部分子串
            len = curLength - pos + 1;
        }
        temp.curLength = len;
        for(int i = 0,j = pos - 1;i<len;i ++ ,j ++ ){//将 pos 开始长度为 len 的字符串赋值到
                                                      temp 中
            temp.ch[i] = ch[j];
        }
        temp.ch[i] = '\0';                 //为新子串加上结束符
    }
    return temp;
}
```

(4) 串连接操作

串 S 与串 T 相连，要考虑的主要问题是连接后的串是否会上溢，如果会上溢，则需要：

① 首先将 S 串中序列原有空间释放，重新开辟一个新的空间；

② 然后将 S 串中的值复制到新空间中；

③ 再把 T 串中的值追加复制到新空间中。

新 S 串长度为原 S 串长度和 T 串长度之和。具体的实现源代码如下所示：

```
Sstring& Sstring::operator += (Sstring &T){//将 T 串连接在 S 串后，这里的默认对象即为 S 串
    char * temp = ch;  //将第一个串(this)值赋值给临时字符串 temp
    int n = curLength + T.curLength;
    if(n>maxSize){   //串连接后会上溢，需重新开辟值空间
        ch = new char[n + 1];   strcpy(ch,temp);   delete [ ]temp;
    }
    curLength = n;
    strcat(ch,T.ch);  //追加 T 串
    return * this;    //返回本串
}
```

(5) 下标运算

虽然在写法上没有采用中缀形式，但是下标实际上是个二元运算符。下标运算的左参数是被操作的对象，这里是一个字符串，右参数是一个整形表达式。在串类里下标运算也被定义为成员函数，所以定义时左参数不写在参数表里，操作的右参数被定义为无符号整数，这保证了下标只能取非负数值。具体的程序实现代码如下所示。

在把下标表达式作为复制目标时，虽然允许用户对串中字符值重新设置，但绝不能容许对串结束符进行复制。

```
char nothing = 0 ;                  //用于放空字符的全局变量，避免对空字符赋值
char& Sstring::operator[ ](unsigned i)const{//重载下标运算符
```

```
        if(i<curLength){return ch[i-1];}        //不能对结束符进行赋值
        else{return nothing;}
    }
```

?仔细体味下，返回字符引用的真正用意？如果下标只是放在赋值号右边，应怎么修改？

(6) 插入字符串操作

在串 S 的字符序列中指定的位置前插入指定的字符串，先要检查插入的条件，并确定相应的具体操作：

① 插入的位置 i 是否在 S 字符序列的范围之内？如果 $1 \leqslant i \leqslant n+1$，则可以进行插入操作；否则，操作失败。其中，$n$ 是 S 字符序列的长度。

② 插入字符串后，S 的字符序列空间是否会产生上溢？如果 S 的长度＋待插入字符串长度＞S 开辟的字符序列最大空间数，那么就会溢出。所以，当出现上溢情况：首先将 S 原有字符序列暂存在一个临时字符串中；然后，将 S 原开辟的字符序列空间释放，重新申请一个更大的空间(在此，添加一个 2 倍的待插字符串长度的空间)；再者，将临时字符串中的字符序列复制到 S 中；最后，将临时字符串销毁。

在指定位置前插入一个字符串的过程类似于顺序表的插入过程，区别在于插入位置开始的所有字符不是向后顺移一个位置，而是顺移跨度为待插字符串长度的位置，顺移的次序是从 S 字符序列尾开始到插入位置；待插字符串则是从头尾依次插入到插入位置开始的一个连续空间；插入完毕后，插入后 S 的长度为 S 原长度与待插字符串长度之和；记住，要在插入后 S 的字符序列末尾加上结束符。具体的程序实现代码如下所示：

```
bool Sstring::insert(int i,char * str){
  //在当前串的字符序列第 i 个位置前插入 str,其中 1≤i≤n+1,n 为字符序列长度
    int k,len = (int)strlen(str),j = 0;      //strlen 函数返回的类型是 size_t,将其转化为 int 型
    if(i<1 || i>curLength + 1){cout<<"illogical value!!!"<<endl;   return false;}
    if((curLength + len)>maxSize){//上溢,重新分配空间
        char * temp = new char[maxSize + 1];
        strcpy(temp,ch);delete [ ]ch;
        maxSize = maxSize + 2 * len;    ch = new char[maxSize + 1];
        strcpy(ch,temp);   delete [ ]temp;      //将原有字符序列重新复制回来,释放临时空间
    }
    for(k = curLength - 1;k >= i - 1; -- k){ch[k + len] = ch[k];} //插入位置后字符序列后移
    for(k = i - 1;j<len;k ++ ,j ++ ){//带插入 str 插入到指定位置
        ch[k] = str[j];
    }
    curLength += strlen(str);ch[curLength] = '\0';//在当前串字符序列末尾添加结束符
    return true;
}
```

(7) 删除子串操作

删除子串操作就是将串 S 的字符序列中从 i 开始的 n 个字符从原字符序列中删除，删除后的字符串为一个子串。删除前，先要检查删除的条件，并确定相应的具体操作：

① 串是否为空？如果串为空串，则操作失败。

② 删除的位置 i 是否在 S 字符序列的范围之内？如果 $1 \leqslant i \leqslant n$，则可以进行删除操作；否则，操作失败。其中，$n$ 是 S 字符序列的长度。

在指定位置删除一个子串的过程类似于顺序表的删除过程，区别在于要删除的子串后面的所有字符不是向前顺移一个位置，而是顺移跨度为删除子串长度的位置，顺移的次序是从删

除子串后面的第 1 个字符开始到字符序列末尾（不包括结束符）；待删除子串则依次复制到一个新的子串中。删除完毕后，S 的长度为 S 原长度与删除子串长度之差；记住，要在执行删除操作后的 S 的字符序列末尾加上结束符。具体的程序实现代码如下所示：

```
bool Sstring::deleted(int i,int len){
  //在当前串的字符序列第 i 个位置开始删除长度为 len 的子串，其中 1≤i≤n,n 为字符序列长度(这
    里子串是字符序列中子串，并不是串类型对象)
    Sstring sub;  //存放删除掉的字符串
    if(curLength == 0){cout<<"Empty string!"<<endl;   return false;}      //空表，操作失败
    if(i<1 || i >curLength){cout<<"inlogical value!"<<endl;   return false;}   //插入位置不合法
    int j;
    if((i + len - 1)> = curLength){//实际删除的子串长度< len，有多少删除多少
        curLength = i - 1;           //当前串长修正
        for(j = 0;j<curLength - i + 1; ++ j){//要删除的字符序列移入 sub 中
            sub.ch[j] = ch[i + j - 1];
        }
    }
    else{                            //正常删除
        j = 0;
        for(int k = i + len - 1;k<curLength; ++ k){//删除子串后字符序列前移
            sub.ch [j ++ ] = ch[k - len];ch[k - len] = ch[k];
        }
        curLength -= len;            //当前串长修正
    }
    ch[curLength] = '\0';    sub.ch[j] = '\0';//分别给两个串加结束符
    sub.curLength = j;
    return true;
}
```

如果删除的子串长度达不到指定长度，可以认为操作失败；也可以“尽可能地”删除。

(8) 串的输入和输出操作

重载输入流和输入流符，实现串的输入和输出，操作实现的前提是这两个函数必须是 Sstring 类的友元。具体的程序实现代码如下所示：

```
istream& operator>>(istream& in,Sstring &ob){//输入一个串
    char str[DEFAULTSIZE];
    cout<<"输入一个字符串:";
    in.getline(str,DEFAULTSIZE);              //允许输入的字符串中有空格
    ob.curLength = (int)(strlen(str));        //strlen()为取字符串长度函数
    strcpy(ob.ch,str);                        //串值导入
    return in;
}

ostream& operator<<(ostream& out,Sstring &ob){//输出一个串
    if(ob.curLength == 0){out<<"This is an empty string!"<<endl;} //空串
    else{out<<ob.ch;}
    out<<endl;
    return out;
}
```

建立一个 main.cpp 文件，在文件中的 main 函数中调用串的成员函数就可以实现串的一些基本操作，具体代码及运行结果如下所示：

```
void main(){
    Sstring S,T("one"),subStr;
    cin>>S;
    cout<<"第 1 个串值为:"<<S;   cout<<"第 2 个串值为:"<<T;
    S += T;   cout<<"两串连接后的串值为:"<<S;
    S[16] = 's';   cout<<"修改指定字符后 S 值为:"<<S;
    subStr = S(4,5);   cout<<"S 的子串 subStr 的串值为:"<<subStr;
}
```

输出结果:

```
输入一个字符串:I have one book   ,two pens and one…(此项为输入)
第 1 个串值为:I have one book   ,two pens and one…
第 2 个串值为:one
两串连接后的串值为:I have one book   ,two pens and one… one
修改指定字符后 S 值为:I have one books,two pens and one… one
S 的子串 subStr 的串值为:ave o
```

替换操作函数 replace 的实现是在建立在串的模式匹配、插入以及删除等函数的基础上的,在介绍完串的模式匹配后,可以自行编写这个函数。

5.2.3 串的模式匹配

串的模式匹配问题描述如下:设有两个字符串 T 和 Pat,若打算在串 T 中查找是否有与 Pat 串相等的子串,则称 T 为目标串,Pat 为模式串,并称查找模式串在目标串中匹配位置的运算为模式匹配。

例如,T=“abacaaabbcabacabbccabcbb”(假设是 T[1..24]的字符序列的表示方法)

Pat=“abacab”

那么 Pat 是 T 的一个子串,即 Pat=T[11..16]

在此,介绍两种不同的模式匹配算法:

(1) 蛮力模式(B-F)匹配

当需要查找某些内容或优化某些项功能时,蛮力算法设计方法是一种强有力的算法设计技术。这种技术在应用时,通常会枚举出涉及的所有可能的输入,并把这些枚举内容中最优的挑选出来。

蛮力模式匹配算法是由 Brute 和 Force 提出来的,所以也被称为 B-F 算法。

算法思路

① 从目标串的第 k 个字符起与模式串的第一个字符比较。

② 若相等,则继续逐对字符进行后续的比较;否则,目标串从第二个字符起与模式串的第一个字符重新比较。

③ 重复②,直至模式串中的每个字符依次和目标串中的一个连续的字符序列相等为止,此时称为匹配成功;否则,匹配失败。

图 5-1 说明了蛮力模式匹配算法在串 T 和 Pat 上的执行过程。

具体的程序实现代码如下所示:

```
int Sstring::BruteForceMatch(Sstring &Pat,int k)const{
  //在目标串中从第 k 个字符开始寻找模式 pat 在当前串中第一次匹配的位置。若匹配失败,则返回
    -1 (k 为开始匹配的位置,从 1 开始)
```

```
    int i,j;
    for(i = k - 1;i<= curLength - Pat.curLength; ++ i){//逐趟比较
        for(j = 0;j<Pat.curLength; ++ j){//从 ch[i]开始的串与模式串 Pat 值进行比较
            if(ch[i + j] ! = Pat.ch[j])  {break;}//此次匹配失败,目标串后移一个字符
        }
        if(j == pat.curLength){return i + 1;}      //模式 Pat 扫描完毕,匹配成功
    }
    return 0;                                    //pat 为空串或在当前串中找不到
}
```

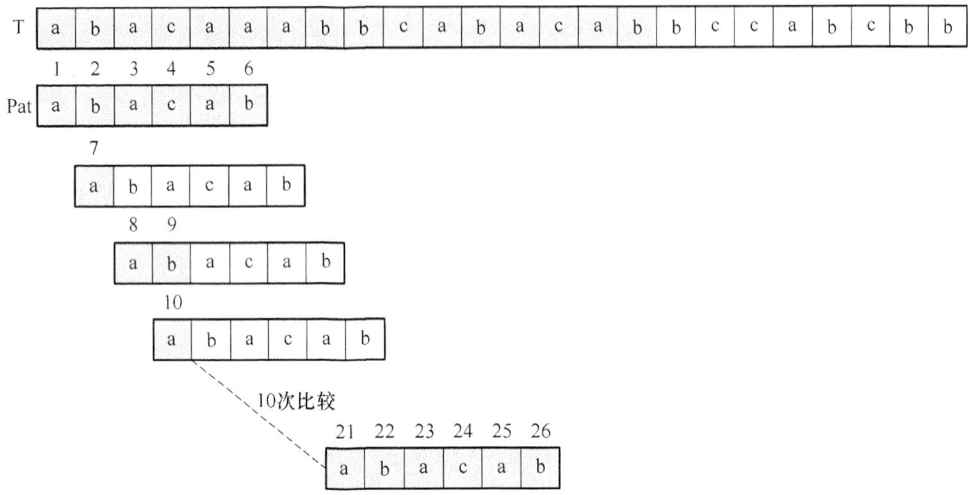

T a b a c a a a b b c a b a c a b b c c a b c b b

1 2 3 4 5 6

Pat a b a c a b

7

a b a c a b

8 9

a b a c a b

10

a b a c a b

10次比较

21 22 23 24 25 26

a b a c a b

图 5-1　蛮力模式匹配算法的运行示例

算法分析

造成蛮力模式匹配算法效率低的原因是回溯,即在某趟匹配失败后,对于目标串要回溯到本趟匹配开始字符的下一个字符,模式串要回溯到第一个字符,而这种回溯往往是不必要的。该匹配算法匹配失败重新比较时只能向前移一个字符,若目标串中存在和模式串只有部分匹配的多个子串,匹配指针将多次回溯,而回溯次数越多算法的效率越低,它的时间复杂度一般情况下为 $O((n-m+1)m)$(注:n 和 m 分别为目标串和模式串的长度),最坏的情况下为 $O(m\times n)$,最好的情况下为 $O(m+n)$。

由此可见,B-F 算法简单,但效率低。下面介绍一种改进的算法。

(2) KMP 算法

B-F 算法在测试模式串相对于目标串的一个可能的位移时,可能进行多次比较。如果找到模式串中的字符与目标串中字符不匹配时,就会抛弃通过这些比较得到的所有信息,目标串从本趟开始字符的下一个字符开始,模式串再次从头开始(回溯)比较。KMP 算法避免了这个信息浪费,该算法是由 Knuth、Morris 和 Pratt 同时设计的,因此,简称 KMP 算法。

从图 5-1 中可以看出(用 t 和 p 分别表示目标串和模式串字符序列名),$t_0=p_0$,$t_1=p_1$,…,$t_4=p_4$,$t_5\neq p_5$,而 $p_0=p_2=p_4$,所以,p_0没有必要和 t_1和 t_3比较;同理,p_1也没有必要和 t_3比较。因此,T 的匹配序号 i 保持在本次匹配的最终位置(即 $i=5$)不变,而 Pat 则向右滑动 4 位。然后再对 t_5和 p_1进行比较,依此类推,整个比较过程对于 i 来说是无回溯的。

该算法的设计目的是当某趟 t_i和 p_j 匹配失败后,i 序号不回溯,而模式 p 向右滑动到某个

位置上 k，使得 p_k 和 t_i 得以继续向右比较下去。 显然，**算法的关键问题**是每次匹配失败后，p 应该滑动到哪个位置？不妨设 t_i 和 p_j 匹配失败后，p 滑动到 k 位置，显然：

$$"p_0\ p_1\ p_2\cdots p_{k-1}"="t_{i-k}\ t_{i-k+1}\ t_{i-k+2}\cdots t_{i-1}" \tag{5-1}$$

式子(5-1)左边是滑动后 p_k 前 k 个字符，右边是 t_i 前 k 个字符。而本次匹配失败在 t_i 和 p_j 之处，失败前已经得到的匹配结果是：

$$"p_0\ p_1\ p_2\cdots p_{j-1}"="t_{i-j}\ t_{i-j+1}\ t_{i-j+2}\cdots t_{i-1}" \tag{5-2}$$

根据式子(5-1)和(5-2)可知，t_i 前 k 个字符和 p_j 前 k 个字符匹配，因为 $k<j$，所以有：

$$"p_{j-k}\ p_{j-k+1}\ p_{j-k+2}\cdots p_{j-1}"="t_{i-k}\ t_{i-k+1}\ t_{i-k+2}\cdots t_{i-1}" \tag{5-3}$$

由式子(5-1)和(5-3)可得：

$$"p_0\ p_1\ p_2\cdots p_{k-1}"="p_{j-k}\ p_{j-k+1}\ p_{j-k+2}\cdots p_{j-1}" \tag{5-4}$$

由此可见，在某趟 t_i 和 p_j 匹配失败后，如果模式中满足式子(5-4)的子串存在，即模式中前 k 个字符和模式 t_j 字符前面的 k 个字符相等时，模式 t 就可以向右滑动至 k 位置，使得 t_i 和 p_k 对齐，进行向右进行字符比较。

关于 k 值的确定，对于不同的 j，k 取值不同，它仅依赖与模式串 Pat 本身前 j 个字符的构成，与目标串无关。因此，可以用一个特征数组 next 来确定每个字符失配时模式串向右滑动到的位置 k(即下一次与 t_i 进行比较的字符为 $p[k]$)。next 数组的计算定义如下所示：

$$\text{next}[j]=\begin{cases}-1\ , & j=0\\ k+1, 0\leqslant k<j-1 \text{ 且使得 } p_0 p_1\cdots p_k=p_{j-k-1}p_{j-k}\cdots p_{j-1} & \text{的最大整数}\\ 0\ , & \text{其他}\end{cases}$$

称"$p_0\ p_1\ p_2\cdots p_{k-1}$"为"$p_0\ p_1\ p_2\cdots p_{j-1}$"的前缀子串，"$p_{j-k-1}\ p_{j-k}\cdots p_{j-1}$"为"$p_0\ p_1\ p_2\cdots p_{k-1}$"的后缀子串，两者都是原串的真子串。设 p="abacab"，对应的 next 数组如表 5-1 所示。

表 5-1　next 数组计算结果

j	0	1	2	3	4	5
Pat 字符序列	a	b	a	c	a	b
next[j]	−1	0	0	1	0	1

实际上 next[j]记录着模式串中第 j 字符开始失配的位置。

图 5-2 是根据 KMP 算法进行模式匹配的过程(next 数组记录匹配失败后模式串向右滑动到的位置)。

算法思路

① 根据模式串中字符排列计算 next 数组值，从目标串的第 k 个字符(posT=k)起与模式串的第一个(posP=0)字符比较。

② 若相等，则继续逐对字符进行后续的比较(posT 和 posP 分别右移 1 位)；否则，目标串匹配位置不变，模式串滑动到下一个比较的字符(posP=next[posP])。

③ 重复②，直至模式串最后匹配的位置就是最后一个字符的位置，此时称为匹配成功；否则，匹配失败。

具体的程序实现代码如下所示：

```
int Sstring::KMPMatch(Sstring&pat,int k)const{
  //KMP 算法。从第 k 个字符开始匹配，若成功，返回到第 1 个匹配位置；否则返回 - 1
```

```
    int posP = 0,posT = k - 1;
    int lengthP = pat.curLength,lengthT = curLength;
    pat.getNext(next);                                  //求解出串的 next 数组
    while(posP<lengthP && posT<lengthT){                //在允许范围内匹配
        if(posP == -1 || ch[posT] == pat.ch[posP]){//此次字符匹配成功,或从下一位置重新匹配
            ++ posP;    ++ posT;
        }
        else{                                           //模式串滑动到 posP 继续匹配
            posP = next[posP];
        }
    }
    if(posP<lengthP){return - 1;}                       //匹配失败
    else{return(posT - lengthP + 1);}                   //匹配成功
}
```

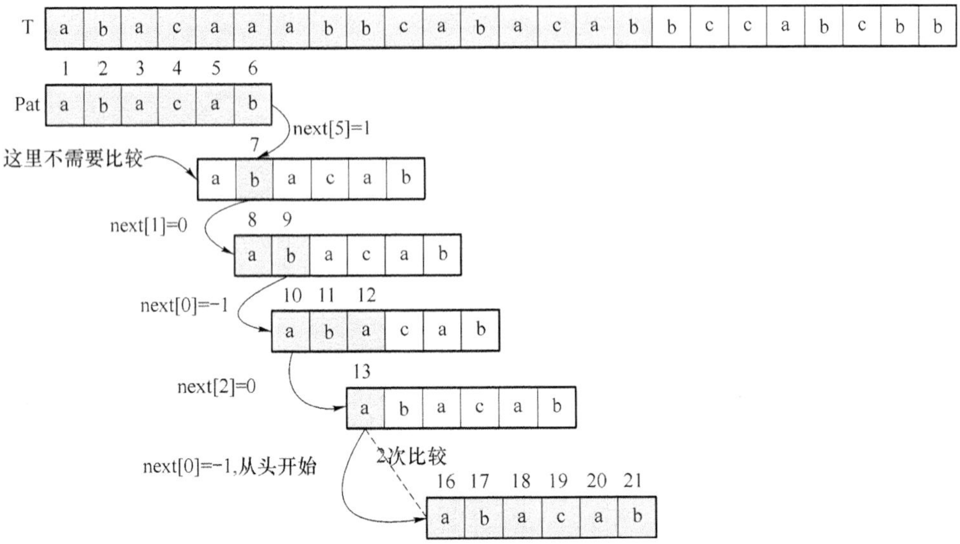

图 5-2　KMP 模式匹配算法的运行示例

next[j]值为 0 说明所指的模式串无须滑动，目标串从当前匹配的下 1 个字符和模式串的第 1 个字符开始继续匹配。

next 数组的求解可以从计算定义出发，用递推的方式求得 next 数组的值：

① next[0]＝−1；

② 设 next[j]＝k，即有"$p_0\ p_1\ p_2 \cdots p_{k-1}$"＝"$p_{j-k}\ p_{j-k+1}\ p_{j-k+2} \cdots p_{j-1}$"，next[$j$]的值可能有两种情况：

- 若 $p_k = p_j$，则 next[$j+1$]＝$k+1$，即 next[$j+1$]＝next[j]＋1；
- 若 $p_k \neq p_j$，在 $p_0 p_1 \cdots p_k$ 中寻找，使得"$p_0\ p_1 \cdots p_h$"＝"$p_{k-h}\ p_{k-h+1} \cdots p_k$"，这时 h 有两种情况：

◆ 不存在这样的 h，这时 next[k]＝−1（递归的终止）；

◆ 找到 h，根据定义可知：next[k]＝h，于是：

$$"p_0\ p_1 \cdots p_h" = "p_{k-h}\ p_{k-h} \cdots p_k" = "p_{j-h-1}\ p_{j-h} \cdots p_{j-1}"$$

这时，若 $p_{h+1} = p_j$，则有：next[$j+1$]＝$h+1$＝next[k]＋1＝next[next[k]]＋1；若 $p_{h+1} \neq p_j$，则在 $p_0 p_1 \cdots p_h$ 中寻找，使得"$p_0\ p_1 \cdots p_t$"＝"$p_{h-t}\ p_{h-t+1} \cdots p_h$"；依此类推，以同样的方式缩小寻找范围，直到是 next[t]＝−1 时才算失败。

next 数组计算过程请参见程序代码：

```
void Sstring::getNext(int next[ ]){    //对 next 数组求值
    int j = 0,k = - 1,lengthP = curLength;
    next[0] = - 1;
    while(j<lengthP){                  //计算所有字符的匹配失败位置
        if(k == - 1 || ch[j] == ch[k]){//或是从头开始匹配,或是此次匹配成功
            ++j;   ++k;
            next[j] = k;
        }
        else{                          //缩小寻找范围
            k = next[k];
        }
    }
}
```

算法分析

计算 next 数组的时间复杂度为 $O(m)$，m 为模式串字符序列长度。在进行包括计算 next 数组的整个模式匹配的过程中，时间复杂度为 $O(n+m)$，n 为目标串字符序列的长度。

②在实践中，还有一种 BM(Boyer-Moore)算法，它往往比 KMP 算法快 3～5 倍。查阅相关的资料，看看 BM 算法的思路是什么？有哪些优势？

5.3 串的链式存储

串的链式存储的组织形式与一般的单向链表类似。主要的区别在于，串的链式结构中的结点的数据域中可以存储多个字符。如果将链串中每个结点所存储的字符个数称为结点大小，那么链串中结点的大小大于等于 1。

图 5-3(a)和 5-3(b)分别表示了串值为“WE ARE LEARNING”的结点大小分别为 4 和 1 的链串的结构。

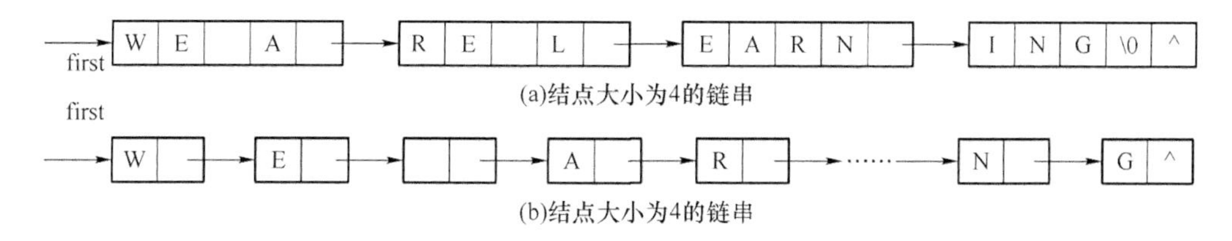

图 5-3 串的链式存储表示示例

如果结点大小大于 1，如图 5-3(a)所示，链串的最后一个结点的会有空闲位；因此，用串结束符去填补串字符序列末尾后一个空闲空间。

图 5-3 两种表示方式所占用的存储空间有明显区别，当处理的是一个几百万字符的文本，就要求我们考虑串值的存储密度以及串处理的效率。存储密度可以定义为：

$$存储密度=\frac{串值所占的存储位}{实际分配的存储位}$$

显然，结点大小为 1 的链串存储密度小，但运算方便；但是，占用的存储空间大。存储密度大的链串虽然节省空间，但操作不灵活。

例如，串的连接操作就比较复杂：先找到第 1 个串的末尾；然后，用第 2 个串的头几个字符去填补空闲空间；再者，将剩余的串值按照结点大小和串的长度，拆分成几个结点(最后一个结点中空闲空间要加结束符)，并依次追加到第 1 个链串尾部。

在这种存储结构中，许多操作在实现过程中常常涉及字符的合并和拆分，为了操作方便，除了头指针外，另需设置一个尾部指针，指向链串中最后一个结点。

总的来说，串的链式存储结构没有另外两种结构灵活，它占用空间多且操作复杂。链式串操作的实现和线性表的链式结构中操作的实现类似，故在此不作详细讨论。

拓展 在 C++标准程序库中，有字符串类型，即 string 类型，用这个类型定义的都是某个字符串类型的对象，而不是一般的字符串(如 char * 或 const char *)。在 5.1.3 中介绍的字符串操作函数是针对一般的字符串的，而不是 string 对象的操作。可以阅读《C++标准程序库》一类的图书，了解 string 对象的常见操作以及 string 类的一些内部设计细节。

本章总结

• 串是一种特殊的线性表，串中元素类型为字符类型，因此，串拥有一些特殊的操作，如连接、替换、截取子串以及模式匹配等。

• 串的存储结构主要有三种：定长顺序存储、堆存储以及链式存储。在实际应用时，应根据实际的环境选择合适的串的存储结构，要折中考虑算法的时间复杂度和空间复杂度。

• 通过对串模式匹配算法的分析可以得出，好的算法虽然提高了执行效率，但是设计复杂且难理解，在学习时应该注意算法的设计技巧。

练　　习

一、选择题

1. 下面关于串的叙述中，哪一个是不正确的？(　　)

A. 串既可以采用顺序存储，也可以采用链式存储

B. 空串是由空格构成的串

C. 模式匹配是串的一种重要运算

D. 串是字符的有限序列

2. 串是一种特殊的线性表，其特殊性体现在(　　)。

A. 可以顺序存储　　　　B. 数据元素是一个字符

C. 可以链式存储　　　　D. 数据元素可以是多个字符

3. 顺序串中，根据空间分配方式的不同，可分为(　　)。

A. 直接分配和间接分配　　　　B. 静态分配和动态分配

C. 顺序分配和链式分配　　　　D. 随机分配和固定分配设有两个串 p 和 q

4. q 是 p 的子串，求 q 在 p 中首次出现的位置的算法称为(　　)

A. 求子串　　B. 连接　　C. 匹配　　D. 求串长

5. 目标串的长度为 n，模式串的长度为 m，则串匹配的 KMP 算法的时间复杂度为(　　)。

A. $O(m)$　　B. $O(n)$　　C. $O(n\times m)$　　D. $O(n+m)$

6. 若串 S_1='ABCDEFG',$S2$='9898' ,$S3$='###',$S4$='012345',执行 concat(replace(S1,substr(S1,length(S2),length(S3)),S3),substr(S4,index(S2,'8'),length(S2)))其结果为(　　)。

A. ABC###G0123　　B. ABCD###2345

C. ABC###G2345　　D. ABC###2345

E. ABC###G1234　　F. ABCD###1234

G. ABC###01234

7. 串'ababaaababaa'的 next 数组为(　　)。

A. 012345678999　　B. 012121111212　　C. 011234223456　　D. 0123012322345

8. 若串 S="software",其子串的数目是(　　)。

A. 8　　B. 37　　C. 36　　D. 9

二、判断题

1. (　　)串是一种数据对象和操作都特殊的线性表。
2. (　　)结点大小大的链式串比小的链式串效率高。
3. (　　)串的堆存储的特点是可以随时分配任意大小的空间(假设内存足够)。
4. (　　)结束符可以占用串的长度,主要取决于设计时的设置。
5. (　　)串的替换操作是建立在模式匹配基础上的。
6. (　　)C++中的 string 类型对象的操作就是对字符串的操作。
7. (　　)设模式串的长度为 m,目标串的长度为 n,当 $n \approx m$ 且处理只匹配一次的模式时,朴素的匹配(即子串定位函数)算法所花的时间代价可能会更为节省。
8. (　　)KMP 算法的特点是在模式匹配时指示主串的指针不会变小。

三、填空

1. 空格串是指________,其长度等于________。

2. 串是一种特殊的线性表,其特殊性表现在________;串的两种最基本的存储方式是________、________;两个串相等的充分必要条件是________。

3. 设 T 和 P 是两个给定的串,在 T 中寻找等于 P 的子串的过程称为________,又称 P 为________。

4. 串的操作虽然多,但大多数可以通过________、________、________、________和________ 5 种操作构成的最小子集中的操作来实现。

5. 在 KMP 算法中,next 辅助数组的求值只与________有关,而与________无关。

6. 实现字符串复制的函数 strcpy 为:

```
void strcpy(char *s,char *t)/*copy t to s*/{while (________________)}
```

7. 下列程序判断字符串 s 是否对称,对称则返回 1,否则返回 0;如 f("abba")返回 1,f("abab")返回 0。

```
int f(____________){
    int i = 0,j = 0;
    while(s[j]){
        ______________________________;
```

```
    }
    for(j--;i<j&& s[i]==s[j];i++,j--);
    return(__________)
}
```

8. 下列算法实现求采用顺序结构存储的串 s 和串 t 的一个最长公共子串。

```
void  Sstring::maxcomstr(Sstring&t,int&index,int&length){
  //index 为公共字串在 s 中的起始位置,length 为公共字串的长度
    int i,j,k,length1,con;//length1 为当前公共字串的长度;con 表示当前字串是否匹配
    index=0;        length=0;        i=0;
    while(i<=Length()){
        j=0;
        while(j<=t.Length()){
            if(ch[i]==t.ch[j]){
                k=1;length1=1;con=1;
                while(con){
                    if(______________________){
                        length1=length1+1;    k=k+1;
                    }
                    else{______________;}
                }
                if(length1>length){index=i;    length=length1;}
                ______________;
            }
            else{______________;}
        }
        ______________;
    }
    ++index;//逻辑上字符串起始位置从 1 开始
}
```

四、应用题

1. 设 s=“I AM A STUDENT”，t=“GOOD”，q=“WORKER”。给出下列操作的结果：Strlen(s)；SubStr(sub1,s,1,7)；SubStr(sub2,s,7,1)；StrIndex(s,‘A’,4)；StrReplace(s,“STUDENT”,q)；StrCat(StrCat(sub1,t),StrCat(sub2,q))。

2. 在书中的串类中，写个算法求所有包含在串 S 中而不包含在 T 中的字符构成的新串。

3. 统计串中所有单词出现的频度，并输出频度最高的所有单词以及频度。

实　验　5

一、实验估计完成时间(90 分钟)

二、实验目的

1. 熟悉串的数据结构定义，并能在顺序串基础上实现串的常用操作。

2. 加深理解串类和串指针的区别，并能在实际应用中灵活择取。

3. 利用串解决实际问题。

三、实验内容

1. 自定义并建立一个顺序串类 Sstring，并实现字符串的基本操作：

(1) 编写一个构造函数，使得串对象值为字符串 init 的值；

(2) 编写一个析构函数；

(3) 编写一个子串截取函数；

(4) 利用输入/输出流编写串的输入与输出函数；

(5) 最后，编写一个 main 函数验证(1)～(4)几个函数的正确性。

2. 利用串的基本操作，编写一个子串替换算法 Replace(S,T,V)。

3. 读懂字符串匹配函数 Find 程序源代码，并给指定的语句加上适当的注释。

```
int Sstring::KMPMatch(Sstring&pat,int k)const{
  //KMP 算法。从第 k 个字符开始匹配，若成功，返回到第 1 个匹配位置；否则返回 -1
    int posP = 0,posT = k - 1;
    int lengthP = pat.curLength,lengthT = curLength;
    pat.getNext(next);                          //求解出串的 next 数组
    while(posP<lengthP&& posT<lengthT){          //在允许范围内匹配
        if(posP == -1 || ch[posT] == pat.ch[posP]){ ____________________
            ++posP;    ++posT;
        }
        else{ ____________________
            posP = next[posP];
        }
    }
    if(posP<lengthP){return - 1;}               //匹配失败
    else{return(posT - lengthP + 1);}           //匹配成功
}

void Sstring::getNext(int next[ ]){             //对 next 数组求值
    int j = 0,k = -1,lengthP = curLength;
    next[0] = -1;
    while(j<lengthP){ ____________________
        if(k == -1 || ch[j] == ch[k]){ ____________________
            ++j;   ++k;
            next[j] = k;
        }
        else{ ____________________
            k = next[k];
        }
    }
}
```

四、实验结果

1. 顺序串类定义以及基本操作实现源代码。(课堂验收)

2. 写出子串替换源代码：

```
bool Sstring::Replace(Sstring &T,char * str){//将当前串中所有 T 子串替换成子串 str
}
```

3. 试比较模式匹配的 B-F 算法和 KMP 算法，分别说明它们的特点。

____

____

____。

五、实验总结

1. 通过对比串的顺序存储结构和链式存储结构，简要分析这两种存储结构优势和应用的场合：

____

____

____。

2. 你对 C++库函数中 string 类型了解多少？请列举几个常用的函数(原型及示例)。

(1) ____

(2) ____

(3) ____

3. 你还能对字符串定义哪些操作？请写出函数原型。

(1) ____

(2) ____

(3) ____

4. 通过本次实验，你有哪些收获和问题？

____

____

____。

六、实验得分(　　　　　)

第 6 章　树和二叉树

举一隅不以三隅反，则不复也。

学习目标

- 掌握树的定义及表示方法、逻辑特征以及常见的几种存储结构。
- 掌握二叉树的性质和结构特征，熟悉二叉树各种存储结构及使用场合。
- 掌握各种二叉树遍历策略的递归和非递归算法，了解二叉树遍历过程中栈或队列的作用和工作状态。
- 了解最优二叉树的特性，掌握建立最优二叉树和赫夫曼编码的算法。

树形结构是一类非常重要的非线性数据结构，其中，树和二叉树是最常用的树形结构。树是一种以分支关系定义的层次结构，在客观世界广泛存在：如人类社会的族谱和社会各种团体、组织机构等都可用树来形象地表示。树在计算机领域中也有着广泛地应用：如在编译程序中，用树来表示源程序的语法结构；又如在数据库系统中，树形结构也是信息的重要组织形式之一。

6.1　树的定义及表示

6.1.1　树的定义

树是 $n(n\geqslant 0)$ 个结点的有限集。在任意一棵非空树上：

(1) 有且只有一个特定的称为**根**(root)的结点；

(2) 当 $n>1$ 时，其余结点可分为 $m(m>0)$ 个互不相交的有限集 $T_1, T_2, \cdots, T_m$，其中每一个集合本身又是一棵树，并且称为根的**子树**(SubTree)。

在图 6-1(b)中，A 结点是树的根结点，其余结点分成 3 个独立的子集：$T_1=\{B,E,F,K,L\}$，$T_2=\{C,G\}$，$T_3=\{D,H,I,J,M\}$，T_1、T_2、T_3 都是根 A 的子树。

B、C、D 结点分别是 T_1、T_2、T_3 的根结点。T_1、T_2、T_3 又可分为更小的子树，D 结点的子树是 $\{H,M\}$，$\{I\}$ 和 $\{J\}$，其中 $\{I\}$ 和 $\{J\}$ 是只有一个根结点的子树。

为了和空森林区别，有些教材将只有根结点的树称为“空树”，如图 6-1(a)所示。

从树的定义和图 6-1 所示的示例中可以看出，**树具有下面两个特点**：

(1) 树的根结点没有前驱结点，除了根结点外的所有结点有且只有一个前驱结点；

(2) 树中所有结点可以有零个或多个后继结点。

下面介绍树结构的一些基本术语：

(1) 结点的度。树中的结点包含一个数据元素及若干指向其子树的分支。结点拥有的子树数目称为结点的度。

例如，A 的度为 3，B 的度为 2，K 的度为 0。**树的度为树中结点度的最大值**，图 6-1 中树的度为 3。

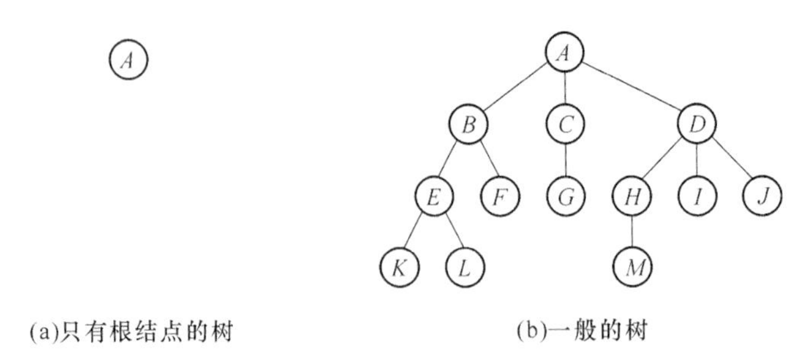

图 6-1　树的示例

(2) 终端结点和非终端结点。度为 0 的结点称为叶子或终端结点，度不为 0 的结点称为非终端结点或分支结点。

例如，图 6-1(b)中，F、G、I、J、K、L 和 M 都是叶子结点。

(3) 孩子、兄弟、双亲和子孙。结点的子树的根称为该结点的孩子，相应地，该结点称为孩子的双亲，同一个双亲的孩子之间互称兄弟。结点的祖先是从根到该结点所经过的分支上所有结点。反之，以某结点为根的子树中任一结点都称为该结点的子孙。

图 6-1(b)中，D 是 H、I、J 的双亲，H、I、J 是 D 的孩子且互为兄弟；E 的祖先是 A、B，而 K、L 既是 E 的孩子也是 E 的子孙。

(4) 层次。结点的层次从根开始定义，根为第 1 层，根的孩子为第 2 层。双亲在同一层但不同双亲的结点互为堂兄弟。例如，在图 6-1(b)中，G 与 E、F、H、I、J 为堂兄弟。

(5) 深度和高度。树中结点的最大层次称为树的深度。高度的定义为：叶子结点的高度为 1，非叶子结点的高度等于它的子女结点高度的最大值加 1，这样树的高度就等于根结点的高度。**高度与深度计算方向不同，但数值相同。**

图 6-1(b)中树的深度为 4。

(6) 有序树和无序树。如果将树中结点的各个子树看成从左到右是有次序的，则称此树为有序树，否则称为无序树。例如，二叉树是一棵有序树。

(7) 路径及路径长度。从树中一个结点到另一个结点之间的分支数目构成结点之间的路径。路径长度是指路径上分支的数目。树的路径长度是从树的根结点到每一个结点的路径长度之和。

例如，图 6-1(b)中树的路径长度为 24。

(8) 森林。是 $m(m \geqslant 0)$ 棵互不相交的树的集合。在数据结构中，树和森林的概念相近，删去一棵树的根结点，便得到一个森林；反之，加上一个结点作为森林中所有树的根结点，森林就变为一棵树。

6.1.2　树的表示

除了图 6-1 的树形表示外，树常见的表示法有嵌套集合表示法、凹入表表示法和广义表表示法（如图 6-2 所示）等。

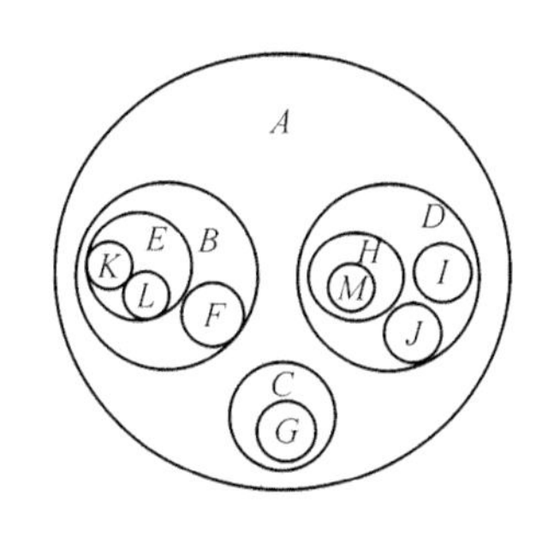

(a)嵌套结合表示法

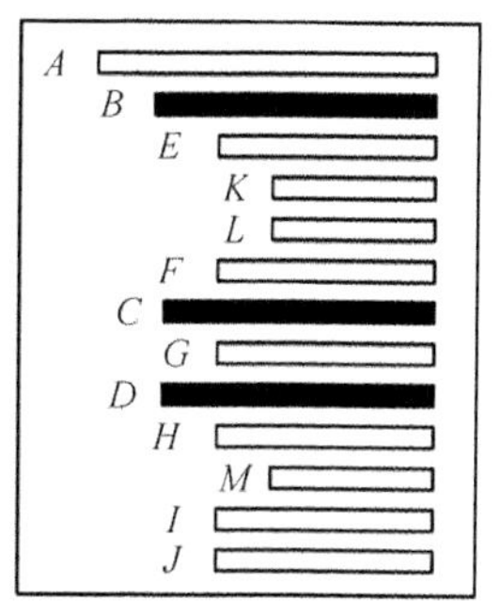

(b)凹入表表示法

$A((B(E(K,L),F),C(G),D(H(M),I,J)))$

(c)广义表表示法

图 6-2　树的表示法

下面给出树的抽象数据类型。利用抽象数据类型中提供的操作，就能实现许多树的操作以及一些应用问题的解法。

树的抽象数据类型如下所示：

```
ADT Tree{
    Data:D = {aᵢ| aᵢ∈nodeSet,i = 1,2,3,…,n,n≥0 }
    Relation:D = {<r,T₁,T₂,…,Tₘ>| m≥0,Tᵢ是子树,0≤i≤m,r ∈D }
    Operation:
        BuildRoot(&root);           建造一棵树,根结点为 root
        Parent(current);            返回 current 指针所指的结点的双亲结点
        FirstChild(current);        返回 current 结点的第一个孩子
        NextChild(current,child);返回 current 结点的孩子 child 的兄弟
        Find(current);              查找 current 结点
        Sibling(current);           查找 current 结点的兄弟
        Next Sibling(current,sibling);查找 current 兄弟 sibling 的下一个兄弟
        DeleteChild(current,i);     删除 current 结点的第 i 个孩子
        InsertChild(current,value);在 current 结点下插入一个孩子,其值为 value
        DeleteSubTree(& t);         删除当前树的一棵子树,子树根结点为 t
        Height();                   求树的高度
        Size();                     求树中结点个数
        Traversal();                遍历树中所有结点
}
```

6.2　二　叉　树

6.2.1　二叉树的定义

二叉树也是一种树型结构，在求解表达式、编码、检索和排序等应用中有着广泛的应用。二叉树的特点是每个结点至多只有二棵子树（即二叉树中不存在度大于 2 的结点），并且二叉树的子树有左右之分，其次序不能任意颠倒。

图 6-3(a) ~ (e)所示的是二叉树的基本形态：空树、包含一个根结点的二叉树、只含左子树

的二叉树、只含右子树的二叉树以及包含左右子树的二叉树。

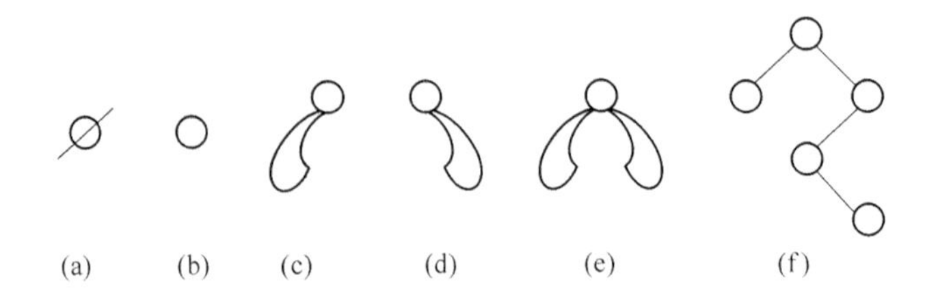

图 6-3　二叉树的五种基本形态示例

二叉树有下列重要特性:(本章重点)

性质 1:在二叉树的第 i 层上至多有 2^{i-1} 个结点($i\geqslant 1$)。

【证明】 用归纳法证明。

当 $i=1$ 时,有 $2^{i-1}=2^0=1$。因为第 1 层上只有一个根结点,所以命题成立;

假设对所有的 $j(1\leqslant j<i)$,结论成立,则 j 层上至多有 2^{j-1} 个结点,则在第 $i-1$ 层上至多有 2^{i-2} 个结点。由于二叉树的每个结点至多有两个孩子,故第 i 层上的结点数至多有 $2\times 2^{i-2}=2^{i-1}$ 个结点,故命题成立。

性质 2:深度为 k 的二叉树至多有 2^k-1 个结点($k\geqslant 1$)。

【证明】 根据性质 1,第 i 层至多有 2^{i-1} 个结点,那么整棵二叉树中所有层上具有的最大结点数为:$\sum_{i=1}^{k} i(\text{第 } i \text{ 层上最大结点数}) = \sum_{i=1}^{k} 2^{i-1} = 2^k - 1$

性质 3:对任何一棵非空二叉树,如果其终端结点数为 n_0,度为 2 的结点数为 n_2,则 $n_0=n_2+1$。

【证明】 因为二叉树中所有结点的度数均不大于 2,所以结点总数 n 应等于叶子结点数 n_0、度为 1 的结点数 n_1 和度为 2 的结点数 n_2 之和:

$$n=n_0+n_1+n_2 \tag{6-1}$$

另一方面,一个度为 1 的结点有一个孩子,一个度为 2 的结点有两个孩子,故二叉树中孩子结点总数是:$n_1+2\times n_2$,树中只有根结点不是任何结点的孩子,故二叉树中的结点总数又可表示为:

$$n=n_1+2\times n_2+1 \tag{6-2}$$

由式子(6-1)和式子(6-2)可以得到:$n_0=n_2+1$,结论成立。

满二叉树和完全二叉树是二叉树两种特殊形态。

(1) 满二叉树。一棵深度为 k 且有 2^k-1 个结点的二叉树称为满二叉树。

(2) 完全二叉树。若对满二叉树自顶向下,同层自左向右连续编号,则深度为 k 有 n 个结点的二叉树,当且仅当其每个结点都与深度为 k 的满二叉树中的编号从 $1\sim n$ 的结点一一对应,则称之为完全二叉树。请参见图 6-4 所示的特殊形态的二叉树。

完全二叉树特点为:

(1) 满二叉树是完全二叉树,完全二叉树不一定是满二叉树。

(2) 在满二叉树的最下一层上,从最右边开始连续删去若干结点后得到的二叉树仍然是一棵完全二叉树。

(3) 在完全二叉树中,若某个结点没有左孩子,则它一定没有右孩子,即该结点必是叶结点。

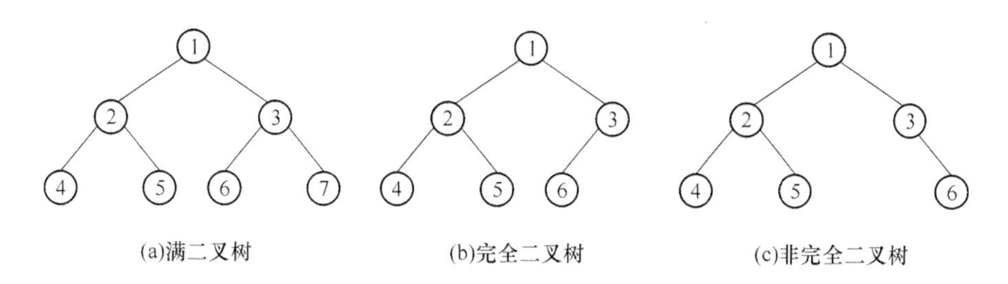

图 6-4 特殊形态的二叉树

性质 4:具有 n 个结点的完全二叉树的深度为$\lceil \log_2(n+1) \rceil$。

【证明】 设所求完全二叉树的深度为 k。

由完全二叉树定义可得:深度为 k 的完全二叉树的前 $k-1$ 层是深度为 $k-1$ 的满二叉树，一共有 $2^{k-1}-1$ 个结点。

由于完全二叉树深度为 k,故第 k 层上还有若干个结点,因此该完全二叉树的结点个数:

$$n>2^{k-1}-1 \tag{6-3}$$

另一方面,由性质 2 可得:

$$n \leqslant 2^k-1 \tag{6-4}$$

由(6-3)与(6-4)可推出:

$2^{k-1}< n+1 \leqslant 2^k$,取对数后有:$k-1 \leqslant log_2(n+1)<K$,又因 $k-1$ 和 k 是相邻的两个整数,$\log_2(n+1)$介于两数之间且不等于 $k-1$,而深度又只能是整数,故有:

$k=\lceil \log_2(n+1) \rceil$,结论成立。

有些教科书中定义 $k=\lfloor \log_2 n \rfloor+1$,当 $n>0$ 时,与上述定义等效,但不适合 $n=0$ 这种特例。(在此,根结点编号从 1 开始,因此,此公式也成立)。

性质 5:如果对一棵具有 n 个结点的完全二叉树(其深度为$\lceil \log_2(n+1) \rceil$)的结点按层序编号(从第 1 层到第$\lceil \log_2(n+1) \rceil$层,每层从左到右),则对任一结点($1 \leqslant i \leqslant n$),有:

(1) 如果 $i=1$,则结点 i 是二叉树的根且无双亲;如果 $i>1$,则其双亲 PARENT(i)是结点 $i/2$。

(2) 如果 $2 \times i>n$,则结点 i 无左孩子(结点 i 为叶子结点);否则其左孩子 LCHILD(i)是结点 $2 \times i$。

(3) 如果 $2 \times i+1>n$,则结点 i 无右孩子;否则其左孩子 RCHILD(i)是结点 $2*i+1$。

(4) 若结点编号 i 为奇数,且 $i \neq 1$,它处于右兄弟位置,则它的左兄弟为结点 $i-1$。

(5) 若结点编号 i 为偶数,且 $i \neq n$,它处于左兄弟位置,则它的右兄弟为结点 $i+1$。

(6) 结点 i 所在层次为 $k=\lfloor \log_2 i \rfloor+1(i \geqslant 1)$。

【证明】 先证明(2)和(3)。

分两种情况证明:

① 当假设某个结点是完全二叉树中第 i 层上最左的结点,则它的编号为 $2^i-1+1=2^i$,如果它有左孩子,则左孩子是第 $i+1$ 层最左的结点,序号为 $2^{i+1}-1+1=2 \times 2^i$,若结点有右孩子,则右孩子的编号为 $2 \times 2^i+1$;

② 若某结点在第 i 层从最左向右偏移 j 个结点,若它有左孩子和右孩子,则其左右孩子偏移为分别为 j 的 2 倍和 2 倍+1。

因此,(2)和(3)得证。有(2)和(3)可以得出,若某个结点编号 $i>1$,其双亲编号为$\left\lfloor \frac{i}{2} \right\rfloor$。

同时，(4)和(5)也得证。

假设编号为 i 的结点处在第 k 层，则根据性质(2)可以得出：

$i \geqslant 2^{k-1}$，且 $i \leqslant 2^k$，故 $k-1 \leqslant log_2 i \leqslant k$，因此，$k = \lfloor \log_2 i \rfloor + 1$，故(6)得证。

6.2.2 二叉树的抽象数据类型

下面给出二叉树抽象数据类型。在此，给出了二叉树一些基本操作，以此为基础可以增加其他相关的操作。

```
ADT Binar yTree{ 二叉树是有序树
    Data:D = {ai | ai ∈ binaryNodeSet, i = 1,2,3,…,n,n≥0 }
    Relation:T = {(Root,TL,TR)| Root ∈ D,TL,TR是子树 }
    Operation:
        BuildBinaryTree(&root);        建立一棵根结点为 root 的二叉树
        Height();                      求二叉树的深度或高度
        Size();                        返回二叉树中结点个数
        Parent(current);               返回 current 结点的双亲结点
        LeftChild(current);            返回 current 结点的左孩子
        RightChild(current)            返回 current 结点的右孩子
        Sibling(current,);             查找 current 结点的兄弟
        InsertChild(current,value);    在 current 结点下插入一个孩子，其值为 value
        DeleteSubTree(t);              删除当前树的一棵子树，子树根结点为 t
        PreOrder();                    前序遍历二叉树
        InOrder();                     中序遍历二叉树
        PostOrder();                   后序遍历二叉树
        LevelOrder()const;             层次遍历二叉树
}
```

6.2.3 二叉树的存储结构

二叉树的存储结构有两种：顺序结构和链式结构。

(1) 二叉树的顺序存储表示

二叉树是一种非线性结构，如果用顺序存储结构表示二叉树，必须能根据结点在顺序存储结构中的位序确定结点之间的关系。因此，二叉树的顺序存储一般是用一组地址连续的存储单元依次自上而下，同层自左向右存储二叉树上的所有结点元素(如图 6-5 所示)。

完全二叉树和满二叉树(满二叉树是完全二叉树的特例)比较适合采用这种结构。因为完全二叉树中结点的编号可以唯一反映出结点之间的逻辑关系，将完全二叉树中的结点的编号对应于存储单元相应的位序，就能根据完全二叉树性质确定顺序存储结构中结点之间的关系。例如，用一个数组 $A[1..n]$ 按照编号顺序(从 1 开始)存储完全二叉树中的结点，那么存储单元位序为 i 的结点，它的双亲的位序就是 $\left\lfloor \frac{i}{2} \right\rfloor$；如果有左孩子，其左孩子的位序就是 $2i$；如果有右孩子，其右孩子的位序就是 $2i+1$。

但是，对于一般的二叉树来说，会浪费很多存储空间。

图 6-5(a)是存储完全二叉树的**最简单、最省空间的存储方式**。如果不是完全二叉树，但为了方便找到每个结点的左右子树，也必须仿照完全二叉树那样对结点进行编号〔如图 6-5(b)〕所示)，这样做会浪费大量存储空间；而类似图 6-5(c)中的单支树浪费最大。

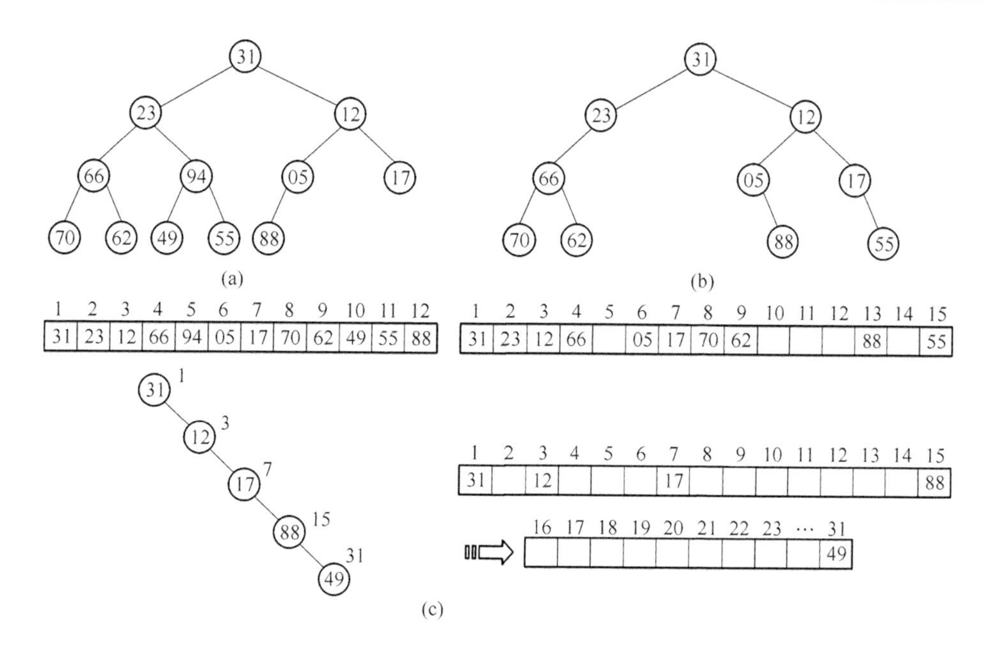

图 6-5　二叉树顺序存储示例

(2) 二叉树的链式存储结构

根据二叉树的特性和操作,二叉树可以用链式结构定义。因为二叉树结点度不大于 2,故可定义两个指针域分别指向左右子树根结点。链式存储结构定义二叉树如图 6-6(a)所示。

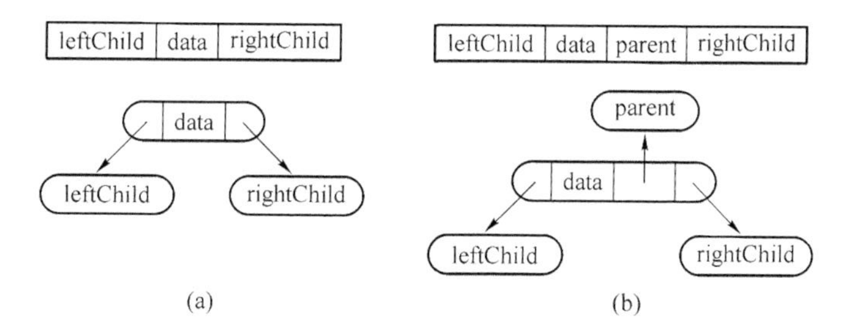

图 6-6　二叉树的链式存储结构中的结点结构

在二叉链表中查找孩子比较简单,但查找双亲比较困难。图 6-6(b)所示的三叉链表中增加了指向双亲的指针,以便快速查找结点的双亲结点。

二叉链表中结点的类的定义(binarytree.h)如下所示:**(本章重点)**

```
template<class T>class BinaryTree;//二叉树类声明
template<class T>
class BinTreeNode{
public:
    BinTreeNode():leftChild(NULL),rightChild(NULL){}//构造函数
    BinTreeNode(T item,BinTreeNode<T> * left = NULL,BinTreeNode<T> * right =
              NULL):data(item),leftChild(left),rightChild(right){}//构造函数
    BinTreeNode<T> * Copy();              //复制结点
    void Release();                       //释放结点
    void SetLeft(BinTreeNode<T> * L);     //设置左链
    void SetRight(BinTreeNode<T> * R);    //设置右链
```

```
        friend class BinaryTree<T>;                    //将二叉树类视为友元,使用结点类中的私有成员
    private:
        BinTreeNode<T> * leftChild, * rightChild;      //指向左右子树根结点的指针
        T  data;                                       //数据域
    };//二叉链表结点类定义
```

只要知道了根结点的左右链,就可以方便地从根结点出发找到它的左右子树下的任一个结点。因此,二叉树类中包括根结点,操作包括建树、插入/删除结点、遍历二叉树以及查找孩子/双亲等操作。具体类描述(binarytree. h)如下所示:

```
template<class T>
class BinaryTree{
public:
    BinaryTree(): root(NULL){}                         //构造一棵空的二叉树
    BinaryTree(T flag): RefValue(flag),root(NULL){}    //构造空二叉树,设置标志
    //构造一棵根结点值为 value,左右子树分别为 lch 和 rch 的二叉树
    BinaryTree(T value,BinTreeNode<T> * lch,BinTreeNode<T> * rch)
    {root = new BinTreeNode<T>;    leftChild = lch;   rightChild = rch;}
    ~BinaryTree();                                     //析构函数
    int Height()const{return Height(root);}            //返回二叉树的高度
    int Size()const{return Size(root);}                //返回二叉树中结点个数
    bool IsEmpty(){rerutn root == NULL;}               //二叉树判空
    //返回从指定 subTree 结点出发,current 结点的双亲结点地址
    BinTreeNode<T> * Parent(BinTreeNode<T> * subTree,BinTreeNode<T> * current);
    BinTreeNode<T> *  GetRoot()const{return root;}  //获取根结点地址
    friend istream& operator >>(istream &in,BinaryTree<T> &Tree);      //重载输入流
    friend ostream& operator<<(ostream &out,BinaryTree<T> &Tree);      //重载输出流
    void PrintBinTree()const{PrintBinTree(root);}//以广义表形式输出二叉树
    void preOrder()const{preOrder(root);}          //前序遍历二叉树
    void inOrder()const{inOrder(root);}            //中序遍历二叉树
    void postOrder()const{postOrder(root);}        //后序遍历二叉树
    void levelOrder()const;                        //层次遍历二叉树
private:
    BinTreeNode<T> * root;                         //二叉树根结点
    T RefValue;//数据输入停止标志(与二叉树结点类中 data 类型相同)
    void CreateBinTree(istream &in,BinTreeNode<T> * &BT);  //前序遍历次序建树
    void Traverse(BinTreeNode<T> * BT,ostream &out)const;  //前序遍历输出二叉树
    void preOrder(BinTreeNode<T> *  BT)const;      //前序遍历结点递归算法
    void inOrder(BinTreeNode<T> *  BT)const;       //中序遍历结点递归算法
    void postOrder(BinTreeNode<T> *  BT)const;     //后序遍历结点递归算法
    int Size(BinTreeNode<T> * BT)const;//计算根为 BT 的二叉树结点个数递归算法
    int Height(BinTreeNode<T> * BT)const;//计算根为 BT 的二叉树深度递归算法
    void PrintBinTree(BinTreeNode<T> * BT,ostream &out);  //以广义表形式输出二叉树递归算法
};//二叉树类定义
```

在具体实现时,可用 binarytree. h 文件定义这两个类,用 binarytree. cpp 存放结点类和二叉树类的全部操作代码。

6.2.4 二叉树结点类操作实现

二叉树结点类的操作包括结点复制、结点释放以及设置左右子树操作。

(1) 复制结点操作

复制不是简单地将结点地址复制,而是对以该结点为根的子树进行**深复制**。由于复制一棵树与复制一棵子树,乃至一个结点的过程一致,因此,这个操作采用递归算法来实现。

```
template<class T>
BinTreeNode<T> * BinTreeNode<T>::Copy(){          //二叉树结点复制
    BinTreeNode<T> * newLeft, * newRight;
    if(leftChild){newLeft = leftChild->Copy();}   //递归复制左孩子
    else{newLeft = NULL;}                         //递归的终止条件
    if(rightChild){newRight = rightChild->Copy();} //递归复制右孩子
    else{newRight = NULL;}      //新建结点,链接复制好的左右链
    BinTreeNode<T> * BT = new BinTreeNode<T>(data,newLeft,newRight);
    if(BT){return BT;}
    else{return NULL;}
} //时间复杂度为 O(n)
```

(2) 释放结点操作

即将当前结点的所有子树删除。同样,这个操作也用递归算法实现。

```
template<class T>
void BinTreeNode<T>::Release(){  //删除二叉树中所有结点(除根结点外)
    if(leftChild){
        leftChild->Release();
        delete leftChild;           //删除左子树根结点
        leftChild = NULL;
    }
    if(rightChild){
        rightChild->Release();
        delete rightChild;          //删除右子树根结点
        rightChild = NULL;
    }
} //时间复杂度为 O(n)
```

仔细理解源代码后会发现,该算法不能将当前结点删除。

(3) 设置左右子树操作

该操作就是将当前结点的左右链重新设置。如果单纯地将新的左右链替换原有的左右链,那么原有的左右链所占空间就不能释放。因此,在替换新链之间,必须先将当前结点的左右子树中所有结点空间释放(即删除结点)。

```
template<class T>
void BinTreeNode<T>::SetLeft(BinTreeNode<T> * L){//重新设置左子树
    if(leftChild){//如果存在左子树,则将子树中所有结点空间释放
        leftChild->Release();
    }
    leftChild = L; //链接上新的左链,即设置新的左子树
}//设置右子树操作的源代码与之类似,设置左子树的时间复杂度为 O(1)
```

?代码中左右子树重置操作采用的是浅复制,如果用深复制重置,应如何修改源代码?

6.2.5 二叉树类操作实现

二叉树类基本操作函数有析构函数和查找双亲结点操作,以及 6.3 节将要介绍的二叉树

遍历操作、结点统计操作以及二叉树输出操作等。

(1) 析构函数的实现

释放空间的操作也比较简单，即将二叉树根结点中所有子树中结点全部释放；然后，再将根结点删除。结点的释放操作已在结点类中介绍过，即结点类的 Release 操作。

```
template<class T>
BinaryTree<T>::~BinaryTree(){//析构函数
    if(root){//删除根结点所有子树中所有结点，且删除根结点，并将根结点链置空
        root->Release();    delete root;    root = NULL;
    }
} //时间复杂度为 O(n)
```

(2) 查找双亲结点操作

二叉链表的结构中没有指向双亲的链，因此，查找当前结点的双亲必须从指定结点 subTree 开始，对其左右子树进行搜索，在搜索中判断搜索到达的结点的左右孩子是否与给定当前结点链 current 相同。如果相同，那么搜索到达的结点即为当前结点的双亲结点；如果不同，则继续搜索。如果搜索指针为空，则说明当前结点为根结点，没有双亲结点。该搜索过程可以用递归算法实现。

```
template<class T>
BinTreeNode<T> * BinaryTree<T>::Parent(BinTreeNode<T> * subTree,BinTreeNode<T> *
current){//从 subTree 指向的结点开始查找 current 所指结点的双亲
    if(!subTree){return NULL;} //空树，操作失败
    if(subTree->leftChild == current || subTree->rightChild == current){ //找到，返回结点地址
        return subTree;
    }
    BinTreeNode<T> * p;
    if((p = Parent(subTree->leftChild,current)) != NULL){//在左子树中递归搜索
        return p;
    }
    else{//在右子树中递归搜索
        return Parent(subTree->rightChild,current);
    }
} //时间复杂度为 O(n)
```

二叉树的建立、查找以及输出等操作建立在二叉树遍历的基础上，在介绍了二叉树的遍历过程之后，再介绍二叉树建立、求二叉树中结点个数以及输出操作的实现过程。

6.3 二叉树遍历及其应用

所谓二叉树遍历(Traversal)是指遵循某种次序，依次对二叉树中每个结点均做一次且仅做一次访问。访问结点所做的操作依赖于具体的应用问题，例如，查找具有某种属性值的结点、输出结点信息、修改结点值等。遍历是二叉树上最重要的运算之一，是二叉树上进行其他操作的基础。**（本章重点）**

6.3.1 二叉树遍历的递归算法

从二叉树的递归定义可知，一棵非空的二叉树由根结点及左、右子树这三个基本部分组

成。因此，在任一给定结点上，可以按某种次序执行三个操作：

(1) 访问结点本身(V)；

(2) 遍历该结点的左子树(L)；

(3) 遍历该结点的右子树(R)。

以上三种操作有六种执行次序：VLR、LVR、LRV、VRL、RVL、RLV。但是，二叉树是一种有序树；因此，仅剩下 VLR(前序遍历)、LVR(中序遍历)以及 LRV(后序遍历)，另外三种遍历是前三种的镜像。

图 6-7 是三种不同遍历方法的不同遍历结构。

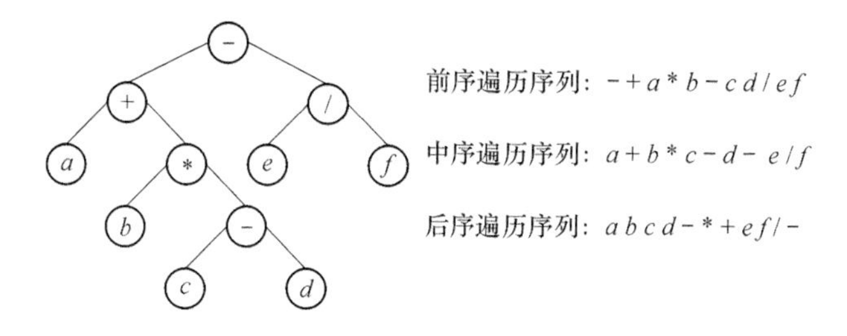

图 6-7 相同的遍历路线，不同的遍历结果

三种遍历过程具有相同的遍历过程，即每个结点都要经过三次操作(访问叶子结点，遍历左子树和右子树)，但前序遍历在第一次遇到结点时就访问结点，中序遍历在第二次遇到结点时才访问，而后序遍历要到第三次才访问。因此，三种遍历的结果不同。下面给出三种遍历的递归算法：

```
template<class T>
void BinaryTree<T>::preOrder(BinTreeNode<T> * BT)const{//前序遍历递归算法
    if(BT){//二叉树非空则遍历(也是作为递归结束条件)
        cout<<BT->data<<"  ";//访问根结点
        preOrder(BT->leftChild);   preOrder(BT->rightChild);      //遍历左右子树
    }
}
template<class T>
void BinaryTree<T>::inOrder(BinTreeNode<T> * BT)const{//中序遍历递归算法
    if(BT){
        inOrder(BT->leftChild);     //遍历左子树
        cout<<BT->data<<"  ";       //访问根结点
        inOrder(BT->rightChild);    //遍历右子树
    }
}
template<class T>
void BinaryTree<T>::postOrder(BinTreeNode<T> * BT)const{//后序遍历递归算法
    if(BT){            //遍历左子树和右子树
        postOrder(BT->leftChild);   postOrder(BT->rightChild);
        cout<<BT->data<<"  ";//访问根结点
    }
}
```

结点的类型不同，输出的方式也不同。为了增加程序的灵活性，访问结点的操作可用一个函数指针来实现，替换代码中的 cout 语句。

6.3.2 二叉树遍历的应用

(1) 利用二叉树的前序遍历建立一棵二叉树

应用二叉树的前序遍历的递归算法可以建立一棵二叉树。在此算法中，输入结点的顺序必须对应二叉树前序遍历后结点的顺序，并约定以输入序列中不可能出现的值作为空结点的值作为递归结束标志(此结束标志存于 BinaryTree 类中的 RefValue 成员中)。

例如，图 6-8 中用“#”表示字符型空结点的值(整数型空结点往往用 0 表示，或用一个特殊值表示)。

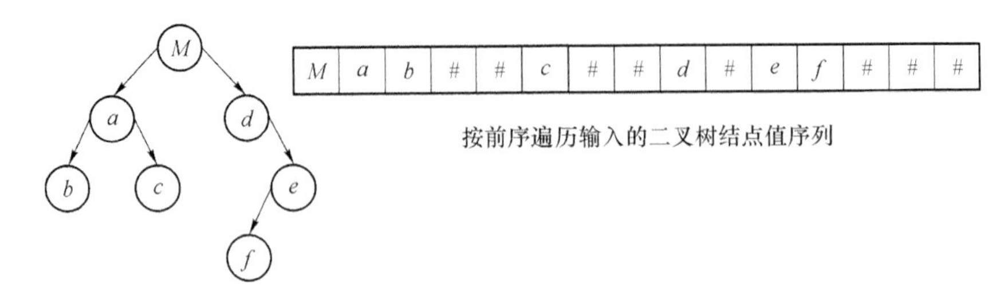

图 6-8 加入递归结束符的二叉树前序遍历序列示例

算法思路

① 如果读入的字符不是结束标志符，就建立一个结点，其值为读入的字符，左右链为空，转到②；否则，退出当前的递归调用，如果系统栈中无结点存在，则整个递归过程结束。

② 以建立的结点作为根结点，其地址通过函数的引用型参数 BT 直接链传到作为实际参数的指针中。

③ 转入①，分别对 BT 指向的结点建立左右子树。

该算法通过输入流进行结点值的输入，并作为二叉树类中一个私有函数。由二叉树中的输入函数调用，便可实现一棵二叉树的建立。

```
template<class T>
istream& operator>>(istream& in,BinaryTree<T> &Tree){//重载输入流符,建立 Tree
    cout<<"按先序遍历顺序输入二叉树中结点值:"<<endl;
    Tree.CreateBinTree(in,Tree.root);//调用私有函数
    return in;
}
template<class T>
void BinaryTree<T>::CreateBinTree(istream &in,BinTreeNode<T> * &BT){
  //以前序遍历序列从根结点开始建立一棵二叉树的递归算法
    T ch;in>>ch;
    if(ch != RefValue){  //读入值不是结束符,则建立一个结点
        BT = new BinTreeNode<T>(ch);          //建立一个值为 ch 的新结点
        if(BT){
            CreateBinTree(in,BT->leftChild);  //递归建立左子树
            CreateBinTree(in,BT->rightChild); //递归建立右子树
        }
    }
    else{BT = NULL;}                           //退出当前递归
}
```

⑦仔细回味：参数表中的“ * &BT”能否改写成“& * BT”？

（2）利用前序遍历输出二叉树的树形

二叉树可以用广义表来描述：根结点作为广义表的表名放在由左、右子树组成的表的前面，而表是用一对圆括号括起来的。对于图 6-8 所示的图的广义表表示为 $M(a(b,c),d(,e(f)))$。

▶▶ 算法思路

① 当根结点非空，则输出根结点的值；否则，退出当前遍历。

② 若左右子树全为空，则无须输出；否则，在输出左子树或右子树前要先打印“(”，在输出右子树后要打印“)”。输出左右子树树形分两步进行处理：

- 若左子树非空，则把该结点作为根结点，转至②对左子树递归输出子树树形。若存在右子树，则添加一个左右子树分节符“,”。
- 若右子树非空，则把该结点作为根结点，转至②对右子树递归输出子树树形。

③ 输出二叉树的算法可在前序遍历算法基础上作出适当的修改后得到以下源代码：

```
template<class T>
ostream& operator<<(ostream& out,BinaryTree<T>&BT){
  //重载输出流符输出树中各个结点的值
    out<<"以广义表形式输出二叉树:"<<endl;
    BT.PrintBinTree(BT.root,out);
    out<<endl;
    return out;
}

template<class T>
void BinaryTree<T>::PrintBinTree(BinTreeNode<T> * BT,ostream&out){
  //以广义表形式输出一棵二叉树
    if(BT){
        out<<BT->data;
        if(BT->leftChild || BT->rightChild){
            cout<<'(';              //开始递归输出左子树
            if(BT->leftChild){
                PrintBinTree(BT->leftChild,out);
                if(BT->rightChild){//输出左右子树的分界,即左子树递归结束符
                    out<<',';
                }
            }
            if(BT->rightChild){
                PrintBinTree(BT->rightChild,out);//开始递归输出右子树
            }
            out<<')';                            //输出右子树递归结束符
        }
    }
}
```

现在，建立一个“main. cpp”文件，并在该文件中编写一个 main 函数，验证建树和输出结果这两个函数的正确性。验证函数的源代码及输出结果演示为：

```
void main(){
    BinaryTree<char>L('#');//二叉树前序序列作为输入字符串,以“#”结束
    cin>>L;
    cout<<“以广义表形式输出的二叉树结果为:”<<endl;
    cout<<L;
}
```

输出结果:

按先序遍历顺序输入二叉树中结点值:

Mab##c##d#ef###

以广义表形式输出的二叉树的结果为:

M(a(b,c),d(e(f)))

(3) 利用二叉树后序遍历计算二叉树中结点个数

可以借助二叉树后序遍历求出的结点个数,即二叉树左子树结点个数+二叉树右子树结点个数+1(根结点个数)是整个二叉树结点个数。该递归算法的递归公式可以表示为:

$$\text{Size}(T)=\begin{cases}0 & ,T=\text{NULL}\\ \text{Size}(T->\text{leftChild})+\text{Size}(T->\text{rightChild})+1 & ,T\neq\text{NULL}\end{cases}$$

具体的实现代码如下所示:

```
template<class T>
int BinaryTree<T>::Size(BinTreeNode<T> * BT)const{  //求解二叉树中结点个数的递归算法
    if(!BT){return 0;}
    return(Size(BT->leftChild) + Size(BT->rightChild) + 1);
}
```

计算二叉树高度的算法类似:如果二叉树为空,则高度为 0;否则,先递归计算出左右子树的高度,两者中最大值加 1 便是整个二叉树的高度。

```
template<class T>
int BinaryTree<T>::Height(BinTreeNode<T> * BT)const{  //计算二叉树高度的递归算法
    int leftHeight,rightHeight;
    if(!BT){return 0;}
    leftHeight = Height(BT->leftChild);
    rightHeight = Height(BT->rightChild);
    return(leftHeight >= rightHeight? leftHeight + 1: rightHeight + 1);
}
```

6.3.3 二叉树遍历的非递归算法

在改写二叉树遍历的递归算法时,需要通过一个事例分析一个递归算法的执行过程,观察栈的变化,直接写出它非递归(迭代)算法。

任何递归算法都可以转化为非递归算法,为了把一个递归过程改为非递归过程,需要设置一个工作栈,记录递归时的回退路径。

(1) 利用栈实现二叉树的中序遍历非递归算法

二叉树遍历的非递归算法(以中序遍历为例)就是运用栈这种数据结构将递归的中序遍历转换成非递归的中序遍历。

从中序遍历递归算法执行过程中递归工作栈的状态(请参见图 6-9)中可以得出,保存结点和访问结点的次序恰好相反。因此,在此递归转换过程中,必须借助栈来得到二叉树的非递归算法。

在实现时可以采用顺序栈，也可以采用链式栈。

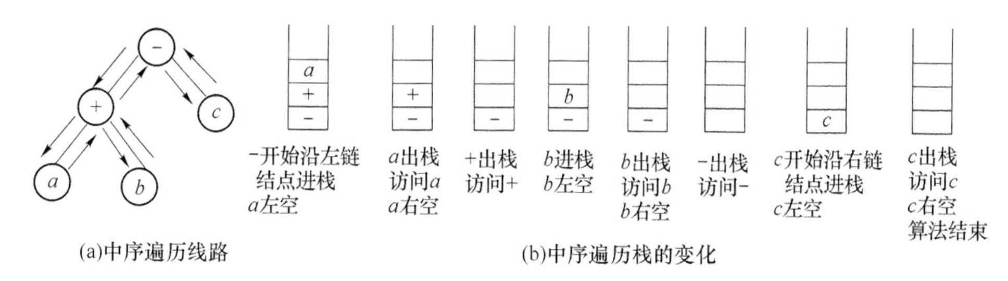

(a)中序遍历线路　　(b)中序遍历栈的变化

图 6-9　利用栈实现二叉树的中序遍历

算法思路

① 初始化栈（栈中元素的类型应为结点地址，即二叉链），指针 p 指向根结点（即 p 中保留的是根结点地址）。

② 如果栈空，并且 p 也为空，说明没有结点可以访问，则中序遍历结束；否则，如果 p 非空，则转向③；如果 p 空，而栈非空，则转向④。

③ p 所指结点的所有非空左链依次进栈（p 沿着左链移动）。当 p 为空，说明栈顶指针所指的左子树遍历结束，就应该出栈并访问此根结点，接着 p 指向该根结点的右子树，转向②，继续遍历该右子树。

④ 表明从右子树返回，则当前层的遍历结束，应继续出栈并访问此根结点，接着 p 指向该根结点的右子树，转向②，继续遍历该右子树。

从另一个角度看，这意味着遍历右子树时不需要保存当前层的根指针，可直接修改栈顶记录中的指针即可。

中序遍历的非递归算法的实现源代码如下所示：

```
template<class T>
void BinaryTree<T>::inOrderStack(){//借助栈实现的中序遍历的非递归算法
    SeqStack<BinTreeNode<T> * > S;//利用第 3 章中定义顺序栈实现
    BinTreeNode<T> * p;              //栈中元素类型为结点的指针类型
    if(!root){return;}
    p = root;
    while(!S.IsEmpty() || p){//栈不空或仍有结点未遍历，则继续遍历，沿左链进栈
        while(p){             //p 指针指向当前遍历最左的结点
            S.Push(p);   p = p->leftChild;
        }
        if(!S.IsEmpty()){  //此时的栈顶元素为遍历子树的最左结点
            S.Pop(p);   cout<<p->data<<"  ";
        }
        p = p->rightChild; //开始遍历已访问结点的右子树
    }
    cout<<endl;
}
```

算法的结束条件要栈空，且中途访问结点 p 也要空。这是因为访问根结点时栈为空，但可能存在右子树，所以还必须遍历右子树。

?看看此算法是否可以再简化？

二叉树前序遍历非递归算法与中序遍历非递归算法类似，只是访问结点次序不同。但是，**后序遍历的非递归算法比较复杂**，在遍历完左子树后不能访问根结点，需要再遍历右子树，待

右子树遍历完后才能访问根结点。所以，必须再设置一个栈或标志同时记录结点是从左子树还是右子树返回，即当结点指针进、出栈时，标志也同时进、出栈。

算法分析

空间复杂度分析

二叉树中序遍历非递归算法每次都将遇到的结点压入栈，当左子树遍历完后才从栈中弹出最后一个访问的结点，访问其右子树。因此，在同一层中，不可能同时有两个结点被压入栈，因此，该算法的空间复杂度为 $O(h)$（h 为二叉树高度）。

时间复杂度分析

二叉树中序遍历非递归算法每个结点都被压入栈一次，弹出栈一次，访问一次。因此，该算法的时间复杂度为 $O(n)$。

?看看能否写出二叉树后序遍历的非递归算法？

（2）二叉树的层次遍历

层次遍历从二叉树的根结点开始，自上向下，同层自左向右分层访问树中的各个结点。图 6-9 所示的二叉树的层次遍历结果为：－＋c a b。

在层次遍历二叉树中同层左结点的访问次序优先于右结点，左结点的孩子的访问次序也优先于右结点孩子的访问次序。因此，在二叉树层次遍历中要使用队列作为辅助结构。

算法思路

① 若根结点非空，则根结点进队列；否则，遍历结束。

② 若队列不空，队列中一个结点指针出队列，并访问指针所指结点。若该结点的左子树非空，则将左子树根结点指针入队列；若该结点的右子树非空，则将右子树根结点指针入队列。

③ 重复②，直至队列空为止（说明根结点的左右子树全部遍历完毕）。

利用队列实现二叉树层次遍历的实现源代码如下所示：

```
template<class T>
void BinaryTree<T>::levelOrder()const{//无须递归的二叉树层次遍历算法
    LinkedQueue<BinTreeNode<T> * > Q;//定义一个链式空队列，队列中的元素为结点指针
    BinTreeNode<T> *  p = root;
    if(!root){}
    Q.EnQueue(p);                          //根结点进入队
    while(!Q.IsEmpty()){                   //队列空为算法结束条件
        Q.DeQueue(p);cout<<p->data<<"  ";//结点出队，并访问
        if(p->leftChild){                  //非空左子树根结点指针入队
            Q.EnQueue(p->leftChild);
        }
        if(p->rightChild){                 //非空右子树根结点指针入队
            Q.EnQueue(p->rightChild);
        }
    }
    cout<<endl;
}
```

6.4 线索二叉树

6.4.1 线索二叉树定义

二叉树虽然是非线性结构，但二叉树的遍历却为二叉树的结点集导出了一个线性序列。

例如，利用二叉树的前序、中序和后序遍历后，可将树中所有结点按照某种次序排列成一个前序、中序或后序的序列（构成了一个线性表）；二叉树的层次遍历则给出了一个按层次从小到大的结点序列。

在二叉链表结构中再增加指向前驱和后继的指针（类似指向左子树根结点的 leftChild 和指向右子树根结点的 rightChild），就很容易查找某个结点的前驱和后继了，但是，这样会浪费不少空间。

为了不浪费空间，利用**二叉链表中的空指针域**（n 个结点的二叉链表中含有 $n+1$ 个空指针域），**存放**指向结点在某种遍历次序下的**前趋和后继结点的指针**，这种附加的指针称为**"线索"**。加上了线索的二叉链表称为**线索链表**，相应的二叉树称为**线索二叉树（Threaded BinaryTree）**。将二叉树变为线索二叉树的过程称为**线索化**。

6.4.2 线索二叉树存储结构

线索二叉树中的线索能记录每个结点前驱和后继信息。为了区别线索指针和孩子指针，在每个结点中设置两个标志 ltag 和 rtag。

当 ltag 和 rtag 为 0 时，leftChild 和 rightChild 分别是指向左孩子和右孩子的指针；否则，leftChild 是指向结点前驱的线索（pre），rightChild 是指向结点的后继线索（suc）。

由于标志只占用一个二进位，每个结点所需要的存储空间节省很多。

图 6-10 所示的是一棵中序线索二叉树。

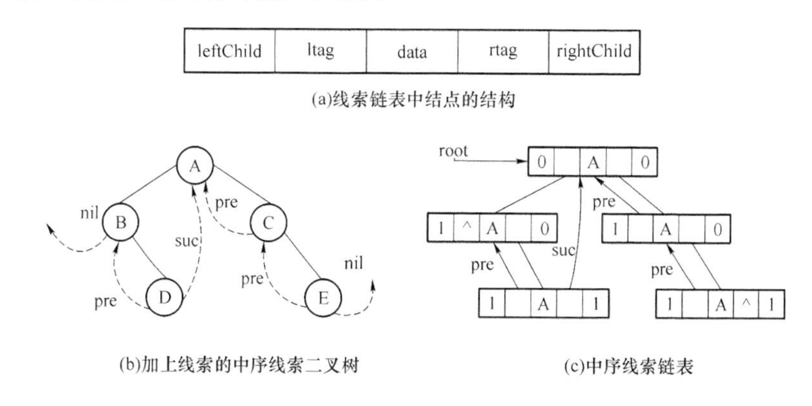

图 6-10 中序线索二叉树以及线索链表表示

线索二叉树根据遍历的次序可以分为三种：前序线索二叉树、中序线索二叉树以及后序线索二叉树。

在此，以中序线索二叉树为例，讨论线索二叉树的建立以及遍历过程的实现。中序线索二叉树结点及树定义如下所示（在文件 thread. h 中定义）：

```
template<class T>class ThreadTree;//线索树类声明
template<class T>
class ThreadNode{
private:
    int ltag,rtag;      //左右标志,用以区别链接的是孩子还是线索
    ThreadNode<T> * leftChild, * rightChild;//左右孩子链或前驱后继链
    T data;                                 //结点值
public:
    ThreadNode():leftChild(NULL),rightChild(NULL),ltag(0),rtag(0){}
```

```
    ThreadNode(T item):data(item),leftChild(NULL),rightChild(NULL),ltag(0),rtag(0){}
    friend class ThreadTree<T>;
};//线索二叉树结点类定义

template<class T>
class ThreadTree{
private:
    ThreadNode<T> * root;
    void CreateInThread(ThreadNode<T> * current,ThreadNode<T> * &pre);  //建线索树
    void CreateThreadTree(istream&in,ThreadNode<T> * &BT);  //建立未加线索的二叉树
public:
    ThreadTree(): root(NULL){}//初始化线索树,建立一棵空线索二叉树
    bool IsEmpty(){return root == NULL;}//线索树判空
    void CreateInThread();                //建立中序线索二叉树
    friend istream& operator>>(istream& in,ThreadTree<T> &Tree);
    ThreadNode<T> * First(ThreadNode<T> * current);     //找第一个结点
    ThreadNode<T> *  Last(ThreadNode<T> * current);     //找最后结点
    ThreadNode<T> *  Next(ThreadNode<T> * current);     //找后继结点
    ThreadNode<T> *  Prior(ThreadNode<T> * current);    //找前驱结点
    void inOrder();                                     //中序遍历线索树
    void preOrder();                                    //前序遍历线索树
    void postOrder();                                   //后序遍历线索树
};//中序线索二叉树类定义,成员函数的实现保存在 threadtree.cpp 中
```

前序和后序线索二叉树的类定义与中序线索二叉树类的定义类似。但是在建立线索过程以及遍历过程跟中序线索二叉树有着区别,需要根据具体的遍历方式加上线索,确定查找结点的方式。

6.4.3　线索二叉树基本操作

在中序线索二叉树中,如果在结点的 rightChild 中存放的是线索(rtag=1),可以直接根据线索找到该结点的直接后继;否则,rightChild 指向右孩子,需要一定的搜索过程才能找到它的后继。

寻找结点前驱的操作与寻找后继操作相似,只是左右链和左右线索标志互换了一下。

表 6-1、表 6-2 分别给出了中序线索树中寻找后继和前驱的方法。

表 6-1　寻找当前结点在中序序列下的后继

rightChild \ rtag	==0(右孩子指针)	==1(后继线索)
==NULL	无此情况	无后继
! =NULL	后继为右子树中序序列中第一个结点	后继为右链所指结点

表 6-2　寻找当前结点在中序序列下的前驱

leftChild \ ltag	==0(左孩子指针)	==1(前驱线索)
==NULL	无此情况	无前驱
! =NULL	前驱为左子树中序序列中最后一个结点	前驱为左链所指结点

下面给出中序线索二叉树基本操作的实现。

(1) 查找当前结点在中序序列中第一个结点

即找到当前结点左子树中最左的结点。

```
template<class T>
ThreadNode<T> * ThreadTree<T>::First(ThreadNode<T> * current){
  //返回以 current 为根的中序线索序列中的第一个结点
    ThreadNode<T> * p = current;
    while(p->ltag == 0){p = p->leftChild;} //沿着左链搜索
    return p;
}
```

最左结点不一定是叶子结点,最左结点可以有右子树。

(2) 查找当前结点在中序序列中最后一个结点

即找到当前结点右子树中最右的结点。

```
template<class T>
ThreadNode<T> * ThreadTree<T>::Last(ThreadNode<T> * current){
  //返回以 current 为根的中序线索序列中的最后一个结点
    ThreadNode<T> * p = current;
    while(p->rtag == 0){p = p->rightChild;} //沿着右链搜索
    return p;
}
```

同样,最右结点不一定是叶子结点,最右结点可以有左子树。

(3) 查找当前结点在中序序列中的后继结点

如果当前结点的指针 current 所指结点没有右孩子,则它的右孩子就是后继结点。否则,current 所指结点的右子树中最左的结点就是后继结点,即右子树中第一个访问的结点。

如图 6-11 所示(值为‘B’的结点的后继为其右子树中最左的结点,即其值为‘G’)。

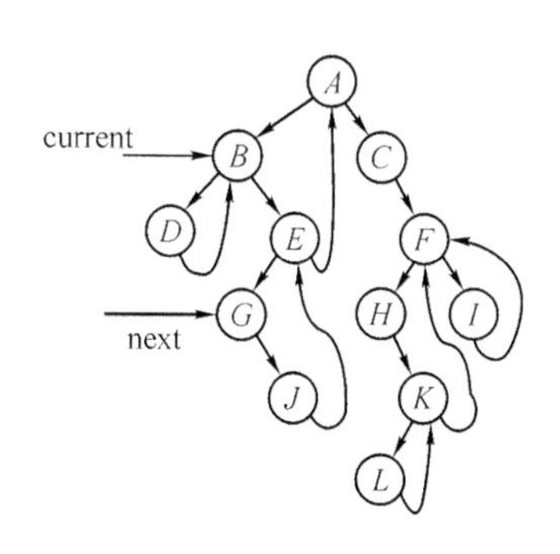

图 6-11　当前结点的后继结点示意

```
template<class T>
ThreadNode<T> * ThreadTree<T>::Next(ThreadNode<T> * current){
  //返回中序线索二叉树中 current 在中序下的后继结点
    ThreadNode<T> * p = current ->rightChild;
    if(current ->rtag == 0){//若存在右子树,则右子树中最左结点为 current 的后继
        return First(p);
    }
    else{return  p;}        //p 即为后继线索
}
```

(4) 查找当前结点在中序序列中的前驱结点(prior)

如果当前结点指针 current 所指结点没有左孩子,则它的左孩子就是前驱结点。否则,current 所指结点的左子树中最右的结点就是前驱结点,即左子树中最后一个访问结点(如图 6-12 所示)。值为‘A’的结点的前驱结点为其左子树中最右的结点,即其值为‘E’)。

```
template<class T>
ThreadNode<T> * ThreadTree<T>::Prior(ThreadNode<T> * current){
```

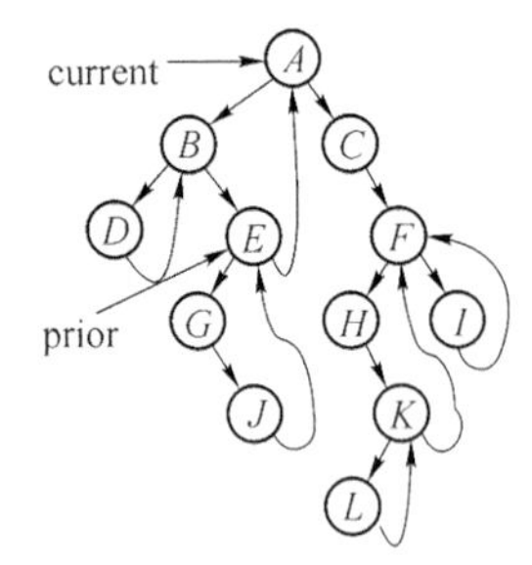

图 6-12 当前结点的前驱结点示意

```
    //返回中序线索二叉树中 current 在中序下的前驱结点
      ThreadNode<T> * p = current ->leftChild;
      if(current ->ltag = = 0){//若存在左子树,则左子树中最右
结点为 current 的前驱
            return Last(p);
      }
      else{return p;}          //p 即为前驱线索
    }
```

(5) 中序遍历中序线索二叉树

▶▶ 算法思路

① 利用 First 函数访问二叉树在中序序列下的第一个结点。

② 把该结点作为当前结点,利用 Next 函数按中序次序逐个访问。

③ 重复②,直至访问到二叉树的最后一个结点。

显而易见,在整个遍历过程中可以不借助栈。

```
template<class T>
void  ThreadTree<T>::Inorder(){        //线索化二叉树的中序遍历
    if(IsEmpty()){return;}
    ThreadNode<T> * p;
    for(p = First(root);p ;p = Next(p)){//依次中序访问线索二叉树中所有结点的值
        cout<< p->data<< "   ";
    }
    cout<<endl;
}
```

for 结构中调用两个函数实现指针初始化和指针的移动,类似“遍历器类 Iterator”操作。

(6) 线索化中序遍历二叉树

对中序遍历的递归算法稍加修改,便可得到一个已存在的二叉树按中序遍历进行线索化的算法。在算法中运用了一个 pre 指针,它在遍历过程中始终指向遍历指针 p 的中序序列下的前驱,即在遍历中刚刚访问过的结点。

此外,在遍历过程中,只要一旦遇到空指针域,立即填入其前驱或后继线索。

```
template<class T>
void ThreadTree<T>::CreateInThread(){//建立中序线索树
    ThreadNode<T> * pre = NULL;          //初始化前驱指针
    if(root){
        CreateInThread(root,pre);        //从根结点开始加线索,调用递归算法
        pre ->rightChild = NULL;    pre ->rtag = 1;   //处理中序最后一个结点
    }
    return;
}

template<class T>
void ThreadTree<T>::CreateInThread(ThreadNode<T> * current,
  ThreadNode<T> * &pre){//current 为当前结点指针,pre 为前驱结点指针
    if(current ! = NULL){
        CreateInThread(current ->leftChild,pre);//递归建立左线索树
        if(current ->leftChild = = NULL){//若无左孩子,则 pre 指向前驱
            current ->leftChild = pre;
            current ->ltag = 1;
```

```
        }
        if(pre! = NULL&& pre->rightChild = = NULL){//无右孩子,则建立后继线索
            pre->rightChild = current;
            pre->rtag = 1;
        }
        pre = current;          //current 为下一个当前结点的前驱指针
        CreateInThread(current->rightChild,pre);//递归建立右线索树
    }
}
```

现在,编写一个 main 函数,验证建立中序搜索树和中序遍历函数的正确性。验证函数的源代码及输出结果演示为:

```
void main(){
    ThreadTree<char> T;
    cin>>T;                          //建立一棵未加中序线索的二叉树
    T.CreateInThread();              //在 T 上加上中序线索
    cout<< "中序遍历的结果为:"<<endl;
    T.inOrder();                     //中序遍历线索二叉树
}
```

输出结果:

```
按先序遍历顺序输入二叉树中结点值:
Mab##c##d#ef###
中序遍历的结果为:
b a c M d f e
```

(7) 按照前序遍历顺序建立一棵二叉树

重载输入流,以前序遍历顺序建立一棵二叉树。采用递归算法建树。

```
template<class T>
istream& operator>>(istream& in,ThreadTree<T> &Tree){//以前序遍历顺序建立线索二叉树
    cout<<"按前序遍历顺序输入二叉树中结点值:";   cout<<endl;
    Tree.CreateThreadTree(in,Tree.root);   return in;
}

template<class T>
void ThreadTree<T>::CreateThreadTree(istream &in,ThreadNode<T> * &BT){
  //建树递归算法
    T ch;in>>ch;
    if(ch ! = '#'){//读入值不是结束符,则建立一个结点。递归建立左右线索子树
        BT = new ThreadNode<T>(ch);
        CreateThreadTree(in,BT->leftChild);CreateThreadTree(in,BT->rightChild);
    }
    else{BT = NULL;} //退出当前递归
}
```

?利用中序线索,能否实现前序和后序遍历?类似地,如何建立前序和后序线索二叉树?

6.5 树和森林

6.5.1 树的存储表示

与二叉树不同,对于一般的树,由于每个结点的子树个数可能不等,其存储结构也会比较

复杂。树有多种存储表示，这里主要介绍三种常见的存储表示。

（1）父指针表示法

用一组连续空间存储树的结点，同时在每个结点中附设一个指示器指示其双亲结点在链表中的位置（表示示例如图 6-13 所示）。该表示法中每个结点包括两个域：

（1）data 域用来存放结点值；

（2）parent 域存放其父结点的指示器（指示器是一个整型数值，代表某个序号）。

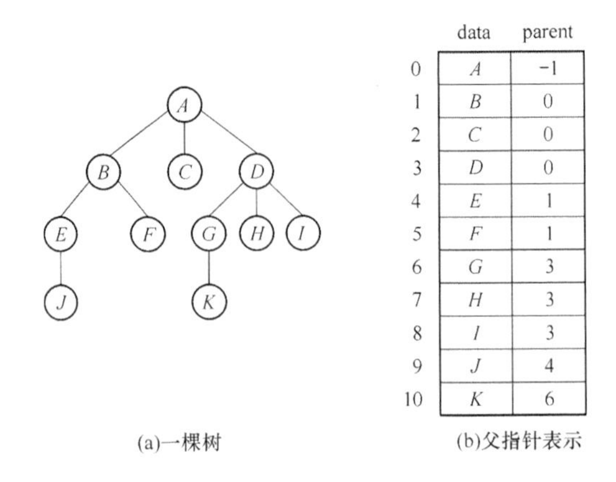

	data	parent
0	A	-1
1	B	0
2	C	0
3	D	0
4	E	1
5	F	1
6	G	3
7	H	3
8	I	3
9	J	4
10	K	6

图 6-13　树的父指针表示法示例

图 6-13 所示的存储表示是一种向量表示。值为‘E’和‘F’的结点的双亲是序号为 1 的值为‘B’的结点。根结点没有双亲，因此，其双亲值为−1。

父指针表示法中指针 parent 向上链接，适合求指定结点的双亲（操作的时间复杂度为 $O(1)$）或祖先（包括根）；求指定结点的孩子或其他后代时，可能要遍历整个向量，其操作的时间复杂度达到 $O(n)$。

（2）子女链表表示法

采用多重链表，即每个结点有多个指针域，其中每个指针指向一棵子树的根结点，即把每个孩子排列成指针链表（表示示例如图 6-14 所示）。子女链表表示法是一个链表向量，每个链表由两部分组成：

① 孩子结点。其数据域存放双亲结点的孩子结点在向量中序号、指针域存放双亲结点下一个孩子的链接地址。

② 头结点。其数据域存放结点的值、指针域存放第一个孩子的链接地址。

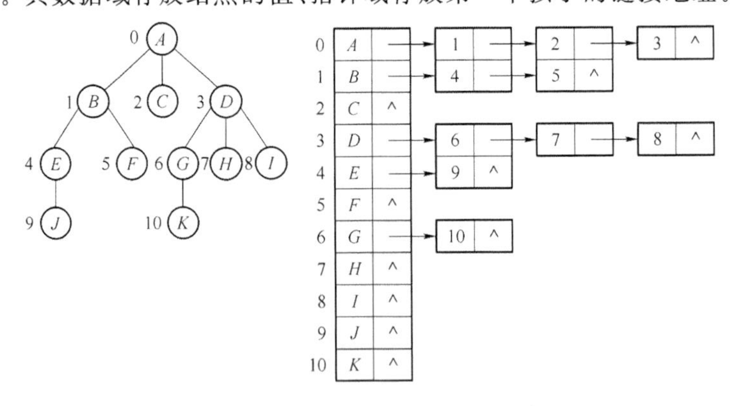

图 6-14　树的子女链表表示法示例

与双亲链表表示法相反，孩子链表表示法便于实现涉及孩子及其子孙的运算，但不便于实现与双亲有关的运算。求指定结点的双亲时，可能要遍历整个向量，其操作的时间复杂度达到 $O(n)$。

将前两种表示法结合起来，可形成双亲孩子链表表示法（如图 6-15 所示）。

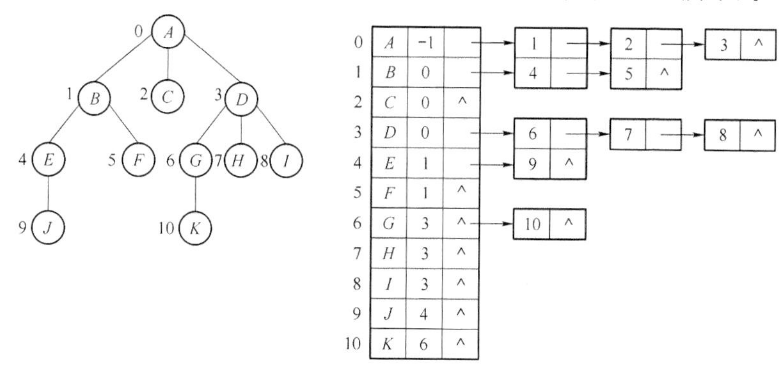

图 6-15 树的双亲子女链表表示法示例

（3）子女-兄弟链表表示法

用二叉树链表作存储结构。链表中结点的两个链域分别存放该结点的第一个孩子结点地址和下一个兄弟地址（表示示例如图 6-16 所示）。这种存储结构中，每个结点由三个域组成：数据域存放结点值、孩子域存放子树中从左到右第一个孩子链接指针、兄弟域存放结点右边第一个兄弟的链接指针。

这种存储结构的最大优点是：它和二叉树的二叉链表表示完全一样。可利用二叉树的算法来实现对树的操作。这种表示法与子女链表表示法一样，适合于频繁寻找子女的应用，其时间复杂度为 $O(d)$，d 是树的度。寻找双亲结点必须遍历二叉链表，时间复杂度为 $O(n)$，其中 n 是树中结点个数。

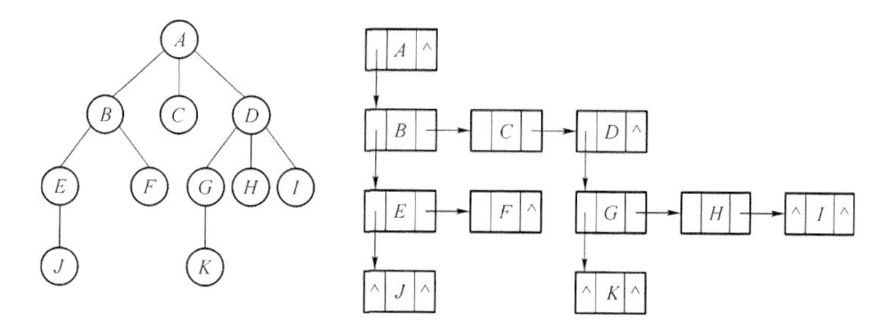

图 6-16 树的子女-兄弟链表表示法示例

树的子女-兄弟表示的类定义（tree. h）如下所示。

```
template<class T>class Tree;                    //树类声明
template<class T>
class TreeNode{
public:
    TreeNode(T value,TreeNode<T> * fc = NULL,TreeNode<T> * ns = NULL): data(value),
    firstChild(fc),nextSibling(ns){}            //构造函数
    friend class Tree;                          //树类可以访问结点类的私有成员
private:
    TreeNode<T> * firstChild;                   //指向第一个孩子的指针
    TreeNode<T> * nextSibling;                  //指向兄弟的指针
    T  data;                                    //数据域
```

```
};//树结点类定义

template<class T>
class Tree{
public:
    Tree():root(NULL),current(NULL){}       //构造一棵空树
    ~BinaryTree();                          //析构函数
    bool IsEmpty(){reutrn root == NULL;}    //树判空
    bool FirstChild();                      //寻找第一个孩子,使之成为当前结点
    bool NextSibling();                     //寻找下一个兄弟,使之成为当前结点
    bool Parent();                          //寻找双亲结点,使之成为当前结点
    bool Find(T value);                     //搜索值为 value 的结点
private:
    TreeNode<T> * root, * current;          //树根结点及当前结点指针
    bool Find(TreeNode<T> * r,T value);     //在以 r 为根的树中搜索
    void RemovesubTree(TreeNode<T> * r);    //删除以 r 为根的子树
};//子女 - 兄弟表示法的树类定义,可根据需要声明树的其他操作
```

在上述类结构中设置了当前指针 current,是为了在链表中操作方便。如果需要在某个子女链表中按照有序的次序不断地插入新的结点,在不设 current 指针情形,每次插入都需要从根结点开始逐个比较结点,总的时间复杂度会达到 $O(n)$。设置了 current 指针后,插入子女只需要从 current 指示的位置开始寻找,会减少很多比较次数。下面是树的子女-兄弟表示的类中几个操作的实现。

① 寻找当前结点的双亲结点

递归差找到当前指针 current 所指结点的双亲结点,并将此双亲结点置为 current。因此,用下面两个函数实现这个操作。

```
template<class T>
bool Tree<T>::Parent(){//在树中查找当前结点的父结点,使之成为当前结点
    TreeNode<T> * p = current;
    if(!current || current == root)//空树或根为当前结点,操作终止
    {return false;}
    else{
        return FindParent(root,p);
    }
}
template<class T>
bool Tree<T>::FindParent(TreeNode<T> * t,TreeNode<T> * p){
  //在根为 t 地址的树中找 p 所指结点的父结点,并使之成为当前结点
    TreeNode<T> * q = t->firstChild;
    bool succ;
    while(q && q != p){
        if((succ = FindParent(q,p)) == true)//查找成功
        {return true;}
        else{q = q->nextSibling;}           //在兄弟链中搜索
        if(q&& q == p){                     //current 即为要查找的父结点
            current = t;return true;
        }
        else{                               //未找到父结点
            current = NULL;
            return false;
        }
    }
}
```

② 寻找当前结点的第一个孩子

如果当前结点的第一个孩子存在，则将其设为 current；否则，current 为空。

```
template<class T>
bool Tree<T>::FirstChild(){//在树中找当前结点的第一个孩子,并使之成为当前结点
    if(current&& current ->firstChild ! = NULL){
        current = current ->firstChild;return true;
    }
    else{
        current = NULL;   return false;
    }
}
```

③ 寻找当前结点的兄弟

如果当前结点的兄弟结点存在，则将其设为 current；否则，current 为空。

```
template<class T>
bool Tree<T>::NextSibling(){//在树中找当前结点的兄弟,并使之成为当前结点
    if(current&& current ->nextSibling ! = NULL){
        current = current ->nextSibling;   return true;
    }
    else{
        current = NULL;   return false;
    }
}
```

④ 寻找与指定值相同的结点

从根结点开始搜索值为 value 的结点，搜索整棵树的过程与搜索子树的过程相同，因此，可以用递归算法实现。

```
template<class T>
bool Tree<T>::Find(T value){//在树中从根结点开始找值为 value 的结点
    if(IsEmpty()){return false;}
    else{
        return Find(root,value);//调用查找递归算法
    }
}
```

⑤ 寻找指定结点为根结点的子树中与指定值相同的结点

从 p 所指的子树结点开始搜索值为 value 的结点，该操作也可以用递归算法实现。

```
template<class T>
bool Tree<T>::Find(TreeNode<T> * p,T value){
  //在根为 p 的子树中查找结点值为 value 的结点,找到后该结点为当前结点;否则当前结点不变
    bool result = false;
    if(p ->data = = value){
        result = true;
        current = p;
    }
    else{
        TreeNode<T> * q = p ->firstChild;
        while(q && !(result = Find(q,value))){
            q = q ->nextSibling;
        }
    }
    return result;
}
```

由于树的子女-兄弟链表表示法与二叉树的二叉链表表示完全一样，因此，可以很方便地将一棵树转化为二叉树：

① 在所有兄弟结点之间加一连线；

② 对每个结点，除了保留与其长子的连线外，去掉该结点与其他孩子的连线；

③ 将兄弟连线顺时针旋转 45°。

图 6-17 所示的是将一棵树转化为二叉树的示例。

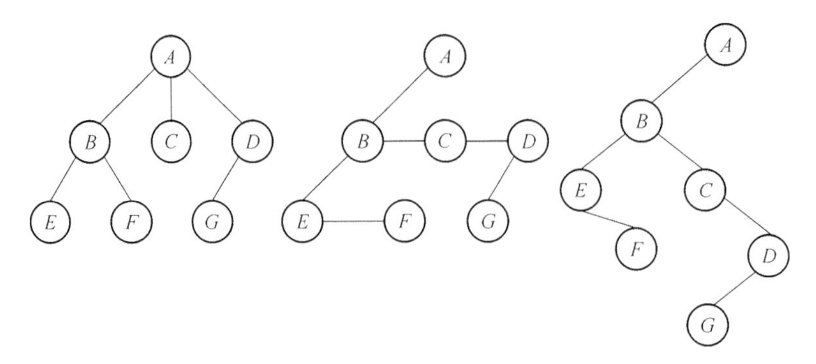

图 6-17　树转化为二叉树示例

由于树根没有兄弟，故树转化为二叉树后，二叉树的根结点的右子树必为空。

将一个**森林转换为二叉树**的方法是：

① 将森林中的每棵树变为二叉树；

② 因为转换所得的二叉树的根结点的右子树均为空，故可将各二叉树的根结点视为兄弟从左至右连在一起，就形成了一棵二叉树。

图 6-18 所示的是将一个森林转化为一棵二叉树的示例。

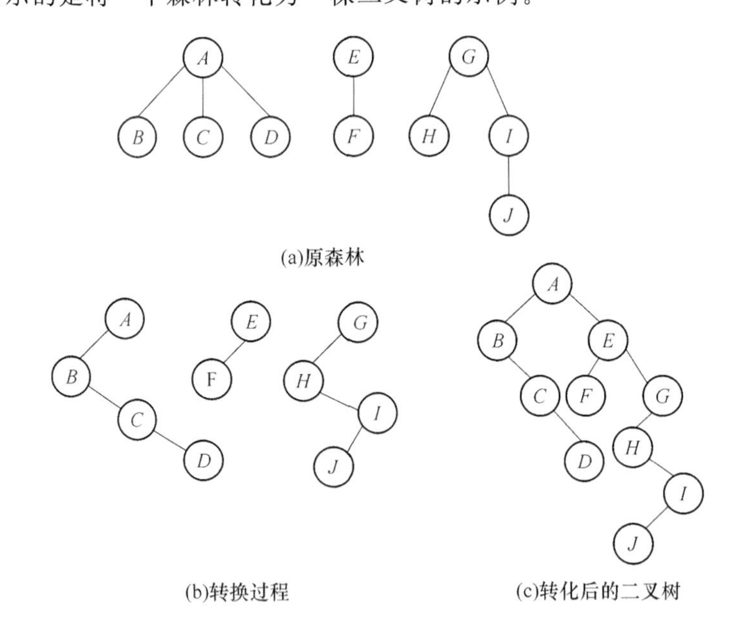

图 6-18　森林转化为二叉树示例

把二叉树转换到树的方式是：图 6-19 所示的是将一棵二叉树转化为一棵树的示例。

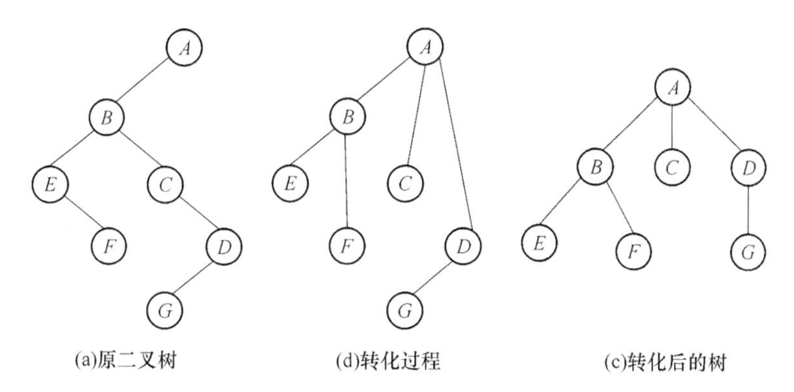

图 6-19　二叉树转化为树的示例

① 把每个结点的右链上的结点与结点的双亲加上连线；

② 去掉每个结点右链上的连线；

③ 将兄弟连线逆时针旋转 45°。

将二叉树转换为森林很自然的方法是：

① 断开根结点出发的所有的右链连线(有多少右链就说明森林中有多少棵树)；

② 将断开后的每棵二叉树转化为树。

图 6-20 所示的是将一棵二叉树转化为一个森林的示例。

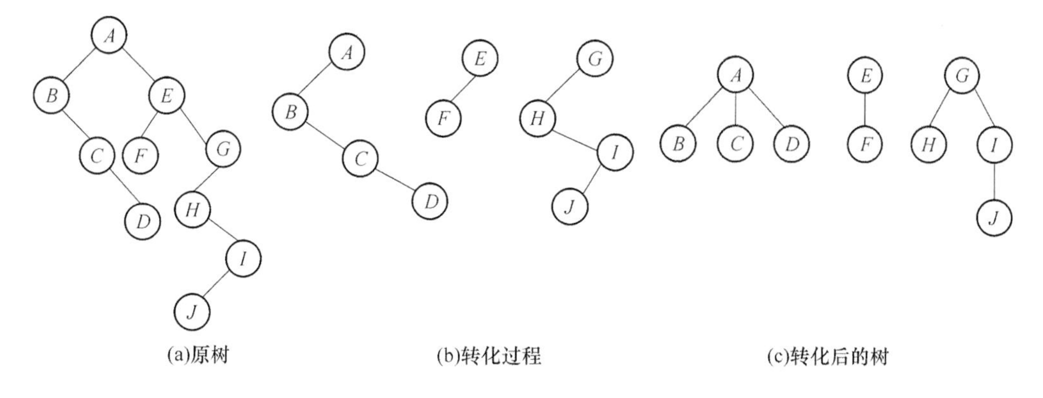

图 6-20　二叉树转化为森林的示例

6.5.2　树和森林的遍历

树和森林的遍历分为深度优先遍历和广度优先遍历两种遍历方式。

假设树 $T=\{\text{root},T_1,T_2,\cdots,T_m\}$，树的深度优先遍历可表示为：

(1) 树的先根遍历

① 若树 T 非空，先访问树的根结点 root；

② 依次先根遍历 T 的每棵子树 $T_1,T_2,\cdots,T_m$。

(2) 后根遍历

① 若树 T 非空，先依次后根遍历 T 每棵子树 $T_1,T_2,\cdots,T_m$；

② 然后访问 T 的根结点 root。

图 6-21 所示的是树的先根遍历和后根遍历示意图。

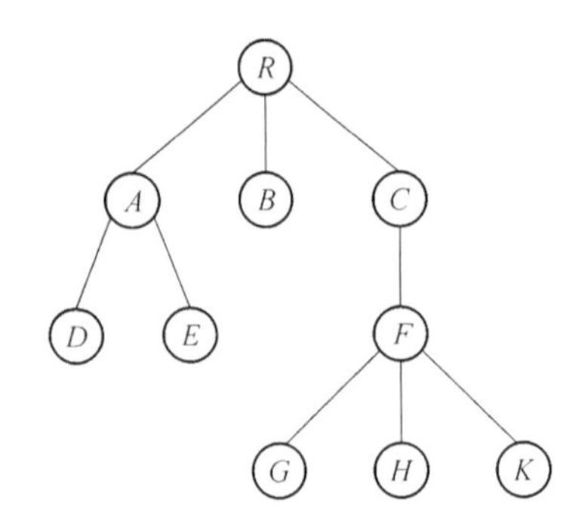

(a)先根遍历序列 $RADEBCFGHK$　(b)后根遍历序列 $DEABGHKFCR$

图 6-21　树的深度优先遍历示例

假设森林 $F=\{T_1=\{r_1,T_{11},\cdots,T_{1k}\},T_2,\cdots,T_m\}$，则森林的深度优先遍历又可表示为：

(1) 先根遍历

① 若森林 F 非空，访问森林中第一棵树的根结点 r_1；

② 先根遍历第一棵树中根结点的子树森林 $\{T_{11},\cdots,T_{1k}\}$；

③ 先根遍历除去第一棵树之后剩余的树构成的森林 $\{T_2,\cdots,T_m\}$。

(2) 后根遍历

① 后根遍历森林中第一棵树的根结点的子树森林 $\{T_{11},\cdots,T_{1k}\}$；

② 访问第一棵树的根结点 r_1；

③ 后根遍历第一棵树之后剩余的树构成的森林 $\{T_2,\cdots,T_m\}$。

图 6-22 所示的是森林的先根遍历和后根遍历示意图。

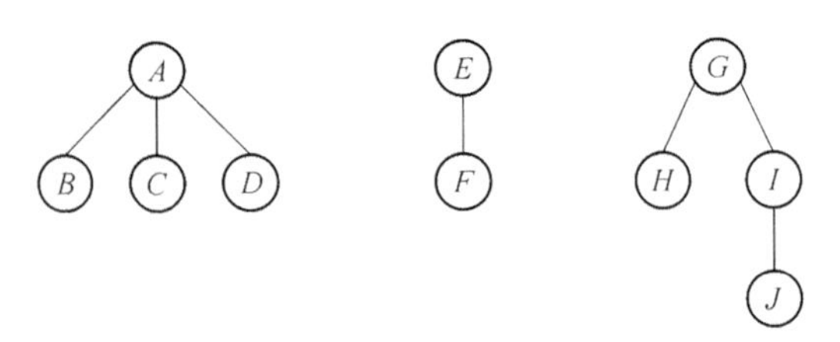

(a)先根遍历序列 $ABCDEFGHIJ$　(b)后根遍历序列 $BCDAFEHJIG$

图 6-22　森林的深度优先遍历示例

先根遍历森林等同于前序遍历该森林对应的二叉树，后根遍历森林等同于中序遍历该森林对应的二叉树。

树和森林的广度优先遍历是分层进行访问的。

(1) 树的广度优先遍历：先访问树的根结点，然后自左向右依次遍历根的每棵子树，直到所有的结点都访问完毕。

(2) 森林的广度优先遍历：从第一层开始，自顶向下，同层自左向右，依次访问森林各棵树的结点，不要求一棵树一棵树地解决。

图 6-23 所示的是树和森林层次遍历次序。

(a)树的广度优先遍历序列$RABCDEFGHK$ (b)森林的广度优先遍历序列$AEGBCDFHIJ$

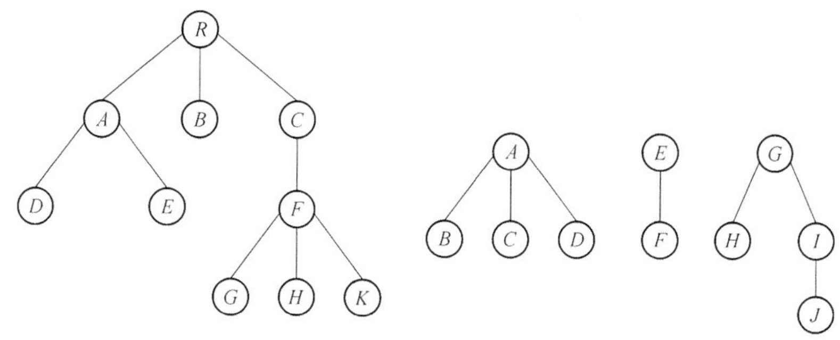

图 6-23 树和森林的广度优先遍历示例

6.6 Huffman 树及其应用

Huffman 树,又称最优二叉树,是一种加权路径长度最短的二叉树,在编码设计、决策和算法设计等领域有着广泛应用。

6.6.1 最优二叉树概念

在讨论 Huffman 树前,首先给出以下几个概念的定义。

(1) 树的路径长度

树的路径长度是从树根到树中每一结点的路径长度之和。**在结点数目相同的二叉树中,完全二叉树的路径长度最短。**

(2) 树的带权路径长度(Weighted Path Length of Tree,WPL)

结点的权:在一些应用中,赋予树中结点的一个有某种意义的实数。

结点的带权路径长度:结点到树根之间的路径长度与该结点上权的乘积。

树的带权路径长度(Weighted Path Length of Tree):定义为树中所有叶结点的带权路径长度之和,通常记为:

$$\text{WPL} = \sum_{i=1}^{n} w_i \cdot l_i$$

其中:n 表示叶子结点的数目,w_i 和 l_i 分别表示叶结点 k_i 的权值和根到结点 k_i 之间的路径长度。**树的带权路径长度亦称为树的代价。**

(3) 最优二叉树或和 Huffman 树

在权为 $w_1, w_2, \cdots, w_n$ 的 n 个叶子所构成的所有二叉树中,**带权路径长度最小(即代价最小)的二叉树称为最优二叉树或 Huffman(赫夫曼)树。**

图 6-24 给定的 4 个叶子结点 a,b,c 和 d,分别带权 1,2,3 和 4,构造的三棵二叉树(还有许多棵)如图 6-24(a)~(c)所示。

它们的带权路径值分别为:

(a) WPL=1×2+2×2+3×2+4×2=20

(b) WPL=1×3+4×3+2×2+3×1=22

(c) WPL=1×3+2×3+3×2+4×1=19

其中(c)树的 WPL 最小,可以验证,它就是一棵最优二叉树,也叫 Huffman 树。

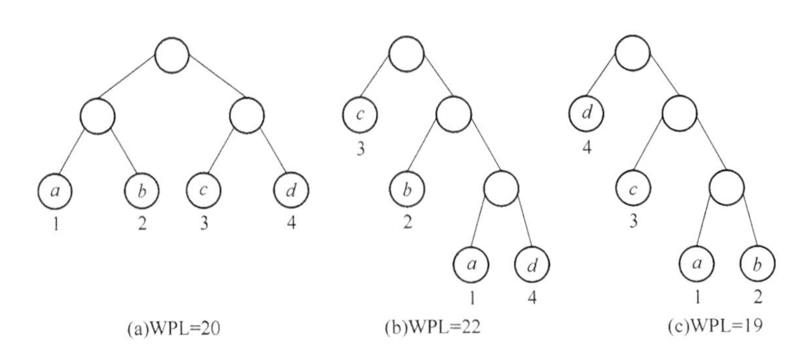

图 6-24 具有不同带权路径长度的二叉树

带权路径长度最小的二叉树不一定是完全二叉树。

可以看出：①叶子上的权值均相同时，完全二叉树一定是最优二叉树，否则完全二叉树不一定是最优二叉树；②最优二叉树中，权越大的叶子离根越近；③最优二叉树的形态不唯一，WPL 最小即可。

6.6.2 最优二叉树的构造

Huffman 首先给出了对于给定的叶子数目及其权值构造最优二叉树的方法，故称其为**赫夫曼算法**。其基本思想是：**（本章重点）**

(1) 根据给定的 n 个权值 $w_1, w_2, \cdots, w_n$ 构成 n 棵二叉树的森林 $F=\{T_1, T_2, \cdots, T_n\}$，其中每棵二叉树 T_i 中都只有一个权值为 w_i 的根结点，其左右子树均空。

(2) 在森林 F 中选出两棵根结点权值最小的树（当这样的树不止两棵树时，可以从中任选两棵），将这两棵树合并成一棵新树，为了保证新树仍是二叉树，需要增加一个新结点作为新树的根，并将所选的两棵树的根分别作为新根的左右孩子（谁左谁右无关紧要，不影响带权路径长度），将这两个孩子的权值之和作为新树根的权值。

(3)对新的森林 F 重复(2)，直到 F 中只剩下一棵树为止。这棵树便是 Huffman 树。图 6-25 所示的是一棵 Huffman 树的构造过程。

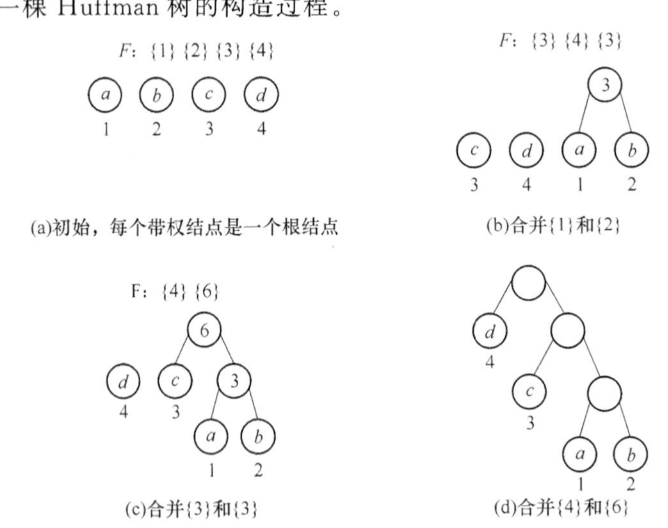

图 6-25 Huffman 树构造过程示例

对于 Huffman 树：①初始森林中的 n 棵二叉树，每棵树有一个孤立的结点，它们既是根，又是叶子；②n 个叶子的 Huffman 树要经过 $n-1$ 次合并，产生 $n-1$ 个新结点。最终求得的 Huffman 树中共有 $2n-1$ 个结点；③Huffman 树是严格的二叉树，没有度数为 1 的分支结点。

在定义 Huffman 树的结点时，可以采用链式存储结构，也可以采用顺序存储结构。如果用链表实现 Huffman 树的存储，则在原有的二叉链基础上必须加上指针双亲的指针 parent，以便既可以执行双亲到孩子操作，也可以执行从孩子到双亲的操作。

在此，采用向量表示 Huffman 树中结点集合，每个结点包括数据域 data、带权结点权值 weigh 以及三个表示结点向量序号的指示器(left 存放左孩子结点在向量中序号、right 存放右孩子结点在向量中序号以及 parent 存放双亲结点在向量中序号)。

赫夫曼树具体的类定义如下所示(存放于文件 huffman.h 中)：

```
template<class T>class HuffmanTree;//Huffman 树事先声明
template<class T>
class HTNode{
    friend class HuffmanTree;           //Huffman 树类可以使用结点类中私有成员
private:
    T data;                             //结点数据域(示例中类型为 char)
    unsigned weight;                    //带权结点权值
    unsigned parent,left,right;         //分别存放双亲、左右孩子的序号
    HTNode():weight(0),parent(0),left(0),right(0){}//初始化结点,构造函数
};//Huffman 结点类定义

typedef char * * HuffmanCode;           //定义字符串数组,用来实现 Huffman 编码

template<class T>
class HuffmanTree{
private:
    HTNode<T> * HT;                     //结点向量
    int size,maxSize;                   //结点个数和最大空间
    int min(int i)const;                //求最小权值结点的序号函数
    void Select(int k,int&s1,int&s2);//选择两个根结点权值最小的子树构造新树
public:
    HuffmanTree(int sz = 100);          //Huffman 树初始化
    ~HuffmanTree(){delete [ ]HT;}       //销毁一棵 Huffman 树
    void CreateHuffmanTree(T *d,unsigned *w,int n); //建立一棵 Huffman 树
    void PrintHuffmanTree(HuffmanCode&HC,int n)const; //输出 Huffman 树
    void HuffmanCoding(HuffmanCode&HC,int n);          //Huffman 编码
};//Huffman 树类定义
```

根据 Huffman 算法，就可以建立一棵 Huffman 树，图 6-26 所示的是算法在执行过程中，HuffmanTree 类中结点向量的求值结果及最终树形。

	data	weight	left	right	parent
1	*a*	1	0	0	0
2	*b*	2	0	0	0
3	*c*	3	0	0	0
4	*d*	4	0	0	0
5	*e*	5	0	0	0
6	*f*	6	0	0	0

(a)带权结点的初始值向量表(下标从1开始)

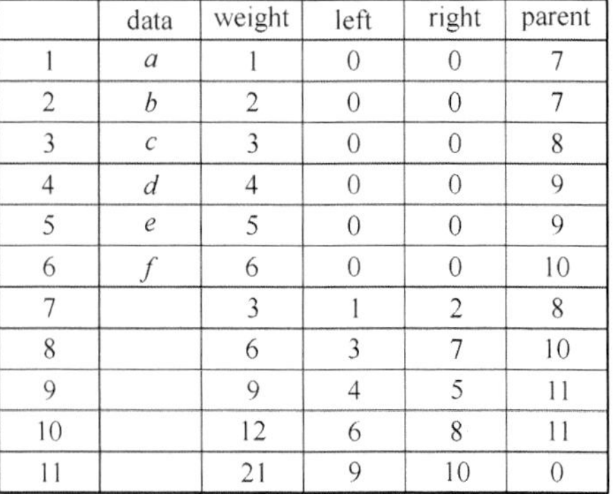

	data	weight	left	right	parent
1	*a*	1	0	0	7
2	*b*	2	0	0	7
3	*c*	3	0	0	8
4	*d*	4	0	0	9
5	*e*	5	0	0	9
6	*f*	6	0	0	10
7		3	1	2	8
8		6	3	7	10
9		9	4	5	11
10		12	6	8	11
11		21	9	10	0

(b)Huffman算法求解后向量表最终值

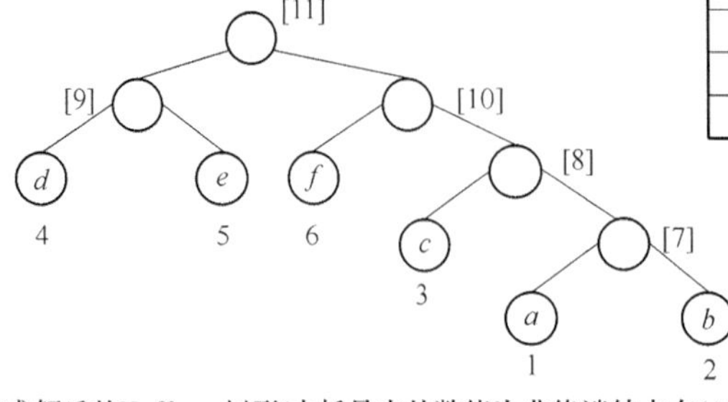

(c)最终求解后的Huffman树形(中括号中的数值为非终端结点在( )中的序号)

图 6-26　Huffman 算法求解结果示例

在求最小权值时，算法的扫描顺序是从低下标到高下标，权值小结点的作为当前新结点的左孩子，权值大的结点作为当前新结点的右孩子。当最小值相同时，下标值小的结点作为当前新结点左孩子，下标值大的结点作为当前新结点的右孩子。求最小值源代码如下所示：

```
template<class T>
int HuffmanTree<T>::min(int i)const{//求当前权值中最小权值，返回最小权值结点在向量表中的
                                      序号
    int j,flag;
    unsigned int k = 65535;  //允许数据类型最大值最为最小值初始值
    for(j = 1;j<= i; ++ j){  //查找权值最小结点
        if(HT[j].weight<k&& HT[j].parent == 0){//flag 记录最小值结点的下标
            k = HT[j].weight;  flag = j;
        }
    }
    HT[flag].parent = 1;return flag;              //防止该结点再次比较
}
```

建立 Huffman 树的源代码(Huffman. cpp)如下所示：

```
template<class T>
void HuffmanTree<T>::CreateHuffmanTree(T * d,unsigned * w,int n){
  //建立一棵有 n 个叶子结点(带权结点)的 Huffman 树。其中，带权结点自身数据由数组 d 提供，权值
    由数组 w 提供
    int i,m,s1,s2;
    HTNode<T> * p;
    if(n<1){return;}
    m = 2 * n - 1;                                  //Huffman 树中结点总数
    HT = new HTNode<T>[m + 1];                      //0 号单元不用
for(p = HT,i = 1;i<= n + 1;i++ , ++ p, ++ w, ++ d){//结点初始化
    p ->data = * d;   p ->weight = * w;
}
```

```
for(i = n + 1;i<= m;i++){  //根结点权值最小的子树合并为一棵新树
        Select(i - 1,s1,s2);//在剩下的结点中选择两个权值最小的结点,序号为 s1 和 s2
        HT[s1].parent = i;   HT[s2].parent = i;
        HT[i].left = s1;    HT[i].right = s2;
        HT[i].weight = HT[s1].weight + HT[s2].weight;
    } //序号为 i 的结点是 s1 和 s2 的父结点,s1 为 i 的左孩子,s2 为 i 的右孩子
    size = m;                   //设置 Huffman 树结点数
}
```

Select 函数的源代码如下所示：

```
template<class T>
void HuffmanTree<T>::Select(int k,int&s1,int&s2){//取两个最小权值结点序号
    s1 = min(k);    s2 = min(k);
}
```

下面编写一个简单的 main 函数,验证 Huffman 算法的正确性。

```
void main(){
    HuffmanTree<char>H;
    HuffmanCode code;
    char data[ ] = {' ','a','b','c','d','e','f'}; //0 号单元不用
    unsigned weight[ ] = {0,1,2,3,4,5,6};//0 号单元不用
    H.CreateHuffmanTree(data,weight,6);
    H.PrintHuffmanTree(code,6);
}
```

输出结果：

```
1:a   1   0   0   7
2:b   2   0   0   7
3:c   3   0   0   8
4:d   4   0   0   9
5:e   5   0   0   9
6:f   6   0   0   10
7:?   3   1   2   8
8:?   6   3   7   10
9:?   9   4   5   11
10:?  12  6   8   11
11:?  21  9   10  0
the result of coding is :
a---1110
b---1111
c---110
d---00
e---01
f---10
```

其中,构造函数和输出函数实现代码如下所示：

```
template<class T>
HuffmanTree<T>::HuffmanTree(int sz){
    size = 0;      maxSize = sz;      HT = new HTNode<T>[sz];
}
```

```
template<class T>
void HuffmanTree<T>::PrintHuffmanTree(HuffmanCode&HC,int n)const{
    for(int i=1;i<=size;i++){
        cout<<i<<":"<<HT[i].data<<setw(5)<<HT[i].weight<<setw(5)
          <<HT[i].left
        <<setw(5)<<HT[i].right<<setw(5)<<HT[i].parent<<endl;
    }
    cout<<"the result of coding is:"<<endl;
    for(int j=1;j<=n;j++){
        cout<<HT[j].data<<" --- "<<HC[j]<<endl;
    }
    return;
}
```

6.6.3 Huffman 树的应用:Huffman 编码

Huffman 树最典型的应用在通信领域。经 Huffman 编码的信息消除了冗余数据，极大地提高了通信信道的传输效率。目前，Huffman 编码技术还是数据压缩的重要方法。

数据压缩过程称为**编码**，即将文件中的每个字符均转换为一个唯一的二进制位串。数据解压过程称为**解码**，即将二进制位串转换为对应的字符。给定的字符集 C，可能存在多种编码方案。

（1）等长编码方案

等长编码方案将给定字符集 C 中每个字符的码长定为 $\lceil \log_2 |C| \rceil$，$|C|$ 表示字符集的大小。例，设待压缩的数据共有 100000 个字符，这些字符均取自字符集 $C=\{a,b,c,d,e,f\}$，等长编码需要三位二进制数字来表示六个字符，因此，整个文件的编码长度为 300000 位。

（2）变长编码方案

变长编码方案将频度高的字符编码设置短，将频度低的字符编码设置较长。例，设待压缩的数据文件共有 100000 个字符，这些字符均取自字符集 $C=\{a,b,c,d,e,f\}$，其中每个字符在文件中出现的次数（简称频度）如表 6-3 所示。

表 6-3　字符编码问题

字　符	a	b	c	d	e	f
频度(单位:千次)	45	13	12	16	9	5
定长编码	000	001	010	011	100	101
变长编码	0	101	100	111	1101	1100

根据计算公式:变长编码长度=(45×1+13×3+12×3+16×3+9×4+5×4)×1000=224000，整个文件被编码为 224000 位，比定长编码方式节约了约 25%的存储空间。

变长编码可能使解码产生二义性。产生该问题的原因是某些字符的编码可能与其他字符的编码开始部分（称为前缀）相同。

对字符集进行编码时，要求字符集中任一字符的编码都不是其他字符的编码的前缀，这种编码称为**前缀编码**。等长编码是前缀码。

由二叉树表示的编码，易见其前缀性质得以保证。假设变长编码中每个字符出现的频率为 w_i，每个字符编码的长度为 l_k，则编码后编码长度为 $\sum_{i=1}^{n} w_i l_i$，其中，n 为字符集中字符的个数(字符集长度)。那么要求最短的编码长度问题,就转换为以字符出现的频率为权值建立一棵 Huffman 树的问题。由于 Huffman 树中非终端结点均为度为 2 的结点,因此,由根结点沿着 Huffman 树下行,左分支标记为 0,右分支标志为 1,则每条从根结点到叶子结点的路径唯一表示了该叶子结点(即待编码字符)的二进制编码。这种在 Huffman 树下得到的前缀编码称为 **Huffman 编码,亦称为最优的前缀码**。

Huffman 编码是一种应用广泛且非常有效的数据压缩技术。该技术一般可将数据文件压缩掉 20%～90%,其压缩效率取决于被压缩文件的特征。

由哈夫曼树求得编码为最优前缀码的原因:

(1) 每个叶子字符 c_i 的码长恰为从根到该叶子的路径长度 l_i,平均码长(或文件总长)又是二叉树的带权路径长度 WPL。而 Huffman 树是 WPL 最小的二叉树,因此,编码的平均码长(或文件总长)亦最小。

(2) 树中没有一个叶子结点是另一个叶子结点的祖先,每片叶子结点对应的编码就不可能是其他叶子结点编码的前缀,即上述编码是**二进制的前缀编码**。

Huffman 编码的算法思想可表示为:给定字符集的 Huffman 树生成后,依次以叶子 $T[i]$ $(1\leqslant i\leqslant n)$ 为出发点,向上回溯至根为止。上溯时走左分支则生成代码 0,走右分支则生成代码 1。图 6-26 中赫夫曼树中个字符的赫夫曼编码如图 6-27 所示。

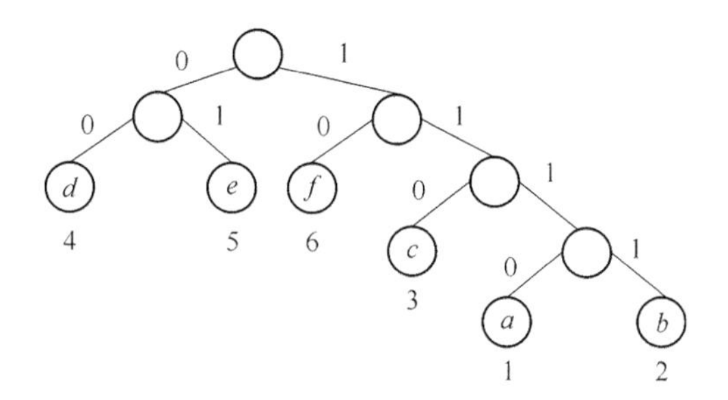

图 6-27 赫夫曼编码示例

注意:① 由于生成的编码与要求的编码反序,将生成代码从后往前依次存放在一个临时向量 cd 中,并设 start 指示编码在该向量中的起始位置(start 初始时指示向量的结束位置);② 当某字符编码完成时,从 start 处将编码复制到该字符相应的位串中;③ 因为字符集大小为 n,故变长编码的长度不会超过 $n-1$,加上一个结束符'\0',cd 的大小应为 n。

有了字符集的 Huffman 编码表之后,对数据文件的编码过程是:依次读入文件中的字符 c,在 Huffman 编码表 HC 中找到此字符,若 $HC[i]=c$,则将字符 c 转换为 $HC[i]$ 中存放的编码串。具体的编码算法实现源代码如下所示:

```
template<class T>
void HuffmanTree<T>::HuffmanCoding(HuffmanCode&HC, int n){
  //对 n 个字符进行 Huffman 编码
    int i,start;   unsigned c,f;   char * cd;
    HC = new char * [n + 1];//开辟一个 Huffman 编码表,0 号单元不用
    cd = new char[n];
    cd[n - 1] = '\0';          //编码临时存放空间,设置每个编码的结束符
    for(i = 1;i<= n; ++ i){//由叶子结点开始编码
```

```
            start = n - 1;
            for(c = i,f = HT[i].parent;f ! = 0;c = f,f = HT[f].parent)
              {//从叶子结点到根结点记录编码
                if(HT[f].left = = c){cd[ -- start] = '0';}  //如果是左分支,则标志 0;否则,标志 1
                else{cd[ -- start] = '1';}
            }
            HC[i] = new char[n - start];
            strcpy(HC[i],&cd[start]);       //从临时存放空间导入 Huffman 编码表
        }
        delete cd;                          //回收临时存放空间
    }
```

对压缩后的数据文件进行解码则必须借助于 Huffman 树,其过程是:

(1) 依次读入文件的二进制码,从 Huffman 树的根结点出发,若当前读入 0,则走向左孩子,否则走向右孩子;

(2) 一旦到达某一叶子时便译出相应的字符 HC[i].ch。然后重新从根出发继续译码,直至文件结束。

?在解码过程中,在哪些情况下不能得到正确的原码? 试着编写一个解码的函数。

拓展 **具有 n 个结点的不同二叉树有多少树形? 这与用栈得出的从 1 到 n 的数字有多少不同的排列具有相同的结论:$b_n=\frac{1}{n+1}C_{2n}^{n}=\frac{1}{n+1}\frac{(2n)!}{n!\cdot n!}$。试着推导求解 b_n 的公式。**

本章总结

• 树和二叉树是两种不同的树形结构。它们之间的主要区别是树是一种无序树,而二叉树是一种有序树,二叉树中的子树按照次序从左往右安排,相对次序是不能随意改变的;此外,二叉树的度不能超过 2。

• 二叉树常见的存储结构是顺序存储和二叉链表。由于二叉树的顺序存储是按照树的层次、左右顺序存储的,因此,对于一般的二叉树(不同于满二叉树或完全二叉树)来说,顺序存储比较浪费空间。而二叉链表中除了存储结点数据值外,还设置了两个指向左右孩子的指针,相对而言比较节省空间,并且有利于对孩子或子孙结点的操作。如果要对结点双亲结点进行操作,就比较困难,必须从根结点开始搜索。

• 树常见的存储方法有子女链表表示法、父指针表示法以及子女-兄弟链表表示法。子女-兄弟链表表示的树在计算机内存的存储形式与二叉链表存储形式相同,因此,根据这种存储结构可以将树和二叉树互相转换。进一步,森林也可以和二叉树互相转换。

• 遍历是树和二叉树常见的操作之一,也是它们中其他操作的基础。例如,检索结点数据、修改结点数据以及输出结点信息等。遍历能使树和二叉树这两种非线性序列按照某种特定规则变成一种线性序列。为了便于在按某种次序排列的优先序列中容易地找到结点的前驱和后继,引入了线索二叉树。

• Huffman 树(最优二叉树)。在编码设计、决策和算法设计等领域有着广泛应用,它的特点是带权路径长度最短。在 Huffman 树中所有叶子结点都是带权结点,且除了叶子结点外,所有非终端结点的度均为 2。Huffman 树一个典型应用就是 Huffman 编码。

练　　习

一、选择题

1. 若一棵二叉树具有10个度为2的结点,5个度为1的结点,则度为0的结点个数是(　　)。

A. 9　　B. 11　　C. 15　　D. 不确定

2. 在下述结论中,正确的是(　　)。

①只有一个结点的二叉树的度为0;②二叉树的度为2;③二叉树的左右子树可任意交换;④深度为 K 的完全二叉树的结点个数小于或等于深度相同的满二叉树。

A. ①②③　　B. ②③④　　C. ②④　　D. ①④

3. 一棵完全二叉树上有1001个结点,其中叶子结点的个数是(　　)。

A. 250　　B. 500　　C. 254　　D. 505　　E. 以上答案都不对

4. 设给定权值总数有 n 个,其Huffman树的结点总数为(　　)。

A. 不确定　　B. $2n$　　C. $2n+1$　　D. $2n-1$

5. 线索二叉树是一种(　　)结构。

A. 逻辑　　B. 逻辑和存储　　C. 物理　　D. 线性

6. 一个具有1025个结点的二叉树的高 h 为(　　)。

A. 11　　B. 10　　C. 11～1025　　D. 10～1024

7. 设树 T 的度为4,其中度为1,2,3和4的结点个数分别为4,2,1,1 则 T 中的叶子数为(　　)。

A. 5　　B. 6　　C. 7　　D. 8

8. 一棵二叉树高度为 h,所有结点的度或为0或2,则这棵二叉树最少有(　　)结点。

A. $2h$　　B. $2h-1$　　C. $2h+1$　　D. $h+1$

9. 树的后根遍历序列等同于该树对应的二叉树的(　　)。

A. 先序序列　　B. 中序序列　　C. 后序序列　　D. 层次序列

10. 若 X 是二叉中序线索树中一个有左孩子的结点,且 X 不为根,则 x 的前驱为(　　)。

A. X 的双亲　　B. X 的右子树中最左的结点

C. X 的左子树中最右结点　　D. X 的左子树中最右叶结点

二、判断题

1. (　　)在二叉树结点的先序序列,中序序列和后序序列中,所有叶子结点的先后顺序相同。

2. (　　)二叉树的前序遍历并不能唯一确定这棵树,但是,如果还知道该树的根结点是那一个,则可以确定这棵二叉树。

3. (　　)对一棵二叉树进行层次遍历时,应借助于一个栈。

4. (　　)一棵树中的叶子数一定等于与其对应的二叉树的叶子数。

5. (　　)在二叉树的第 i 层上至少有 2^{i-1} 个结点($i\geqslant 1$)。

6. (　　)哈夫曼树无左右子树之分。

7. (　　)由5个结点可以构造出21种不同的二叉树树形。

8. (　　)二叉树中每个结点至多有两个子结点,而对一般树则无此限制。因此,二叉树是树的特殊情形。

9.(　　)用链表(llink-rlink)存储包含 n 个结点的二叉树时,结点的 $2n$ 个指针区域中有 $n+1$ 个空指针。

10.(　　)用树的前序遍历和后序遍历可以导出树的后序遍历。

三、填空

1. 中缀式 $a+b*3+4*(c-d)$ 对应的前缀式为____________,若 $a=1,b=2,c=3,d=4$,则后缀式 $db/cc*a-b*+$ 的运算结果为____________。

2. 具有 256 个结点的完全二叉树的深度为________;深度为 k 的完全二叉树至少有________个结点,至多有________个结点。

3. 已知一棵二叉树的前序序列为 $abdecfhg$,中序序列为 $dbeahfcg$,则该二叉树的根为______,左子树中有________,右子树中有________。

4. 高度为 8 的完全二叉树至少有______个叶子结点。已知二叉树有 50 个叶子结点,则该二叉树的总结点数至少是______。如某二叉树有 20 个叶子结点,有 30 个结点仅有一个孩子,则该二叉树的总结点数为______。

5. 每一棵树都能唯一地转换为它所对应的二叉树。若已知一棵二叉树的前序序列是 $BEFCGDH$,对称序列是 $FEBGCHD$,则它的后序序列是________。设上述二叉树是由某棵树转换而成,则该树的先根次序序列是________。

6. 有数据 WG={7,19,2,6,32,3,21,10},则所建 Huffman 树的树高是________,带权路径长度 WPL 为________。

7. 有一份电文中共使用 6 个字符:a,b,c,d,e,f,它们的出现频率依次为 2,3,4,7,8,9,试构造一棵哈夫曼树,则其加权路径长度 WPL 为________,字符 c 的编码是________。

8. 在前序线索二叉树中,如果某个结点没有左链,则其左链应链接________,如果该结点没有右链,则其右链应链接____________;在后序线索二叉树中,如果某个结点没有左链,则其左链应链接____________,如果该结点没有右链,则其右链应链接________________。

9. 下面递归算法将实现将一棵二叉树左右交换,请在代码空白处填上适当语句完成指定操作(假设二叉链表结点结构为:data 为数据域,leftChild 和 rightChild 分别为指向左右子树根结点的指针)。

```
template<class T>
BinTreeNode<T> * BinaryTree<T>::swapChild(BinTreeNode<T> * BT){
  //二叉树左右子树交换
    BinTreeNode<T> *t, *t1, *t2;
    if(BT)  {
        t1 = ______________________;
        t2 = ______________________;
        t = ______________________;
    }
    return t;
}
```

10. 本程序完成将二叉树中左、右孩子交换的操作。本程序采用非递归的方法，设立一个堆栈 stack 存放还没有转换过的结点，它的栈顶指针为 tp。交换左、右子树的算法为：

(1)把根结点放入堆栈；(2)当栈不空时，取出栈顶元素，交换它的左、右子树，并把它的左、右子树分别入栈；(3)重复(2)直到堆栈为空时为止。

```
template<class T>
void BinaryTree<T>::exchange(){
    BinTreeNode<T> * r, * p;
    BinTreeNode<T> * stack [500];
    int  tp = 0;
    ____________________;//二叉树类中 root 是根结点指针
    while(tp >= 0){
        ____________________;
        if(____________________){
            r = p->leftChild;
            p->leftChild = p->rightChild;
            p->rightChild = r;
            ____________________ = p->leftChild;
            ____________________ = p->rightChild;
        }
    }
}
```

四、应用题

1. 从概念上讲，树、森林和二叉树是三种不同的数据结构，将树、森林转化为二叉树的基本目的是什么，并指出树和二叉树的主要区别。

2. 画出与下列已知序列对应的树 T。

(1) 树的先根次序访问序列为 $GFKDAIEBCHJ$。

(2) 树的后根次序访问序列为 $DIAEKFCJHBG$。

3. 假设用于通信的电文仅由 8 个字母组成，字母在电文中出现的频率分别为 7,19,2,6,32,3,21,10。试为这 8 个字母设计哈夫曼编码。使用 0～7 的二进制表示形式是另一种编码方案。对于上述实例，比较两种方案的优缺点。

4. 假设一个仅包含二元运算符的算术表达式以链表形式存储在二叉树 BT 中，写出计算该算术表达式值的算法。

实 验 6

一、实验估计完成时间(90 分钟)

二、实验目的

1. 熟悉树和二叉树的数据结构定义，并能在二叉链表的基础上实现二叉树的基本操作。
2. 加深理解树和二叉树之间的区别，并能在实际应用中灵活择取。
3. 利用二叉树解决实际问题。

三、实验内容

1. 自定义一个二叉链表结点类 BinTreeNode 和二叉树类 BinaryTree(类的定义存放在文件 bitree. h 中)，并实现类的基本操作(存放在 bitree. cpp 中)：

(1) 编写结点类和二叉树类的构造函数；

(2) 编写结点类的释放算法；

(3) 编写二叉树类析构函数；

(4) 编写以前序遍历建树的函数；

(5) 编写以前序遍历输出二叉树中结点的算法。

2. 根据下面的 main 函数(存放文件 main. cpp 中)，按先序遍历次序依次输入图 6-28 所示的二叉树中结点。运行 main 函数，看看运行结果是否和预期结果相符？

```
#include "bitree.cpp"
void main(){
    BinaryTree<char>T('#');
    cin>>T;   cout<<T;
}
```

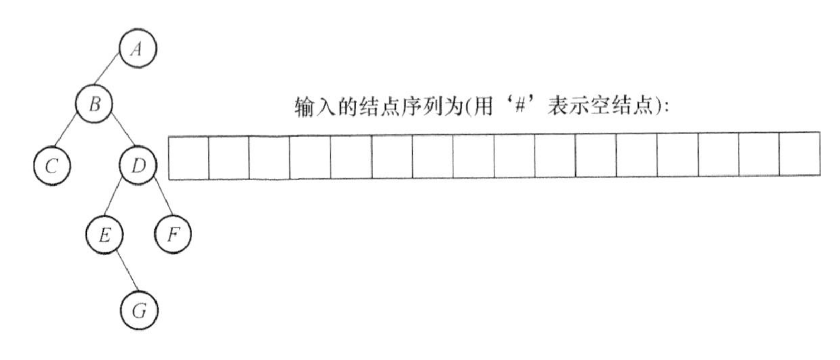

图 6-28　二叉树示意图

3. 利用队列编写一个算法，查找给定结点的双亲结点，如果给定结点是根结点，则返回 NULL；否则，返回双亲结点的指针(地址)。

4. 试编写一个求解二叉树中度为 1 结点个数的递归算法 CountOneChild，要求写出递归公式。并修改 main 函数，验证该算法的正确性。

四、实验结果

1. 二叉链表结点类和二叉树类定义以及基本操作实现源代码。(课堂验收)

2. 利用队列实现指定结点的双亲结点查找函数的源代码：

3. 写出三(4)的递归公式和实现：

递归公式：

实现源代码：

五、实验总结

1. 经过了多次实验和联系，对类以及类之间的联系一定有了更深入的了解，在用多个类实现某一个实际应用时，必须要理解类与类之间的关系，你所知道或掌握的类与类之间的关系有几种？请分别简述它们。

(1) ______

(2) ______

(3) ______

(4) ______

(5) ______

(6) ______

2. 线性表是一种线性结构，而树是一种非线性结构。试与线性结构对照说明树形结构的主要特点。

(1) ______

(2) ______

(3) ______

3. 查阅相关资料，举例说明赫夫曼树的一些实际应用。

______。

4. 通过本次实验，你有哪些收获和问题？

______。

六、实验得分(　　　　)

第7章 图

日知其所亡，月无忘其所能，可谓好学也矣。

学习目标

- 熟悉图的各种存储结构及其构造算法，并能在实际应用中灵活使用。
- 熟练掌握图遍历的两种主要方式以及它们实现的过程。
- 应用图的遍历算法求解各种简单路径问题。
- 能够利用图解决实际应用问题。

图是一种较线性表和树更为复杂的非线性数据结构。在图形结构中，结点之间的关系可以是任意的，图中任意两个数据元素之间都可能相关。由此，图的应用极为广泛，特别是近年来图的应用得到迅速发展，已渗入到诸如语言学、逻辑学、物理、化学、电信工程、计算机科学及数学的其他分支中。

7.1 图的基本概念

7.1.1 图的定义和术语

图是由顶点(vertex)集合及顶点间的关系集合组成的一种数据结构：**Graph＝(V，E)**。

其中，顶点集合 $V=\{x|x\in$ 某个数据对象集合$\}$是有穷非空集合；$E=\{(x,y)|x,y\in V\}$或 $E=\{<x,y>|x,y\in V$ && Path$(x,y)\}$是顶点间关系的有穷集合，也叫做边的集合。Path(x,y)表示从顶点 x 到顶点 y 的一条单向通路，它是有方向的。图包括有向图和无向图：

(1) 若存在一对顶点 $<u,v>\in E$ 必有 $<v,u>\in E$，则以无序对 (u,v) 代替前两个有序对，表示顶点 u 和 v 之间的**一条边**，此时的图为**无向图**。

例如图 7-1(a)中 G_1 是无向图，$G_1=(V_1,\{A_1\})$，其中：$V_1=\{v_1,v_2,v_3,v_4,v_5\}$，$A_1=\{(v_1,v_2),(v_1,v_3),(v_1,v_4),(v_2,v_3),(v_2,v_5),(v_3,v_4),(v_3,v_5),(v_4,v_5)\}$。

(2) 若 $<u,v>\in E$，则表示从 u 到 v 的**一条弧**，且 u 为弧尾，v 为弧头，此时的图称为**有向图**。

例如，图 7-1(b) 中 G_2 是有向图，$G_2=(V_2,\{A_2\})$，其中：$V_2=\{v_1,v_2,v_3,v_4\}$，$A_2=\{<v_1,v_2>,<v_1,v_3>,<v_1,v_4>,<v_3,v_4>,<v_4,v_1>\}$。

完全图：通常用 n 表示图中的顶点数目，用 e 表示图中边或弧的数目。若有 $n(n-1)/2$ 条边的无向图称为**无向完全图**，而具有 $n(n-1)$ 条弧的有向图称为**有向完全图**。有很少边或弧($e<n\log n$)的图称为**稀疏图**，反之称为**稠密图**。

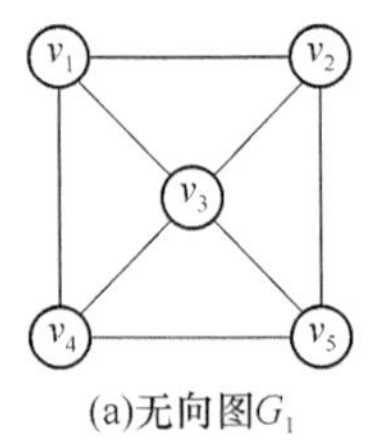

(a)无向图G_1

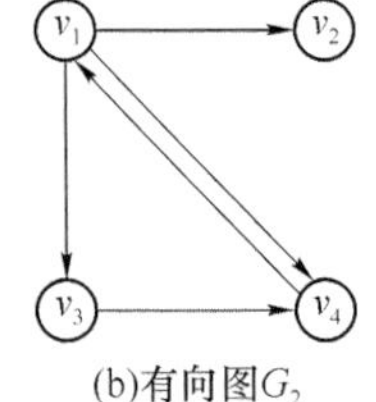

(b)有向图G_2

图 7-1　图的示例

网：有时在图的边或弧上附上数字表示相关的量，这种与图的边或弧相关的数字叫作权。这些权可以表示顶点之间的距离或耗费。**带权的图称为网**。

子图：假设有两个图 $G=(V,\{E\})$ 和 $G'=(V',\{E'\})$，如果 $V'\subseteq V,E'\subseteq E$，则称 G' 为 G 的子图。图 7-2 是子图的一些示例。

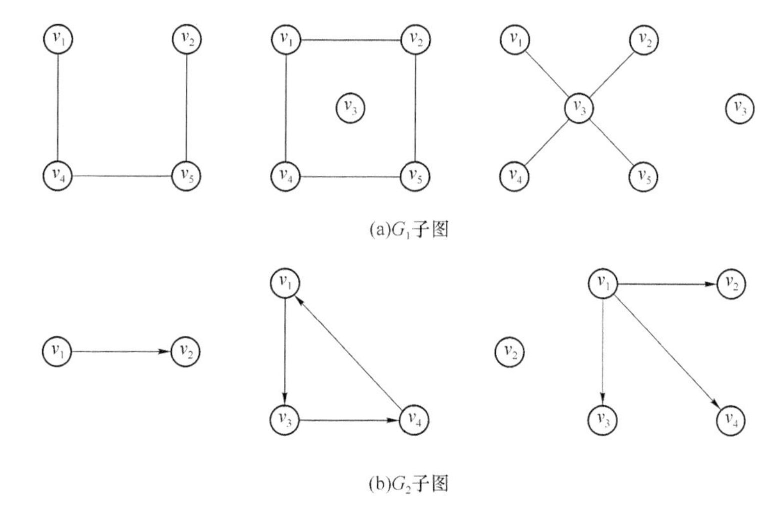

图 7-2　子图示例

度：若边或弧依附于顶点 u 和 v，则 u 和 v 相关联，并且在无关图中 u 和 v 互为邻接点。无向图中顶点 u 的**度**为与 u 相关的边的数目，记为 $TD(u)$，例如图 7-1(a)G_1 中 v_3 的度 $TD(v_3)=4$。而在有向图中，顶点 u 的度为与 u 相关的弧的数目，也记为 $TD(u)$，其中，以 u 为弧头的弧的数目称为顶点 u 的**入度**，记作 $ID(u)$，而以 u 为弧尾的数目称为顶点 u 的**出度**，记作 $OD(u)$，且 $TD(u)=ID(u)+OD(u)$。例如图 7-1(b)G_2 中 v_1 的度为 4，其中入度 $ID(v_1)=1$，出度 $OD(v_1)=3$。

无论是有向图还是无向图，如果顶点 v_i 的度记为 $TD(v_i)$，那么有 n 个顶点，e 条边或弧的图满足以下关系：

$$e=\frac{1}{2}\sum_{i=1}^{n}TD(v_i)$$

?你能证明这个关系的正确性吗？

路径：在一个具有 n 个顶点的图中，从顶点 v 到 v' 的路径是一个顶点序列（$v=v_{i,0},v_{i,1},\cdots,v_{i,m}=v'$），其中($v_{i,j-1},v_{i,j}$)为一条边或一条弧，$1\leqslant j\leqslant m<n$。**路径长度**是路径上的边或弧的数目。第一个顶点和最后一个顶点相同的路径称为**回路或环**。序列中顶点不重复出现的路径为**简单路径**（例如 G_1 中的 $v_1—v_3—v_2—v_4—v_5$）。除了第一个顶点和最后一个顶点外，其余顶点都不重复出现的路径称为**简单回路或简单环**（例如 G_2 中的 $v_1\rightarrow v_3\rightarrow v_4\rightarrow v_1$）。

连通性：在无向图 G 中，如果从顶点 v 到 v' 有路径，则称 v 和 v' 是连通的。如果对于图中任意两个顶点 $v_i,v_j\in V$，v_i 和 v_j 都是连通的，则称 G 是**连通图**。图 7-1(a)中 G_1 是一个连通图，而图 7-3(a)中的 G_3 则是**非连通图**，但具有 3 个连通分量，如图 7-3(b)所示。**连通分量**指的是无向图中的极大连通子图（如再添加一个顶点或一条边，该子图就不连通了）。

在有向图 G 中，如果对于每一对 $v_i,v_j\in V$，且 $v_i\neq v_j$，从 v_i 到 v_j 和从 v_j 到 v_i 都存在路径，则称 G 是**强连通图**。有向图中的极大连通子图称作有向图的**强连通分量**。例如，图 7-1(b)G_2 不是强连通图，但具有两个强连通分量，如图 7-4 所示。

生成树：一个连通图的生成树是一个极小连通子图，它含有图中所有顶点，但只有足以构

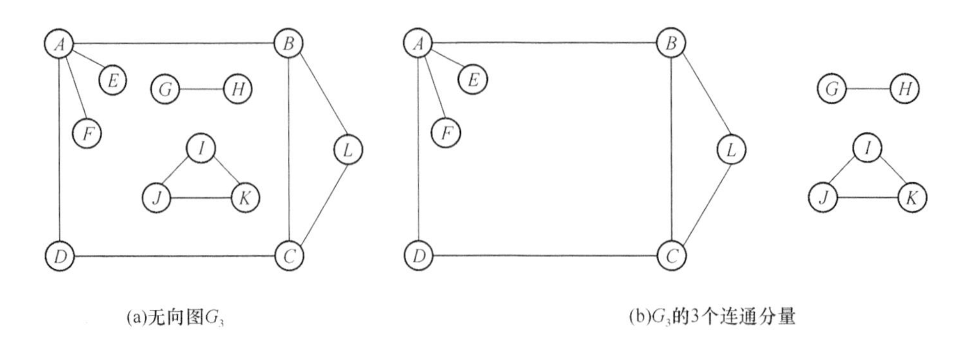

图 7-3　无向图及其连通分量

成一棵树的 $n-1$ 条边。图 7-5 是 G_3 中 3 个连通分量的 3 棵生成树。

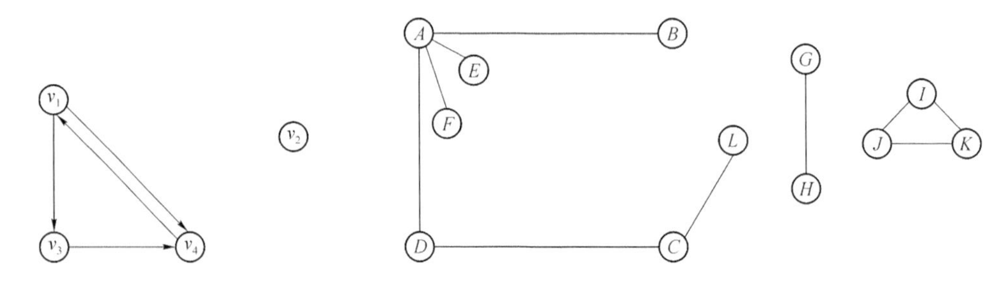

图 7-4　G_2 的两个强连通分量　　　　图 7-5　G_3 的连通分量的生成树

生成森林：一个图的生成森林由若干个生成树或有向树（强连通图的生成树）组成。如图 7-5 中所示的 3 棵生成树便组成了生成森林。

7.1.2　图的抽象数据类型

下面给出图的抽象数据类型。其中，列出的成员函数对应于图的一组基本操作，借助这些操作，可以创建图并执行某些测试。在后续各节中将陆续讨论有关图的遍历及应用。

```
ADT Graph{
    Data:V 是具有相同特性的数据元素的集合(顶点集)
    Relation:R = {VR}         VR = {<v,w>|v,w∈V 且 p(v,w)}
    operation:
        insertVertex(v);                插入一个顶点 v,暂时没有边
        insertEdge(v1,v2,weight);       若 v1,v2 是图中顶点,则加入边(v1,v2)
        removeVertex(v);                删除图中一个顶点 v
        removeEdge(v1,v2);              若 v1,v2 是图中顶点,则删除边(v1,v2)
        getFirstNeighbor(v);            取得顶点 v 的第一个邻接点位置
        getNextNeighbor(v1,v2);         取得 v1 的邻接点 v2 的下一个邻接点位置
}
```

7.2　图的存储结构

由于图的结构比较复杂，任意两个顶点之间都可能存在联系。因此，无法用数据元素在存储区中的物理位置来表示元素之间的关系，即图没有顺序映像的存储结构，但可以借助数组的数据类型表示元素之间的关系。另一方面，自然可以用多重链表来表示图，它是一种最简单的

链式映像结构，即以一个由一个数据域和多个指针域组成的结点表示图中一个顶点，其中数据域存储该顶点的信息，指针域指向其邻接点的指针。但由于图中各个结点的度数各不相同，最大度数和最小度数可能相差很多。因此，如果按度数设计顶点的结构，会带来较大的空间浪费，或者会使操作更复杂。实际中，应根据具体的图和需要进行操作，设计恰当的顶点结构以及顶点之间关系的表示。

在计算机存储图时，只要能表示顶点的个数及每个顶点的特征、每对顶点之间是否存在边或弧特征，就能表示出图的所有信息，并作为图的一种存储结构。**常用的存储结构有邻接矩阵、邻接表、十字链表和邻接多重表。**

7.2.1　图的邻接矩阵表示

根据图的特点，即图是由顶点及顶点之间的关系组成的，并且顶点之间的关系只有两种状态，要么顶点之间存在边或弧，要么顶点之间不存在边和弧。因此，将所有顶点信息组织成一个顶点表，利用一个矩阵表示各顶点之间的邻接关系，称为**邻接矩阵。**

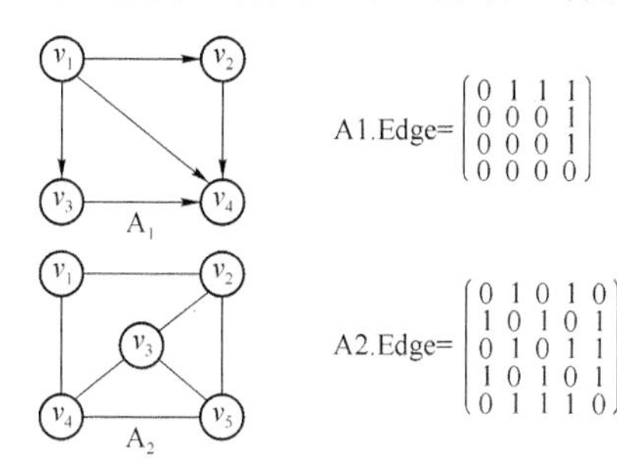

图 7-6　图的邻接矩阵表示

在邻接矩阵中，可以使用一个二维数组表示图中顶点之间的关系，这个二维数组称为邻接矩阵。假设图 $A=(V,E)$，包含 n 个顶点。则 A 的顶点之间关系可表示为 A. Edge[n][n]。因此，图的邻接矩阵中元素的定义为：

$$\text{A. Edge}[i][j]=\begin{cases}1, & \text{若}(v_i,v_j)\in E<v_i,v_j>\in E\\0, & \text{否则}\end{cases}$$

图 7-6 分别给出了有向图 A_1 和无向图 A_2 的邻接矩阵。

由于，无向图中顶点之间关系是对称的，因此，它的邻接矩阵是一个对称矩阵，顶点 i 的度就是第 i 行(列)元素之和。有向图的邻接矩阵则并不一定对称，顶点 i 的入(出)度即第 i 列(行)元素之和，即：

$$\text{outDegree}(i)=\sum_{j=0}^{n-1}\text{A. Edge}[i][j],\text{inDegree}(j)=\sum_{k=0}^{n-1}\text{A. Edge}[k][j]$$

对于网(带权图)，邻接矩阵定义如下(图 7-7 给出了一个网对应的邻接矩阵示意)：

$$\text{A. Edge}[i][j]=\begin{cases}w_{i,j}, & \text{若}(v_i,v_j)\in E\text{ 或}<v_i,v_j>\in E\text{，且 }i\neq j\\0, & \text{否则若 }i=j\\\infty, & \text{否则}\end{cases}$$

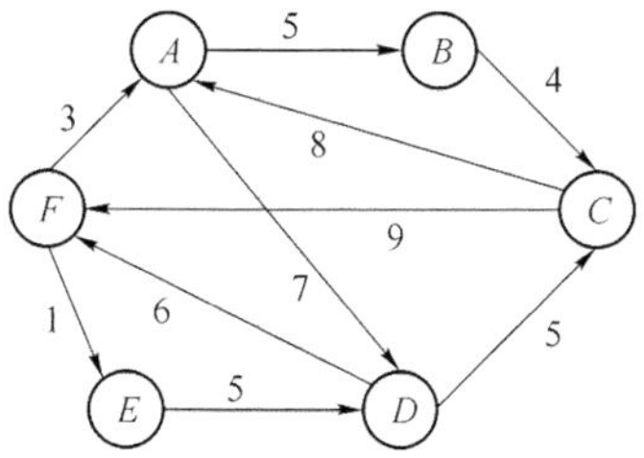

$$\begin{pmatrix}0 & 5 & \infty & 7 & \infty & \infty\\\infty & 0 & 4 & \infty & \infty & \infty\\8 & \infty & 0 & \infty & \infty & 9\\\infty & \infty & 5 & 0 & \infty & 6\\\infty & \infty & \infty & 5 & 0 & \infty\\3 & \infty & \infty & \infty & 1 & 0\end{pmatrix}$$

图 7-7　网的邻接矩阵表示

在图的邻接矩阵表示中，用一个二维数组可以表示图中顶点之间的关系；此外，再用一个连续的存储空间(即顶点序列表)存放图中顶点信息。对于某个顶点的单独操作，则在顶点序列表中进行,而涉及顶点之间的关系时,则对邻接矩阵进行操作。

下面给出邻接矩阵作为存储表示的图的类声明以及部分成员函数的实现。由于,顶点信息类型和边(弧)权值类型可能不同,因此,模板类中的数据类型参数表为<class T,class E>。其中,T为顶点数据类型,E为权值类型。**(本章重点)**

```
const int maxWeight = 999;          //用999代表无穷大,该值表示顶点之间不存在边或弧
const int DefaultVertices = 30;     //默认图中最多有30个顶点
template<class T,class E>
class Graphmtx{
public:
    Graphmtx(int sz = DefaultVertices,int d = 0);      //构造函数,默认为构造无向图
    ~Graphmtx(){delete [ ]VerticesList;}               //析构函数
    int NumberOfVertices(){return numVertices;}        //获取图中顶点个数
    int NumberOfEdges(){return numEdges;}              //获取图中边或弧个数
    T getValue(int i)const                             //取顶点信息值
    {return i >= 0 && i<= maxVertices? VerticesList[i]: NULL;}
    E getWeight(int v1,int v2)const          //取边(v1,v2)或弧<v1,v2>值
    {return v1 != -1 && v2 != -1? Edge[v1][v2]:0;}
    int getFirstNeighbor(int v)const;        //取顶点v的第一个邻接点序号
    int getNextNeighbor(int v,int w)const;   //取顶点v的邻接点w的下一个邻接点序号
    bool insertVertex(const T v);            //插入一个顶点v,插入成功返回true;否则返回false
    bool insertEdge(int v1,int v2,E cost);   //插入边或弧,成功返回true;否则返回false
    bool removeVertex(int v);                //删除顶点及相关的边或弧,返回一个布尔值
    bool removeEdge(int v1,int v2);          //删除边或弧,返回一个布尔值
    friend istream& operator>>(istream &in,Graphmtx<T,E> &G);//建立图的邻接矩阵
    friend ostream& operator<<(ostream &out,Graphmtx<T,E> &G);//输出图信息
private:
    T * VerticesList;                                  //顶点序列表
    E Edge[DefaultVertices][DefaultVertices];          //邻接矩阵
    int maxVertices;                                   //图中最大顶点数
    int numEdges;                                      //当前边数
    int numVertices;                                   //当前顶点数
    int direction;                                     //0:无向图;1:有向图
    int getVertexPos(T vertex){//给出当前顶点vertex在图中的位置(对应序号)
        for(int i = 0;i<numVertices; ++ i){
            if(VerticesList[i] == vertex){return i;}
        }
        return -1;
    }
};//邻接矩阵类定义存入头文件graphmtx.h中
```

以下给出图的基本操作的实现过程(操作的定义也存入graphmtx.h中)。

(1) 初始化操作

设置一个空图,为无向图或有向图顶点开辟空间,顶点之间没有边或弧。

```
template<class T,class E>
Graphmtx<T,E>::Graphmtx(int sz,int d){//初始化邻接表
    int i,j;
    maxVertices = sz;    VerticesList = new T[maxVertices];  //开辟顶点表空间
    for(i = 0;i<maxVertices; ++ i){
        for(j = 0;j<maxVertices; ++ j){
            if(i == j){Edge[i][j] = 0;}
            else{                                            //顶点之间没有边或弧
```

```
                    Edge[i][j] = maxWeight;
                }
            }
        }
        numVertices = 0;  numEdges = 0;direction = d;      //空图顶点数为 0,边数为 0
    } //时间复杂度为 O(n²)
```

(2) 获取顶点 v 的第一个邻接点序号操作

即从邻接矩阵的第 v 行第 0 列开始依次搜索改行的各列,若其值在 0 和 maxWeight 之间(说明顶点之间存在边或弧),则此时搜索到的列序就是第一个邻接点序号;否则,顶点 v 没有邻接点或没有以 v 为弧尾的邻接点(对有向图而言)。该操作必须先判断 v 的值域。

```
template<class T,class E>
int Graphmtx<T,E>::getFirstNeighbor(int v)const{//获取顶点 v 的第一个邻接点序号;若没有,返回
                                                  -1
    if(v == -1){return -1;}
    for(int col = 0;col<numVertices; ++col){       //从 0 列开始搜索整列
        if(Edge[v][col]>0 && Edge[v][col]<maxWeight){return col;}
    }
    return -1;
} //时间复杂度为 O(n)
```

(3) 查找顶点 v 下一个邻接点操作

该操作实际上要查找的是:在顶点 v 的所有邻接点中,排在邻接点顶点 w 后的下个邻接点位置,但前提是 w 必是 v 的邻接点。该操作同样需要判断顶点 v 和 w 的值域。

要查找的邻接点和 w 一样也是顶点 v 的邻接点,但不一定是顶点 w 的邻接点。

```
template<class T,class E>
int Graphmtx<T,E>::getNextNeighbor(int v,int w)const{
  //获取顶点 v 的某邻接点 w 的下一个邻接点位序;若没有该结点,则返回 -1
    if(v == -1 || w == -1){return -1;}
    for(int col = w + 1;col<numVertices; ++col){  //要找的邻接点次序在 w 之后
        if(Edge[v][col]>0 && Edge[v][col]<maxWeight){
            return col;
        }
    }
    return -1;
} //时间复杂度为 O(n)
```

如果顶点 w 不是顶点 v(w 和 v 都是顶点序号)的邻接点,该操作会出错,可以在找下一个邻接点前,先判断 w 是否为 v 的邻接点。但此操作,往往是确定了 v 的邻接点 w 后,再找下一个邻接点的。

(4) 插入一个顶点操作

该操作只是在顶点序列表尾追加加一个顶点信息,但并未对新增顶点添加任何边或弧。实现源代码如下所示:

```
template<class T,class E>
bool Graphmtx<T,E>::insertVertex(const T vertex){//在图中插入一个顶点 vertex
    if(numVertices == maxVertices){return false;}  //顶点表上溢,操作失败
    VerticesList[numVertices ++ ] = vertex;         //顶点追加之后,顶点个数增 1
    return true;
} //时间复杂度为 O(1)
```

（5）删除一个顶点操作

该操作不光要删除一个顶点（在顶点序列表中进行），还必须删除与该顶点相关的所有邻接点（在邻接矩阵中进行）。矩阵中无法随意删除某行或某列元素值（只能删除最后一行和最后列）。

▶▶▶ 算法思路

① 将顶点表中最后一个顶点替换原有的 v 顶点。

② 对于无向图，要删除与 v 相关的边（包括对称边）；对于有向图，既要删除从 v 出去的出弧，又要删除进入 v 的入弧。删除同时边或弧数减 1。

这里的删除只是体现在边数或弧数减值，邻接矩阵中元素值并未改变。

③ 用最后一列替换第 v 列。

④ 顶点个数减 1。

⑤ 用最后一行替代第 v 行。

③和⑤才真正实现了将第 v 行或 v 列元素删除（即用别的元素值替换）。

```
template<class T,class E>
bool Graphmtx<T,E>::removeVertex(int v){//在图中删除一个顶点 v,若顶点表空,则操作失败
    if(v<0 && v >= numVertices){return false;}//顶点 v 不在图中
    if(numVertices == 0){return false;}        //若是空图,则操作失败
    int i;
    VerticesList[v] = VerticesList[numVertices - 1];//最后一个顶点替代第 v 个顶点
    for(i = 0;i<numVertices; ++ i){//删除一条边或一条入弧,边或弧数减 1
        if(Edge[i][v]>0 && Edge[i][v]<maxWeight){//删除一条对称边或一条出弧
            -- numEdges;
            if(direction){ -- numEdges;} //若是有向图弧数要减 1
        }
    }
    for(i = 0;i<numVertices; ++ i){//用最后一列添补第 v 列
        Edge[i][v] = Edge[i][numVertices - 1];
    }
    -- numVertices;                //顶点数减 1
    for(i = 0;i<numVertices; ++ i){//用最后一行填补第 v 行
        Edge[v][i] = Edge[numVertices][i];
    }
    return true;
} //时间复杂度为 O(n)
```

（6）增加一条边或弧的操作

即在邻接矩阵中添加一条边或弧的关系。该操作要判断图的类型，对于无向图在加边 (v_1,v_2) 同时，要额外加对称边 (v_2,v_1)；对有向图来说，只要加入一条弧 $<v_1,v_2>$。但是，边或弧总数都是增 1。

```
template<class T,class E>
bool Graphmtx<T,E>::insertEdge(int v1,int v2,E cost){//在图中插入一条边或弧(v1,v2),权值为 cost
    if(v1 > - 1 && v1<numVertices && v2 > - 1 && v2<numVertices && Edge[v1] [v2] == maxWeight)
    {//判断是否有给定的边
        if(!direction){Edge[v2][v1] = cost;} //对于无向图要多加一条对称边
        Edge[v1][v2] = cost; ++ numEdges;      //边或弧总数增 1
```

```
        return true;
    }
    return false;
} //时间复杂度为 O(1)
```

（7）删除一条边或弧的操作

删除边或弧意味着两个顶点之间没有路径，因此，只需要修改邻接矩阵中相应元素的值即可。具体的实现代码如下所示：

```
template<class T,class E>
bool Graphmtx<T,E>::removeEdge(int v1,int v2){//在图中删除一条边或弧(v1,v2)
    if(v1 > -1 && v1<numVertices && v2 > -1 && v2<numVertices && Edge[v1][v2]>0 && Edge[v1]
    [v2]<maxWeight){              //判断是否有给定的边
        if(!direction){Edge[v2][v1] = maxWeight;}  //无向图要删除对称边
        Edge[v1][v2] = maxWeight;   --numEdges;     //边或弧总数减 1
        return true;
    }
    return false;
} //时间复杂度为 O(1)
```

（8）输入及输出操作

通过重载输入流和输出流可以封装整个邻接矩阵的输入和输出，将输入流和输出流定义为邻接矩阵类的友元，重载的输入及输出操作即可访问 Graphmtx 类的私有成员。

```
template<class T,class E>
istream& operator>>(istream &in,Graphmtx<T,E> &G){//重载输入流建立邻接矩阵表示的图 G
    int i,j,k,n,m;   T e1,e2;   E weight;
    cout<<"input the number of vertex:"<<endl;   in>>n;
    for(i = 0;i<n; ++ i){//在顶点序列表中依次添加各个顶点信息
        cout<<"input "<<i + 1<<": ";   in>>e1;
        G.insertVertex(e1);
    }
    i = 1;
    cout<<"input the number of edge:"<<endl;in>>m;
    while(i<= m){//加入 m 条边或弧
        cout<<"input two vertexs and weight:";   in>>e1>>e2>>weight;
        j = G.getVertexPos(e1);     k = G.getVertexPos(e2);
        if(j == -1 || k == -1){cout<<"Error!"<<endl;}
        else{
            G.insertEdge(j,k,weight);
            ++ i;
        }
    }
    return in;
}  //时间复杂度为 O(n²)

template<class T,class E>
ostream& operator<<(ostream &out,Graphmtx<T,E> &G){//重载输出流输出用邻接矩阵表示的 G
    int i,j,n,m;T e1,e2;   E w;
    n = G.NumberOfVertices();     m = G.NumberOfEdges();
    out<<"The graph has "<<n<<"vertexs,"<<m<<" edges."<<endl;
    for(i = 0;i<n; ++ i){
        for(j = i + 1;j<n; ++ j){
```

```
                w = G.getWeight(i,j);
                if(w>0 && w<maxWeight){
                    e1 = G.getValue(i);    e2 = G.getValue(j);
                    if(!G.direction){out<<"("<<e1<<","<<e2<<","<<w<<")"<<endl;} //输
                    出边
                    else{out<<"("<<e1<<","<<e2<<","<<w<<")"<<endl;} //输出弧
                }
            }
        }
        return out;
    } //时间复杂度为 O(n²)
```

现在,可以编写一个 main 函数,验证基于邻接矩阵的图的基本操作(图的建立以及输出)。验证函数的源代码及输出结果演示为:

```
void main(){
    Graphmtx<int,int> G;
    cin>>G;     //按照提示输入数值
    cout<<G;
    cout<<endl;
}
```

输出结果:

```
input the number of vertex:5
input 1:1
input 2:2
input 3:3
input 4:4
input 5:5
input the number of edge:8
input two vertexs and weight:1 2 1
input two vertexs and weight:1 3 2
input two vertexs and weight:1 4 3
input two vertexs and weight:2 3 4
input two vertexs and weight:2 5 1
input two vertexs and weight:3 4 2
input two vertexs and weight:3 5 1
input two vertexs and weight:4 5 4
The graph has 5 vertexs,8 edges.
(1,2,1)
(1,3,2)
(1,4,3)
(2,3,4)
(2,5,1)
(3,4,2)
(3,5,1)
(4,5,4)
```


(图的原型)

用邻接矩阵来表示图,要想解决一些问题,如"图是否连通",需要对除了对角线以外的所有 n^2-n 个元素逐一检查,时间开销很高。另一方面,当图中的边数远远小于 n^2 时,图的邻接矩阵将变成稀疏矩阵,存储利用率低。为了克服这些问题,可以采用图的邻接表结构。

7.2.2 图的邻接表表示

邻接表(Adjacency List)是顺序存储与链式存储相结合的存储方法。它类似于树的孩子链表表示法,图 7-8(a)是有向图图 G_1 的邻接表表示。

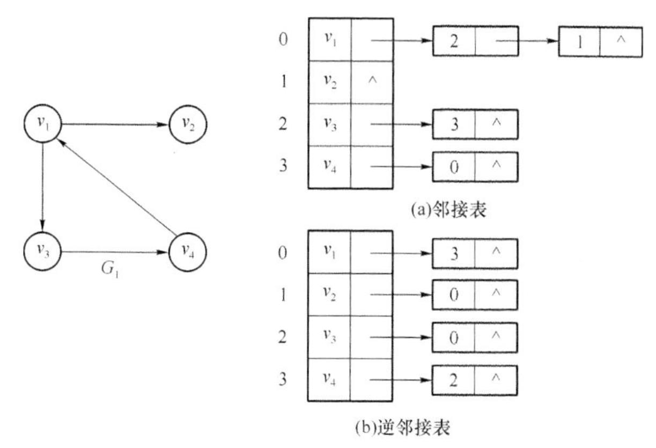

图 7-8 图 G_1 的邻接表表示

(1) 图中的每个顶点与它的邻接点链接成一个单向链表:顶点为头结点,链表中每个结点代表一条边(边结点),链表中结点值(即数据域中值)是与头结点相邻结点在表中序号,头结点的指针指向第一个邻接点(表结点)。

(2) 图即为各个顶点链表组成的顺序表。

对于一个无向图的邻接表,同一条边在邻接表中出现两次,对于一条边(v_i,v_j),如果想知道顶点 v_i的度,只需要统计以 v_i为头结点的链表中边结点个数即可。

而对于有向图,每条边在邻接表中只出现一次,如果要计算顶点 v_i的出度,只需要计算以 v_i为头结点的链表中边结点个数即可。

但是,要想得到 v_i的入度,则需要扫描图的整个顺序表,统计在其他顶点对应的链表中边结点的值等于 v_i的序号的个数。这样做十分不方便,为此,建立了如图 7-8(b)中 G_1 的逆邻接表,以顶点 v_i为头结点的链表中的边结点的值是弧头指向 v_i的结点在图的顺序表中的序号;那么,顶点 v_i的入度就是逆邻接表中以 v_i为头结点链表中的边结点的个数。

对于带权图,则必须在边结点中增设一个存放权值的数据域。一个带权图的邻接表表示如图 7-9 所示。

在每个边链表中,边结点的链入次序任意,主要是根据结点的插入次序而定。

用邻接表表示 n 个顶点、e 条边,需要 n 个顶点结点和 $2e$ 个边结点;用邻接表表示有向图时,如果不考虑邻接表,则只需要 n 个顶点、e 个边结点。当 e 远远小于 n^2时,可以节省大量的存储空间。此外,把同一个顶点的所有边链接在一个链表中,也使得图的操作更方便地实现。

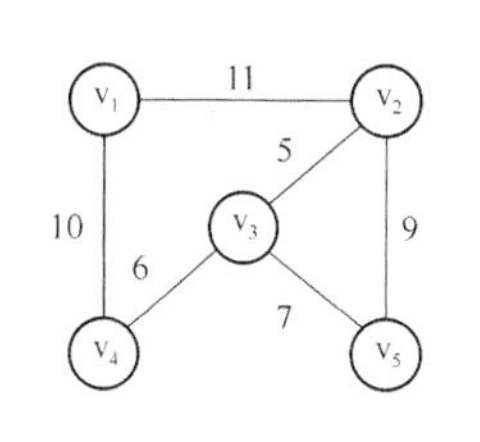

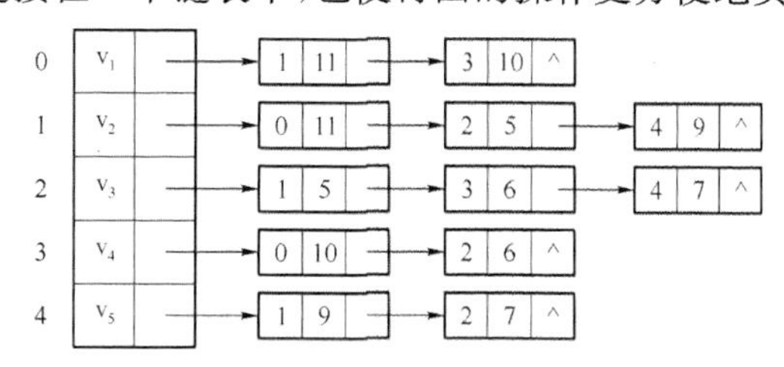

图 7-9 网的邻接表表示

图的邻接表存储结构定义可以看作是一个层次结构（如图 7-10 所示）。

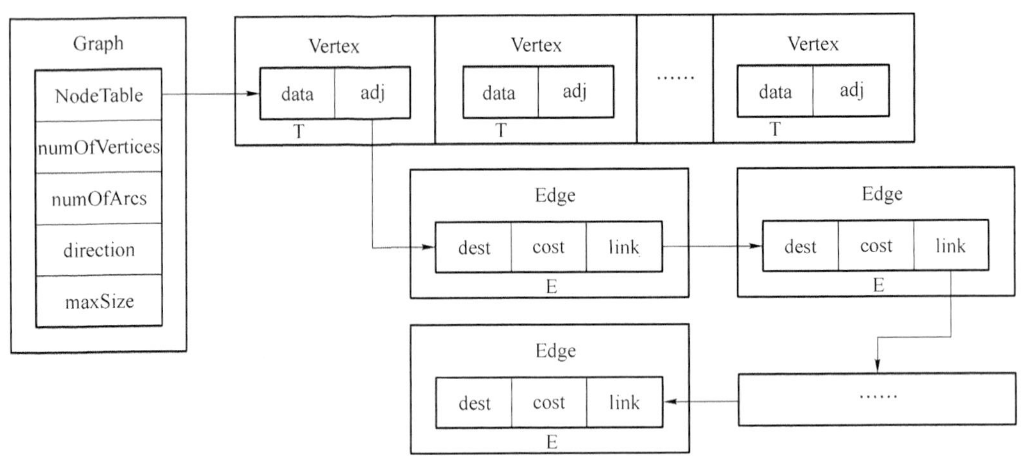

图 7-10　图的邻接表存储结构示意图

(1) 从全局考虑，图为各个顶点链表组成的顺序表(Graph)。顺序表中数据域包括顶点序列表 NodeTable、最大顶点个数 maxSize、顶点实际个数(numOfVertices)、边或弧个数(numOfArcs)以及图类型(有向图或无向图)标志(direction)。

(2) 每个顶点包括两个域：顶点数据域(data)以及指向第一个边结点的指针域(adj)。

(3) 边结点中存放着与头结点中顶点连接的边或弧的信息。邻接点数据域(dest)存放边的另一个的邻接点在顶点表中的序号，权值域(cost)保存的是一条边或弧的权值，指针域(link)保存的是另一条边的另一个邻接点的指针(地址)。

下面给出与图 7-10 对应的图的邻接表存储结构定义(T 为顶点信息类型，E 为边或弧权值类型，因此，模板类数据类型参数是<class T,class E>)：**(本章重点)**

```
#define DEFAULTVALUE 20
template<class T,class E>class Graph;          //图的类定义事先声明
template<class T,class E>
class Edge{
private:
    int dest;                                   //一条边的另一个邻接点序号
    E cost;                                     //权值
    Edge<T,E> * link;                           //另一条边的指针链
public:
    Edge(){}
    Edge(int d,E c,Edge<T,E> * next = NULL):dest(d),cost(c),link(next){}
    friend class Graph<T,E>;
};//边或弧结点类定义

template<class T,class E>
struct Vertex{
    T data;                                     //顶点信息
    Edge<T,E> * adj;                            //指向第一个邻接点的指针
};//顶点信息存储结构

template<class T,class E>
class Graph{
```

```
private:
    Vertex<T,E> * NodeTable;              //顶点表
    int numOfVertices;                    //顶点个数
    int numOfArcs;                        //边或弧数量
    int direction;                        //图的类型(0:有向图,1:无向图)
    int maxSize;                          //顺序表存储最大空间数
    int FindVertex(const T vertex){       //查找顶点,并返回在顶点表中的序号
        for(int i = 0;i<numOfVertices; ++ i)
            if(vertex == NodeTable[i].data){//查找成功
                return i;
        }
        return - 1;                           //查找不成功
    }
public:
    Graph(int d = 0,int sz = DEFAULTVALUE);          //构造函数,初始化空无向图
    ~Graph();                                        //析构函数
    int NumOfVertices(){return numOfVertices;}       //获取顶点个数
    int NumOfArcs(){return numOfArcs;}               //获取弧或边数
    E GetWeight(int v1,int v2)const
    {return v1! =- 1 && v2! =- 1? Edge[v1][v2]:0;}//得到一条边的权值
    bool InsertVertex(const T vertex);               //在图中添加一个顶点
    bool InsertEdge(const T v1,const T v2,const int weight);//在图中添加一条边或弧
    bool DeleteVertex(const int pos,T &vertex);          //删除图中一个顶点
    bool DeleteEdge(const int v1,const int v2);   //在图中删除一条边或弧
    Edge<T,E> * GetFirstNeighbor(const int v);//取得序号为 v 的顶点的第一个邻接点
    Edge<T,E> * GetNextNeighbor(const int v1,const int v2);//取得 v1 的下一个邻接点
    void CreateGraph(int n,int e);                 //建立图
    void Print();                                  //输出图
};//图的邻接表类定义(定义在文件 graph.h 中)
```

下面给出图的邻接表类中基本操作的实现过程。

(1) 图的初始化操作

该操作设置一个空表,即为顶点表开辟一个连续存储空间,设置 direction 和 maxSize 的值,并且结点个数和边或弧个数均为 0。

```
template<class T,class E>
Graph<T,E>::Graph(int d,int sz){//构造函数,构造一个空图
    maxSize = sz;   NodeTable = new Vertex<T,E>[maxSize];    //创建存储空间
    numOfVertices = 0;   numOfArcs = 0;
    direction = d;
} //时间复杂度为 O(1)
```

(2) 图的销毁操作

该操作必须将每个顶点边或弧链表中结点释放,并且最终释放顶点表空间。

```
template<class T,class E>
Graph<T,E>::~Graph(){                         //析构函数,回收图占用的空间
    for(int i = 0;i<numOfVertices;i++){ //删除顶点表中所有链表
        Edge<T,E> * p = NodeTable[i].adj;
        while(p){                             //释放每个链表中的所有邻接点
            NodeTable[i].adj = p->link;
            delete p;
            p = NodeTable[i].adj;
```

```
        }
    }
    delete [ ]NodeTable;                    //删除整个顶点信息表
} //时间复杂度为 O(n+e)
```

(3) 增添顶点操作

在图中加一个顶点,只需要在顶点表后追加一个新顶点信息,顶点个数增 1;但并没有增添边或弧(即该结点的邻接点链为空)。

```
template<class T,class E>
bool Graph<T,E>:: InsertVertex(const T vertex){//插入一个顶点
    if(numOfVertices == maxSize - 1){             //上溢
        return false;
    }
    NodeTable[numOfVertices].data = vertex;
    NodeTable[numOfVertices ++ ].adj = NULL;//定点数增 1,新顶点邻接点链为空
    return true;
} //时间复杂度为 O(1)
```

(4) 增添边或弧操作

该操作要区分图的类型,如果是无向图要插入一条边及其他的对称边,即在顶点为 v_1 的链表中要插入边结点,其数据域为顶点 v_2 在顶点表中的序号;同理,也要在顶点为 v_2 的链表中插入一个边结点,数据域值为顶点 v_1 的序号。如果是有向图,只需要在顶点为 v_1 的链表中要插入边结点,其数据域为顶点 v_2 在顶点表中的序号。

```
template<class T,class E>
bool Graph<T,E>::InsertEdge(const T v1,const T v2,const int weight){
  //插入一条边(边结点插入位置为链表头结点之后)
    int p1 = FindVertex(v1),p2 = FindVertex(v2);  //确定 v1,v2 序号
    if(p1 ==-1 || p2 ==-1){return false;}        //图中无指定的顶点
    if(direction == 0){//如果是无向图,则插入指定边及其对称边(每次插入边结点到头结点后)
        NodeTable[p1].adj = new Edge<T,E>(p2,weight,NodeTable[p1].adj);
        NodeTable[p2].adj = new Edge<T,E>(p1,weight,NodeTable[p2].adj);
    }
    else{               //有向图则只需插入指定的弧
        NodeTable[p1].adj = new Edge<T,E>(p2,weight,NodeTable[p1].adj);
    }
    numOfArcs ++ ;      //边或弧增 1(无向图虽插入两次,但是同一条边)
    return true;
}//时间复杂度为 O(1)
```

(5) 删除顶点操作

删除顶点操作不仅要删除一个顶点 pos(pos 为删除顶点的序号),还有删除所有以该顶点为邻接点的边或弧。

▶▶▶ 算法思路

① 对于有向图来说,要删除第 pos 条链上所有边结点(出弧)和别的链上边结点序号为 pos 的边结点(入弧);对于无向图来说,要删除第 pos 条链上所有边结点以及相应的对称边(对称边只能算成一条边)。

② 顶点数 numOfVertices 减 1。

③ 如果删除的顶点不是最后一个顶点，则将最后一个顶点移至 pos 号位置，称为第 pos 条链，并将所有边结点中序号为 numOfVertices(删除前最后一个顶点序号)的边结点的序号改成 pos。

```
template<class T,class E>
bool Graph<T,E>::DeleteVertex(const int pos,T &vertex){//根据序号，删除一个顶点
    if(pos<0 || pos>numOfVertices - 1){return false;} //不是图中顶点
    Edge<T,E> * p = NodeTable[pos].adj, * q;
    while(p){                                   //删除该顶点所有出边
        NodeTable[pos].adj = p->link;         vertex = NodeTable[pos].data;
        delete p; --numOfArcs;                 //边或弧数减 1
        p = NodeTable[pos].adj;
    }
    for(int i = 0;i<numOfVertices; ++i){      //删除入弧或对称边
        p = NodeTable[i].adj;
        if(p && p->dest == pos){              //删除第一条
            NodeTable[i].adj = p->link;   delete p;
        }
        else{
            if(p){                              //删除别的边或弧
                q = p->link;
                while(q && q->dest != pos){ //找到要删除的边结点
                    p = q;    q = q->link;
                }
                if(q){                          //存在要删除的边结点，删除它
                    p->link = q->link;delete q;
                }
            }
        }
        if(direction){//对称边边数不减少，入弧弧数减 1
            numOfArcs-- ;
        }
    }
    numOfVertices-- ;//顶点数减 1
    if(pos != numOfVertices){//最后一个顶点上移到被删顶点位置，修正最后顶点中的链接
        NodeTable[pos].data = NodeTable[numOfVertices].data;
        NodeTable[pos].adj = NodeTable[numOfVertices].adj;
        for(int j = 0;j<numOfVertices; ++j){
            if(j != pos){//自身链不用替换
                p = NodeTable[j].adj;
            }
            while(p){//别的链上的边结点上序号为最后一个顶点序号一律换成 pos
                if(p->dest == numOfVertices){p->dest = pos;   break;}
                else{p = p->link;}
            }
        }
    }
    return true;
} //时间复杂度为 O(n + e)
```

(6) 删除边或弧操作

删除边操作比删除顶点操作要简单些。对于邻接点为 v_1 和 v_2(v_1 和 v_2 为序号)的边或

弧。如果是弧，只需要在第 v_1 条链中，将边结点中序号为 v_2 的边结点删除即可。但是，对于无向图来说，不光要删除上述的一个边结点，还需要删除该结点的对称边结点(即对称边)。无论是有向图，还是无向图，删除后边或弧数都减 1。

```
template<class T,class E>
bool Graph<T,E>::DeleteEdge(const int v1,const int v2){//删除一条边
    if(v1<0 || v1 >= numOfVertices - 1 || v2<0 || v2 >= numOfVertices - 1){return false;}
    Edge<T,E> *p = NodeTable[v1].adj, *q;
    if(p->dest == v2){                              //删除第一条
        NodeTable[v1].adj = p->link;  delete p;
    }
    else{                                           //删除中间边
        q = p->link;
        while(q && q->dest != v2){
            p = q;   q = q->link;
        }
        if(q){p->link = q->link;   delete q;} //找到要删除的边或弧
    }
    numOfArcs--;
    if(direction == 0){                     //删除无向图中对称边
        p = NodeTable[v2].adj;
        if(p->dest == v1){                  //删除第一条
            NodeTable[v2].adj = p->link;  delete p;
        }
        else{                               //删除中间边
            q = p->link;
            while(q && q->dest != v1){
                p = q;   q = q->link;
            }
            if(q){p->link = q->link;   delete q;}
        }
    }
    return true;
} //时间复杂度为 O(n+e)
```

(7) 获取顶点 v 的第一个邻接点操作

若存在邻接点，则返回第一个邻接点地址；否则返回 NULL。

```
template<class T,class E>
Edge<T,E> * Graph<T,E>::GetFirstNeighbor(const int v){
  //返回 v 的第一个邻接点地址(v 为顶点在顶点表中序号)
    if(v<0 || v >= numOfVertices - 1){return NULL;} //顶点序号非法
    return NodeTable[v].adj? NodeTable[v].adj:NULL;
} //时间复杂度为 O(1)
```

(8) 获取顶点 v_1 的邻接点 v_2 的下一个邻接点操作

该操作的主要执行过程是在以 v_1 顶点为头结点的单向链表中找到值 v_2 顶点序号值的边结点，若该边结点存在，并且其下一个结点链接非空，则返回该邻接点指针值(地址)；否则，返回 NULL。

```
template<class T,class E>
Edge<T,E> * Graph<T,E>::GetNextNeighbor(const int v1,const int v2){
  //找到 v1 邻接点 v2 的下一个邻接点地址(也是 v1 的邻接点),(v1 与 v2 分别为顶点在顶点表中序号)
    if(v1< 0 || v1 > = numOfVertices - 1 || v2<0 || v2 > = numOfVertices - 1){  //顶点非法
        return NULL;
    }
    Edge<T,E> * p = NodeTable[v1].adj;          //从 v1 的第一个邻接点开始搜索
    while(p&& p->dest ! = v2){p = p->link;}
    if(p){                                      //搜索到 v2 邻接点
        if(p->link){return p->link;}            //返回 v2 后的一个邻接点地址
        else{return NULL;}                      //v2 后没有邻接点
    }
        else{return NULL;}                      //v1 中没有 v2 这个邻接点
} //时间复杂度为 O(e)
```

(9) 建立和输出图的邻接表操作

无论是建立邻接表，还是输出邻接表信息，都需要对头结点和边或弧信息进行操作。

在建立一个图的邻接表时，首先，调用增加顶点函数 InsertVertex 添加图中所有顶点信息；然后，再根据给定的每条边或弧信息(边或弧的两个定义以及相应的权值)，调用增加边或弧函数 InsertEdge 添加图中所有边或弧。

输出链表操作，对于每个顶点来说，先输出顶点信息；然后，则将与该结点相邻的所有边或弧信息输出；直到输出每个顶点及边或弧信息为止。其输出结果类似图 7-9 形式。

```
template<class T,class E>
void Graph<T,E>::CreateGraph(int n,int e){//建立一个有 n 个顶点,e 条边的图
    T vertex,vertex1,vertex2;   E weight;   int i,k;
    cout<<"input vertex:"<<endl;
    for(i = 0;i<n; ++ i){                   //插入 n 个顶点
          cout<<i + 1<<":";cin>>vertex;   InsertVertex(vertex);        //新增一个顶点
    }
    cout<<"input Edge:"<<endl;
    for(k = 1;k<= e; ++ k){                 //插入 e 条边
        cout<<"input two vertex and weight:";   cin>>vertex1>>vertex2>>weight;
        InsertEdge(vertex1,vertex2,weight);//新增一条边或一条弧
    }
} //时间复杂度为 O(n + e)

template<class T,class E>
void Graph<T,E>::Print(){//以链表形式输出顶点和边或弧信息
    for(int i = 0;i<numOfVertices; ++ i){//输出顶点信息
        cout<<i + 1<<":"<<NodeTable[i].data<<" --->";
        Edge<T,E> * p = NodeTable[i].adj;
        while(p){//输出与该顶点相关的所有边或弧的信息
            cout<<p->dest<<"("<<NodeTable[p->dest].data<<",
              "<<p->cost<<") --->";
```

```
            p = p->link;
        }
        cout<<endl;
    }
} //时间复杂度为 O(n + e)
```

图 7-11 是下列 main 函数建立一个无向图示例。

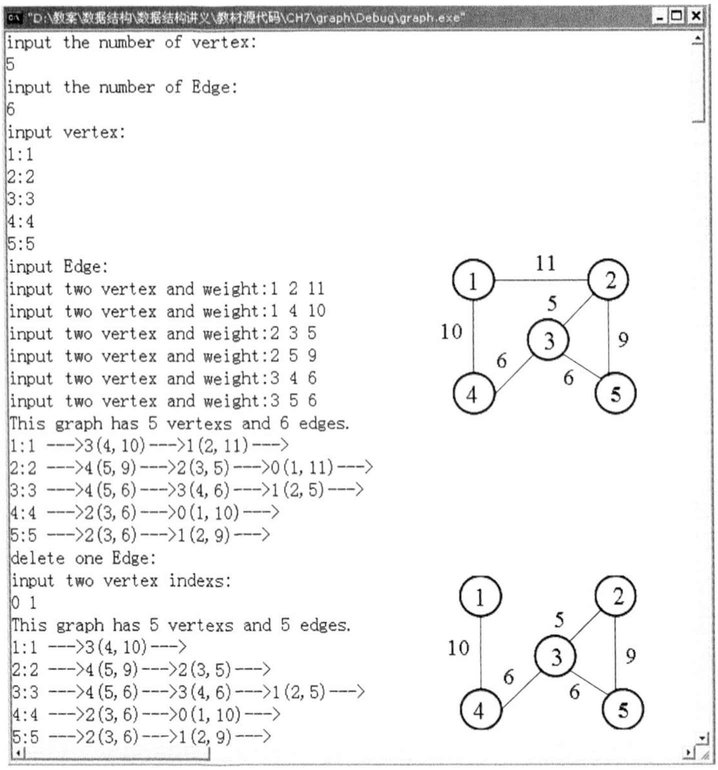

```
"D:\教案\数据结构\数据结构讲义\教材源代码\CH7\graph\Debug\graph.exe"
input the number of vertex:
5
input the number of Edge:
6
input vertex:
1:1
2:2
3:3
4:4
5:5
input Edge:
input two vertex and weight:1 2 11
input two vertex and weight:1 4 10
input two vertex and weight:2 3 5
input two vertex and weight:2 5 9
input two vertex and weight:3 4 6
input two vertex and weight:3 5 6
This graph has 5 vertexs and 6 edges.
1:1 --->3(4,10)--->1(2,11)--->
2:2 --->4(5,9)--->2(3,5)--->0(1,11)--->
3:3 --->4(5,6)--->3(4,6)--->1(2,5)--->
4:4 --->2(3,6)--->0(1,10)--->
5:5 --->2(3,6)--->1(2,9)--->
delete one Edge:
input two vertex indexs:
0 1
This graph has 5 vertexs and 5 edges.
1:1 --->3(4,10)--->
2:2 --->4(5,9)--->2(3,5)--->
3:3 --->4(5,6)--->3(4,6)--->1(2,5)--->
4:4 --->2(3,6)--->0(1,10)--->
5:5 --->2(3,6)--->1(2,9)--->
```

图 7-11 建图示例

现在，可以编写一个 main 函数，验证基于邻接表的图的基本操作（操作代码也存入文件 graph.h 中）。验证函数的源代码如下所示。

```
void main(){
    Graph<char,int> G;    //建立一个空无向图，顶点信息类型为字符型
    int n,e,v1,v2;
    cout<<"input the number of vertex:"<<endl;    cin>>n;
    cout<<"input the number of Edge:"<<endl;      cin>>e;
    G.CreateGraph(n,e);   //建图
    G.Print();
    cout<<"delete one Edge:"<<endl;
    cout<<"input two vertex indexs:"<<endl;   cin>>v1>>v2;
    G.DeleteEdge(v1,v2);   //删除该条边
    G.Print();
}
```

邻接矩阵和邻接表这两种存储结构的空间效率孰优孰劣，需要结合实际的应用加以考虑。

两者在具体应用时区别如表 7-1 所示。(**本章重点**)

表 7-1　邻接矩阵和邻接表的比较

	邻接矩阵	邻接表
存储表示	唯一	不唯一,取决于建立算法和输入次序
空间复杂度	需要 $O(n^2)$,适用于稠密图	需要 $O(n+e)$,比邻接表节省空间
求顶点的度	按有向图和无向图的计算方法进行	有向图中,邻接矩阵比邻接表更方便
判断图中的边	判断矩阵中元素中的值是否为 0	需要搜索链表,最坏情况为 $O(n)$
求边的数目	检测整个邻接矩阵,需要 $O(n^2)$	统计邻接表中结点个数总和需要 $O(n+e)$

一般来讲,图稠密度越大,邻接矩阵的空间效率越高。因为,邻接表的指针开销大;但是,对于稀疏图,边的数目远小于顶点个数的平方,使用邻接表可以获得较高的空间效率。

在时间效率上,邻接表往往优先于邻接矩阵。因为,在邻接矩阵中需要检查行或列所有矩阵元素,而在邻接表中,只需搜索顶点相关的边链表。

此外,对于有向图来说,邻接表只能从弧的一个方向存储弧(假设没有逆邻接表),操作效率受到影响;而对于无向图来说,每条边存储两次,存储效率受到影响。针对前一个为题,在有向图中可采用十字链表结构;而在无向图中,可采用邻接多重表结构。

7.2.3　图的十字链表表示

十字链表是有向图的另一种存储结构,目的是将在有向图的邻接表和逆邻接表中两次出现的同一条弧用一个结点表示,由于在邻接表和逆邻接表中的顶点数据是相同的,则在十字链表中只需要出现一次,但需保留分别指向第一条"出弧"和第一条"入弧"的指针。

图 7-12 是一个有向图的十字链表表示示例。

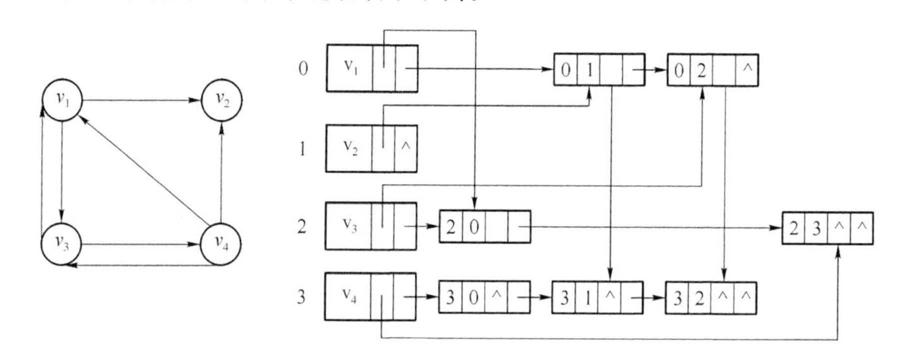

图 7-12　有向图十字链表表示

十字链表的行链接所有以头结点为"出弧"的另一个邻接点,列链接所有以顶点为"入弧"的另一个邻接点。

(1) 头结点(VexNode)中包括数据域(存放顶点信息)、出弧指针域(指向第一条以某顶点为弧尾的弧)以及入弧指针域(指向第一条弧头指向某顶点的弧)。

(2) 弧结点(ArcBox)中包括四个域:两个数据域分别表示弧所依赖的两个顶点序号,两个指针域分表链接下一条与某顶点相关的出弧和下一条与该顶点相关的入弧。

(3) 头结点序列便组成了十字链表(OLGraph 类)的数据。

其存储结构表示如图 7-13 所示。

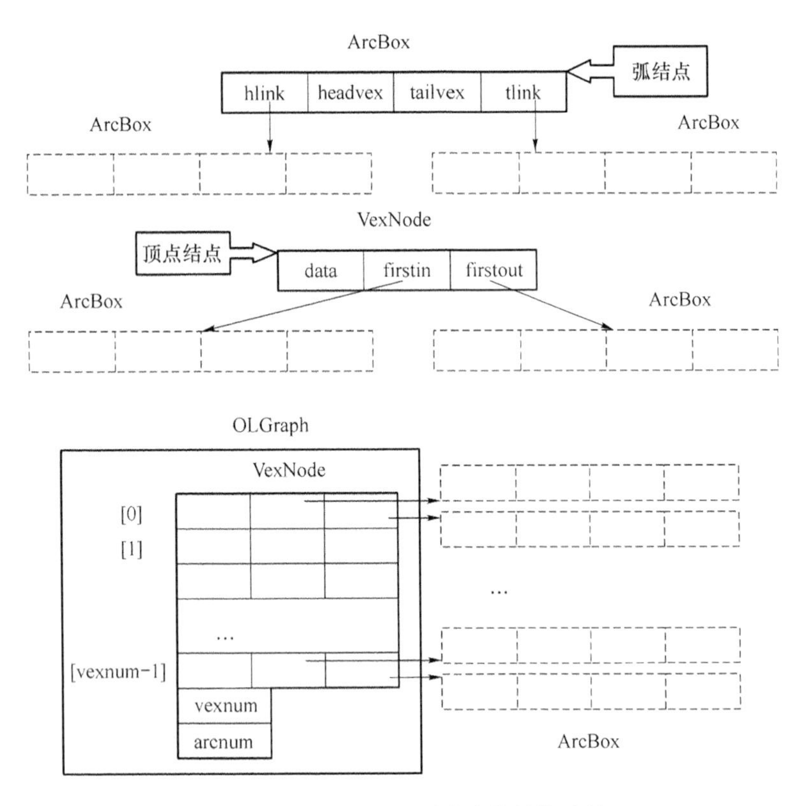

图 7-13　有向图十字链表存储结构示例

?能仿照邻接表类定义，写出十字链表的类定义吗？看看能否实现图的基本操作？

7.2.4　图的邻接多重表表示

类似于有向图的十字链表，若将无向图中表示同一条边的两个结点合在一起，将几个边链表合并，得到无向图的另一种表示方法——**邻接多重表**。图 7-14 是邻接多重表的存储表示。

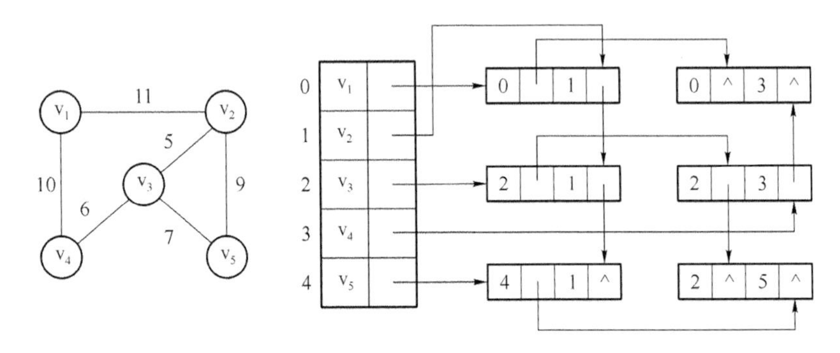

图 7-14　无向图邻接多重表存储表示

7.3　图 的 遍 历

与树的遍历类似，对图也可以进行遍历。**图的遍历是指从图中某一个顶点出发访遍图中**

其余顶点，且使每个顶点仅被访问一次。这里的“访问”视具体运用而定，可以是输出顶点信息，也可以是修改顶点的某个属性，还可以是对具有某个特性的顶点进行统计等。

图的遍历算法是求解图的连通性问题、拓扑排序和求关键路径等算法的基础。

由于图结构本身的复杂性，所以其遍历也较复杂，主要体现在：

(1) 图中任意一个顶点可作为第一个被访问的顶点；

(2) 如何选取不同连通分量上的访问出发点；

(3) 图中如果有回路，可能重复访问；

(4) 如何选取下一个要访问的邻接点。

与树遍历类似，图的遍历算法也有很多。基本的图的遍历的方法有：**(本章重点)**

(1) 深度优先搜索(Depth First Search，DFS)，类似树的先根遍历；

(2) 广度优先搜索(Breadth First Search，BFS)，类似树的层次遍历。

7.3.1　深度优先搜索

深度优先搜索类似于树的先根遍历，是树的先根遍历的推广。**深度优先搜索是个不断探查和回溯的过程：**

(1) 假设初始状态是图中所有顶点均未被访问，则可以从图中某个顶点 v 出发，访问此顶点。然后，依次从 v 的未被访问的邻接点出发深度优先遍历图，直至图中所有和 v 有路径相通的顶点均被访问到；

(2) 若此时图中尚有未被访问的顶点，则另选图中一个为曾被访问的顶点作起始点。重复上述过程，直至图中所有顶点均被访问过为止。

为了防止顶点重复访问，可为每个顶点设置一个访问标志 visited。若 visited[v]=1，则说明该顶点已被访问，顶点 v 不得重复访问；visited[v]=0，则访问改顶点。

图 7-15 给出了深度优先搜索的一个实例。

图 7-15 中的图 G 一旦确定了它的存储结构，如图 7-15(b)的邻接表表示，它从顶点 v_1 出发的深度优先搜索后序列就是唯一的，如图 7-15(c)所示。

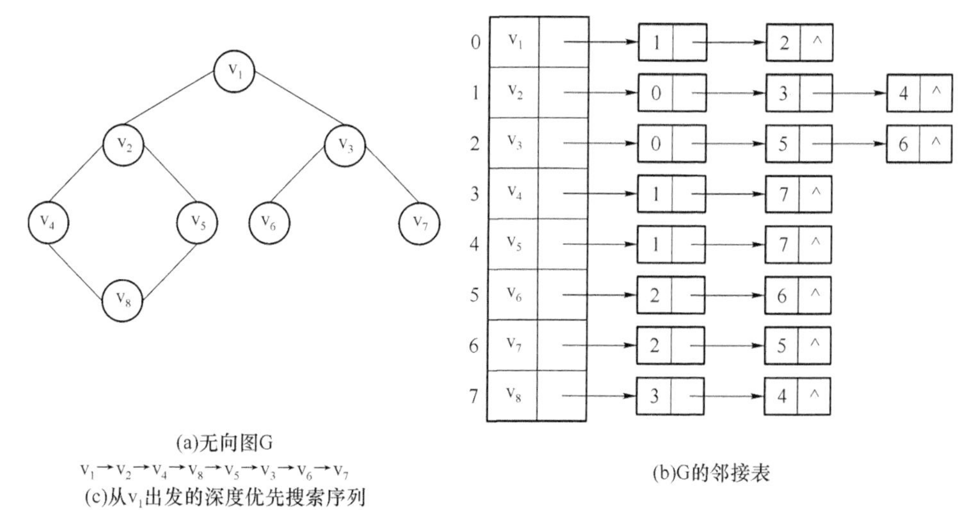

图 7-15　无向图邻接多重表存储表示

深度优先搜索过程如下：

从顶点 v_1 出发进行搜索，在访问了顶点 v_1 之后，选择邻接点。因为 v_2 未曾访问，则从 v_2 出发进行搜索。依此类推，接着从 v_4、v_8、v_5 出发进行搜索。在访问了 v_5 之后，由于 v_5 的邻接点都已被访问，则搜索回到 v_8。由于同样的理由，搜索继续回到 v_4，v_2 直至 v_1，此时由于 v_1 的另一个邻接点未被访问，则搜索又从 v_1 到 v_3，再继续进行下去。由此，得到的顶点访问序列为：$v_1 \rightarrow v_2 \rightarrow v_4 \rightarrow v_8 \rightarrow v_5 \rightarrow v_3 \rightarrow v_6 \rightarrow v_7$。

深度优先搜索过程有探查和回溯的过程，该过程的递归算法如下所示：

```
int visited[DEFAULTVALUE];            //访问标记
template<class T,class E>
void Graph<T,E>::DFSTraverse(){ //深度优先搜索图中所有顶点,保证所有连通分量均被搜索
    int v;
    for(v = 0;v<numOfVertices; ++ v){visited[v] = 0;} //访问标记初始化
    for(v = 0;v<numOfVertices; ++ v){(?)为什么要用一个循环?
        if(!visited[v]){              //顶点 v 未访问,则访问它
            DFS(v);
        }
    }
}
template<class T,class E>
void Graph<T,E>::DFS(int v){      //深度优先搜索图中以 v 出发的连通分量
    visited[v] = 1;                   //访问该顶点,访问标志置 1
    cout<<NodeTable[v].data<<"    ";
    Edge<T,E> * p = GetFirstNeighbor(v);//从 v 的第一个邻接点深度优先搜索
    for(;p ;p = GetNextNeighbor(v,p->dest)){//与 v 相关的邻接点均深度优先搜索遍历
        int w = p->dest;
        if(!visited[w]){DFS(w);}
    }
}
```

算法分析

设图中有 n 个顶点、e 条边。若用邻接表表示图，沿着边结点中 link 链顶点的所有邻接点，由于共有 $2e$ 个边结点，故扫描边的时间为 $O(e)$；每个顶点均被访问依次，因此，遍历图的时间复杂度为 $O(n+e)$。

如果采用邻接矩阵作为图的存储结构，查找边所需时间复杂度为 $O(n)$，则遍历图中所有顶点的时间复杂度为 $O(n^2)$。

7.3.2 广度优先搜索

图的广度优先搜索类似于树的层次遍历。广度优先遍历的过程是：

(1) 假设初始状态是图中所有顶点均未被访问，则可以从图中某个顶点 v 出发，访问此顶点。然后依次遍历 v 的未曾遍历过的所有邻接点，并使“先被访问的顶点的邻接点”先于“后被访问的顶点的邻接点”被访问，直至图中所有已被访问的顶点的邻接点均被访问到。

(2) 若此时图中尚有未被访问的顶点，则另选图中一个为曾被访问的顶点作起始点，重复上述过程，直至图中所有顶点均被访问过为止。

针对图 7-15 中无向图 G 的邻接表，从顶点 v_1 出发进行搜索，在访问了顶点 v_1 之后，首先访问它的邻接点 v_2 和 v_3；然后依次访问 v_2 的邻接点 v_4 和 v_5 及 v_3 的邻接点 v_6 和 v_7；最后访问 v_4

的邻接点 v_8。由于这些顶点的邻接点均已被访问，并且图中所有顶点都被访问，由此，完成了图的遍历。得到的顶点访问序列为：$v_1 \to v_2 \to v_3 \to v_4 \to v_5 \to v_6 \to v_7 \to v_8$。

广度优先搜索方法没有探查和回溯的过程，而是一个逐层遍历的过程。为了实现逐层访问，实现该过程的算法中使用了一个队列，以记忆正在访问的这一层和上一层顶点，以便于向下一层服务。此外，还需要一个辅助数组 visited 记录顶点是否被访问。该算法实现源代码如下所示：

```
template<class T,class E>
void Graph<T,E>::BFSTraverse(){//广度优先搜索图中所有顶点,保证所有连通分量均被搜索
    int i;
    for(i = 0;i<numOfVertices; ++ i){visited[i] = 0;} //访问标志初始化,置 0
    int queue[30],front = - 1,rear = - 1;              //初始化顺序队列 Q
    for(i = 0;i<numOfVertices; ++ i){                   //遍历所有的顶点
        if(!visited[i]){
            visited[i] = 1;   cout<<NodeTable[i].data<<"  ";  //顶点 i 从未搜索,则访问它
            queue[ ++ rear] = i;                        //已遍历的顶点进队列
            while(front ! = rear){                      //队列非空,继续搜索
                int v = queue[ ++ front];               //出队列,开始搜索 v 的所有邻接点
                Edge<T,E> * p = GetFirstNeighbor(v);
                while(p){
                    int w = p->dest;
                    if(!visited[w]){
                        visited[w] = 1;   cout<<NodeTable[w].data<<"  ";
                        queue[ ++ rear] = w;
                    }
                    p = GetNextNeighbor(v,w);
                }
            }
        }
    }
}
```

?在广度优先搜索的算法中运用了一个数组实现队列的操作。如何用第 3 章介绍的顺序栈类实现对应的操作？

算法分析

在广度优先搜索算法中，每个顶点进队列仅一次，算法中最外层 while 至多执行 n 次。如果使用邻接表表示图时，该循环总的时间代价为 $d_0+d_1+\cdots+d_i+\cdots+d_{n-1}$ $(0\leqslant i\leqslant n-1)$，其中 d_i 为每个顶点邻接的边或弧数。因此，算法的时间复杂度为 $O(n+e)$。

但是，如果采用邻接矩阵表示图，对于每个要访问的结点，要检测矩阵中 n 个元素，时间复杂度为 $O(n^2)$。

7.4　最小生成树

连通图中的每一棵生成树，都是原图的一个极大无环子图。即从其中删除任何一条边，生成树就不连通；反之，加上任意一条新边，便会构成一个回路。

按照不同遍历算法，将得到不同生成树；从不同顶点出发，得到的生成树也会有所差异。对于一个带权图来说，不同生成树所对应的各边权值总值也不尽相同。那么，怎样构造一棵总权值最小的生成树呢？在许多实际应用中，会遇到类似问题。

例如：要在 n 个城市之间铺设光缆，主要目标是要使这 n 个城市的任意两个之间都可以通信，但铺设光缆的费用很高，且各个城市之间铺设光缆的费用不同；另一个目标是要使铺设光缆的总费用最低。这就需要找到带权的**最小生成树**，即代价最小的生成树。

按照定义，若一个连通网中有 n 个顶点，则其生成树中必含 n 个顶点、$n-1$ 条边。因此，**构造代价最下生成树的准则有三条**：

(1) 只能使用连通网中的边构造最小生成树；

(2) 只能使用 $n-1$ 条边来连接连通网中 n 个顶点；

(3) 选用的 $n-1$ 条边不能构成回路。

典型的构造最小生成树算法有 **Prim 算法**和 **Kruskal 算法**。在介绍这两个算法前，先介绍最小生成树的 **MST 性质**：假设 $N=(V,\{E\})$ 是一个连通网，U 是顶点集 V 的一个非空子集。若 (u,v) 是一条具有最小权值（代价）的边，其中 $u\in U, v\in V-U$，则必存在一棵包含边 (u,v) 的最小生成树。（用反证法证明，略）

Prim 算法和 Kruskal 算法都采用了贪心策略，即逐步找到 $n-1$ 条当前权值最小的边。

7.4.1 Prim 算法

Prim 算法的基本思想就是从一个顶点出发，通过与其最小代价的边，逐步拓展到图中所有顶点，从而生成其最小代价生成树。

比较严格的描述如下：

假设 $N=(V,\{E\})$ 是连通网，TE 是 N 上最小生成树中边的集合。从 $U=\{u_0\}(u_0\in V)$，TE$=\{\}$开始，重复执行下述操作：在所有 $u\in U, v\in V-U$ 的边 $(u,v)\in E$ 中找一条代价最小的边 (u_0,v_0) 并入集合 TE，同时 v_0 并入 U，直至 $U=V$ 为止。此时，TE 中必有 $n-1$ 条边，则 $T=(V,\{\text{TE}\})$ 为 N 的最小生成树。算法的构造过程如图 7-16 所示。

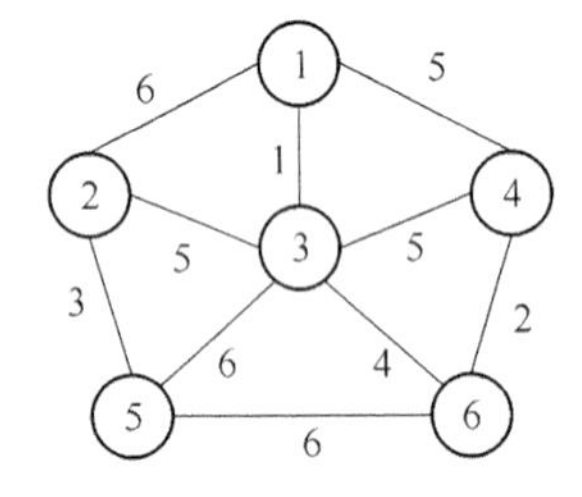

(a)U={1},V={2,3,4,5,6},TE={}

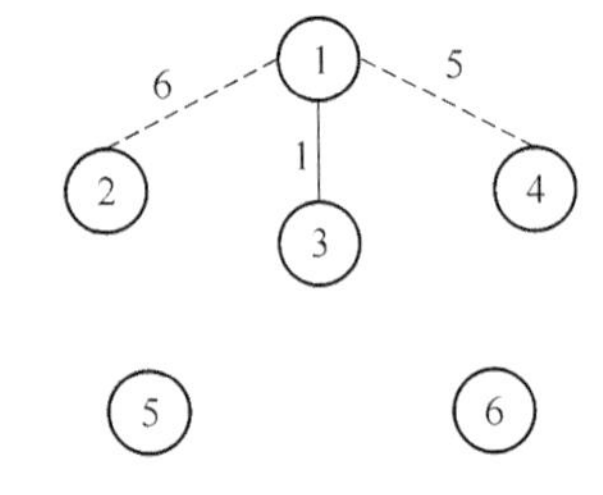

(b)从U中去顶点1,V中取顶点3,(1,3)代价最小,加入到TE中,修改相关代价。U={1,3},V={2,4,5,6}

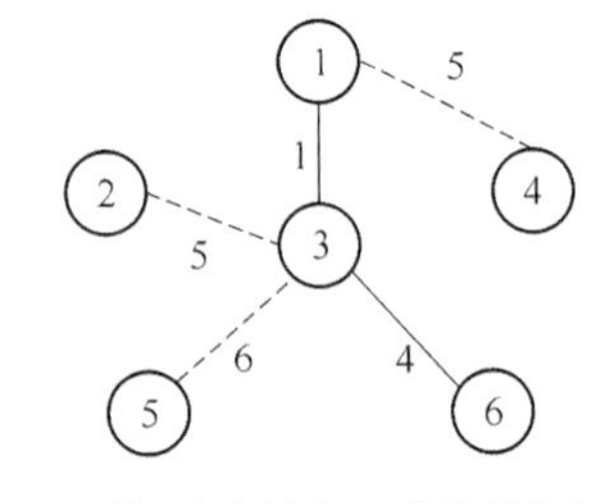

(c)从U中去顶点3,V中取顶点6,(3,6)代价最小,加入到TE中,修改相关代价。U={1,3,6},V={2,4,5}

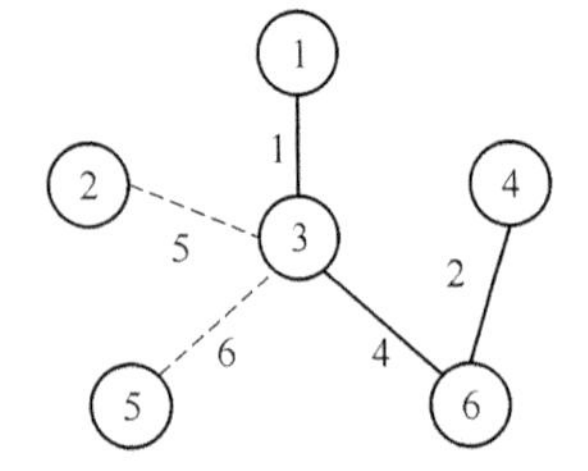

(d)从U中去顶点6,V中取顶点4,(6,4)代价最小,加入到TE中,修改相关代价。U={1,3,6,4},V={2,5}

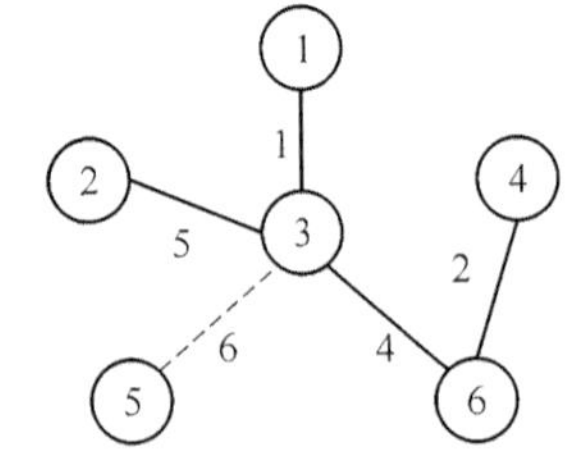

(e)从U中去顶点3,V中取顶点2,(3,2)代价最小,加入到TE中,修改相关代价。U={1,3,6,4},V={5}

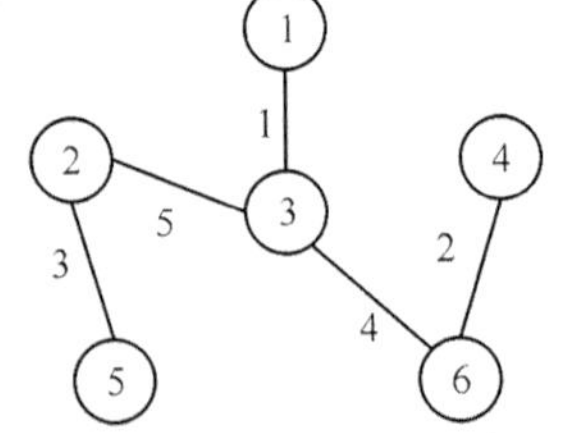

(f)从U中去顶点2,V中取顶点5,(2,5)代价最小,加入到TE中,修改相关代价。U={1,3,6,4,2,5},V={}。构造结束

图 7-16　Prim 算法构造最小生成树过程示意图

⚠Prim 算法构造最小生成树过程中将顶点分为两个集合：U 中顶点是已在最小生成树中的顶点，V—U 中顶点是尚未加入最小生成树的顶点，而当前代价最小的边(u,v)中的两个顶点必须一个在U中，另一个在 V—U 中。

在取得一个新的最小生成树顶点时，必要时必须要修正原有的连通分量上的边。例如，在图 7-16 中，当顶点 3 加入到最小生成树中，顶点 3 到 V 中各个顶点的边上权值如果小于原来顶点 1 到 V 中各个顶点的边上的权值，就用较小值替换原有值，即(3,2)替换(1,2)，(3,5)替换(1,5)，(3,6)替换(1,6)，显然，(3,6)＝4 代价最小，则产生新的最小生成树顶点 6；然后，就用顶点 6 出发的短边(6,4)代替之前的较长边(1,4)，显然(6,4)＝2 代价最小，则产生新的顶点 4。依次类推，直至 V 为空，或 TE 中已有 $n-1$ 条边位置。

为了记录连通边的修正过程，算法中引进一个辅助数组 closedge，数组中元素包括另个数据域 lowcost、vex，分别记录当前最小权值、所在边的一个已在最小生成树中的顶点序号。

辅助数组的类型定义如下所示：

```
typedef struct{
    int vex;                //存放边的一个顶点，vex 在已产生的最小生成树顶点集合中
    int lowcost;            //边的代价
}Closedge[DefaultVertices];   //存放最小代价的数组类型
Closedge closedge;
```

为了更好说明 Prim 算法思路，图 7-17 给出了在构造最小生成树过程中 closedge 的变化过程。

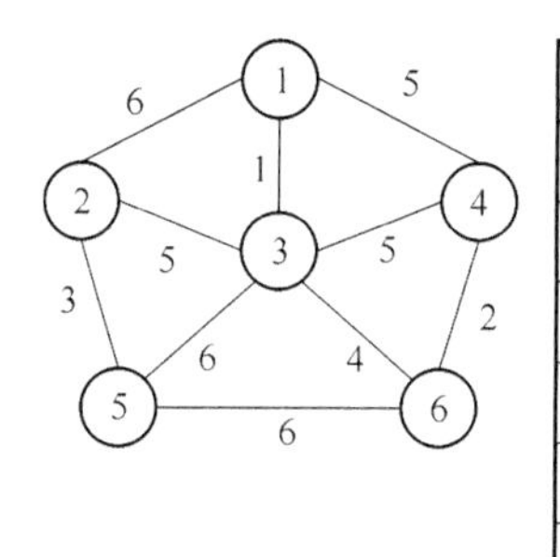

closedge \ v	2	3	4	5	6	U	$V-U$
vex lowcost	① 6	① **1**	① 5			{1}	{2,3,4,5,6}
vex lowcost	③ 5	0	① 5	③ 6	③ **4**	{1,3}	{2,4,5,6}
vex lowcost	③ 5	0	⑥ **2**	③ 6	0	{1,3,6}	{2,4,5}
vex lowcost	③ **5**	0	0	③ 6	0	{1,3,6,4}	{2,5}
vex lowcost	0	0	0	② **3**	0	{1,3,6,4,2}	{5}
vex lowcost	0	0	0	0	0	{1,3,6,4,2,5}	{}

图 7-17　closedge 数组在 Prim 算法中变化过程示例

在 Prim 算法中采用邻接矩阵作为图的存储结构。因此，可以直接利用 Graphmtx 类实现该算法(只需要在 Graphmtx 类中添加 Prim(T vertex)和 minimum()函数定义即可)。

▶▶▶ 算法思路

(1) 初始化从顶点 vertex(序号为 u)出发的各个连通边。

(2) 从第 i 个($i=0$)顶点开始，找出当前代价最小的边及顶点 k，输出最小边，并将 k 并入集合 U。同时，从 k 点出发，修正连通分量上边的值(用小值替换大值)。

(3)i 增 1，如果 i<numVertices－1，则重复(2)；否则，求解结束。

```
template<class T,class E>
void Graphmtx<T,E>::Prim(T vertex){//用 Prim 算法从第 u 个顶点出发构造网 G 的最小生成树 T,输
                                    出 T 的各条边
    int u = getVertexPos(vertex);
    if(u==-1){cout<<"error position!"<<endl;  return;}
    int i,j,k = u;
```

```
    for(j = 0;j<numVertices; ++ j){  //用邻接矩阵初始化从顶点 u 出发的各个连通边
        closedge[j].vex = u;    closedge[j].lowcost = GetWeight(k,j);
    }
    closedge[k].lowcost = 0;           //顶点自身除外
    for(i = 0;i<numVertices - 1; ++ i){//选择其余 numofVertices - 1 个顶点
        k = minimum();                 //取得代价最小的边
        cout<<"("<<VerticesList[closedge[k].vex]<<" --- "
          <<VerticesList[k]<<")"<< " ";
        closedge[k].lowcost = 0;       //第 k 顶点并入 U 集
        for(j = 0;j<numVertices; ++ j){
            if(Edge[k][j]<closedge[j].lowcost){//新顶点并入 U 后修正连通分量中的边
                closedge[j].vex = k;    closedge[j].lowcost = Edge[k][j];
            }
        }
    }
}
```

取得代价最小边的源代码如下所示：

```
template<class T,class E>
int Graphmtx<T,E>::minimum(){//求 closedge 中 lowcost 的最小正值,并返回其在数组中的序号
    int i = 0,j,k,min;
    while(i<numVertices&& !closedge[i].lowcost){ ++ i;}
    min = closedge[i].lowcost;  //第一个不为 0 的值
    k = i;
    for(j = i + 1;j<numVertices;j ++ ){
        if(closedge[j].lowcost>0&& min>closedge[j].lowcost){//用 k 保存最小代价
            min = closedge[j].lowcost;    k = j;
        }
    }
    return k;
}
```

现在，在 main 函数中添加调用函数 Prim 的源代码。验证函数的源代码如下所示：

```
void main(){
    Graphmtx<int,int>G;
    cin>>G;
    cout<<G;
    G.Prim(1);
}
```

原型图示：

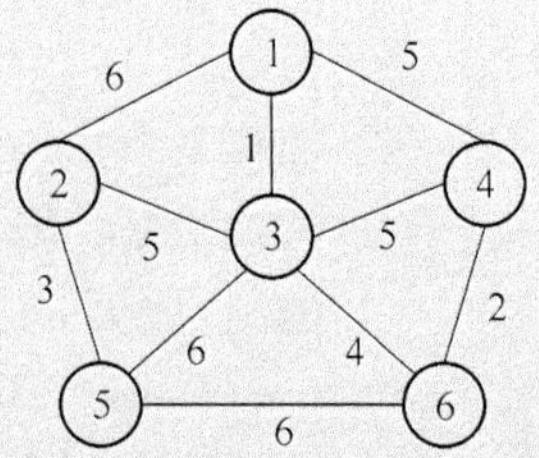

输入数据：

……

The graph has 6 vertexs,10 edges.

……

最小代价生成树的各条边为：

(1 --- 3)(3 --- 6)(6 --- 4)(3 --- 2)(2 --- 5)

算法分析

该算法需要依次找出 n 个最小生成树中的新结点(假设图中有 n 个顶点)，对于第 i 个找出的新结点，需要对剩余的 $n-1$ 顶点的边值进行比较或修正。因此，Prim 算法时间复杂度为 $O(n^2)$，与图中边数无关，因此，此算法适用于稠密图。

7.4.2　Kruskal 算法

克鲁斯卡尔(Kruskal)算法是一种按权值递增次序选择合适的边来构造最小生成树的方法。用该方法构造最小生成树的步骤如下所示：

(1) 假设连通图 $N=(V,\{E\})$，则令最小生成树的初始状态为只有 n 个顶点而无边的非连通图 $T=(V,\{\emptyset\})$，图中每个顶点自成一个连通分量。

(2) 在 E 中选择代价最小的边，若该边依附的顶点落在 T 中不同的连通分量上，则将此边加入到 T 中，否则舍去此边而选择下一条代价最小的边。依次类推，直至 T 中所有顶点都落在同一个连通分量为止。

图 7-18 给出了 Kruskal 算法构造一棵最小生成树的过程。

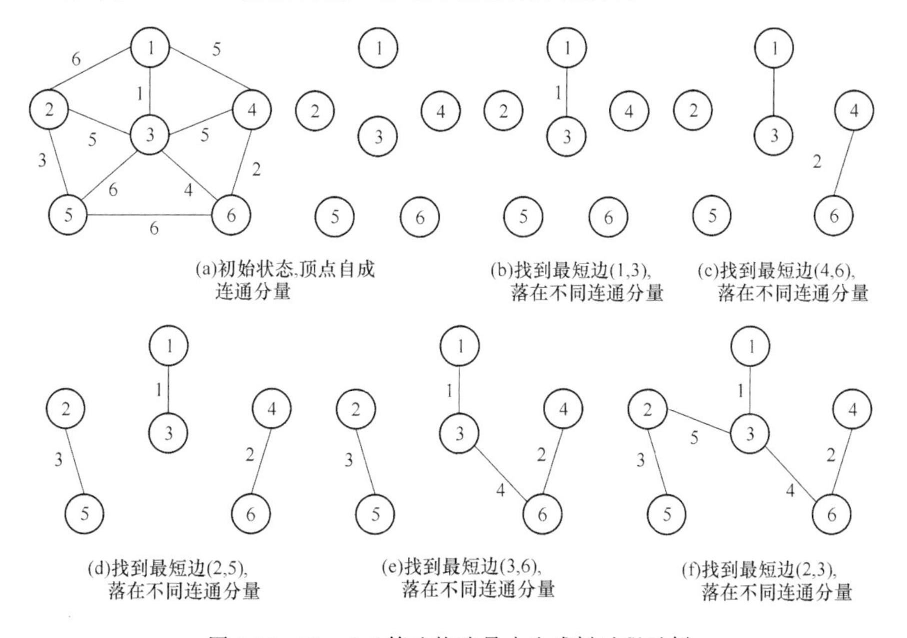

图 7-18　Kruskal 算法构造最小生成树过程示例

实现 Kruskal 算法的关键是如何判断选取的边是否与生成树中已保留的边形成回路，这可以通过判断边的两个定点所在的连通分量的方法来解决。

为此，设置一个辅助数组 vset[0..$n-1$]，用来判断两个顶点之间是否连通。vset[i]表示序号为 i 的顶点所属的连通子图的编号(当选中的不连通的两个顶点间的一条边时，它们分属的两个顶点集合按其中的一个编号重新统一编号)。当两个顶点的集合编号不同时，加入这两个顶点构成的边到最小生成树中就不会形成回路。

在实现 Kruskal 算法时，用一个 E 数组存放图中所有边(包括顶点信息和权值)，并要求它们按权值从小到大的顺序排列，初始的边集 E 数组从图的邻接矩阵中获取，并采用直接插入排序法对边集 E 按权值递增排序。

E 的类型 EdgeSet 定义如下所示：

```
template<class T,class E>
typedef struct{
    int vex1;      //定义一条边的两个顶点在邻接矩阵中的序号
    int vex2;
    E weight;      //边上权值
}EdgeSet;
```

在 Graphmtx 类中添加函数 Kruskal 算法和函数 InsertSort 算法，并添加两个辅助数组 *E* 和 vset，既可实现 Kruskal 算法。该算法的源代码如下所示：

```
template<class T,class E>
void Graphmtx<T,E>::Kruskal(){    //Kruskal 算法求解最小生成树
    int i,j,u,v,s1,s2,k = 0;
    int vset[DefaultVertices];
    EdgeSet E[DefaultVertices];
    for(i = 0;i<numVertices;i ++ ){//初始化各边信息(两个顶点及权值)
        for(int j = i + 1;j<numVertices;j ++ ){
            if(Edge[i][j] ! = 0&& Edge[i][j] ! = maxWeight){
                E[k].vex1 = i;    E[k].vex2 = j;    E[k].weight = Edge[i][j];k ++ ;
            }
        }
    }
    InsertSort(E);                    //将各边进行非降序排序
    for(i = 0;i<numVertices;i ++ ){vset[i] = i;} //初始状态,各顶点自成连通分量
    k = 1;    j = 0;
    while(k<numVertices){//将代价最小的 numVertices - 1 条边落在不同连通分量上
        u = E[j].vex1;v = E[j].vex2;s1 = vset[u];s2 = vset[v];
        if(s1 ! = s2){    //若最小边不在同一个连通分量上,则连接该边
            cout<<"("<<VerticesList[u]<<","<<VerticesList[v]<<"):"  <<E[j].weight;
            ++ k;
            for(i = 0;i<numVertices;i ++ ){//在已有的连通分量加入该边
                if(vset[i] = = s2){vset[i] = s1;}
            }
        }
        ++ j;
    }
}

template<class T,class E>
void Graphmtx<T,E>::InsertSort(EdgeSet E[ ]){//对所有边进行直接插入排序
    int i,j;
    EdgeSet temp;   cout<<endl;
    for(i = 1;i<numEdges;i ++ ){
        temp = E[i];    j = i - 1;
        while(j > = 0&& temp.weight<E[j].weight){
            E[j + 1] = E[j];    -- j;
        }
        E[j + 1] = temp;
    }
}
```

算法分析

该算法需要依次找出 $n-1$ 条按权值从小到大顺序排列的新边来构造最小生成树(假设图中有 n 个顶点)，因此，对图中所有边权值排序的算法效率决定这 Kruskal 算法的效率。本算法中，采用直接插入排序方法，对于 e 条边的图来说需要的时间复杂度为 $O(e^2)$，顶点集合的修正需要 $O(n^2)$。

因此，此算法适用于稀疏图。此外，该算法所需的辅助空间要大于 Prim 算法所需的辅助空间。

现在，在 main 函数中添加调用函数 Kruskal 的源代码。验证函数的源代码如下所示：

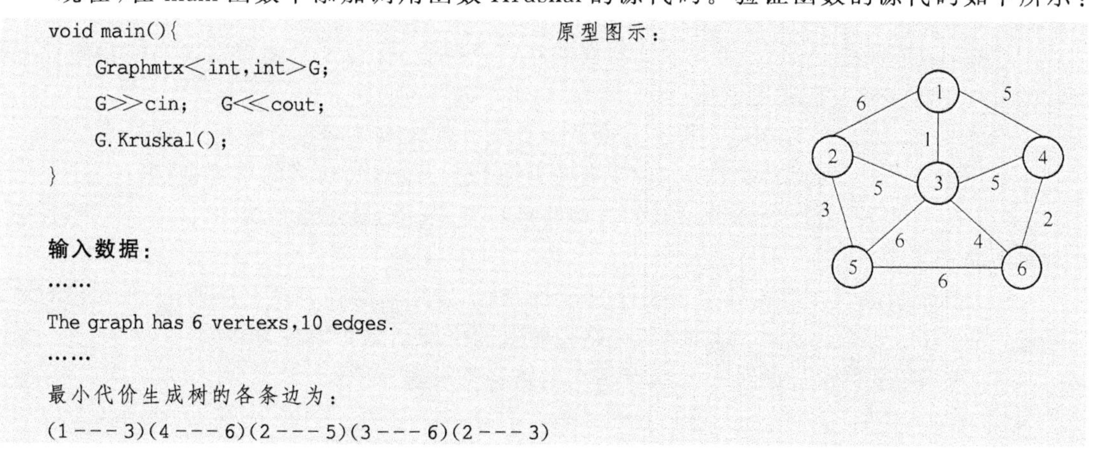

```
void main(){
    Graphmtx<int,int>G;
    G>>cin;   G<<cout;
    G.Kruskal();
}
```

原型图示：

输入数据：

……

The graph has 6 vertexs,10 edges.

……

最小代价生成树的各条边为：

(1---3)(4---6)(2---5)(3---6)(2---3)

7.5　最短路径

7.5.1　路径的概念

在一个无权图中，若从一个顶点到另一个顶点存在一条路径，称该路径上所经过的边或弧数目为该路径长度，等于该路径上的顶点数减 1。由于从一个顶点到另一个顶点可能存在多条路径，每条路径上所有经过的边或弧数可能不同，即路径长度不同，把路径长度最短(即经过的边或弧最少)的那条路径称为**最短路径**，其路径长度称为**最短路径长度或最短距离。**

对于带权的图，考虑到路径上边或弧上的权值，通常把一条路径上经过的边或弧的权值之和定义为**带权路径长度**。从源点到终点可能不止一条路径，把带权路径长度最短的那条路径称为最短路径，其带权路径长度最短的称为最短路径长度或**最短路径**。

求图的最短路径的两个问题是求图中某一顶点到其余各顶点的最短路径和图中每对顶点之间的最短路径。

7.5.2　从一个顶点到其余各顶点的最短路径

Dijkstra 算法是由荷兰计算机科学家 Edsger Wybe Dijkstra 提出的，是经典的求单源最短路径的算法：假设从顶点 v 出发，找出其到其余各个顶点的最短路径。首先，求出长度最短路径(v,j)；然后，经过 j 点更新 v 到其余各个顶点的路径，找到长度次短的一条最短路径；依此类推，直到求出从顶点 v 出发到所有顶点的最短路径为止。很明显，Dijkstra 算法是一个按路径长度的递增次序，逐步产生最短路径的算法。

假设一个辅助向量 dist，它的每个分量 dist[i]表示当前所找到的、从始点 v 到每个终点 v_i

的最短路径的长度。它的初态为：若从 v 到 v_i 有弧，则 dist[i]为弧上的权值；否则置dist[i]为一个无穷大值。那么，长度为 dist[j]=min{D[i]|$v_i \in V$}的路径就是从 v 出发的一条最短路径(v,v_j)。假设下一个最短路径的终点是 v_k，那么这条最短路径是 min{(v,v_k),(v,v_j,v_k)}。

Dijkstra 算法的正确性可以用反证法加以证明。假设 S 为已求最短路径的终点的集合，x 为下一条最短路径的终点。那么，这条最短路径或是(v,x)，或是中间只经过 S 中的顶点而最后到达顶点 x 的路径。如果，此条路径上有一个或多个顶点不在 S 中，那么也必定存在另外的终点，它不在 S 中，但路径长度比此路径长度更短，这就与按路径长度递增顺序产生最短路径的前提矛盾，所以，假设不成立。

显然，Dijkstra 算法的关键是求出最短路径终点集合 S，而 S 是随着每条当前最短路径形成的过程中逐步建立起来的。

?想一想，为什么 Dijkstra 算法不适用于负值边权的最短路径求解？

根据以上分析，可以得到图 7-19(路径中顶点以序号标识)所示的求解过程：

(1) 从 v_0 出发，获取到各个顶点的直接路径长度；其中，最短路径为 10(v_0,v_2)，将 v_2 加入到最短路径集合 S 中。

(2) 其余各条直接路径如果大于经过 v_2 的路径，则用短路径替换。例如，v_0 到 v_3 没有直接路径，则可以用 60(v_0,v_2,v_3)替换(切记路径经过的中间顶点必须在 S 中)。

(3) 重复(1)和(2)，直到 v_0 到所有顶点的路径都求解完毕。

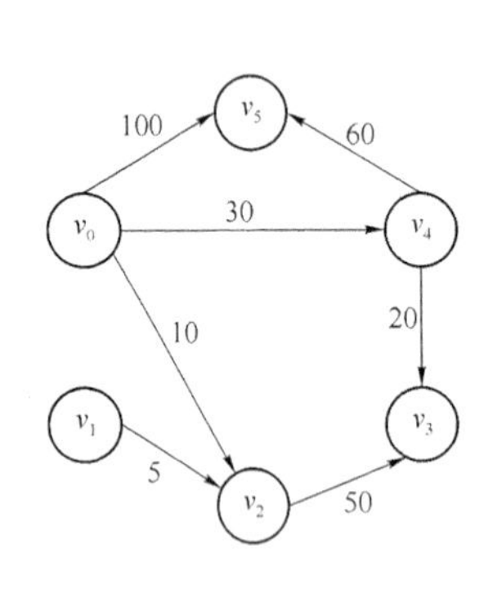

终点	i=1	i=2	i=3	i=4	i=5
v_1	∞	∞	∞	∞	∞
v_2	**10 (0,2)**				
v_3	∞	60 (0,2,3)	**50 (0,4,3)**		
v_4	30 (0,4)	**30 (0,4)**			
v_5	100 (0,5)	100 (0,5)	90 (0,4,5)	**60 (0,4,3,5)**	
v_j	v_2	v_4	v_3	v_5	
S	{0,2}	{0,2,4}	{0,2,4,3}	{0,2,4,3,5}	

图 7-19　单源最短路径求解过程示例

以上的单源最短路径的求解过程侧重计算最短路径值。如果需要求出最短路径，可增加辅助数组 *path*，记录最短路径中前一顶点的序号。

图 7-19 求解过程中各个辅助数组的变化如表 7-2 所示。

表 7-2　Dijkstra 算法中各辅助数组的变化

选取	顶点 2			顶点 3			顶点 4			顶点 5		
重点	S	dist	path	S	dist	path	S	dist	path	S	dist	path
初始	0	10	0	0	∞	−1	0	30	0	0	100	0
1	1	10	0	0	60	2	0	30	0	0	100	0
2	1	10	0	0	50	4	1	30	0	0	90	4
3	1	10	0	1	50	4	1	30	0	0	60	3
4	1	10	0	1	50	4	1	30	0	1	60	3

从表 7-2 中可以读出源点 0 到终点 v 的最短路径。以顶点 5 为例，path[5]=3→path[3]=4→path[4]=0。从源点到终点的路径与此序列相反，因此，得到的路径为 0→4→3→5，即源点 v_0 到终点 v_5 的最短路径长度 dist[5]=60。

Dijkstra 算法的实现过程需要多次路径的比较与更新，因此，用邻接矩阵能直接取出两个顶点的路径值；图中的顶点要么在 S 中，要么不在 S 中，因此，用个 S 数组记录顶点的状态（$S[v]=0$ 说明顶点 v 不在最短路径终点集合 S 内，$S[v]=1$ 则说明顶点 v 不在 S 中）。

算法思路

(1) 用带权的邻接矩阵来表示带权的有向图，Edge[i][j]表示弧 $\langle v_i, v_j \rangle$ 上的权值，若弧 $\langle v_i, v_j \rangle$ 不存在，可用自定义的最大值代替；S 为已找到从 v 出发的最短路径的终点的集合，它的初始状态为空集；那么从 v 到其余 v_i 可能达到的最短路径长度的初始值为：

$$\text{dist}[i]=\text{Edge}[v][i], \qquad v_i \in V$$

(2) 选择 v_j，使得 $\text{dist}[j]=\min\{\text{dist}[i] \mid v_i \in V-S\}$，$v_j$ 是当前一条从 v 出发的最短路径的终点。令 $S=S\cup\{j\}$，可以用一个辅助数组 S 表示。若 $S[j]=1$，则说明顶点 v_j 是当前一条从 v 出发的最短路径的终点，即已并入最短路径上顶点的集合 S。

(3) 修改从 v 出发到集合 $V-S$ 上任一顶点 v_k（final[k]=0）可达的最短路径。

如果 $\text{dist}[j]+\text{Edge}[j][k]<\text{dist}[k]$，那么 $\text{dist}[k]=\text{dist}[j]+\text{Edge}[j][k]$

(4) 重复(2)、(3)共 $n-1$ 次。由此可求得从 v 到图上其余各顶点的最短路径长度递增的序列。

利用图的邻接表求 Dijkstra 算法，只需要在 Graphmtx 类中添加一个 ShortesPath 函数即可。其实现源代码如下所示：

```
template<class T,class E>
void Graphmtx<T,E>::Dijkstra(const int v){//Dijkstra 算法求顶点 v 到其余各顶点的关键路径
    int S[DefaultVertices],dist[DefaultVertices],i,path[DefaultVertices],u;
    for(int i = 0;i<numVertices;i++){        //各顶点最短路径及值初始化
        dist[i] = Edge[v][i];
        S[i] = 0;                             //最短路径顶点集合初始化
        if(i != v&& dist[i]<maxWeight){path[i] = v;} //最短路径初始化
        else{path[i] = -1;}
    }
    S[v] = 1;                                 //v 归并到最短路径集合
    for(i = 0;i<numVertices - 1;i++){
        int min = maxWeight;
        for(int j = 0;j<numVertices;j++){//找出当前最短路径顶点
            if(!S[j]&& dist[j]<min){
                u = j;    min = dist[j];
            }
        }
        S[u] = 1;                             //u 归并到最短路径集合
        for(int w = 0;w<numVertices; ++w){ //经过 u 顶点更新当前路径
            if(!S[w]&& Edge[u][w]<maxWeight&& dist[u] + Edge[u][w]<dist[w]){
                dist[w] = dist[u] + Edge[u][w];   path[w] = u;
            }
        }
    }
```

```
    for(i = 0;i<numofVertices; ++ i){//输出最短路径
        if(i! = v){
            cout<<i<<"("<<VerticesList[i]<<":"<<dist[i]<<") --->";
            for(u = path[i];u ! = - 1;u = path[u]){
                cout<<u<<"("<<VerticesList[u]<<") --->";
            }
        }
    }
}
```

现在，在 main 函数中添加调用函数 Dijkstra 的源代码。验证函数的源代码如下所示：

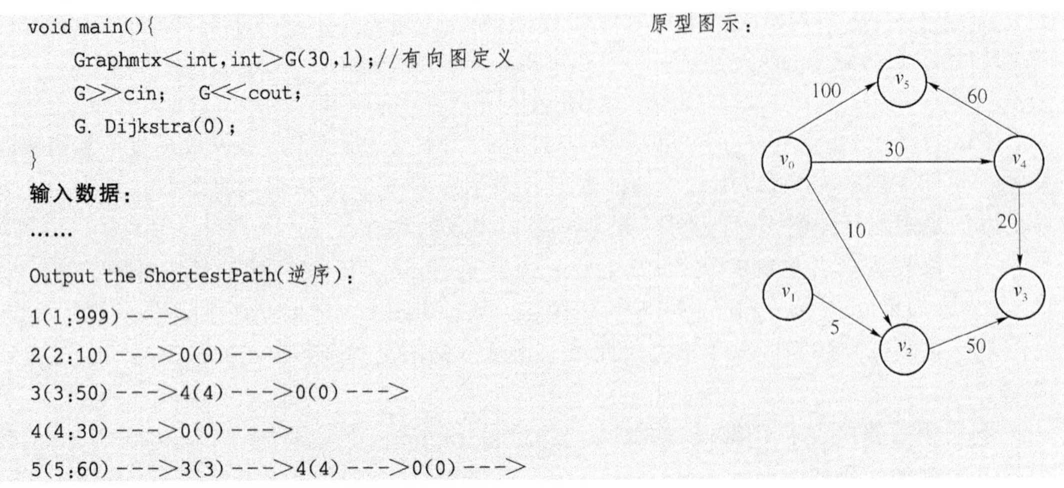

```
void main(){
    Graphmtx<int,int>G(30,1);//有向图定义
    G>>cin;   G<<cout;
    G. Dijkstra(0);
}
输入数据：
……
Output the ShortestPath(逆序)：
1(1:999) --->
2(2:10) --->0(0) --->
3(3:50) --->4(4) --->0(0) --->
4(4:30) --->0(0) --->
5(5:60) --->3(3) --->4(4) --->0(0) --->
```


⑦从算法的演示结果可以看出，从顶点 0 到其余各个顶点的最短路径是一个由终点到源点的倒序序列。那么，如何得到从源点到终点的正序序列？

算法分析

Dijkstra 算法包括了三个并列的 for 循环：第一个 for 是辅助数组初始化，其时间复杂度为 $O(n)$；第二个 for 是个两重嵌套循环，每个顶点都要对 S 内的顶点进行检测，对集合 $V-S$ 中的顶点进行修改，故其时间复杂度为 $O(n^2)$；第三个 for 是输出每个顶点最短路径，时间复杂度为 $O(n^2)$。

因此，该算法总的时间复杂度为 $O(n^2)$，且只适用于正值边权。

7.5.3 每对顶点之间的最短路径

重复执行 Dijkstra 算法 n 次，就可求得每一对顶点之间的最短路径及最短路径长度，总的执行时间为 $O(n^3)$。

下面介绍的 Floyed 算法，虽然它的时间复杂度也是 $O(n^3)$，但其算法的形式更为直接。

图 7-20 是 Floyd 算法求解最短路径的一个示例。

Floyd 算法是一种递推、动态规划算法。假设有向图 $G=(V,E)$ 采用邻接矩阵存储图的顶点和边的信息，另外需要设置一个二维数组 D 用于存放当前顶点之间的最短路径长度，分量 $D[i][j]$ 表示当前顶点 v_i 到顶点 v_j 的最短路径长度。

Floyd 算法的基本思想是递推产生一个矩阵序列 $\boldsymbol{D}^{(0)},\boldsymbol{D}^{(1)},\cdots,\boldsymbol{D}^{(n-1)}$，其中 $\boldsymbol{D}^{(k)}[i][j]$ 表示从顶点 v_i 到顶点 v_j 的路径上所经过的顶点编号不大于 k 的最短路径长度。

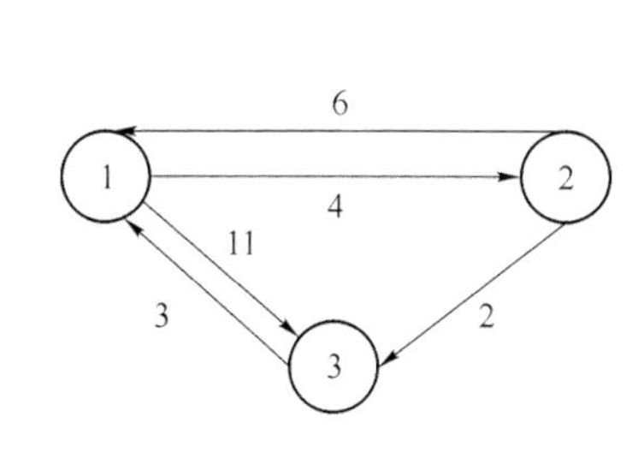

D	初始			插入顶点1			插入顶点2			插入顶点3		
	1	2	3	1	2	3	1	2	3	1	2	3
1	0	4	11	0	4	11	0	4	**6**	0	4	6
2	6	0	2	6	0	2	6	0	2	**5**	0	2
3	3	∞	0	3	**7**	0	3	7	0	3	7	0
path												
	1	2	3	1	2	3	1	2	3	1	2	3
1	-1	-1	-1	-1	-1	-1	-1	-1	**2**	-1	-1	2
2	-1	-1	-1	-1	-1	-1	-1	-1	-1	**3**	-1	-1
3	-1	-1	-1	-1	**1**	-1	-1	1	-1	-1	-1	-1

图 7-20 Floyd 算法求解过程中顶点间最短路径求解过程示例

在图 7-20 中，$\boldsymbol{D}^{[0]}$为初始邻接矩阵；用顶点 1 更新后的路径体现在 $\boldsymbol{D}^{[1]}$中，顶点 3 到顶点 2 的路径经过顶点 1 更新到最短；用顶点 2 更新后的路径体现在 $\boldsymbol{D}^{[2]}$中，顶点 1 到顶点 3 的路径经过顶点 2 更新到最短；用顶点 3 更新后的路径体现在 $\boldsymbol{D}^{[3]}$中，顶点 2 到顶点 1 的路径经过顶点 3 更新到最短。

算法思路

(1)先定义 $n+1$ 个 n 阶方阵序列：$\boldsymbol{D}^{(-1)}, \boldsymbol{D}^{(0)}, \boldsymbol{D}^{(1)}, \cdots, \boldsymbol{D}^{(k)}, \boldsymbol{D}^{(n-1)}$ 其中：$\boldsymbol{D}^{(-1)}[i][j]$是初始方阵，且 $\boldsymbol{D}^{(-1)}[i][j]=\text{Edge}[i][j]$。

(2)$\boldsymbol{D}^{(1)}[i][j]$是从 v_i 到 v_j 的中间顶点的序号不大于 1 的最短路径的长度；$\boldsymbol{D}^{(k)}[i][j]=\min\{\boldsymbol{D}^{(k-1)}[i][j], \boldsymbol{D}^{(k-1)}[i][k]+\boldsymbol{D}^{(k-1)}[k][j]\}$。

从上述公式可见，$\boldsymbol{D}^{(k)}[i][j]$是从 v_i 到 v_j 的中间顶点的序号不大于 k 的最短路径的长度；$\boldsymbol{D}^{(n-1)}[i][j]$就是从 v_i 到 v_j 的最短路径的长度。

为了记录顶点之间最短路径，设置一个二维数组 path，path[i][j]的值为当前路径更新时中间顶点的序号，path 的初始值为所有二维数组元素值等于−1。当中间为顶点 1 时，顶点 3 到顶点 2 的值更新为 7，因此，path[2][1]=1。

在实现 Floyd 算法时，需要在类 Graphmtx 中添加三个函数：Floyd 函数、Ppath 函数以及 Dispath 函数。后两个函数是求解顶点之间的路径。具体的算法实现代码如下所示：

```
template<class T,class E>
void Graphmtx<T,E>::Floyd(){//Floyd 算法求顶点 v 到其余各顶点的关键路径
    int D[DefaultVertices][DefaultVertices],path[DefaultVertices][DefaultVertices];
    int i,j,k;
    for(i = 0;i<numVertices; ++ i){
        for(j = 0;j<numVertices; ++ j){//初始化方阵序列和路径
            D[i][j] = Edge[i][j];   path[i][j] = - 1;
        }
    }
    for(k = 0;k<numVertices; ++ k){      //用穷举法更新方阵序列和路径
        for(i = 0;i<numVertices; ++ i){
            for(j = 0;j<numVertices; ++ j){
```

```
                    if(D[i][j]>D[i][k] + D[k][j]){
                        D[i][j] = D[i][k] + D[k][j];path[i][j] = k;
                    }
                }
            }
        }
        Dispath(D,path,numVertices);        //显示最短路径
    }

    template<class T,class E>
    void Graphmtx<T,E>::Dispath(int D[ ][DefaultVertices],int path[ ]
      [DefaultVertices],int n){              //最短路径求解
        int i,j;
        for(i = 0;i<n;i ++ ){
            for(j = 0;j<n;j ++ ){
                if(D[i][j] == maxWeight){
                    if(i != j){
                        cout<<"从顶点 "<<VerticesList[i]<<" 到顶点 "  <<VerticesList[j]
                              <<"没有路径!"<<endl;
                    }
                }
                else{
                    if(i != j){
                        cout<<"从顶点 "<<VerticesList[i]<<" 到顶点 "  <<VerticesList[j]
                              <<"的最短路径长度为:"<<D[i][j]<<"(";
                        cout<<VerticesList[i]<<"--->";
                        Ppath(path,i,j);//递归算法,求解源点到终点之间所有中间顶点
                        cout<<VerticesList[j]<<")"<<endl;
                    }
                }
            }
        }
    }

    template<class T,class E>
    void Graphmtx<T,E>::Ppath(int path[ ][DefaultVertices],int i,int j){    //输出最短路径
        int k = path[i][j];
        if(k == -1){
            return;
        }
        Ppath(path,i,k);   cout<<VerticesList[k]<<"--->";   Ppath(path,k,j);
    }
```

算法分析

Floyd 算法是一种动态规划算法,稠密图效果最佳,边权可正可负。此算法简单有效,由于三重循环结构紧凑,对于稠密图,效率要高于执行 Dijkstra 算法。算法容易理解,可以算出任意两个节点之间的最短距离,代码编写简单。

但算法时间复杂度为 $O(n^3)$,不适合顶点过多的图的计算;此外,图中不允许有包含带负权值的边组成的回路。

7.6　DAG 及其应用

一个无环回路的有向图称为有向无环图(directed acycline graph,DAG 图)。DAG 图是一类比有向树更一般的特殊有向图。图 7-21 给出了有向树、DAG 图以及有向图的例子。

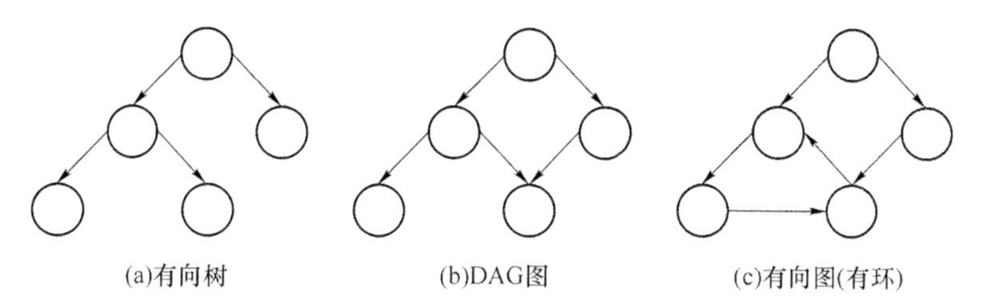

图 7-21　有向树、DAG 图和有向图示例

有向无环图是描述一项工程或系统进行过程的有效工具。除简单情况外,几乎所有的工程都可以分成若干个称作活动的子工程,而这些子工程相互之间又互相制约(如,某些子工程必须在另外一些子工程完成后才可以开始),因此,**对整个工程来说,关心的是两个问题**:一是工程能否顺利进行;二是估算整个工程完成所需的最短时间。

7.6.1　AOV 网络与拓扑排序

若用顶点表示活动,用弧表示有向图中活动间的先后顺序,则这种用顶点表示活动的有向图称为 AOV 网(Activity On Vertex Network)。

在 AOV 网中,若从顶点 i 到顶点 j 之间存在一条有向路径,称顶点 i 是顶点 j 的前驱或顶点 j 是顶点 i 的后继。若 $<i,j>$ 是图中的弧,则称顶点 i 是顶点 j 的直接前驱或顶点 j 是顶点 i 的直接后继。表 7-3 和图 7-22 所示的 AOV 网中的弧表示了活动之间存在的制约关系。

表 7-3 中 C_1 是 C_2、C_3、C_4、C_{10}、C_{11} 以及 C_{12} 的先行课程(后 6 门课程是 C_1 的后续课程),只有完成了 C_1 课程的学习,才能学习它的后续课程。课程能顺利修完的前提条件是图 7-22 所示的 AOV 网中没有回路,即无环。

表 7-3　课程网中课程之间的制约关系

课程编号	课程名称	先修课程
C_1	程序设计基础	无
C_2	离散数学	C_1
C_3	数据结构	C_1　C_2
C_4	汇编语言	C_1
C_5	语言的设计和分析	C_3　C_4
C_6	计算机原理	C_{11}
C_7	编译原理	C_3　C_5
C_8	操作系统	C_3　C_6
C_9	高等数学	无
C_{10}	线性代数	C_9
C_{11}	普通物理	C_9
C_{12}	数值分析	C_1　C_9　C_{10}

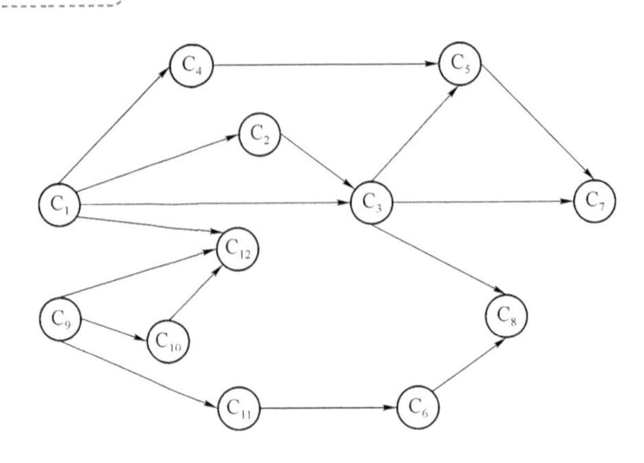

图 7-22　一个 AOV 实例

检测有向环是对 AOV 网构造它的拓扑有序序列。由某个集合上的一个偏序得到该集合上的一个全序，这个操作称为**拓扑排序**。拓扑排序后得到的序列为**拓扑排序序列**。

如果对 AOV 网进行拓扑排序，网中所有的顶点都在拓扑排序序列中，则 AOV 网必无环；否则，AOV 网中必定存在环或回路。图 7-22 中的拓扑排序序列有(一个 AOV 网拓扑排序序列并不唯一，在此，只列举两个)：$C_1 \to C_2 \to C_3 \to C_4 \to C_9 \to C_{10} \to C_{11} \to C_{12} \to C_5 \to C_6 \to C_7 \to C_8$；$C_1 \to C_9 \to C_{10} \to C_{12} \to C_{11} \to C_6 \to C_2 \to C_4 \to C_3 \to C_8 \to C_5 \to C_7$

进行拓扑排序的步骤如下所示：

(1) 在 AOV 网中选一个没有前驱的顶点且输出之，即该顶点入度为 0。

(2) 从图中删除该顶点和所有以它为尾的弧。

(3) 重复上述两步，直至全部顶点均已输出；或者当前图中不存在无前驱的顶点为止(图中有环)。反之，则说明图中有环。

图 7-23 给出了一个按上述步骤进行拓扑排序的实例。

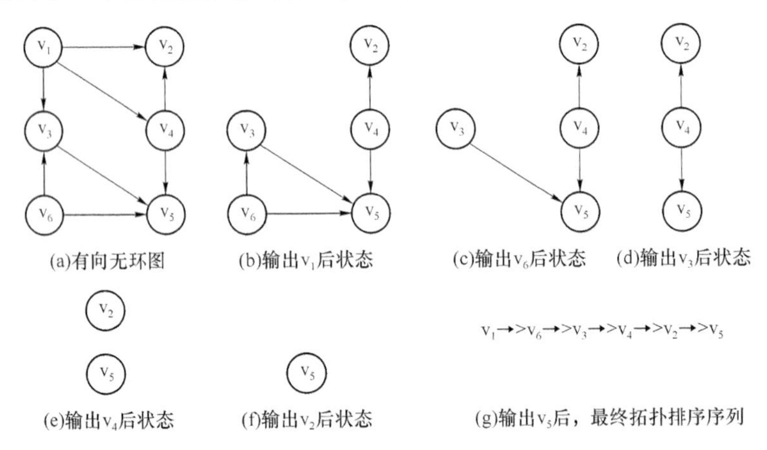

图 7-23　一个有向图拓扑排序实例

顶点的入度在拓扑排序的过程中时常发生变化，只有入度为 0 的顶点才能排序输出。因此，需要引入一个辅助数组来记录每个顶点的入度变化值。进一步，拓扑排序中入度修改的操作实际上是删除弧的操作(即删除弧结点)，因此，采用图的邻接表表示效率较高，也就可以在顶点结点中增加一个记录顶点的数据域，而无须额外添加一个辅助数组(即顶点结点中除了 data 数据域和 adj 指针域外，再增加一个数据域 indegree)。

```
template<class T,class E>
struct Vertex{
    T data;                    //顶点信息
    int indegree;              //顶点的入度
    Edge<T,E> * adj;           //指向第一个邻接点的指针
};//顶点结构
```

此外，为了避免每次扫描图的邻接表结构搜寻入度为 0 的顶点。可以采用栈或队列存储入度为 0 的顶点，一是因为存取比较方便；二是因为顶点在插入或删除时无须移动其他顶点。在此，采用栈作为 TopoSort 排序的辅组存储结构。

当采用栈记录入度为 0 的顶点时，拓扑排序算法的源代码描述如下所示：

```
template<class T,class E>
bool Graph<T,E>::TopoSort(){//若有向图无回路，则输出图的拓扑序列并返回 true，否则返回 false
    int i,k,count = 0;   Edge<T,E> * p;   int stack[20],top = - 1;//定义一个顺序栈
    for(i = 0;i<numOfVertices; ++ i){//所有入度为 0 的顶点进栈
        if(!NodeTable[i].indegree){stack[ ++ top] = i;}
    while(top! = - 1){                    //当零入度顶点栈 stack 不空
        i = stack[top -- ];               //一个入度为 0 的顶点 i 出栈
        cout<<NodeTable[i].data;   ++ count;//输出拓扑排序中一个顶点序号，计数器增 1
        for(p = NodeTable[i].adj;p;p = p->link){//查找 i 有弧关系的顶点 k
            k = p->dest;
            if(! (-- NodeTable[k].indegree)){//如果 k 的入度减 1 后为 0，则进栈
                stack[ ++ top] = k;
            }
        }
    }
    if(count<numOfVertices){cout<<"此有向图有回路，拓扑排序失败\n";   return false;}
    else{cout<<"为一个拓扑序列。\n";return true;}
}
```

在测试拓扑排序算法时，首先在图的邻接表 Graph 类中添加 TopoSort 函数；然后，在 main 函数中添加调用函数 TopoSort 的源代码。验证函数的源代码如下所示：

```
void main(){
    Graph<char,int>G(1);//定义一个有向图
    int n,e;
    cout<<"input the number of vertex:"<<endl;   cin>>n;
    cout<<"input the number of Edge:"<<endl;   cin>>e;
    G.CreateGraph(n,e);
    G.Print();G.TopoSort();
}
```

原型图示：

输入数据：

……

613425 为一个拓扑序列(邻接表中结点序号从大到小排列)

最终拓扑序列输出结果与建邻接表时数据的输入次序、进/出栈的顺序有关。

算法分析

分析此拓扑排序算法可知，如果 AOV 网有 n 个顶点、e 条边，在拓扑排序过程中，搜索入度为 0 的顶点进栈的时间复杂度为 $O(n)$。在正常情况下，AOV 网中每个顶点进栈一次，出栈一次，共输出 n 次。顶点入度减 1 的运算共执行 e 次。因此，此算法的总的时间复杂度为 $O(n+e)$。

从算法执行过程可以看出，顶点的入度为 0 后，该入度数据域就不起任何作用。因此，可以把此数据域作为栈来使用，这就无序另外开辟一个栈来存放入度为 0 的顶点了。具体的实施措施是：

（1）入栈：当某个顶点的入度域为 0，栈顶指示器 top 存放该顶点序号，用度为 0 的数据域存放下一个入度为 0 的顶点序号。

（2）出栈：top 指示的顶点出栈，top 重新指向原 top 指示的顶点入度域中存放的下一个该出栈的顶点的序号。

?能根据描述写出入/出栈的具体语句吗？

7.6.2 AOE 网络与关键路径

与 AOV 网密切相关的另一种网络是 AOE 网。**如果在有向无环带权图中用弧表示一个工程中各个活动，用弧上权值表示活动的持续时间，用顶点代表事件，则这样的带权有向图称为 AOE 网**（Activity On Edges Network）。

在 AOE 网表示的工程中，只有一个起始点，称之为**源点**（该顶点的入度为 0）；一个终点，称之为汇点（该顶点的出度为 0）。通过 AOE 网需要解决的工程问题是：

（1）完成整项工程至少需要多少时间？

（2）哪些活动是影响工程进度的关键？

由于在 AOE 网中有些活动可以并行地进行，所以完成工程的**最短时间**是从开始点到完成点的最长路径的长度（路径上各活动持续时间之和）。路径长度最长的路径叫作**关键路径**。假设开始点是 v_1，从 v_1 到 v_i 的最长路径长度叫作事件 v_i 的最早发生时间，这个时间决定了所有以 v_i 为尾的弧所表示的活动的**最早开始时间**。用 $e(i)$ 表示活动 a_i 的最早开始时间，$l(i)$ 为一个活动的最迟开始时间，这是在不推迟整个工程完成的前提下，活动 a_i 最迟必须开始进行的时间。两者之差 $l(i)-e(i)$ 意味着完成活动 a_i 的时间余量。$l(i)=e(i)$ 的活动叫做**关键活动**。求解关键路径的算法称为**关键路径算法**（Critical Path Algorithm）。

!关键路径上的所有活动都是关键活动，提前完成非关键活动（不在关键路径的活动）并不能加快工程的进度。

图 7-24 是一个 AOE 网络及其邻接表表示（在原有的顶点结构中增加了入度域）。其中，顶点 1 是源点，顶点 6 是汇点。

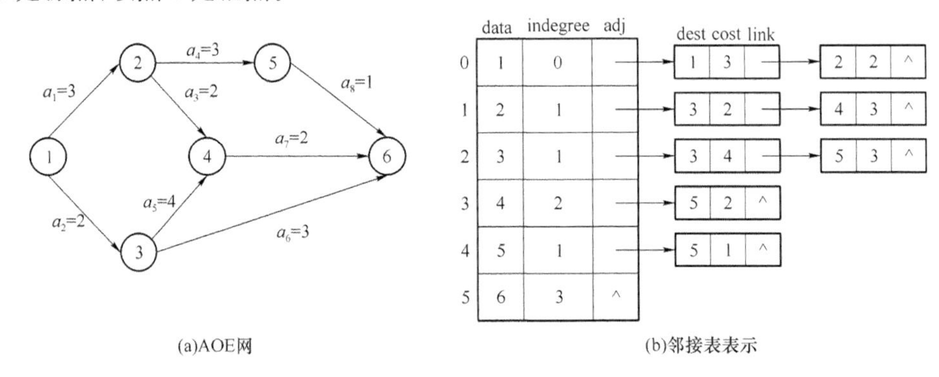

图 7-24　一个 AOE 网实例

根据关键活动定义，要判断 AOE 中各个活动 a_i（$1 \leqslant i \leqslant e$，$e$ 是 AOE 网中弧的个数）是否为关键活动，则必须求出其 $e(i)$ 和 $l(i)$，若 $e(i)=l(i)$，则是 a_i 关键活动。要计算 $e(i)$，就必须

知道事件 v_j 的最早发生时间(a_i 是顶点 v_j 指向顶点 v_k 的一条弧)Ve,则 $Ve(j)=e(i)$;要计算 $l(i)$,就必须先计算 v_k 的最迟发生时间 Vl(k),则 $Vl(k)=l(i)$。

只有在当前事件发生后(活动开始),活动结束后,下一事件(后继结点)才能发生,因此,事件的最早发生时间 Ve 可在拓扑排序过程中计算;相反,由于汇点的最早发生时间和最迟发生时间相等,计算事件的最迟发生时间应是从汇点到源点往后递推,即在拓扑逆排序过程中计算事件的最迟发生时间。

下面给出 Ve 的递推公式(用辅助数组 Ve 存放各个顶点的最早发生时间):

(1) 从源点出发,令 Ve[0]=0。

(2) 按拓扑有序序列向前递推求其余各顶点的可能最早发生时间:$Ve(k)=\max\{ve(j)+dut(<j,k>)\}$,其中,dut 为弧上权值;$j\in T$,$T$ 是以顶点 v_k 为尾的所有弧的头顶点的集合($1\leqslant k\leqslant n-1$)。

(3) 如果得到的拓扑有序序列中顶点的个数小于网中顶点个数 n,则说明网中有环,不能求出关键路径,算法结束。

下面给出 Vl 的递推公式(用辅助数组 Vl 存放各个顶点的最早发生时间):

(1) 从汇点出发,令 $Vl(n-1)=Ve(n-1)$。

(2) 按逆拓扑有序序列求其余各顶点的允许的最晚发生时间:$Vl(j)=\min\{Vl(k)-dut(<j,k>)\}$,其中,$k\in S$,$S$ 是以顶点 v_j 是头的所有弧的尾顶点集合($0\leqslant j\leqslant n-2$)。

▶▶▶ 算法思路

(1) 输入 e 条带权弧,建立 AOE 网的存储结构。

(2) 从源点出发,令 Ve[0]=0,按拓扑排序求其余各顶点的最早发生时间 ve[i]($1\leqslant i\leqslant n-1$)。如果得到的拓扑有序序列中顶点个数小于网中顶点数 n,则网中有环,算法终止;否则执行下一步。

(3) 从汇点出发,令 Vl[$n-1$]=Ve[$n-1$],按拓扑逆序求其余顶点的最迟发生时间 vl[i]($0\leqslant i\leqslant n-2$)。

(4) 根据各顶点的 Ve 和 Vl 值,求每条弧 s 的最早开始时间 $e(s)$ 和最迟开始时间 $l(s)$。

(5) 若 $e(s)=l(s)$,则输出关键活动 s。

图 7-25 是一个利用拓扑排序求解关键路径的过程。

下面是关键路径求解算法的实现源代码:

```
template<class T,class E>
void Graph<T,E>::CriticalPath(){                          //求解关键路径
    int i,k;
    Edge<T,E> * p;
    int e,l, * ve = new float[30], * vl = new float[30];
    for(i = 0;i<numOfVertices;i ++ ){ve[i] = 0;}      //ve 数组初始化
    for(i = 0;i<numOfVertices; ++ i){//计算每个事件的最早发生时间 ve
        p = NodeTable[i].adj;
        while(p){                         //按拓扑排序次序,修正最早发生时间
            k = p->dest;
            if(ve[i] + p->cost>ve[k]){
                ve[k] = ve[i] + p->cost;
            }
            p = p->link;
        }
    }
    for(i = 0;i<numOfVertices; ++ i){//vl 数组初始化
```

```
            vl[i] = ve[numOfVertices - 1];
        }
        for(i = numOfVertices - 1; i >= 0; i--){//按拓扑排序逆序次序计算每个时间的最迟发生时
                                                 间 vl
            p = NodeTable[i].adj;
            while(p){//修正最迟发生时间
                k = p->dest;
                if(vl[k] - p->cost<vl[i]){
                    vl[i] = vl[k] - p->cost;
                }
                p = p->link;
            }
        }
        for(i = 0; i<numOfVertices; ++i){//输出关键路径
            p = NodeTable[i].adj;
            while(p){
                k = p->dest;    e = ve[i];
                l = vl[k] - p->cost;
                if(l == e){
                  cout<<"<"<<NodeTable[i].data<<","<< NodeTable[k].data<<">"
                  <<"是关键活动"<<endl;
                }
                p = p->link;
            }
        }
    }
```

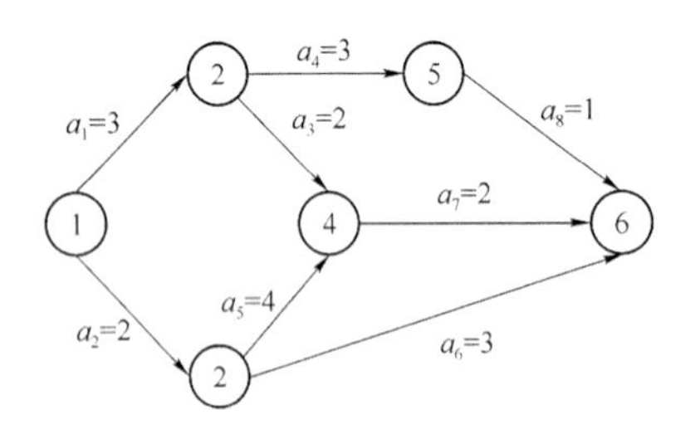

(a)AOE网

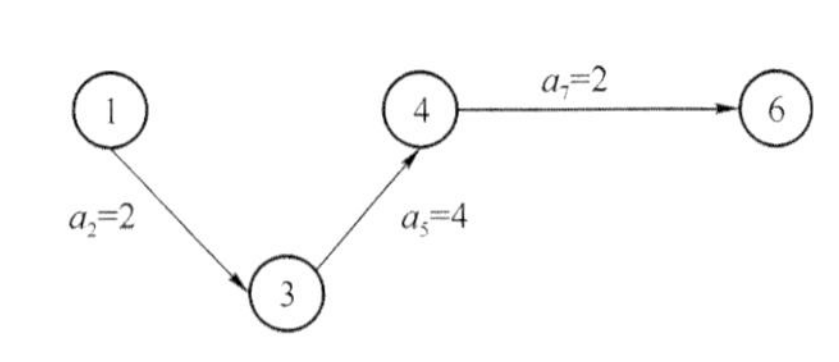

(b)求解得到的关键路径

顶点	ve	vl	活动	e	l	$l-e$
1	0	0	a_1	0	1	1
2	3	4	a_2	0	0	0
3	2	2	a_3	3	4	1
4	6	6	a_4	3	4	1
5	6	7	a_5	2	2	0
6	8	8	a_6	2	5	3
			a_7	6	6	0
			a_8	6	7	1

(c)关键活动的计算过程

图 7-25　一个求解关键路径的实例

算法分析

拓扑排序和逆排序计算事件的最早发生时间和最迟发生时间，所需的时间复杂度为 $O(n+e)$，求各个活动的最早发生时间和最迟发生时间的时间复杂度为 $O(e)$，故算法总的时间复杂度为 $O(n+e)$。

在测试关键路径算法时，首先在图的邻接表 Graph 类中添加 CriticalPath 函数；然后，在 main 函数中添加调用函数 CriticalPath 的源代码。验证函数的源代码如下所示：

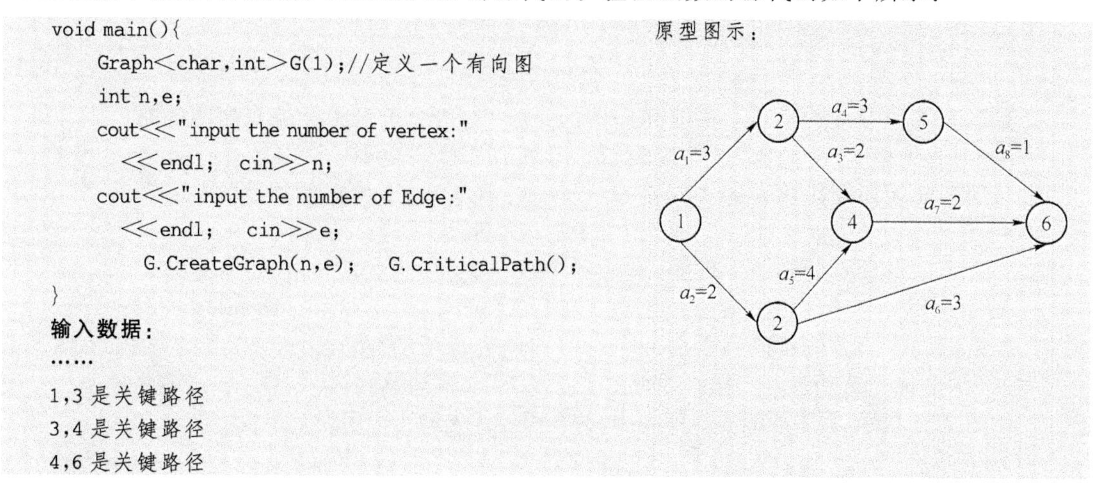

```
void main(){
    Graph<char,int>G(1);//定义一个有向图
    int n,e;
    cout<<"input the number of vertex:"
      <<endl;   cin>>n;
    cout<<"input the number of Edge:"
      <<endl;   cin>>e;
        G.CreateGraph(n,e);   G.CriticalPath();
}
输入数据:
……
1,3 是关键路径
3,4 是关键路径
4,6 是关键路径
```


拓展 **AOE 网中关键路径可能不止一条，但本算法只能找出一条。试参考相关文献，改进本书中介绍的关键路径求解算法，要求输出所有的关键路径。书中介绍了一些有关图的应用的经典算法，请查阅相关资料，了解这些算法的改进方法；并了解目前比较流行的图的应用。**

本章总结

- 图是一种复杂的数据结构。图有有向图和无向图之分。特别注意，图中的有些术语及应用是针对具体类型的。
- 图的存储结构主要有邻接矩阵、邻接表、十字链表以及邻接多重表等。在实际应用中，邻接矩阵和邻接表表示方法采用得比较多。十字链表适合表示稀疏有向图，而多重连接表适合表示稀疏无向图。
- 图的遍历是图的应用的基础。主要的遍历方法是深度优先搜索和广度优先搜索。深度优先搜索中搜索过程需要回溯，因此，可采用递归算法；而广度优先搜索中无须回溯，类似树的层次遍历，因此，利用队列进行图的遍历。
- Prim 算法、Kruskal 算法、Dijkstra 算法以及 Floyed 算法都是一些图的应用经典算法。前两个算法是求解无向图中的最小生成树问题，后两个算法是求解有向图中最短路径问题的。这些算法都有理论依据，这些依据必须会证明。在实现这些算法时，要注意图的存储结构，特别是邻接矩阵和邻接表的选取。
- AOV 网和 AOE 网是 DAG 图的具体应用，两者之间联系紧密。拓扑排序是检测这两种类型网络中是否有环的有效方法。同时，拓扑排序能有效解决工程中关键路径求解问题。

练　　习

一、选择题

1. 设无向图的顶点个数为 n，则该图最多有（　　）条边。

A. $n-1$　　B. $n(n-1)/2$　　C. $n(n+1)/2$　　D. 0　　E. n^2

2. 当一个有 N 个顶点的图用邻接矩阵 **A** 表示时，顶点 V_i 的度是（　　）。

A. $\sum_{i=1}^{n} \mathbf{A}[i,j]$　　B. $\sum_{j=1}^{n} \mathbf{A}[i,j]$　　C. $\sum_{i=1}^{n} \mathbf{A}[j,i]$　　D. $\sum_{i=1}^{n} \mathbf{A}[i,j]+\sum_{j=1}^{n} \mathbf{A}[j,i]$

3. 下面结构中最适于表示稀疏无向图的是（　　），适于表示稀疏有向图的是（　　）。

A. 邻接矩阵　　B. 逆邻接表　　C. 邻接多重表　　D. 十字链表

4. 用有向无环图描述表达式 $(A+B)*((A+B)/A)$，至少需要顶点的数目为（　　）。

A. 5　　B. 6　　C. 8　　D. 9

5. 一个 n 个顶点的连通无向图，其边的个数至少为（　　）。

A. $n-1$　　B. n　　C. $n+1$　　D. $n\log n$

6. 下面（　　）方法可以判断出一个有向图是否有环（回路）。

A. 深度优先遍历　　B. 拓扑排序　　C. 求最短路径　　D. 求关键路径

7. 图 7-26 所示，在下面的 5 个序列中，符合深度优先遍历的序列有多少？（　　）

$a\ e\ b\ d\ f\ c$　　$a\ c\ f\ d\ e\ b$　　$a\ e\ d\ f\ c\ b$　　$a\ e\ f\ d\ c\ b$　　$a\ e\ f\ d\ b\ c$

A. 5 个　　B. 4 个　　C. 3 个　　D. 2 个

8. 图 7-27 中给出由 7 个顶点组成的无向图。从顶点 1 出发，对它进行深度优先遍历得到的序列是（　　），而进行广度优先遍历得到的顶点序列是（　　）。

① A. 1354267　　B. 1347652　　② A. 1534267　　B. 1726453

C. 1534276　　D. 1247653　　C. 1354276　　D. 1247653

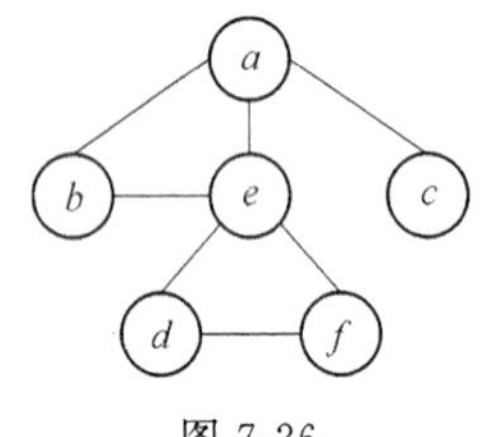

图 7-26

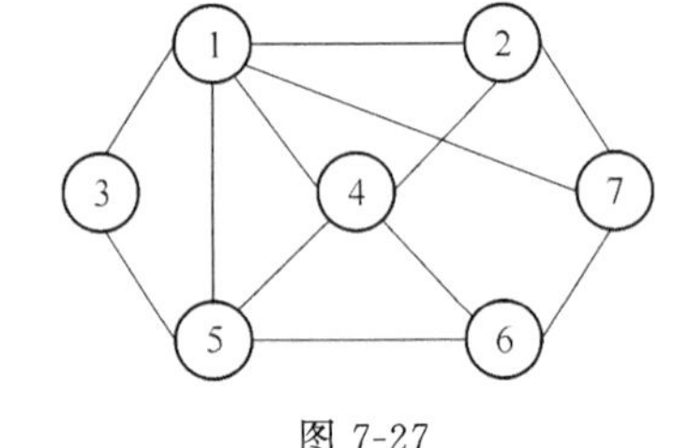

图 7-27

9. 已知有向图 $G=(V,E)$，其中 $V=\{V_1,V_2,V_3,V_4,V_5,V_6,V_7\}$，$E=\{<V_1,V_2>,<V_1,V_3>,<V_1,V_4>,<V_2,V_5>,<V_3,V_5>,<V_3,V_6>,<V_4,V_6>,<V_5,V_7>,<V_6,V_7>\}$，$G$ 的拓扑序列是（　　）。

A. $V_1,V_3,V_4,V_6,V_2,V_5,V_7$　　B. $V_1,V_3,V_2,V_6,V_4,V_5,V_7$

C. $V_1,V_3,V_4,V_5,V_2,V_6,V_7$　　D. $V_1,V_2,V_5,V_3,V_4,V_6,V_7$

10. 在图采用邻接表存储时，求最小生成树的 Prim 算法的时间复杂度为（　　）。

A. $O(n)$　　B. $O(n+e)$　　C. $O(n^2)$　　D. $O(n^3)$

二、判断题

1.（　　）从逻辑结构上看，n 维数组的每个元素均属于 n 个向量。

2.（　　）强连通分量是无向图的极大强连通子图。

3.（　　）有向图中顶点 V 的度等于其邻接矩阵中第 V 行中的 1 的个数。

4.（　　）在表示某工程的 AOE 网中，加速其关键路径上的任意关键活动均可缩短整个工程的完成时间。

5.（　　）在 n 个结点的无向图中，若边数大于 $n-1$，则该图必是连通图。

6.（　　）有 n 个顶点的无向图，采用邻接矩阵表示，图中的边数等于邻接矩阵中非零元素之和的一半。

7.（　　）无向图的邻接矩阵一定是对称矩阵，有向图的邻接矩阵一定是非对称矩阵。

8.（　　）需要借助于一个队列来实现 DFS 算法。

9.（　　）拓扑排序算法仅能适用于有向无环图。

10.（　　）最小生成树的 KRUSKAL 算法是一种贪心法(GREEDY)。

三、填空

1. 判断一个无向图是一棵树的条件是＿＿＿＿＿＿＿＿＿＿＿＿。一个连通图的＿＿＿＿＿＿是一个极小连通子图。

2. 设无向图 G 有 n 个顶点和 e 条边，每个顶点 V_i 的度为 d_i（$1 \leqslant i \leqslant n$），则 $e=$＿＿＿＿＿＿。设 G 是一个非连通无向图，共有 28 条边，则该图至少有＿＿＿＿个顶点。

3. 在有 n 个顶点的有向图中(如图 7-28 所示)，若要使任意两点间可以互相到达，则至少需要＿＿＿＿＿＿条弧。图 7-28 中的强连通分量的个数为＿＿＿＿＿＿个。

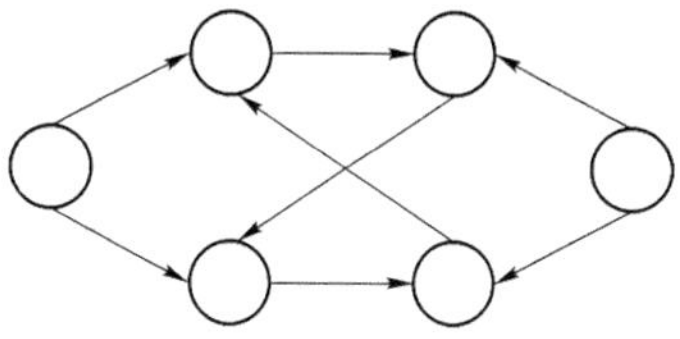

图 7-28

4. 对于一个具有 n 个顶点的无向图，若采用邻接矩阵表示，则该矩阵的大小为＿＿＿＿。n 个顶点的连通图用邻接矩阵表示时，该矩阵至少有＿＿＿＿＿＿个非零元素。

5. 在图 G 的邻接表表示中，每个顶点邻接表中所含的结点数，对于无向图来说等于该顶点的＿＿＿＿＿＿；对于有向图来说等于该顶点的＿＿＿＿＿＿。

6. 遍历图的过程实质上是＿＿＿＿＿＿＿＿＿＿，breath-first search 遍历图的时间复杂度为＿＿＿＿；depth-first search 遍历图的时间复杂度＿＿＿＿，两者不同之处在于＿＿＿＿＿＿＿＿＿＿，反映在数据结构上的差别是＿＿＿＿＿＿＿＿＿＿。

7. 已知一无向图 $G=(V,E)$，其中 $V=\{a,b,c,d,e\}$，$E=\{(a,b),(a,d),(a,c),(d,c),(b,e)\}$。现用某一种图遍历方法从顶点 a 开始遍历图，得到的序列为 $abecd$，则采用的是＿＿＿＿遍历方法。求图的最小生成树有两种算法，＿＿＿＿算法适合于求稀疏图的最小生成树。

8. 有一个用于 n 个顶点连通带权无向图的算法描述如下：

(1) 设集合 $T1$ 与 $T2$，初始均为空；

(2) 在连通图上任选一点加入 $T1$；

(3) 以下步骤重复 $n-1$ 次：

① 在 i 属于 $T1$，j 不属于 $T1$ 的边中选最小权的边；

② 该边加入 $T2$。

上述算法完成后，$T2$ 中共有＿＿＿＿＿＿条边，该算法称＿＿＿＿＿＿算法，$T2$ 中的边构成图的＿＿＿＿＿＿。

9. Dijkstra 最短路径算法从源点到其余各顶点的最短路径的路径长度按＿＿＿＿次序依

次产生，该算法弧上的权出现____________情况时，不能正确产生最短路径。

10. 有向图 $G=(V,E)$，其中 $V(G)=\{0,1,2,3,4,5\}$，用 $<a,b,d>$ 三元组表示弧 $<a,b>$ 及弧上的权 d. $E(G)$ 为 $\{<0,5,100>, <0,2,10><1,2,5><0,4,30><4,5,60><3,5,10><2,3,50><4,3,20>\}$，则从源点 0 到顶点 3 的最短路径长度是____________，经过的中间顶点是____________。

11. 当一个 AOV 网用邻接表表示时，可按下列方法进行拓扑排序。

(1) 查邻接表中入度为____________的顶点，并进栈。

(2) 若栈不空，则①输出栈顶元素 V_j，并退栈；②查 V_j 的直接后继 V_k，对 V_k 入度处理，处理方法是____________。

(3) 若栈空时，输出顶点数小于图的顶点数，说明有____________，否则拓扑排序完成。

12. n 个顶点的有向图用邻接矩阵 array 表示，下面是其拓扑排序算法，试补充完整。

(1) 图的顶点号从 0 开始计；

(2) indegree 是有 n 个分量的一维数组，放顶点的入度；

(3) 函数 crein 用于算顶点入度；

(4) 有三个函数 push(data)，pop()，check()。其含义为数据 data 进栈，退栈和测试栈是否空（不空返回 1，否则 0）。

```
void crein(int array[ ],int indegree[ ],int n){
    for(i = 0;i<n;i ++ ){
    indegree[i] = ____________ ;
        for(i = 0;i<n;i ++ ){
            for(j = 0;j<n;j ++ ){
                indegree[i] + = array[________][________];
            }
        }
    }
}

topsort(int array[ ],int indegree[ ],int n){
    int count = ____________;
    for(i = 0;i<n;i ++ ){
        if(____________){  push(i);}
        while(check()){
            vex = pop();   cout<<vex;   count ++ ;
            for(i = 0;i<n;i ++ ){
                k = ____________;
                 if(____________){
                    indegree[i] -- ;
                    if(____________){push(i);}
            }
        }
    }
    if(count<n){printf("图有回路");}
}
```

四、应用题

1. 请回答下列关于图的一些问题：

(1) 有 n 个顶点的有向强连通图最多有多少条边？最少有多少条边？

(2) 无向图的连通分量的求解过程和有向图相同吗？

(3) 对于一个有向图，不用拓扑排序，如何判断图中是否存在环？

2. 解答问题。设有数据逻辑结构为：

$B=(K,R)$， $K=\{k_1,k_2,\cdots,k_9\}$

$R=\{<k_1,k_3>,<k_1,k_8>,<k_2,k_3>,<k_2,k_4>,<k_2,k_5>,<k_3,k_9>,<k_5,k_6>,<k_8,k_9>,<k_9,k_7>,<k_4,k_7>,<k_4,k_6>\}$

(1) 画出这个逻辑结构的图示，分别画出该逻辑结构的正向邻接表和逆向邻接表。

(2) 相对于关系 R，指出所有的开始接点和终端结点。

(3) 分别对关系 R 中的开始结点，举出一个拓扑序列的例子。

3. 已知一个无向图如图 7-29 所示，要求分别用 Prim 和 Kruskal 算法生成最小树(假设以顶点 1 为起点，试画出构造过程)。

4. 图 7-30 是带权的有向图 G 的邻接表表示法，求：

(1) 以结点 v_1 出发深度遍历图 G 所得的结点序列；

(2) 以结点 v_1 出发广度遍历图 G 所得的结点序列；

(3) 从结点 v_1 到结点 v_8 的最短路径；

(4) 从结点 v_1 到结点 v_8 的关键路径。

5. 写出从图的邻接表表示转换成邻接矩阵表示的算法。

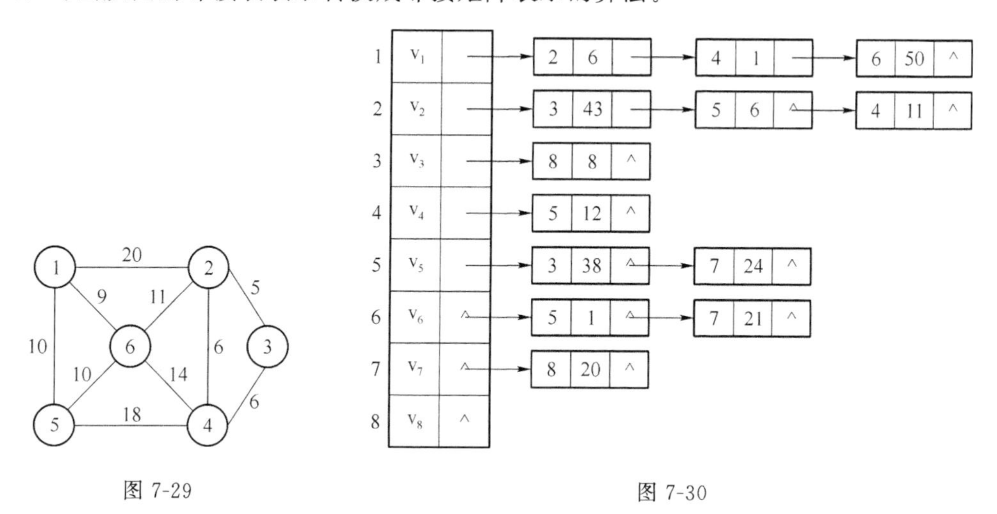

图 7-29　　　　图 7-30

实 验 7

一、实验估计完成时间(90 分钟)

二、实验目的

1. 熟悉图的数据结构定义，并能在所定义的数据结构的基础上实现图的基本操作。

2. 加深理解图的一些经典算法，并能在实际应用中灵活择取数据结构实现这些算法。
3. 利用图解决实际问题。

三、实验内容

1. 自定义图的邻接表类，并实现图的基本操作：
(1) 编写一个构造函数，对图进行初始化；
(2) 编写一个析构函数；
(3) 编写一个函数取取序号为 i 的顶点的值；
(4) 编写两个函数分别实现向图中增加一个顶点和一条边；
(5) 编写图的输入/输出函数。
2. 试编写一个 main 函数，用增加顶点和增加边的函数建立一个无向图的邻接表，并进行验证。
3. 下面是图的深度优先搜索的算法，请在空白处填上恰当的语句(不用函数)，完成整个算法(上机验证其正确性)。

```
int visited[DEFAULTVALUE];
void DFSTraverse(){
    int v;
    for(v = 0;v<numOfVertices; ++ v)  {________;}
    for(v = 0;v<numOfVertices; ++ v){
        if(!visited[v]){DFS(v);}
    }
}

void DFS(int v)
{//深度优先搜索图中以 v 出发的连通分量
    visited[v] = 1;    cout<<NodeTable[v].data<<"   ";
    Edge<T,E> * p = ________;//从 v 的第一个邻接点深度优先搜索
    for(____________________){//与 v 相关的所有邻接点均深度优先搜索遍历
        int w = p->dest;
        if(!visited[w]){DFS(w);}
    }
}
```

四、实验结果

1. 图的邻接表类定义以及基本操作实现源代码。(课堂验收)
2. 调试实验内容 2 的 main 函数顺利吗？主要遇到了哪些问题？你是如何解决的？

____

____。

3. 修改深度优先搜索函数，实现找出一个无向图中所有连通分量。

____________________________________ ____________________________________

____________________________________ ____________________________________

____________________________________ ____________________________________

____________________________________ ____________________________________

____________________________________ ____________________________________

____________________________________ ____________________________________

4. 修改深度优先搜索函数，实现找出一个有向图中所有连通分量。

五、实验总结

1. 教材中介绍了一些图的应用的经典或常用算法。查阅相关资料，列出有关这些算法的改进算法：

(1) ____。

(2) ____。

(3) ____。

2. 如何求解带负权值的单源最短路径？请简要写出算法的思路。

____。

3. 通过对比图的邻接矩阵表示和邻接表表示，请列举邻接矩阵和邻接表之间的特点（从具体应用的角度分析）。

____。

4. 通过本次实验，你有哪些收获和问题？

____。

六、实验得分（　　　　）

第8章 查　找

默而识之，学而不厌。

学习目标

- 掌握基于顺序表和有序表的查找方法，并能熟练应用。
- 熟练掌握二叉排序树的构造和操作方法。
- 掌握散列表的查找实现方法，深刻理解散列表与其他查找表的实质性差别。
- 了解平衡二叉树的调整平衡方法。
- 了解B树和B+树的特点以及其建树过程。

查找又称为检索，是指在某种数据结构中找到满足给定条件的元素。查找是一种十分常见和有用的操作。例如，在图书馆查找某编号的图书记录、根据学号查找学生成绩、查找一个单词在词典中的页面等。

由于查找运算的使用频率很高，几乎在任何一个计算机系统软件和应用软件中都会涉及，所以，当问题所涉及的数据量相当大时，查找方法的效率就显得格外重要。在一些实时查询系统中尤为显著。因此，本章将系统地讨论各种查找方法，并通过对它们进行效率分析来比较各种查找方法的优劣。

8.1 查找的基本概念

(1) 查找表和查找

一般，假定被查找的对象是由一组结点组成的表(Table)或文件，而每个结点则由若干个数据项组成；并且，假设每个结点都有一个能唯一标识该结点的**关键字(关键码)**。

查找表是一种在实际应用中得到大量应用的数据结构，是由同一类型的数据元素(或记录)构成的集合。由于“集合”中的数据元素之间存在着完全松散的关系，因此，查找表是一种非常灵便的数据结构。对查找表经常进行的操作有：

- 查询某个“特定的”数据元素。
- 检索某个“特定的”数据元素的各种属性。
- 在查找表中插入一个数据元素。
- 从查找表中删除某个数据元素。

查找表有两种类型：**静态查找表**只允许进行查找操作，而不能改变表中数据元素；**动态查找表**除查找操作外，还允许向表中插入或删除数据元素。

查找指的是根据给定的某个值，在查找表中确定一个其关键字等于给定值的记录或数据元素。若查找表中存在这样的数据元素，则查找成功，查找结果为整个记录的信息，或记录在表中的位置；否则，查找失败，返回相关的指示信息。

(2) 平均查找长度 ASL

查找运算的主要操作是关键字的比较,所以,通常把查找过程中对关键字需要执行的平均比较次数(也称为平均查找长度)作为衡量一个查找算法效率优劣的标准。

平均查找长度 ASL(Average Search Length)定义为:

$$ASL=\sum_{i=1}^{n} p_i c_i,$$

其中:

① n 查找表长度,即表中数据元素或记录个数;

② p_i是查找第 i 个结点的概率。若不特别声明,认为每个结点的查找概率相等,即 $p_1=p_2=\cdots=p_n=\frac{1}{n}$;

③ c_i是找到第 i 个结点所需进行的比较次数。

8.2 静态查找表

查找与数据段存储结构有关,顺序表常用来存储静态查找表。建立在线性表上的查找方法主要有**顺序查找、二分查找以及分块查找**。

为了便于查找,顺序表中的数据元素分成两个部分:查找表中数据元素的关键字和除了关键字外数据元素的其他属性。

静态查找表的类定义如下所示(包括部分成员函数定义):

```
template<class K,class E>
class SeqSearchList{
private:
    K   * key;          //关键字表,关键字数据类型为 K
    int maxSize;        //最大允许长度
    int length;         //查找表长度,即表中数据元素个数
    E * element;        //其他属性表,元素中其他属性
public:
    SeqSearchList(int sz = 10);          //构造函数,构造一个长度为 10 的空表
    ~SeqSearchList(){delete [ ]element;delete [ ]key;}      //析构函数
    int Length()const{return length;}  //求查找表的长度
    bool IsEmpty(){return length = = 0;}//判空
    K getKey(int i)const                 //提取第 i(从 1 开始)元素的关键字
    {assert(i >0 || i<= length);  return key[i - 1];}
    void setKey(K val,int i)             //修改第 i(从 1 开始)元素的关键字
    {assert(i>0 || i<= length);  key[i - 1] = val;}
    int SeqSearch(const K val)const;    //查找关键字值为 val 元素,返回元素序号
    bool Insert(K val,E&rec);            //在表尾插入整个元素
    bool Remove(K val,E&rec);            //删除表中关键字为 val 的元素
    friend istream& operator>>(istream&in,SeqSearchList<K,E>&inList);
    friend ostream& operator<<(ostream&out,const SeqSearchList<K,E>&outList);
    int BinSearch(const K val)const;    //二分查找
};//静态查找表类定义存放至 seqsearch.h 中
```

不难看出,静态查找表的存储结构与顺序表类似,是顺序表的扩展。静态查找表中将元素的关键码单独存放在一个连续的存储空间,其目的是增强查找的灵活性。静态查找表的基本

操作的实现源代码如下所示：

```
template<class K,class E>
SeqSearchList<K,E>::SeqSearchList(int sz){//构造函数,初始化一个空顺序表
    maxSize = sz;  length = 0;
    key = new K[maxSize + 1];  //通常,静态查找表的表头或表尾(在此是表尾)有一个单元留用
    element = new E[maxSize + 1];
}

template<class K,class E>
bool SeqSearchList<K,E>::Insert(K val,E&rec){//在表尾插入整个元素
    if(length == maxSize){return false;} //表满,不能插入
    key[length] = val;   element[length] = rec;   ++ length;return true;
}

template<class K,class E>
bool SeqSearchList<K,E>::Remove(K val,E&rec){//删除表中关键字为 val 的元素
    if(length == 0){return false;}              //空表,不能删除
    int i = SeqSearch(val);                     //在静态查找表中查找关键字与 val 相同的元素,
                                                  返回其位序
    if(i == length){return false;}              //没有指定元素,操作失败
    rec = element[i - 1];  element[i - 1] = element[length - 1];//i 为逻辑序号,映射到物理序号要减 1
    key[i - 1] = key[length - 1];      -- length;  //将最后元素替换删除元素,长度减 1
    return true;
}

template<class K,class E>
istream& operator>>(istream&in,SeqSearchList<K,E>&inList){//建立静态查找表
    cout<< "Enter table length:";   in>>inList.length;
    cout<< "Enter all keys\n";
    for(int i = 1;i<= inList.length;i ++ ){//且将关键字作为简单类型输入
        cout<< "Element"<<i<< ": ";   in>>inList.key[i - 1];
    }
    //……                                   //其他属性要看具体结构才能确定输入
    return in;
}

template<class K,class E>
ostream& operator<<(ostream &out,const SeqSearchList<K,E> &outList){    //输出静态查找表
    out<< "Table contents: \n";
    for(int i = 1;i<= outList.length;i ++ ){  //且将关键字作为简单类型输出
        out<< outList.key[i - 1]<<"  ";}
    out<<endl;  //……                      //其他属性要看具体结构才能确定输出
    return out;
}
```

8.2.1 顺序查找

顺序查找是一种最简单的查找方法，它的基本思想是：从表的一端开始，顺序扫描查找表，依次将扫描到的元素的关键字和给定值 val 相比较。若当前扫描到的元素关键字与 val 相等，

则查找成功;若扫描结束后,仍未找到关键字等于 val 的元素,则查找失败。

在此,介绍一种使用了**"监视哨"**的顺序搜索方法。将待查关键字放入关键字表尾,从关键字表头顺序向表尾查找,很显然,根据查找到关键字的序号就能判断查找是否成功。若序号小于查找表长度,则查找成功;否则,操作失败。具体实现源代码如下所示:

```
template<class K,class E>
int SeqSearchList<K,E>::SeqSearch(const K val)const{
  //在查找表中搜索关键字为 val 的元素,查找表表尾作为监视哨。若查找成功,返回元素在查找表中逻
    辑位置(单元号 + 1);否则,返回值大于查找表长度,即 length + 1
    key[length] = val;          //在查找表表尾设置监视哨
    int i = 0;
    while(key[i] ! = val){//顺序查找
        ++ i;
    }
    return i + 1;               //可根据返回值判断查找是否成功
}
```

算法中监视哨的作用是为了在 for 循环中省去判定防止下标越界的条件 i<length,从而节省比较的时间。当然,监视哨也可以放在表头,即 0 号单元,查找的顺序则从表尾往前顺序搜索。

算法分析

顺序查找最好的情况是查找 1 次,最坏的情况是查找 n 次(即搜索整个表)。估算查找表的查找时间复杂度一般取其平均查找长度。

对查找表长度为 n 的查找表进行顺序查找,其搜索成功时的平均查找长度是:

$$ASL_{sq}=\sum_{i=1}^{n} p_i c_i=\sum_{i=1}^{n}(n-i+1)=np_1+(n-1)p_2+\cdots+2\times p_{n-1}+p_n$$

在等概率情况下,$p_i=1/n$,$(1\leqslant i\leqslant n)$,故成功的平均查找长度为:

$\frac{1+2+\cdots+n}{n}=\frac{1}{n}\cdot\frac{n(n+1)}{2}=\frac{n+1}{2}$,即查找成功时的平均比较次数约为表长的一半。

若待查找元素不在表中,则须进行 $n+1$ 次比较之后才能确定查找失败。

因此,顺序查找算法的时间复杂度为 $O(n)$,当查找表较大时,查找效率较低。但是,它对表的特性没有要求,无论元素按怎样的顺序存放都可以。

8.2.2 二分查找

二分查找又称折半查找,它是一种效率较高的查找方法。

二分查找要求:**线性表是有序表,即表中结点按关键字有序,并且要用向量作为表的存储结构**(在此,不妨设有序表是递增有序的)。

算法思路

(1)首先确定该区间的中点位置:$\text{mid}=\left\lfloor\frac{\text{low}+\text{high}}{2}\right\rfloor$。

(2) 然后将待查的关键字值 val 与 key[mid]。若相等,则查找成功并返回元素在查找表中逻辑位置,即 mid+1;否则,必须确定新的查找区间,继续二分查找,具体方法如下:

① 若 key[mid]>val,则由表的有序性可知 key[mid..high]均大于 val。因此,若表中存在关键字值等于 val 的元素,则该元素必定是在位置 mid 左边的子表 key[low..mid-1]中,故新的查找区间是左子表 key[low..mid-1]。

② 类似地，若 key[mid]<val，则要查找的元素必在 mid 右边的子表中，即新的查找区间是右子表 key[mid+1..high]。下一次查找是针对新的查找区间进行的。

因此，从初始的查找区间 key[1..n](n 为查找表长度）开始，每经过一次与当前查找区间的中点位置上的元素的关键字比较，就可确定查找是否成功，不成功则当前的查找区间就缩小一半。这一过程重复直至找到关键字为 K 的结点，或者直至当前的查找区间为空（即查找失败）时为止。图 8-1 演示了二分查找的过程。

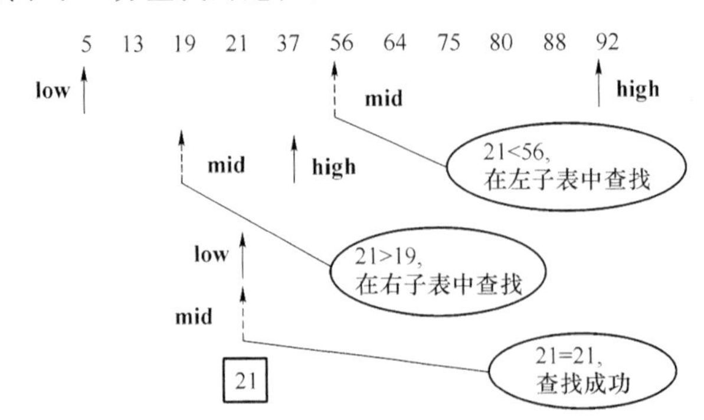

图 8-1　二分查找示例（查找关键字 21）

二分查找算法的实现源代码如下所示：

```
template<class K,class E>
int SeqSearchList<K,E>::BinSearch(const K val)const{//折半查找(顺序表元素按关键字递增排列)
    int high = length - 1,low = 0,mid;
    while(low<= high){                        //分区查找
        mid = (low + high)/ 2;                //设置 mid
        if(val>key[mid]){low = mid + 1;}      //右子表为新的搜索区
        else{
            if(val<key[mid]){high = mid + 1;} //左子表为新的搜索区
            else{return mid + 1;}             //查找成功,返回在表中逻辑位置
        }
    }
    return 0;                                 //查找失败
}
```

算法分析

二分查找过程可用二叉树来描述（如图 8-2 所示）：把当前查找区间的中间位置上的结点作为根，左子表和右子表中的结点分别作为根的左子树和右子树。在缩小的查找空间重复上述过程，由此得到的二叉树，称为描述二分查找的判定树（Decision Tree）或比较树（Comparison Tree）。

判定树的形态只与查找表长度 n 相关，而与输入实例中 key[1..n]的取值无关。

二分查找就是将给定关键字值 val 与二分查找判定树的根结点的关键字进行比较。若相等，则查找成功。否则，若小于根结点的关键字，到左子树中查找；若大于根结点的关键字，则到右子树中查找。

对于有 11 个结点的表，若查找的结点是表中第 6 个结点，则只需进行一次比较；若查找的结点是表中第 3 或第 9 个结点，则需进行二次比较；找第 1,4,7,10 个结点需要比较三次；找到第 2,5,8,11 个结点需要比较四次。

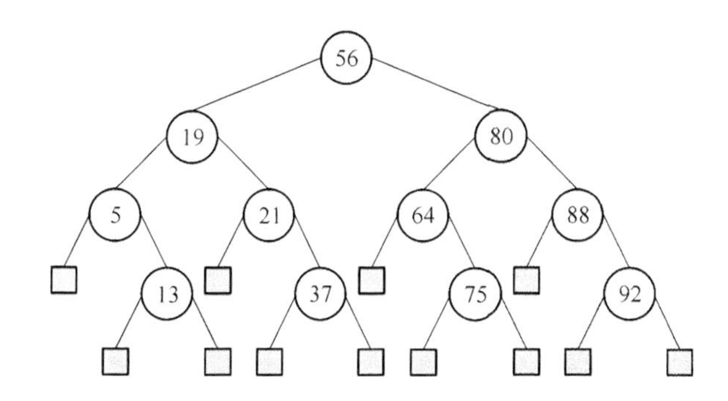

图 8-2　对应于图 8-1 关键字序列的二叉判定树(方形代表外部结点,即空链)

由此可见,成功的二分查找过程恰好是走了一条从判定树的根到被查结点的路径,经历比较的关键字次数恰为该结点在树中的层数。若查找失败,则其比较过程是经历了一条从判定树根到某个外部结点(用来标识查找失败的结点)的路径,所需的关键字比较次数是该路径上内部结点(查找成功的关键字结点)的总数。

设内部结点的总数为 $n=2^h-1$,则判定树是深度为 $h=\log_2(n+1)$ 的满二叉树(深度 h 不计外部结点)。树中第 k 层上的结点个数为 2^{k-1},查找它们所需的比较次数是 k。因此在等概率假设下,二分查找成功时的平均查找长度为:

$$\mathrm{ASL_{SUCC}}=\log_2(n+1)-1$$

二分查找在查找失败时所需比较的关键字个数不超过判定树的深度,在最坏情况下查找成功的比较次数也不超过判定树的深度。即为:

$$\mathrm{ASL_{unsucc}}=\lceil\log_2(n+1)\rceil$$

二分查找的最坏性能和平均性能相当接近。

根据一棵具体的二叉判定树形状(即每个内部结点所在的层次已经确定),也能比较容易计算成功时的平均查找长度和不成功时平均查找长度。例,假设每个搜索对象的概率都系统,图 8-2 中的 $\mathrm{ASL_{succ}}=(1+2\times2+3\times4+4\times4)/11=3$,$\mathrm{ASL_{unsucc}}=(4\times3+8\times4)/12=11/3$。

为了更好地理解二分查找不成功的平均查找长度,在二叉判定数的每个结点的空链处加一个外部结点,外部结点所引发的层次数即为不成功的比较次数。例如,查找关键字 60。从根结点依次查到“64”,由于“60”<“64”,往左子树查找,而左链(在左链出设置一个外部结点)为空,则查找失败;此外部结点是“64”引发的,因此,查找不成功的比较次数为“64”所在的层次,即 3 次。

由此可见,一棵具有 n 个结点的二叉判定树中查找不成功的位置数(外部结点个数)共有 $n+1$ 个。

虽然二分查找的效率高,但是要将表按关键字排序。而排序本身是一种很费时的运算。即使采用高效率的排序方法也要花费 $O(n\lg n)$(即 $O(n\log_2 n)$)的时间。

二分查找只适用顺序存储结构。为保持表的有序性,在顺序结构里插入和删除都必须移动大量的结点。因此,二分查找特别适用于那种一经建立就很少改动而又经常需要查找的线性表。对那些查找少而又经常需要改动的线性表,可采用链表作存储结构,进行顺序查找。

许多教科书说明,链表上无法实现二分查找。但是,跳表(有序链表)能实现二分查找。

8.2.3　分块查找

分块查找(Blocking Search)又称索引顺序查找。它是一种性能介于顺序查找和二分查找之间的查找方法。

二分查找表由“分块有序”的线性表和索引表组成。

(1) “分块有序”的线性表

关键字表 key[1..n]均分为 b 块，前 $b-1$ 块中关键字个数为 $s=\left\lceil\frac{n}{b}\right\rceil$，第 b 块的关键字数小于等于 s；每一块中的关键字不一定有序，但前一块中的最大关键字必须小于后一块中的最小关键字，即表是**“分块有序”**的。

(2) 索引表

抽取各块中的最大关键字及其起始位置构成一个**索引表** Index[1..b]，即：Index[i]($1\leqslant i\leqslant b$)中存放第 i 块的最大关键字及该块在表 key 中的起始位置。由于表 key 是分块有序的，所以索引表是一个递增有序表。图 8-3 所示的是查找表的分块索引存储结构。

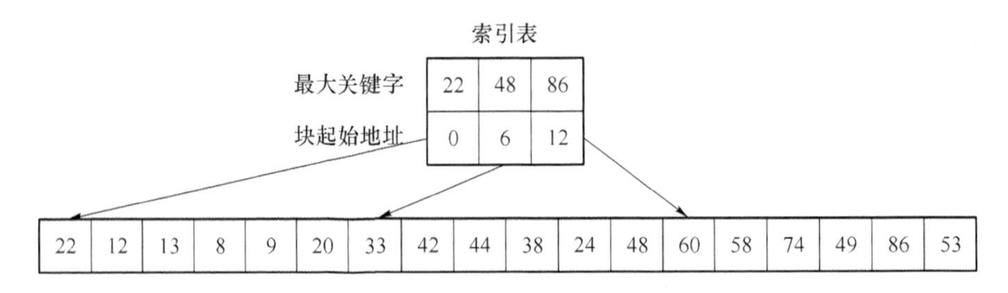

图 8-3　查找表的分块索引存储示例

分块查找的基本思想是：

① 首先查找索引表

索引表是有序表，可采用二分查找或顺序查找，以确定待查的结点在哪一块。

② 在已确定的块中进行顺序查找

例查找关键字 24。因为索引表小，不妨用顺序查找方法查找索引表。即首先将待查找关键字 24 依次和索引表中各关键字比较，由于 24<48，所以关键字为 24 的元素若存在的话，则必定在第 2 块中；然后，由索引表 Index[2]的起始地址找到第二块的起始地址 6，从该地址开始在 key[6..11]中进行顺序查找，直到 key[11]＝24 为止。

若此时查找关键字 30，先确定第 2 块，然后在该块中查找。因该块中查找不成功，故说明表中不存在关键字为 30 的结点。

算法分析

分块查找有两次查找过程。查找过程的平均查找长度是两次查找的平均查找长度之和。

① 以二分查找来确定块，分块查找成功时的平均查找长度为：

$$ASL_{blk}=ASL_{bn}+ASL_{sq}\approx\log_2(b+1)-1+\frac{s+1}{2}\approx\log_2\left(\frac{n}{s}+2\right)+\frac{s}{2}$$

② 已顺序查找确定块，分块查找成功时的平均查找长度为：

$$ASL_{blk}=\frac{b+1}{2}+\frac{s+1}{2}=\frac{s^2+2s+n}{2s}$$

当 $s=\sqrt{n}$ 时，ASL 取极小值$\sqrt{n}+1$，即当采用顺序查找确定块时，应将各块中的关键字数选定为$\sqrt{n}$。

分块查找的主要代价是增加一个辅助数组的存储空间和将初始表分块排序的运算。分块查找算法的效率介于顺序查找和二分查找之间。如果在查找表中插入或删除一个元素时，只要找到该元素所属的块,就在该块内进行插入和删除运算。此外,因块内元素的存放是任意的,所以插入或删除比较容易,无须移动大量记录。

8.3　树表的查找

当用线性表作为表的组织形式时,可以有三种查找法。其中以二分查找效率最高。但由于二分查找要求查找表中结点按关键字有序。因此,当表的插入或删除操作频繁时,为维护表的有序性,势必要移动查找表中很多结点。这种由移动结点引起的额外时间开销,就会抵消二分查找的优点。也就是说,**二分查找只适用于静态查找表**。

若要对动态查找表进行高效率的查找,可采用下面介绍的几种特殊的**二叉树或树作为表的组织形式**。不妨将它们统称为树表。

下面将分别讨论在这些树表上进行查找和修改操作的方法。

8.3.1　二叉排序树

二叉排序树(Binary Sort Tree)又称二叉查找(搜索)树(Binary Search Tree)。其定义为:二叉排序树或者是空树,或者是满足如下性质的二叉树:

(1) 若它的左子树非空,则左子树上所有结点的值均小于根结点的值;

(2) 若它的右子树非空,则右子树上所有结点的值均大于根结点的值;

(3) 左、右子树本身又各是一棵二叉排序树。

上述性质简称二叉排序树性质(**BST 性质**),故二叉排序树实际上是满足 BST 性质的二叉树。由 BST 性质可知:

(1) 二叉排序树中任一结点 x,其左(右)子树中任一结点 y(若存在)的关键字必小(大)于 x 的关键字;

(2)二叉排序树中,各结点关键字是唯一的;

(3)按中序遍历该树所得到的中序序列是一个递增有序序列。

图 8-4 所示的两棵树均是二叉排序树,它们的中序序列分别为有序序列:5,13,19,21,37,56,64,75,80,88,92 和 Cao,Chen,Li,Wu,Xu,Zhao,Zhou。

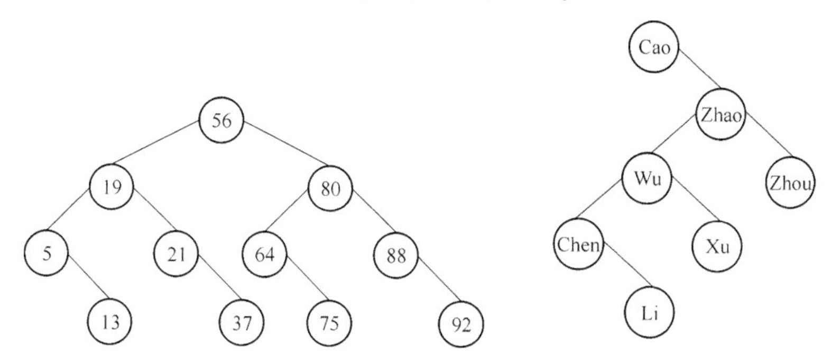

图 8-4　二棵二叉排序树示例

二叉排序树的中序遍历序列即是查找表中按关键字排列的一个有序序列。

二叉排序树上的常见的操作有:**(本章重点)**

(1) 二叉排序树的插入和生成

在二叉排序树中插入新结点,要保证插入后仍满足 BST 性质。其插入过程是:

① 若二叉排序树 T 为空，则为待插入的关键字 key 申请一个新结点，并令其为根。

② 若二叉排序树 T 不为空，则将 key 和根结点值比较：若二者相等，则说明树中已有此关键字 key，无须插入；若 key 值小于根结点值，则将 key 插入根的左子树中；否则，key 值大于根结点值，则将它插入根的右子树中。

③ 子树中的插入过程与上述的树中插入过程相同。如此进行下去，直到将 key 作为一个新的叶结点的关键字插入到二叉排序树中，或者直到发现树中已有此关键字为止。

二叉排序树的存储结构与二叉链表类同，类成员相同（BinaryTree 类中 data 数据域存放关键字或元素值），只是增加了一个二叉排序树特有的一些操作。二叉排序树中插入结点的算法实现源代码如下所示：

```
template<class T>
void BinaryTree< T>::InsertBST(T k){//二叉排序树中插入一个元素。若该元素已存在，空操作
    BinTreeNode<T> * s = new  BinTreeNode<T>(k);//定义一个新结点，值为 k
    if(root == NULL){root = s;  return ;} //如是空树，则当前插入结点作为根结点
    BinTreeNode<T> * q, * current = root;
    while(current){                        //从根结点开始搜索
        q = current;
        if(current ->data>k){//当前结点值大于待查关键字值，搜索左子树
            current = current ->leftChild;
        }
        else{//当前结点值小于待查关键字值，搜索右子树
            if(current ->data<k){current = current ->rightChild;  }
            else{return;}//此关键字已存在，不做任何操作
        }
    }
    if(s ->data<q ->data){q ->leftChild = s;} //将新结点插入(作为左叶子结点)
    else{q ->rightChild = s;}               //否则，新结点作为右叶子结点
}
```

二叉排序树的生成，是从空的二叉排序树开始，每输入一个结点数据，就调用一次插入算法将它插入到当前已生成的二叉排序树中，其生成过程如图 8-5 所示。

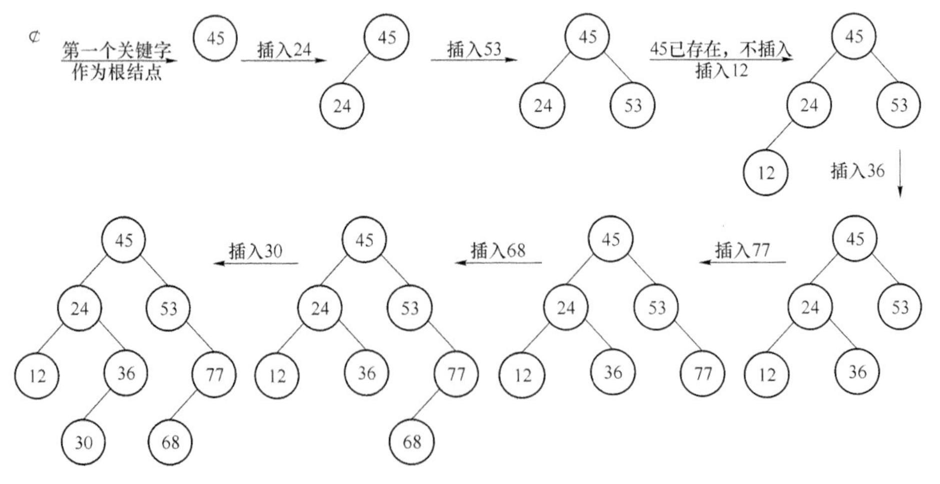

图 8-5　二叉排序树生成过程示例

生成二叉排序树的算法如下：

```
template<class T>
void BinaryTree<T>::CreateBST(){//输入一个结点序列,建立一棵二叉排序树,将根结点指针返回
    T key;
    cin>>key;                    //读入一个关键字
    while(key != RefValue){      //特定某个值为关键字结束输入标志,依次将关键字插入到树中
      InsertBST(key);
      cin>>key;
    }
}
```

下面的 main 函数就可以验证上述两个算法的正确性。输出结果如下所示。

```
void main(){
    BinaryTree<int>L(0);
    cout<<"输入关键字序列(0结束):"<<endl;
    L.CreateBST();
    cout<<"二叉排序树:(旋转后树形)"<<endl;
    L.PrintBinTree(L.GetRoot(),1);
    cout<<"二叉排序树序列为:"<<endl;
    L.inOrder();
}
```

```
输入关键字序列(0结束):
45 24 53 45 12 36 77 68 30 0
二叉排序树:(旋转后树形)
                      77
                            68
                 53
         45
                      36
                            30
                 24
                      12
二叉排序树中序遍历序列为:
12 24 30 36 45 53 68 77
```

相同的关键字集合,不同的关键字序列得出的二叉排序树属性也不尽相同。因此,输入序列决定了二叉排序树的形态。

二叉排序树的中序序列是一个有序序列。所以对于一个任意的关键字序列构造一棵二叉排序树,其实质是对此关键字序列进行排序,使其变为有序序列。“排序树”的名称也由此而来。通常将这种排序称为树排序(Tree Sort),可以证明这种排序的平均执行时间亦为 $O(n\log_2 n)$。

对相同的输入实例,树排序的执行时间约为堆排序(下一章内部排序中将会介绍)的 2～3 倍。因此在一般情况下,构造二叉排序树的目的并非为了排序,而是用它来加速查找,这是因为在一个有序的集合上查找通常比在无序集合上查找更快。因此,又常常将二叉排序树称为二叉查找树。

(2) 二叉排序树的删除

从二叉排序树中删除一个结点,不能把以该结点为根的子树都删去,并且还要保证删除后所得的二叉树仍然满足 BST 性质。

算法思路

① 进行查找。查找时,令指针 p 指向当前访问到的结点,parent 指向其双亲(其初值为 NULL)。若树中找不到被删结点则返回,否则被删结点 p 所指结点。

② 删去结点。删除 p 所指结点时,应将该结点的子树(若有)仍连接在树上且保持 BST 性质不变。按结点的孩子数目分三种情况进行处理:

① 被删除的结点是叶子结点。如果该结点是双亲结点的左(右)子树,只需将其双亲指针 parent 的左链(右链)置空即可。

② 被删除结点只有一个孩子。只需将该结点孩子根结点和其双亲直接连接后，可删去 p。

被删结点既可能是其双亲结点的左孩子也可能是其右孩子，而该结点的一个孩子也可能是它的左孩子或右孩子，故共有 4 种状态，每种状态的链接过程类似。

③ 被删除的结点有两个孩子。该结点的左右孩子根结点都可以顶替它与其双亲结点相连接。将 p 指向结点删除，其左子树根结点（右子树根结点）q 指针所指结点与其双亲相连接后，q 所指结点的右子树（左子树）必须连接左子树（右子树）中最右（最左）结点；然后，删除 p 结点。

(3) 二叉排序树上的查找

在二叉排序树上进行查找，和二分查找类似，也是一个逐步缩小查找范围的过程。其递归算法实现源代码如下所示：

```
template<class T>
BinTreeNode<T> * BinaryTree<T>::SearchBST(BinTreeNode<T> * BT,T key){
  //在二叉排序树上查找关键字为 key 的结点，成功时返回该结点地址，否则返回 NULL
    if(BT == NULL || key == BT->data){//递归的终结条件
        return BT;        //root 空，查找失败；否则成功，返回结点地址
    }
    if(key<BT->data){return SearchBST(BT->leftChild,key);} //继续在左子树中查找
    else{return SearchBST(BT->rightChild,key);} //继续在右子树中查找
}
```

算法分析

在二叉排序树上进行查找时，若查找成功，则是从根结点出发走了一条从根到待查结点的路径。若查找不成功，则是从根结点出发走了一条从根到某个叶子的路径。

(1) 二叉排序树查找成功的平均查找长度

在等概率假设下，图 8-6(a)中二叉排序树查找成功的平均查找长度为：

$$ASL_a = \sum_{i=1}^{n} p_i c_i = (1+2\times2+3\times3+4\times2)/8 = 11/4$$

在等概率假设下，图 8-6(*b*)图所示的树在查找成功时的平均查找长度为：

$$ASL_b = \sum_{i=1}^{n} p_i c_i = (1+2\times1+3\times1+4\times1+5\times1+6\times1+7\times1+8\times1)/8 = 9/2$$

与二分查找类似，和关键字比较的次数不超过树的深度。

(2) 在二叉排序树上进行查找时的平均查找长度和二叉树的形态有关

二分查找法查找长度为 n 的有序表，其判定树是唯一的。含有 n 个结点的二叉排序树却不唯一。对于含有同样一组结点的表，由于结点插入的先后次序不同，所构成的二叉排序树的形态和深度也可能不同。

在二叉排序树上进行查找时的平均查找长度和二叉树的形态有关：

① 在最坏情况下，二叉排序树是通过把一个有序表的 n 个结点依次插入而生成的，此时所得的二叉排序树蜕化为一棵深度为 n 的单支树（如图 8-6(b)所示），它的平均查找长度和单链表上的顺序查找相同，亦是$(n+1)/2$。

② 在最好情况下，二叉排序树在生成的过程中，树的形态比较匀称，最终得到的是一棵形态与二分查找的判定树相似的二叉排序树，此时它的平均查找长度大约是 $O(\log_2 n)$。插入、删除和查找算法的时间复杂度均为 $O(\log_2 n)$。

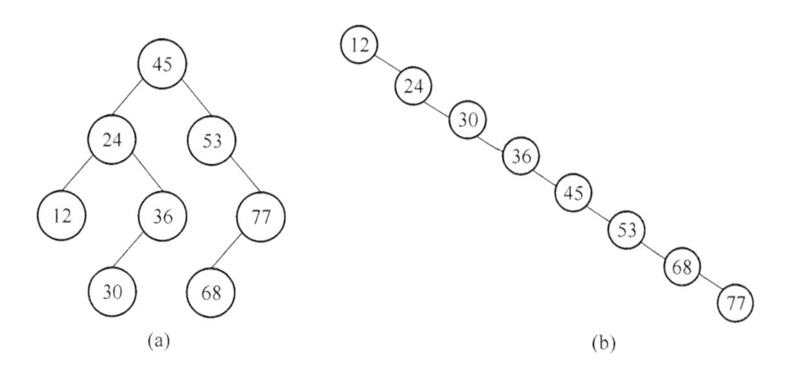

图 8-6 两棵不同形状的二叉排序树

(3) 二叉排序树和二分查找的比较

就平均时间性能而言，二叉排序树上的查找和二分查找差不多。

就维护表的有序性而言，二叉排序树无须移动结点，只需修改指针即可完成插入和删除操作，且其平均的执行时间均为 $O(\log_2 n)$，因此更有效。

二分查找所涉及的有序表是一个向量，若有插入和删除结点的操作，则维护表的有序性的代价是 $O(n)$。当有序表是静态查找表时，宜用向量作为其存储结构，而采用二分查找实现其查找操作；若有序表里动态查找表，则应选择二叉排序树作为其存储结构。

8.3.2 平衡二叉树

为了保证二叉排序树的高度为 $\log_2 n$，从而保证然二叉排序树上实现的插入、删除和查找等基本操作的平均时间为 $O(\log_2 n)$，在往树中插入或删除结点时，要调整树的形态来保持树的“平衡”。1962 年，Adelson Velskii 和 Landis 提出了 AVL 树(AVL tree)。

平衡二叉树(AVL)或者是一棵空树，或者具有下列两个性质：

(1) 左右子树都是平衡二叉树；

(2) 左子树和右子树高度之差的绝对值不超过 1。

结点的**平衡因子指的是二叉排序树中结点左子树高度与右子树高度值差**。也就是说，如果一棵二叉排序树中所有结点的平衡因子或是－1、0 和 1，则这棵二叉排序树就是平衡二叉树；否则，这棵二叉排序树失去了平衡，就不是平衡二叉树了。

图 8-7 中的两棵树中所有结点都标注了平衡因子，很明显，图 8-7(a)是一棵平衡二叉树，而图 8-7(b)则不是一棵平衡二叉树。

平衡二叉树既保持 BST 性质不变，又保证树的高度在任何情况下均为 $O(\log_2 n)$，从而确保树上的基本操作在最坏情况下的时间均为 $O(\log_2 n)$。

如果一棵二叉排序树中任一结点的左右子树的高度均相同(如满二叉树)，则二叉树是完全平衡的。平衡二叉树指满足 BST 性质的平衡二叉树。

如果在一棵原本是平衡二叉树中插入或删除一个结点，从而造成了这棵树的不平衡，必须在操作过程中进行动态调整，使之重新成为平衡二叉树。Adelson Velskii 和 Landis 提出了一个动态地保持二叉排序树平衡的方法，其**基本思想是**：

(1) 在构造二叉排序树的过程中，每当插入一个结点时，首先检查是否因插入而破坏了树的平衡性；

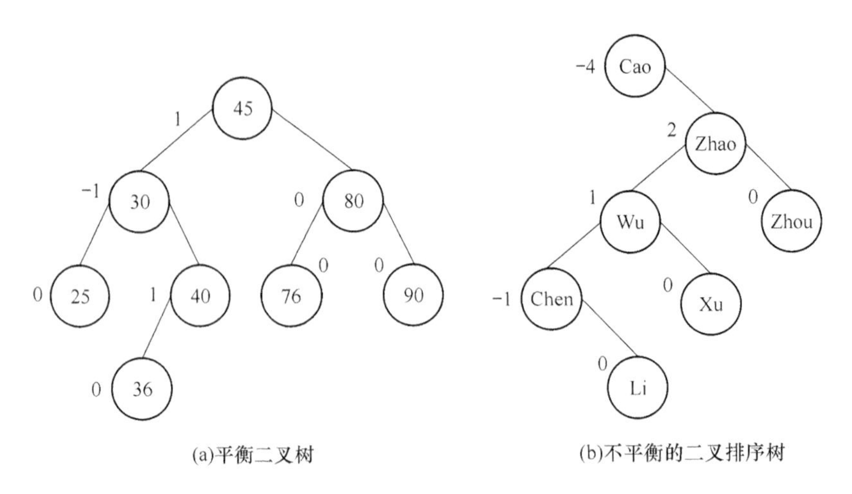

图 8-7　平衡和不平衡的二叉排序树

（2）如果是因插入结点而破坏了树的平衡性，则找出其中最小不平衡子树，在保持排序树特性的前提下，调整最小不平衡子树中各结点之间的连接关系，以达到新的平衡。

这种调整称之为“平衡化旋转”，平衡化旋转有两类：单旋转（左单旋转和右单旋转）和双旋转（左右双旋转和右左双旋转）。图 8-8 是单旋转前后树的变化过程。

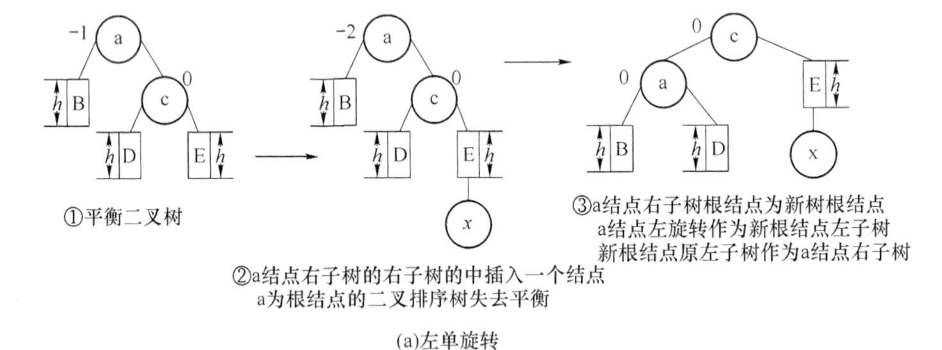

(a)左单旋转

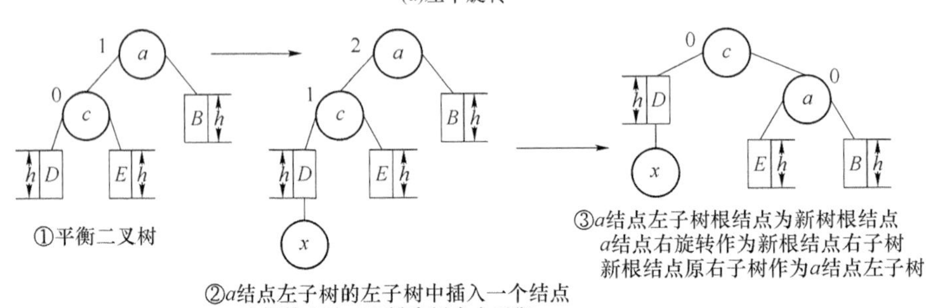

(b)右单旋转

图 8-8　单旋转前后二叉排序树的变化

当某棵子树的根结点的右子树的右子树中插入一个结点，从而导致这棵树失去了平衡。原子树根结点逆时针（左）旋转，成为它的右子树根结点（新的子树根结点）的左子树根结点，新的子树根结点的左子树最为它的右子树。

很明显，右单旋转是左单旋转的镜像。

双旋转总是要考虑 3 个结点。右左双旋转 RL 型(先右后左双旋转)是左右双旋转(先左后右双旋转 LR 型)的镜像。当一棵子树的右子树的左子树中插入一个新结点,从而导致这棵子树失去平衡,就先将子树的右子树的左子树的根结点作为子树的右子树根结点,原右子树根结点则作为新右子树根结点的右子树,新右子树根结点的右子树则作为其右子树根结点的左子树;然后,将原子树再做一次左单旋转,如图 8-9 所示。图 8-10 是左右双旋转的变化过程示意。

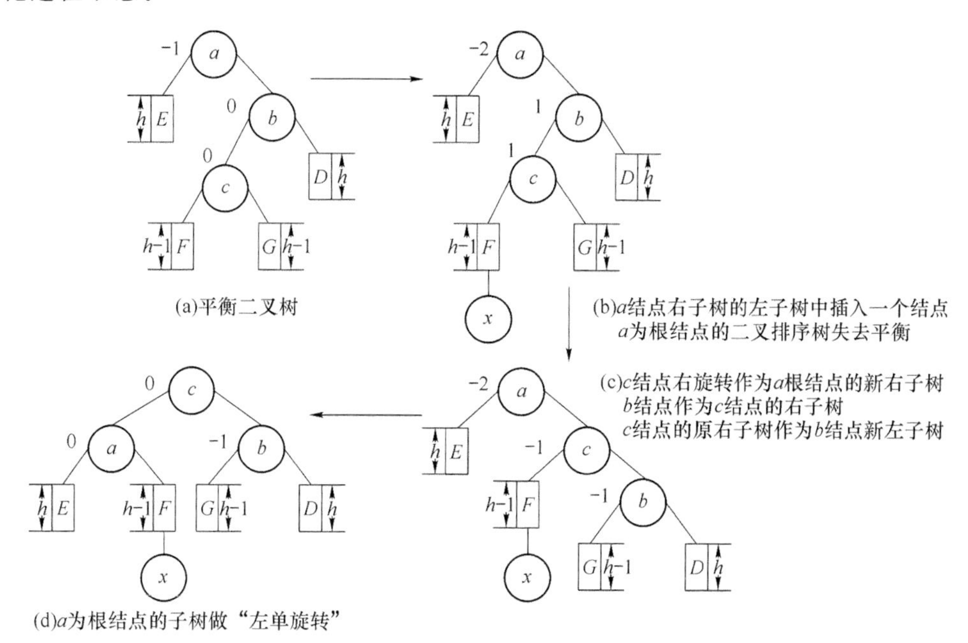

图 8-9 右左双旋转变化示例

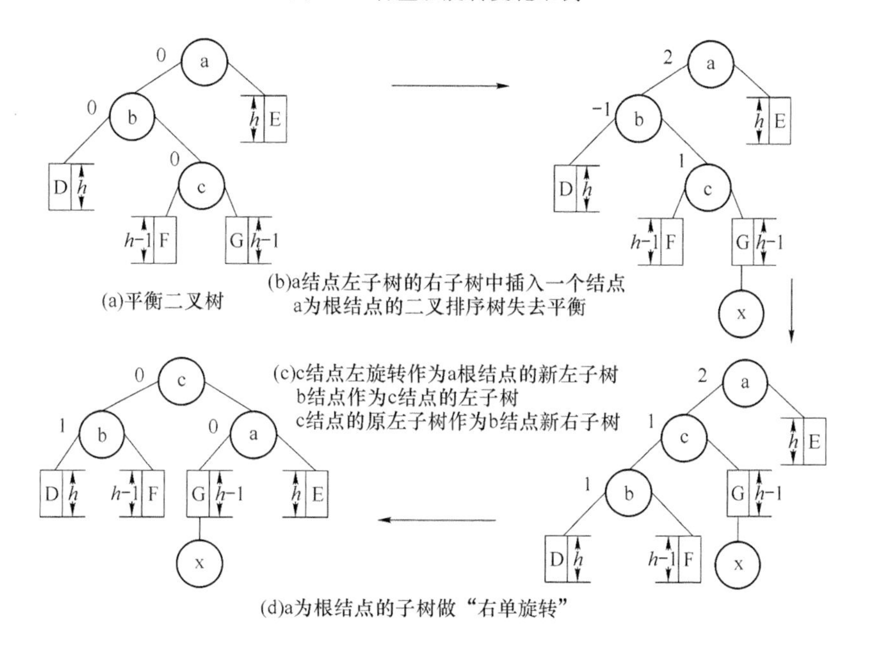

图 8-10 左右双旋转变化示例

算法分析

平衡二叉树的性能优势很明显，在于不会出现普通二叉查找树的最差情况，假设平衡二叉树中结点数为 n，则其查找的时间复杂度为 $O(\log_2 n)$。

平衡二叉树的缺陷在于：

(1) 为了保证高度平衡，动态插入和删除的代价也随之增加。

(2) 查找代价与树高是紧密相关的，树的高度会影响查找效率。

(3) 海量数据查找环境下（如系统磁盘文件和数据库记录查询等），所有的二叉查找树结构(BST、AVL、RBT)都不合适。查找效率在I/O读写过程中将会付出巨大的代价。

8.3.3 红黑树

红黑树(Red Black Tree)由 Rudolf Bayer 于 1972 年发明，当时被称为平衡二叉 B 树(symmetric binary B-trees)，1978 年被 Leonidas J. Guibas 和 Robert Sedgewick 改成一个比较摩登的名字：红黑树。

红黑树与平衡二叉树(AVL)类似，是在进行插入和删除操作时通过特定操作保持二叉查找树的平衡，从而获得较高的查找性能。自从红黑树出来后，不仅在实时应用中有价值，还在最坏情况下的其他数据结构中也有作为基础结构的价值，例如在 C++STL 的 set，multiset，map 以及 multimap 对象也是以红黑树作为存储结构的，或是应用了红黑树的变体。

红黑树和 AVL 树的区别在于它使用颜色来标识结点的高度，它所追求的是局部平衡而不是 AVL 树中的非常严格的平衡。在之前性能分析时，已经领教过 AVL 树的复杂，但 AVL 树的复杂比起红黑树来说简直是小巫见大巫，红黑树是真正的变态级数据结构。

(1) 红黑树的定义

红黑树，顾名思义，**是通过红黑两种颜色域保证树的高度近似平衡**。它的每个结点是一个五元组：color(颜色)，key(数据)，left(左孩子)，right(右孩子)和 p(父节点)。可以把一棵红黑树视为一棵扩充二叉树，用外部结点表示空指针。除了二叉排序树的一般特性外，任何有效的红黑树还具有如下特性：

特性 1. 根结点和所有外部结点是黑色的。

特性 2. 从根结点到外部结点的路径中没有连续两个结点的颜色是红色的。

特性 3. 红色结点两个子结点都是黑的。

特性 4. 所有从根结点到外部结点的简单路径上都包含相同数目的黑色结点。

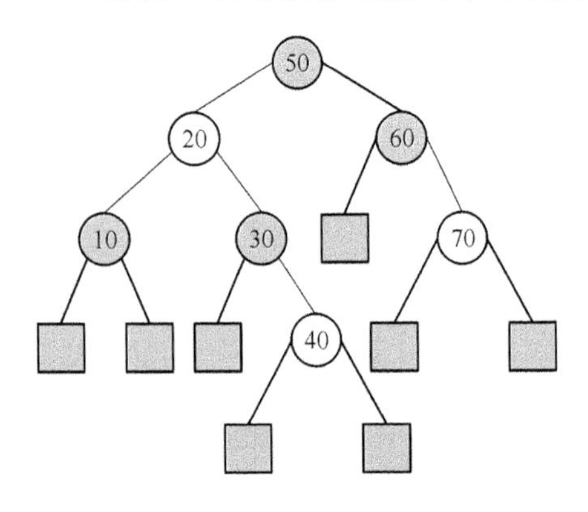

图 8-11 一棵红黑树示例

从红黑树中任意一个结点 x 出发(不包括 x)，到达一个外部结点的任意路径上的黑结点个数叫作结点 x 的**黑高度**(也称为该结点的阶，记作 bh(x))。**红黑树的黑高度**定义为其根结点的黑高度。图 8-11 所示的二叉排序树就是一棵红黑树。结点旁边的数字为该结点的黑高度(深颜色的结点：黑色结点；白颜色的结点：红色结点；方形：外部结点，是黑色的)。

另一种等价的定义是看结点指针的颜色。从父结点到黑色子女结点的指针为黑色的，从父结点到红子女结点的指针为红的(在图 8-11 中分别用粗线和细线表

示)。显然,可以得出特性 1′～特性 3′:

特性 1′. 从内部结点到外部结点的指针都是黑色的。

特性 2′. 从根结点到外部结点的路径中没有连续两个红色的指针。

特性 3′. 所有从根结点到外部结点的简单路径上都包含相同数目的黑色指针。

结论 1: 设从根到外部结点的路径长度(Path Length,PL)为该路径上指针的个数,如果 P 与 Q 是红黑树中的两条从根到外部结点的路径,则有 PL(P)≤2 PL(Q)。

【证明】 假设任一棵红黑树的根结点的黑高度 bh(root)=r。则有特性 1′可知,每条从根结点到外部结点的路径上最后一个指针为黑色的;又从特性 2′得知,不存在连续两个红色指针的路径。因此,每个红色指针后面会跟随一个黑色指针,由此,可得从根到外部结点路径中含有 r～$2r$ 个指针,故有 PL(P)≤2PL(Q)。例如,图 8-11 中,PL(40)=4,PL(70)=3,则有 PL(40)≤2PL(7)。

结论 2: 设 h 是一棵红黑树的高度(不含外部结点),n 是树中内部结点的个数,r 是根结点的黑高度,则以下关系成立:

① $h \leqslant 2r$

② $n \geqslant 2^r-1$

③ $h \leqslant 2\log_2(n+1)$

【证明】

① 从结论 1 可知,从根结点到任一外部结点的路径长度不超过 $2r$,同时,从树的定义可知,树的高度就是根结点的高度,是从根到离根最远的外部结点的路径长度,即 $h \leqslant 2r$。

② 因为红黑树的黑高度为 r,则从树的第 1 层到第 r 层没有外部结点,因而在这些层中有 2^r-1 个内部结点,即内部结点的总数至少为 2^r-1(二叉树性质中已有证明)。

③ 由②可得 $r \leqslant \log_2(n+1)$,结合 $h \leqslant 2\log_2(n+1)$。

由于红黑树的高度最大为 $2\log_2(n+1)$,所以,搜索、插入及删除操作的时间复杂度为 $O(\log_2 n)$。注意,最差情况下的红黑树的高度大于最差情况下具有相同结点个数的 AVL 树的高度(近似 $1.44\log_2(n+2)$)。

(2) 红黑树的搜索

由于每一棵红黑树都是二叉排序树,可以使用搜索普通二叉排序树时所用的完全相同的算法进行搜索。在搜索过程中不需要使用颜色信息。

(3) 红黑树的插入

将一个新结点插入到一棵红黑树中,就是将该结点插入到某一个外部结点的位置,在插入过程中需要对新结点染色。

如果插入新结点前是一棵空树,则新结点称为根结点,并染成黑色。否则,若插入的新结点染成黑色,将违反特性 4,即从根结点到任意一个外部结点路径中黑结点个数不等;如果新插入结点为红结点,那么有可能违反特性 2,出现 2 个红结点,因此,需要重构红黑树。

设新插入结点为 u,它的父结点和祖父结点分别为 pu 和 gu。若 pu 是黑结点,则特性 2 没有破坏,无须重构红黑树。如果 pu 是红色,有两个连续红结点,还需考虑 pu 的兄弟结点。

① 如果 pu 的兄弟结点 gr 是红结点,那么 gu 就有两个红色子女结点。交换 gu 和它子女结点的颜色,即将破坏特性 2 的红色结点上移(重新着色),如图 8-12 所示。

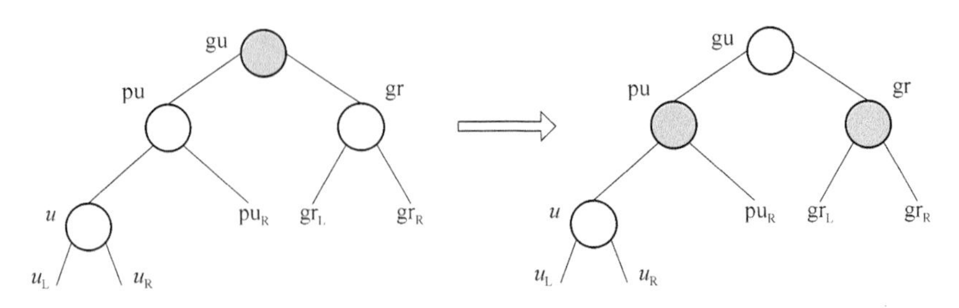

图 8-12　插入结点后重新着色红黑树情况 1

② 如果 gr 是黑结点,又有两种情况:

• u 是 pu 的左子女,pu 是 gu 的左子女。这时,只需要做一次右单循环,交换一下 pu 和 gu 的颜色,重构之后就可保持红黑树的特性(如图 8-13 所示)。

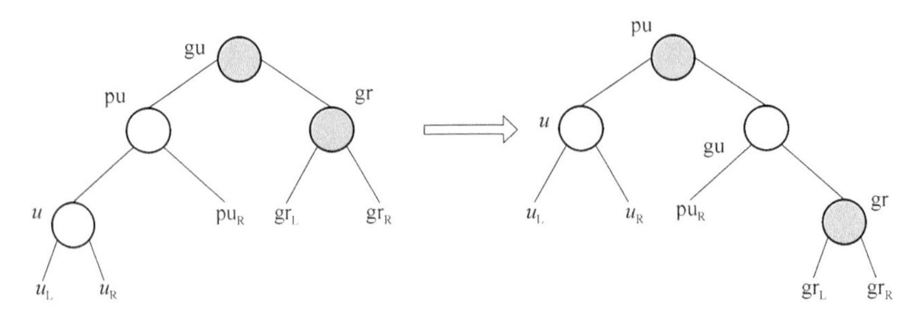

图 8-13　插入结点后重构红黑树情况 2-1

• u 是 pu 的右子女,pu 是 gu 的左子女。此时,做一次先左后右的双旋转,再交换一下 u 和 gu 的颜色,重构之后就可仍保持红黑树的特性(如图 8-14 所示)。

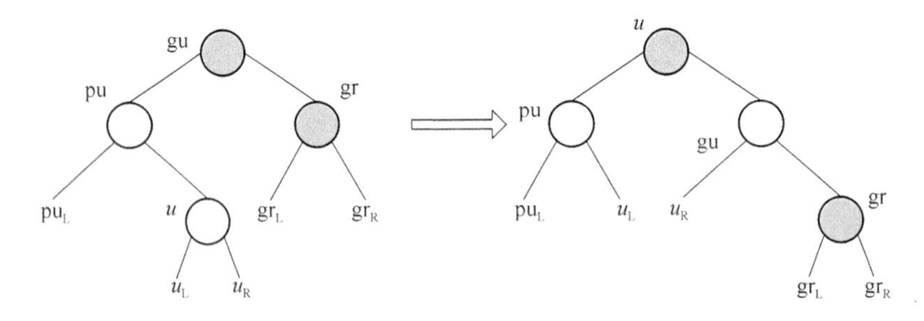

图 8-14　插入结点后重构红黑树情况 2-2

?如果红黑树中的插入序列为{4,7,12,15,3,5,14,18,16,17},红黑树形成过程中是如何重构的?

(4) 红黑树的删除

红黑树的删除算法与二叉排序树的删除算法类似,不同之处在于,在红黑树中执行一次二叉排序树的删除运算,可能会破坏红黑树的特性,需要重构。

在红黑树中真正删除的是一个叶子结点或者只有一个子女的结点。如果要删除的结点有两个孩子,问题可以转化为删除另一个只有一个孩子结点的问题。若被删除的结点是 p,其唯一的子女结点为 u。结点 p 被删除后,结点 u 即取代了它的位置。

如果被删除结点 p 是红结点,删除它各个结点的黑高度没有改变,则无须重构红黑树。

如果被删除结点 p 是黑结点，一旦删除 p，将会破坏特性 4。如果 p 的唯一子女 u 是红结点，可以把结点 u 染成黑色，从而恢复红黑树的特性；如果 u 是黑色结点，就必须先将结点 p 删除，将结点 u 链接到其祖父结点 g 的下面。假设结点 u 成为结点 g 的右子女，v 是 u 的左兄弟。根据 v 的颜色，分以下两种情况讨论。

① 结点 v 是黑结点，若设结点 v 的左子女结点为 w。根据 w 的颜色需分两种情况讨论：

• 结点 w 是红结点，此时需做一个单旋转，将 w、g 染成黑色，v 染成红色，重构之后，消除双黑色(可以将 u 看成为额外一重黑色)，恢复红黑树的性质(如图 8-15 所示)。

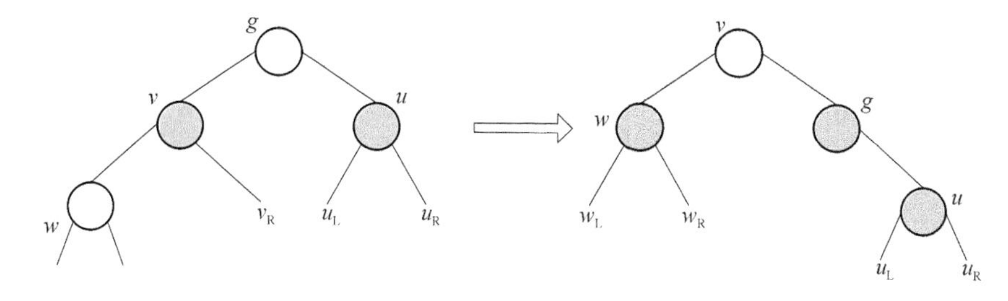

图 8-15 删除结点后重构红黑树情况 1-1

• 结点 w 是黑结点，还要看 w 的右兄弟结点 r 的颜色。又分为两种情况：

◆ 结点 r 是红结点，可通过一次先左后右的双旋转，并将 g 染成黑色，消除上黑色重构后，即可恢复红黑树的特性(如图 8-16 所示)。

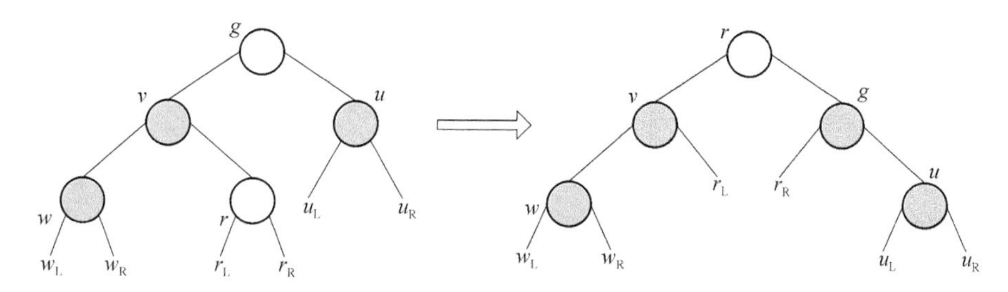

图 8-16 删除结点后重构红黑树情况 1-2-(1)

◆ 结点 r 是黑结点，同时，还需要看结点 g 的颜色。如果 g 是红结点，只要交换结点 g 和其子女结点 v 的颜色(重新着色)就能保持红黑树的特性(如图 8-17(a)所示)。如果结点 g 是黑结点，就需要做一个右单旋转，并将结点 v 上升染成双重黑色，从而消除 u 的双重黑色，将双重黑色结点向根的方向转移(如图 8-17(b)所示)。

② 结点 v 是红结点，若设结点 v 的右子女结点为 r。根据红黑树特性 3，r 的颜色必为黑色。再看 r 左子女结点 s 的颜色，需分两种情况讨论。

• 结点 s 是红结点，此时需做一个先左后右双旋转，让 r 上升，使包含 u 结点的路径的黑高度增 1，消除结点 u 的双黑色，重构后恢复红黑树的性质(如图 8-18 所示)。

• 结点 s 是黑结点，再看结点 s 的右兄弟结点 t 的颜色。又分为两种情况：

◆ 结点 t 是红结点，先以 t 为旋转轴，做左单旋转，以 t 替补 r 的位置；然后再以 t 为旋转轴，做一次先左后右的双旋转，可消除结点 u 的双重黑色，重构后恢复红黑树的特性(如图 8-19 所示)。

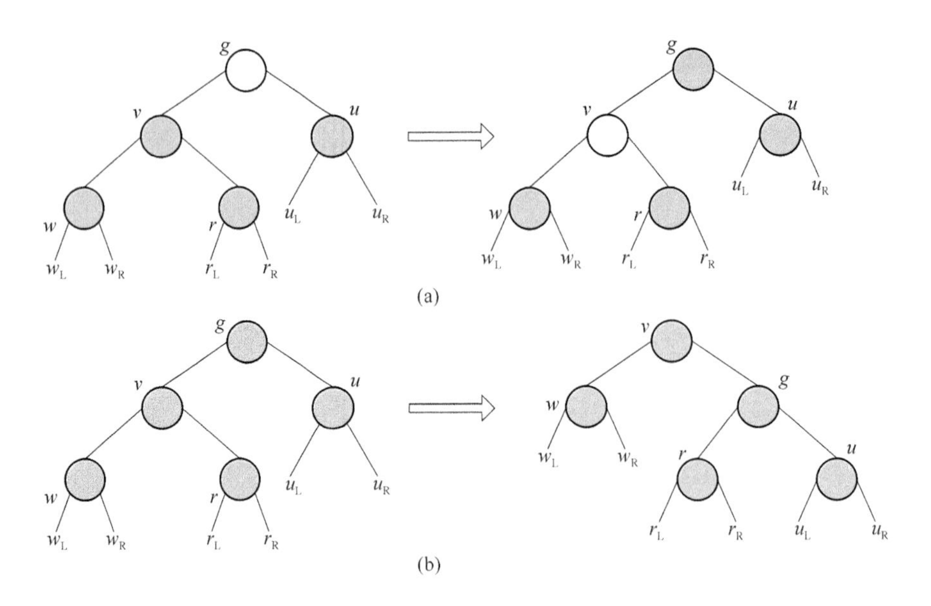

图 8-17　删除结点后重构红黑树情况 1-2-(2)

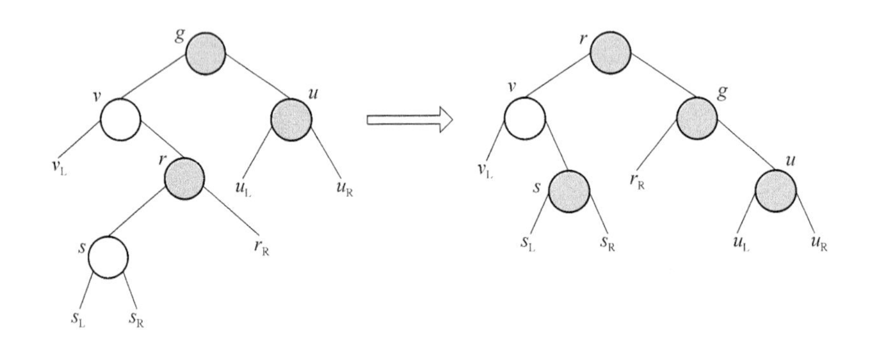

图 8-18　删除结点后重构红黑树情况 2-1

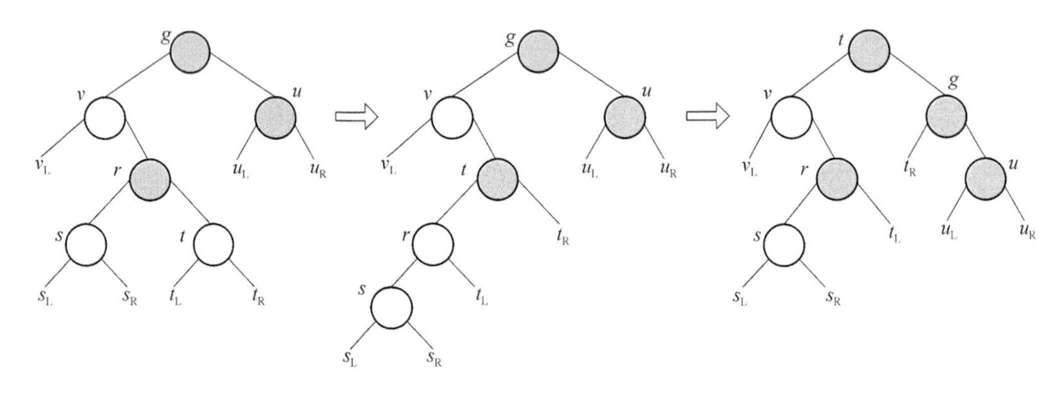

图 8-19　删除结点后重构红黑树情况 2-2-(1)

◆ 结点 t 是黑结点，同时，以 v 为旋转轴，做一次右单旋转，并改变 v 和 r 的颜色，即可消除结点 u 的双重黑色，重构后恢复红黑树的特性（如图 8-20 所示）。

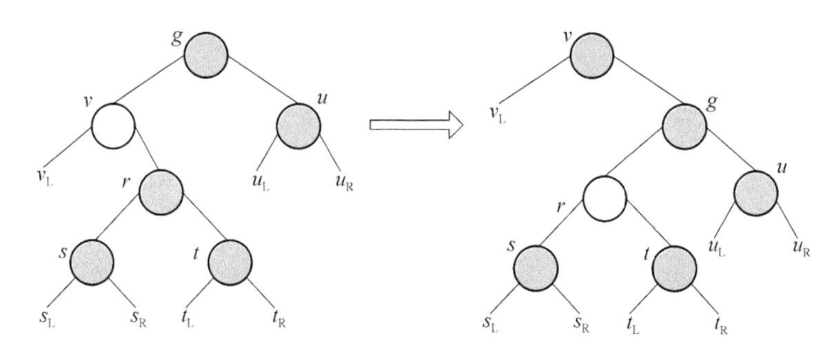

图 8-20 删除结点后重构红黑树情况 2-2-(2)

当然，点 u 是结点 g 的左子女的情况是上述讨论情况的镜像，只要左右指针互换即可。

如果在按照{4,7,12,15,3,5,14,18,16,17}建立的红黑树中依次删除 3,12,17,18,15,16，红黑树应如何重构？

(5) 红黑树的性能分析

红黑树中算法是就地执行的。此外，在旋转之后不再做递归调用，所以，进行了恒定数目(最多 3 次)的旋转，所需要的时间是 $O(1)$。树的高度最多为 $2\log_2(n+1)$，所以查找、输入以及删除操作的时间复杂度为 $O(\log_2 n)$。但是，在最坏情况下，红黑树的高度大于最坏情况下具有相同结点个数的 AVL 树的高度。

8.3.4 B 树

采用树表示存于磁盘(外存)上的大文件是很自然的，不过此时链接的不是内存地址，而是磁盘存储器的地址。例如，一个磁盘文件包含 n 条记录，$n=10^6$，且将该文件记录按给定表示成一棵二叉排序树，那么欲从该文件中查找某一指定的关键字记录，平均来说，大约要做 $\log_2 n=\log_2 10^6\approx 20$ 次磁盘存取操作。

因为磁盘的存取操作速度比内存的存取速度慢得多，因此，当 n 较大时，用二叉树表示文件的搜索结构是行不通的。多路平衡查找树代替二叉排序树是解决这一问题的理想方法。

1972 年，R. Bayer 和 E. M. McCreight 提出了一种称为**B 树的多路搜索树**，它适合在磁盘等直接存取设备上组织动态的查找结构。

(1) B 树的定义

B 树是一种平衡的多路查找树，它在文件系统中很有用。一棵 m 阶的 B 树，或者为空树，或者为满足下列特性的 m 叉树：

① 树中每个结点至多有 m 棵子树。

② 若根结点不是叶子结点，则至少有两棵子树。

③ 除根结点外的所有非终端结点至少有 $\lceil m/2 \rceil$ 棵子树。

④ 所有的非终端结点中包含以下信息数据：$n, A_0, K_1, A_1, K_2, \cdots, K_n, A_n$。其中，$K_i(i=1,2,\cdots,n)$为键，且 $K_i<K_{i+1}$，A_j 为指向子树根结点的指针($j=1,2,\cdots,n$)，且指针 A_{j-1} 所指子树中所有结点的键均小于 K_i，A_n 所指子树中所有结点的键均大于 K_n，$\lceil m/2 \rceil-1\leqslant n\leqslant m-1$，$n$ 为键的个数。

⑤ 所有的叶结点都出现在同一层上，并且不带信息(可看作是外部结点或查找失败的结点，实际上不存在，指向这些结点的指针为空)。

有些教科书上写成 B⁻ 或 B_树，不要误解为“B 减树”，“－”和“_”只是连接符。

图 8-21 所示的是一棵 5 阶的 B 树，其深度为 4。

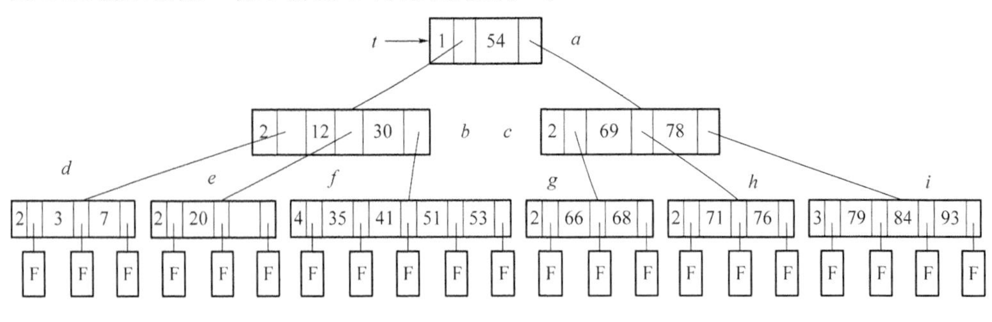

图 8-21　一棵 5 阶的 B 树

(2) B 树的查找

B 树的查找类似二叉排序树的查找，所不同的是 B 树的每个结点是多键的有序表。

算法思路

① 按照排序树的搜索方法到达某个结点时，先在有序表中查找若找到，则查找成功。

② 到对应的指针指向的子树中去查找，如果没有到达叶结点，则重复①；否则，说明 B 树中没有对应的键值，查找失败。

例如，在图 8-21 中查找键为 93 的记录。首先，从 t 指向的根结点 a 开始，a 中只有一个键 54，且小于 93；因此，按照该结点指针域 A_1 到结点 c 中去查找。c 中有两个键，且都小于 93；因此，按照该结点指针域 A_2 到结点 i 中去查找，在结点 i 中顺序比较各个键值，找到 93，则查找成功。如果查找的键值为 90，按上述搜索过程，也检索到结点 i，$84<90<93$，因此，按照该结点的指针域 A_2 去查找，A_2 的指针域为空，则查找失败。

算法分析

由于通常 B 树是存储在外存上的，外查找就是通过指针在磁盘中相对定位，并将结点信息读入内存；然后，对结点中的键有序表进行顺序查找或二分查找。因为，在磁盘上读取结点信息比在内存中进行键查找耗时多，因此，在磁盘上读取结点信息的次数（即 B 树的层次数）是决定 B 树查找效率的首要因素。

由 B 树定义可知，第 1 层至少有 1 个结点，第 2 层至少有 2 个结点，第 3 层至少有 $2\lceil m/2\rceil$ 个结点，以此类推，第 $k+1$ 层至少有 $2(\lceil m/2\rceil)^{k-1}$ 个结点，而该层的结点为叶结点。若 m 阶 B 树有 n 个键，则叶结点即查找不成功的结点为 $n+1$，由此可得：

$$n+1\geqslant 2(\lceil m/2\rceil)^{k-1} \quad 即 \quad k\leqslant \log_{\lceil m/2\rceil}\left(\frac{n+1}{2}\right)+1$$

也就是说，在含有 n 个键的 B 树上进行查找，从根结点到键所在结点的路径上涉及的层次数不超过 $\log_{\lceil m/2\rceil}\left(\frac{n+1}{2}\right)+1$。

实际上，外查找消耗的时间远远大于内部查找时间；B 树作为数据库文件时，打开文件之后就必须将根结点读入内存，直至文件关闭，此根结点一直驻留在内存中。因此，查找时可以不计读入根结点的时间。

(3) B 树的插入

在 B 树上插入键的方法与在二叉排序树中插入结点方法不同，键的插入不是在叶结点上进行的，而是在最底层某个非终端结点中添加的。

算法思路

① 若该结点上键的个数不超过 $m-1$ 个，则可直接插入到该结点上。

② 否则，该结点的子树会超过 m 棵(与定义相背)，要将该结点“分裂”：将结点中的键分成3部分，使得前后两部分键数均大于或等于 $\lceil m/2 \rceil -1$，前后两部分分成两个结点，而中间部分只有1个结点。中间的一个结点将其键值插入到父结点中(即将结点并入到父结点)。若父结点因为合并造成键数超过 $m-1$，则父结点继续分裂，直至到某个结点，其键个数小于 m。可见，B树是自底向上生长的。

图8-22就是建立一个5阶B树的过程示例。

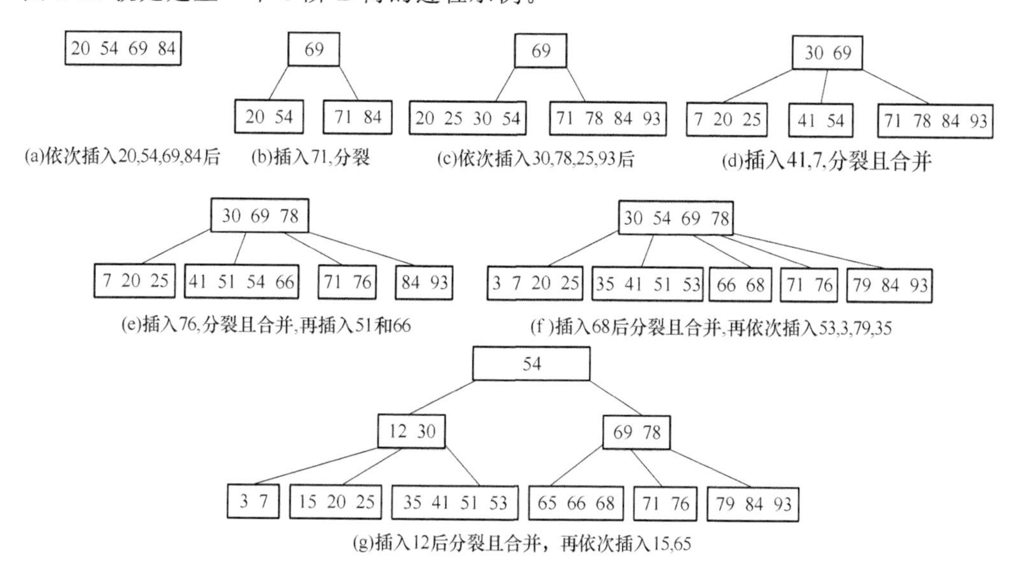

图8-22 一棵5阶的建立过程示例

当新键插入到已满的父结点后，父结点也要做“分裂”操作。最坏的情况是，结点的“分裂”操作一直传播到根结点。根结点的“分裂”会导致产生一个新根，故B树层次增1。

(4) B树的删除

B树是二叉排序树的推广，中序遍历(与二叉树的中序有区别，将键值视为根，键前指针域为左孩子，键后指针域为右孩子)B树同样可以得到键的有序序列。任意键 K 的中序前驱(后继)必是 K 的前指针域(后指针域)中最右(左)下结点中最后(最前)一个键。

若被删键 K 所在的结点非叶结点，则用 K 的中序前驱(后继) K' 取代 K，然后从叶结点中删去 K'。从叶子开始删去键 K 的情形具体如下：

① 若结点中键数大于 $\lceil m/2 \rceil -1$，直接删去；否则，若删除的余项与右兄弟(无右兄弟，则找有兄弟)项数之和大于或等于 $2(\lceil m/2 \rceil -1)$，就与它们父结点中的有关项一起重新分配。图8-23就是图8-22中删除76后的结果。

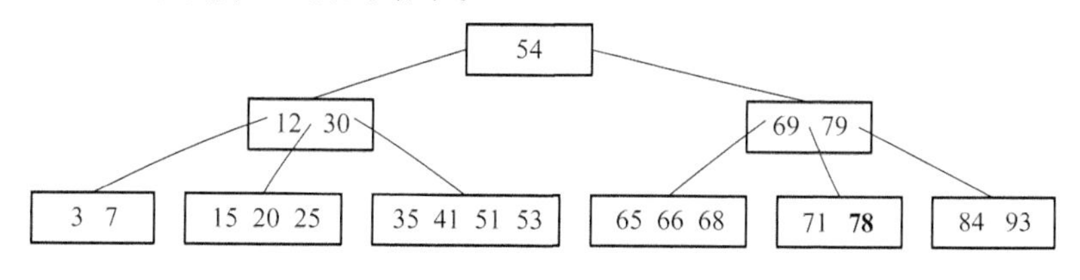

图8-23 在图8-22中删除76

② 若删去后，余项与右兄弟（无右兄弟，则找有兄弟）项数之和均小于 $2(\lceil m/2 \rceil -1)$，就将余项与右兄弟（无右兄弟，则找有兄弟）合并。由于两个结点合并后，父结点中相关项不能保持，把相关项也并入合并项。若此时父结点被破坏，则继续调整，直到根结点。可见，由于合并，可以使 B 树层次减 1。图 8-24 就是图 8-12 中删除 7 后的结果。

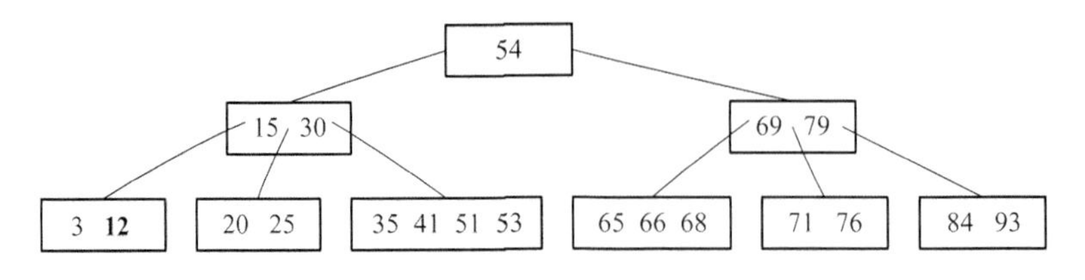

图 8-24　在图 8-22 中删除 7

(5) B 树的性能分析

由(2)查找算法分析中得知，B 树的高度最多为 $\log_{\lceil m/2 \rceil}\left(\frac{n+1}{2}\right)+1$，因此，在 B 树上查找、插入和删除的读写磁盘的时间复杂度为 $O(\log_t n)$，CPU 计算时间复杂度为 $O(m\log_t n)$，其中，$t=\lceil m/2 \rceil$，n 为键的个数，m 为 B 树的阶数。

n 个结点的平衡二叉树的高度($\log_2 n$)比 B 树的高度约大 $\log_2 t$ 倍。显然，阶数 m 越大，则 B 树的高度越小。

查找等操作上 CPU 计算时间在 B 数上是 $O(\log_2 n(m/\log_2 t))$，而 $m/\log_2 t>1$，所以，当 m 较大时，$O(\log_2 n(m/\log_2 t))$ 比平衡二叉树上相应操作时间 $O(\log_2 n)$ 大得多。因此，若要作为内存中的查找，B 树不一定比平衡二叉树好，尤其是当 m 较大时。

8.3.5　B^+ 树

B^+ 树是应文件系统而产生的一种 B 树的变形树。m 阶的 B^+ 树和 m 阶的 B 树的差异在以下几个方面：

(1) 有 n 棵子树的结点中含有 n 个键。

(2) 所有叶结点中包含了全部键的信息以及指向含有这些键记录的指针，且叶结点本身依键的大小按序链接。

(3) 所有的非终端结点可以看成索引部分，结点中仅含其子树结点中最大键。

图 8-25 为一棵 5 阶的 B^+ 树。通常在 B^+ 树上有两个头指针：一个指向根结点，另一个指向键值最小的叶结点。因此，可以对 B^+ 树进行两种查找运算：一种是从最小键(sqt)开始的顺序查找；另一种是从根结点(root)开始的随机查找。

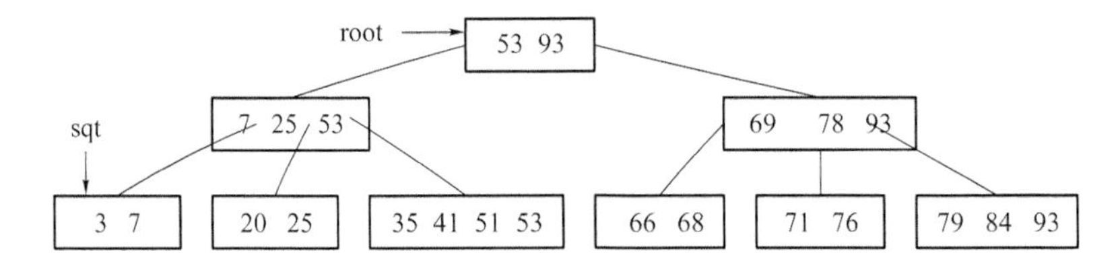

图 8-25　一棵 5 阶的 B^+ 树

在 B^+ 树上进行随机查找、插入和删除的过程基本上与 B 树类似。只是在查找时，若非终端结点上的键等于给定值，并不终止，而是继续向下查找直到叶子结点。因此，不管查找是否成功，每次查找都是走了一条从根到叶结点的路径。

B^+ 树的插入仅在叶结点上进行，当结点中的键数大于 m 时要分裂成两个结点，它们所含有的键数为 $\lceil m+1/2 \rceil$，且它们的父结点中应同时包含这两个结点中的最大值。

B^+ 树的删除也仅在叶结点进行，当叶结点中的最大键被删除时，其在非终端结点中的值可以作为一个“分界键”存在。若因删除而使结点的个数少于 $\lceil m/2 \rceil$ 时，其和兄弟结点的合并过程亦与 B 树类似。

8.4　散列表查找

前面讨论的查找表中，元素在存储结构中的位置与元素的关键码不存在直接的对应关系，因此，在一个数据结构中搜索一个数据元素需要进行一系列的关键码比较。搜索的效率取决于搜索过程进行的比较次数。**散列表**提供了一种完全不同的存储和搜索方式，通过关键码映射到表中某个位置上来存储元素，然后根据关键码用同样的方式直接访问。散列表是集合和字典的另一种有效方式。

8.4.1　散列表的基本概念

设所有可能出现的关键字集合记为 U(简称全集)。实际发生(即实际存储)的关键字集合记为 K($|K|$ 比 $|U|$ 小得多)。

散列方法是使用 Hash 函数将 U 映射到表 $T[0..m-1]$的下标上($m=O(|U|)$)。这样以 U 中关键字为自变量，以 Hash 为函数的运算结果就是相应结点的存储地址。从而达到在 $O(1)$时间内就可完成查找。如图 8-26 所示。其中：

(1) Hash:$U \to \{0,1,2,\cdots,m-1\}$，通常称 Hash 为**散列函数**(Hash Function)。散列函数 Hash 的作用是压缩待处理的下标范围，使待处理的 $|U|$ 个值减少到 m 个值，从而降低空间开销。

(2) T 为散列表(Hash Table)。

(3) Hash(K_i)($K_i \in U$)是关键字为 K_i 结点存储地址，亦称散列值或**散列地址**。

(4) 将结点按其关键字的散列地址存储到散列表中的过程称为**散列**(Hashing)。

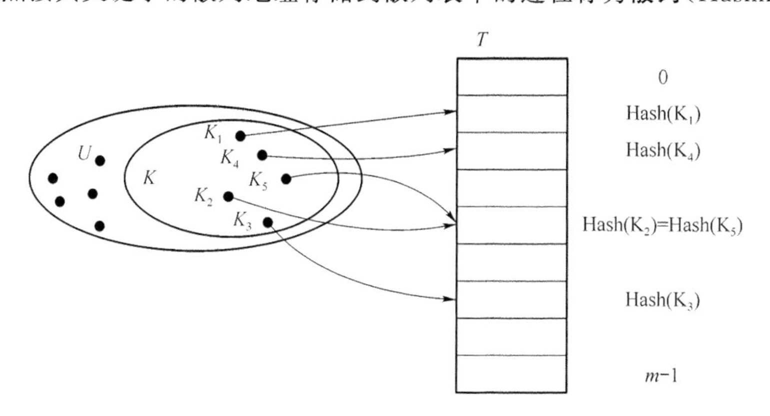

图 8-26　散列表和关键码的映射关系

通常关键字码集合比散列表地址集合大得多。因此，有可能经过散列函数的计算，把不同的关键码映射到同一个散列地址上，就会产生**冲突**。这些经过散列函数构造后得到相同散列地址的不同关键码就称为**同义词**(如图8-26中的K_2和K_5)。

如果元素按散列地址加入到散列表时产生了冲突,就必须考虑解决冲突,而冲突太多就会降低搜索效率。如果能构造一个地址分布比较均匀的散列函数,使得关键码集合中的任何一个关键码经过散列函数的计算,映射到地址集合中所有地址的概率相等,就可减少冲突。

冲突的频繁程度除了与散列函数有关外,还与表的填满程度相关。设m和n分别表示表长和表中填入的关键码数,则将$\alpha=n/m$定义为散列表的**装填因子**(Load Factor)。α越大,表越满,冲突的机会也越大。通常取$\alpha\leqslant1$。

但是,冲突是难以避免的,因此,**需要解决两个问题:**

(1)针对关键码集合,选择计算简单且地址分布比较均匀的散列函数,尽量减少冲突。

(2)拟定解决冲突的方法。

8.4.2 哈希函数的构造方法

散列函数的选择有两条标准:简单和均匀。

(1)简单指散列函数的计算简单快速。

(2)均匀指对于关键字集合中的任一关键字,散列函数能以等概率将其映射到表空间的任何一个位置上。也就是说,散列函数能将子集K随机均匀地分布在表的地址集$\{0,1,\cdots,m-1\}$上,以使冲突最小化。

下面介绍几种常见的散列函数(为简单起见,假定关键字是定义在自然数集合上):

(1)直接定址法

直接定址法是以关键字K本身或关键字加上某个数值常量C作为散列地址的方法。对应的散列函数Hash(K)为:Hash(K)$=K+C$,若C为0,则散列地址就是关键字本身。

这种方法计算最简单,并且没有冲突发生。若有冲突发生,则表明是关键字错误。它适应于关键字的分布基本连续的情况,若关键字分布不连续,空号较多,浪费存储空间。如统计各年的人口普查结果,散列函数Hash(year)=year−1953(1953为第一次普查年份)。

(2)平方取中法

此方法在字典处理中使用十分广泛。先通过求关键字的平方值扩大相近数的差别,然后根据表长度取中间的几位数作为散列函数值。因为一个乘积的中间几位数和乘数的每一位都相关,所以由此产生的散列地址较为均匀。

【例8-1】 平方取中法实例。将一组关键字(0100,0110,1010,1001,0111)平方后得(0010000,0012100,1020100,1002001,0012321),若取表长为1000,则可取中间的三位数作为散列地址集:(100,121,201,020,123)。相应的散列函数用C++实现很简单:

```
int Hash(int key){//假设 key 是 4 位整数
    key * = key;
    key / = 100;          //先求平方值,后去掉末尾的两位数
    return key % 1000;    //取中间三位数作为散列地址返回
}
```

(3)除留余数法

除留余数法是用关键字K除以散列表长度m(也可能是一个小于m的,但接近m的质数或不包含20质因子的合数)所得余数作为散列地址的方法。对应的散列函数Hash(K)为:hash(K)$=k\ \%\ m$。

该方法比较简单,适用范围广,是一种最常使用的方法。该方法的关键是选取m,选取的

m 应使得散列函数值尽可能与关键字的个位相关,m 最好为素数。

【例 8-2】 除留余数法实例 1。若选 m 是关键字的基数的幂次,就等于是选择关键字的最后若干位数字作为地址,而与高位无关。于是高位不同而低位相同的关键字均互为同义词。

【例 8-3】 除留余数法实例 2。若关键字是十进制整数,其基为 10,则当 $m=100$ 时,159,259,359…均互为同义词。

(4) 数字分析法

数字分析法是取关键字中某些取值较分散的数字位作为散列地址的方法。它适合于所有关键字都已知,并对关键字中每一位的取值分布情况作出了分析。

【例 8-4】 数字分析法实例。有一组关键字为(92317602,92326875,92739628,92343634,92706816,92774638,92381262,92394220),通过分析可知,每个关键字从左到右的第 1,2,3 位和第 6 位取值较集中,不宜作散列地址。剩余的第 4,5,7 和 8 位取值较分散,可根据实际需要取其中的若干位作为散列地址。若取最后两位作为散列地址,则散列地址的集合为{2,75,28,34,16,38,62,20}。

(5) 折叠法

折叠法是首先将关键字分割成位数相同的几段(最后一段的位数若不足应补 0),段的位数取决于散列地址的位数,由实际需要而定,然后将它们的叠加和(舍去最高位进位)作为散列地址的方法。折叠法适用于关键字的位数较多,而所需的散列地址的位数又较少,同时关键字中每一位的取值又较集中的情况。

【例 8-5】 折叠法实例。一个关键字 $K=68242324$,散列地址为 3 位,则将此关键字从左到右每三位一段进行划分,得到的三段为 682,423 和 240,叠加和为 $682+423+240=345$,此值就是存储关键字为 68242324 元素的散列地址。

8.4.3 处理冲突方法

通常有两类方法处理冲突:**开放定址**(Open Addressing)法和**拉链**(Chaining)法。前者是将所有结点均存放在散列表 $T[0..m-1]$中;后者通常是将互为同义词的结点链成一个单链表,而将此链表的头指针放在散列表 $T[0..m-1]$中。**(本章重点)**

(1) 开放定址法

用开放定址法解决冲突的做法是:当冲突发生时,使用某种探查(亦称探测)技术在散列表中形成一个探查(测)序列。沿此序列逐个单元地查找,直到找到给定的关键字,或者碰到一个开放的地址(即该地址单元为空)为止(若要插入,在探查到开放的地址,则可将待插入的新结点存入该地址单元)。

若查找时探查到开放的地址则表明表中无待查的关键字,即查找失败。

用开放定址法建立散列表时,建表前须将表中所有单元置空,且空单元的表示与具体的应用相关(应该用一个不会出现的关键字来表示空单元)。开放定址法要求散列表的装填因子 $\alpha\leqslant1$,实用中取 α 为 0.5～0.9 的某个值为宜。

开放地址法的一般形式为:$h=(\text{Hash}(\text{key})+d_i)\%\ m$,$1\leqslant i\leqslant m-1$,其中:

① Hash(key)为散列函数,d_i 为增量序列,m 为表长。

② Hash(key)是初始的探查位置,后续的探查位置依次是 $h_l,h_2,\cdots,h_{m-1}$,即 Hash(key),$h_1,h_2,\cdots,h_{m-1}$形成了一个探查序列。

③ 若令开放地址一般形式的 i 从 0 开始，并令 $d_0=0$，则 $h_0=h(\text{key})$，则有：

$h_i=(\text{Hash}(\text{key})+d_i)\%\ m(0\leqslant i\leqslant m-1)$，探查序列可简记为 $h_i(0\leqslant i\leqslant m-1)$。

按照形成探查序列的方法不同，可将**开放定址法区分为线性探查法、二次探查法、双重散列法以及随机法等。**

① **线性探查法**(Linear Probing)

该方法的**基本思想**是：将散列表 $T[0..m-1]$看成是一个循环向量，若初始探查的地址为 d(即 hash(key)$=d$)，则最长的探查序列为：$d,d+1,d+2,\cdots,m-1,0,1,\cdots,d-1$。即探查时从地址 d 开始，首先探查 $T[d]$，然后依次探查 $T[d+1],\cdots$，直到 $T[m-1]$，此后又循环到 $T[0],T[1],\cdots$，直到探查到 $T[d-1]$为止。探查过程终止于三种情况：

- 若当前探查的单元为空，则表示查找失败(若是插入则将 key 写入其中)；
- 若当前探查的单元中含有 key，则查找成功，但对于插入意味着失败；
- 若探查到 $T[d-1]$时仍未发现空单元也未找到 key，则无论是查找还是插入均意味着失败(此时表满)。

利用开放地址法的一般形式，线性探查法的探查序列为：$h_i=(\text{Hash}(\text{key})+i)\%\ m,0\leqslant i\leqslant m-1$。

【例 8-6】 线性探查法实例。已知一组关键字为{39,23,41,64,18,15,81,12,6,38}，用除留余数法构造散列函数：散列表为 $T[0..12]$，散列函数为：Hash(key)＝key % 13。用线性探查法解决冲突构造这组关键字的散列表。

关键码 39：Hash(39)＝39 % 13＝0　　关键码 23：Hash(23)＝23 % 13＝10

关键码 41：Hash(41)＝41 % 13＝2　　关键码 64：Hash(64)＝64 % 13＝12

关键码 18：Hash(18)＝18 % 13＝5

关键码 15：Hash(15)＝15 % 13＝2，与关键码 41 冲突，取 Hash(key)＝Hash(key)＋1＝2＋1＝3

关键码 81：Hash(81)＝81 % 13＝3，与关键码 15 冲突，取 Hash(key)＝Hash(key)＋1＝3＋1＝4

关键码 12：Hash(12)＝12 % 13＝12，与关键码 64 冲突，取 Hash(key)＝Hash(key)＋1＝(12＋1)&13＝0，与关键码 39 冲突，取 Hash(key)＝Hash(key)＋1＝0＋1＝1

关键码 6：Hash(6)＝06 % 13＝6

关键码 38：Hash(38)＝38 % 13＝12，与关键码 64 冲突，与关键码 39 冲突，与关键码 12 冲突，…，与关键码 6 冲突，因此，取 Hash(key)＝Hash(key)＋1＝6＋1＝7。

最终的散列表如表 8-1 所示。

表 8-1　用线性探查法构造散列表

空间号	0	1	2	3	4	5	6	7	8	9	10	11	12
关键码	39	12	41	15	81	18	6	38			23		64
冲突次数	0	2	0	1	1	0	0	8			0		0
比较次数	1	3	1	2	2	1	1	9			1		1

用线性探查法解决冲突时，当表中 $i,i+1,\cdots,i+k$ 的位置上已有结点时，一个散列地址为 $i,i+1,\cdots,i+k+1$ 的结点都将插入在位置 $i+k+1$ 上。把这种散列地址不同的结点争夺同

一个后继散列地址的现象称为**二次聚集或堆积**(Clustering)。这将造成不是同义词的结点也处在同一个探查序列之中,从而增加了探查序列的长度,即增加了查找时间。

上例中,Hash(15)=2,Hash(81)=3,即15和81不是同义词。但由于处理15和同义词41的冲突时,15抢先占用了$T[3]$,这就使得插入81时,这两个本来不应该发生冲突的非同义词之间也会发生冲突。为了减少聚集的发生,不能像线性探查法那样探查一个顺序的地址序列(相当于顺序查找),而应使探查序列跳跃式地散列在整个散列表中。

假设散列表至少有一个位置是空的(实际应用一般不会占满整个散列空间),则线性探查过程是以找到一个匹配的关键字或一个空位作为探查结束标志,这会带来所谓的删除操作造成的检索链断裂问题。

② 二次探查法(Quadratic Probing)

二次探查法的探查序列是:$h_i=(\mathrm{Hash(key)}+d_i)\% m$,$0\leqslant i\leqslant m-1$,$d_i=i^2$

即探查序列为$d=\mathrm{Hash(key)}$,$d\pm1^2$,$d\pm2^2$等。

【例8-7】 二次探查法实例。已知一组关键字为{39,23,41,64,18,15,81,12,6,38},用除余法构造散列函数:散列表为$T[0..12]$,散列函数为:Hash(key)=key % 13。用二次探查法解决冲突构造这组关键字的散列表。

关键码39:Hash(39)=39 % 13=0　　关键码23:Hash(23)=23 % 13=10

关键码41:Hash(41)=41 % 13=2　　关键码64:Hash(64)=64 % 13=12

关键码18:Hash(18)=18 % 13=5

关键码15:Hash(15)=15 % 13=2,与关键码41冲突,取Hash(key)=Hash(key)+1=2+1=3

关键码81:Hash(68)=68 % 13=3,与关键码15冲突,取Hash(key)=Hash(key)+1=3+1=4

关键码12:Hash(12)=12 % 13=12,与关键码64冲突,取Hash(key)=Hash(key)+1=(12+1)& 13=0,与关键码39冲突,取Hash(key)=Hash(key)-1=12-1=11

关键码6:Hash(06)=6 % 13=6

关键码38:Hash(38)=38 % 13=12,与关键码64冲突,与关键码39(位置为$(h+1)\%13$)冲突,与关键码12(位置为$h-1$)冲突,与关键码15(位置为$(h+4)\%13$)冲突,因此,取Hash(key)=Hash(key)-2^2=8。

最终的散列表如表8-2所示。

表8-2 用线性探查法构造散列表

空间号	0	1	2	3	4	5	6	7	8	9	10	11	12
关键码	39		41	15	81	18	6		38		23	12	64
冲突次数	0		0	1	1	0	0		4		0	2	0
比较次数	1		1	2	2	1	1		5		1	3	1

可见,二次探查法的二次聚集情况要比线性探查法少,能将各个关键字较均匀地分布到散列表中。例如,关键字“38”的冲突次数在线性探查法中有8次,而在二次探查法中只需要4次。

该方法的缺陷是不易探查到整个散列空间,且在查找不到关键字时容易造成“死循环”。

(2) 拉链法

拉链法解决冲突的做法是:**将所有关键字为同义词的结点链接在同一个单链表中。**若选

定的散列表长度为 m,则可将散列表定义为一个由 m 个头指针组成的指针数组 $T[0..m-1]$。凡是散列地址为 i 的结点,均插入到以 $T[i]$为头指针的单链表中。T 中各分量的初值均应为空指针。在拉链法中,装填因子 α 可以大于1,但一般均取 $\alpha \leqslant 1$。

【例 8-8】 拉链法实例。对于上例中已知的一组关键字和选定的散列函数,用拉链法解决冲突构造这组关键字的散列表的示意如图 8-27 所示(Hash(key)=key % 13)。

当把 Hash(key)=i 的关键字插入第 i 个单链表时,既可插入在链表的头上,也可以插在链表的尾上。这是因为必须确定 key 不在第 i 个链表时,才能将它插入表中。

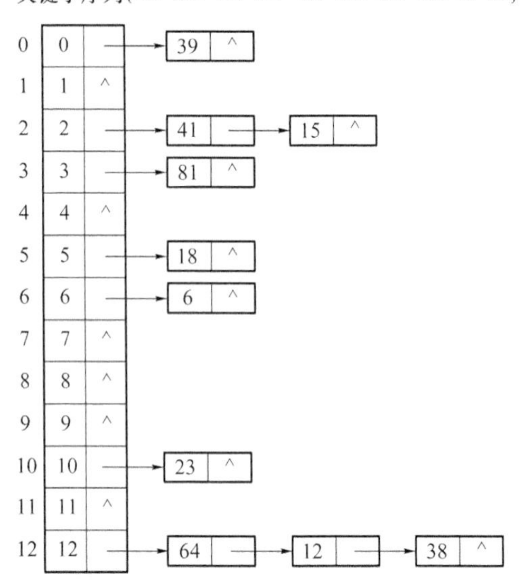

图 8-27 拉链法实现的散列表示例

与开放定址法相比,**拉链法有如下几个优点:**

(1) 拉链法处理冲突简单,且无堆积现象,即非同义词决不会发生冲突,因此平均查找长度较短。

(2) 由于拉链法中各链表上的结点空间是动态申请的,故它更适合于造表前无法确定表长的情况。

(3) 开放定址法为减少冲突,要求装填因子 α 较小,故当结点规模较大时会浪费很多空间。而拉链法中可取 $\alpha \geqslant 1$,且结点较大时,拉链法中增加的指针域可忽略不计;因此,拉链法节省空间。

(4) 在用拉链法构造的散列表中,删除结点的操作易于实现。只要简单地删去链表上相应的结点即可。而对开放地址法构造的散列表,删除结点不能简单地将被删结点的空间置为空,否则将截断在它之后填入散列表的同义词结点的查找路径。而且,空地址单元(即开放地址)都是查找失败的条件。因此在用开放地址法处理冲突的散列表上执行删除操作,只能在被删结点上做删除标记,而不能真正删除结点。

但是,**拉链法也有缺陷:**

(1) 指针需要额外的空间,故当结点规模较小时,开放定址法较为节省空间。

(2) 而若将节省的指针空间用来扩大散列表的规模,可使装填因子变小,这又减少了开放定址法中的冲突,从而提高平均查找速度。

算法分析

插入和删除的时间均取决于查找,故下面只分析查找操作的时间性能。

虽然散列表在关键字和存储位置之间建立了对应关系,理想情况是无须关键字的比较就可找到待查关键字。但是,由于冲突的存在(冲突还会导致二次聚集),**散列表的查找过程仍是一个和关键字比较的过程**,不过散列表的平均查找长度比顺序查找、二分查找等完全依赖于关键字比较的查找要小得多。

(1) 查找成功的 ASL

散列表上的查找优于顺序查找和二分查找。

在开放地址法和拉链法的【8-6】、【8-7】和【8-8】实例中,查找成功的平均查找长度分别为:

线性探测法：$ASL_{succ}=(1\times6+2\times2+3\times1+9\times1)/10=2.2$

拉链法：$ASL_{succ}=(1\times7+2\times2+3\times1)/10=1.4$

而当 $n=10$ 时，顺序查找和二分查找的平均查找长度（成功时）分别为：

顺序查找：$ASL_{succ}=(n+1)/2=5.5$

二分查找（可由判定树求得）：

$ASL_{succ}=(1\times1+2\times2+3\times4+4\times3)/10=2.9$

（2）查找不成功的 ASL

对于不成功的查找，顺序查找和二分查找所需进行的关键字比较次数取决于表长，而散列查找所需进行的关键字比较次数和待查结点有关。因此，在等概率情况下，可将散列表在查找不成功时的平均查找长度，定义为查找不成功时对关键字需要执行的平均比较次数。

在开放地址法和拉链法的实例中，在等概率情况下，查找不成功时的线性探查法和拉链法的平均查找长度分别为：

线性探查法：$ASL_{unsucc}=(9+8+7+6+5+4+3+2+1+1+2+1+10)/13=59/13\approx4.54$

拉链法：$ASL_{unsucc}=(1+0+2+1+0+1+1+0+0+0+1+0+3)/13=10/13\approx0.77$

顺序查找（设置监视哨情况）：$ASL_{unsucc}=n+1=11$

二分查找：$ASL_{unsucc}=(3\times5+4\times6)/11=39/11\approx3.55$

除散列法外，其他查找方法有共同特征为：均是建立在比较关键字的基础上。其中顺序查找是对无序集合的查找，每次关键字的比较结果为"＝"或"！＝"两种可能，其平均时间为 $O(n)$；其余的查找均是对有序集合的查找，每次关键字的比较有"＝""＜"和"＞"三种可能，且每次比较后均能缩小下次的查找范围，故查找速度更快，其平均时间为 $O(\log_2 n)$。而散列法是根据关键字直接求出地址的查找方法，其查找的期望时间为 $O(1)$。

对于散列查找：①由同一个散列函数、不同的解决冲突方法构造的散列表，其平均查找长度是不相同的；②散列表的平均查找长度不是结点个数 n 的函数，而是装填因子 α 的函数。因此在设计散列表时可选择 α 以控制散列表的平均查找长度；③α 的取值：α 越小，产生冲突的机会就小，但 α 过小，空间的浪费就过多。只要 α 选择合适，散列表上的平均查找长度就是一个常数，即散列表上查找的平均时间为 $O(1)$。

拓展 **C++类库中的 hash_map 对象采用 Hash 表存储，需要 Hash 函数。可参阅 C++ STL，看看 hash_map 中一些常用的方法及具体的应用。**

本章总结

• 搜索是数据处理最常见的一种运算。实现搜索有两种不同的环境：一种是静态环境下进行的搜索（静态搜索），搜索结构在插入和删除等操作的前后不发生变化，这种搜索方法简单，但效率不高，且常常需要处理溢出情况，例顺序查找、二分查找以及分块查找；另一种是在动态环境下进行的搜索（动态搜索），为了保持较高的搜索效率，搜索的结构在插入和删除等操作的前后将自动进行调整，例如树表查找和散列查找。

• 对于不同方式组织起来的搜索结构，相应的搜索方法也不尽相同。相反，为了提高搜索速度，又往往采用某些特殊的组织方式来组织需要搜索的信息。

• 对于大量的数据，特别是在外存中存放的数据，一般是按物理块进行存取。执行内外存交换过多将影响搜索效率，为确保搜索效率，需要采用散列或索引技术。

• 为度量一个搜索算法的性能，同样需要在时间和空间方面进行权衡。衡量一个搜索算法的时间标准是平均搜索长度 ASL。另外，衡量一个搜索算法时，还要考虑算法所需要的存储量和算法的复杂性等问题。

练　　习

一、选择题

1. 若查找每个记录的概率均等，则在具有 n 个记录的连续顺序文件中采用顺序查找法查找一个记录，其平均查找长度 ASL 为(　　)。

A. $(n-1)/2$　　B. $n/2$　　C. $(n+1)/2$　　D. n

2. 下面关于二分查找的叙述正确的是(　　)。

A. 表必须有序，表可以顺序方式存储，也可以链表方式存储

B. 表必须有序，而且只能从小到大排列

C. 表必须有序且表中数据必须是整型，实型或字符型

D. 表必须有序，且表只能以顺序方式存储

3. 具有 12 个关键字的有序表，折半查找的平均查找长度(　　)。

A. 3.1　　B. 4　　C. 2.5　　D. 5

4. 当采用分快查找时，数据的组织方式为(　　)。

A. 数据分成若干块，每块内数据有序

B. 数据分成若干块，每块内数据不必有序，但块间必须有序，每块内最大(或最小)的数据组成索引块

C. 数据分成若干块，每块内数据有序，每块内最大(或最小)的数据组成索引块

D. 数据分成若干块，每块(除最后一块外)中数据个数需相同

5. 如果要求一个线性表既能较快的查找，又能适应动态变化的要求，则可采用(　　)查找法。

A. 分快查找　　B. 顺序查找　　C. 折半查找　　D. 基于属性

6. 分别以下列序列构造二叉排序树，与用其他三个序列所构造的结果不同的是(　　)。

A. (100,80, 90, 60, 120,110,130)　　B. (100,120,110,130,80, 60, 90)

C. (100,60, 80, 90, 120,110,130)　　D. (100,80, 60, 90, 120,130,110)

7. 设有一组记录的关键字为{19,14,23,1,68,20,84,27,55,11,10,79}，用链地址法构造散列表，散列函数为 Hash(key)＝key MOD 13，散列地址为 1 的链中有(　　)个记录。

A. 1　　B. 2　　C. 3　　D. 4

8. 设散列表长为 14，散列函数是 Hash(key)＝key％11，表中已有数据的关键字为 15，38，61，84 共四个，现要将关键字为 49 的结点加到表中，用二次探测再散列法解决冲突，则放入的位置是(　　)。

A. 8　　B. 3　　C. 5　　D. 9

9. 散列函数有一个共同的性质，即函数值应当以(　　)取其值域的每个值。

A. 最大概率　　B. 最小概率　　C. 平均概率　　D. 同等概率

10. 下面关于B和B+树的叙述中,不正确的是( )。

A. B树和B+树都是平衡的多叉树。

B. B树和B+树都可用于文件的索引结构。

C. B树和B+树都能有效地支持顺序检索。

D. B树和B+树都能有效地支持随机检索。

二、判断题

1. ( )采用线性探测法处理散列时的冲突,当从散列表删除一个记录时,不应将这个记录的所在位置置空,因为这会影响以后的查找。

2. ( )用向量和单链表表示的有序表均可使用折半查找方法来提高查找速度。

3. ( )在索引顺序表中,实现分块查找,在等概率查找情况下,其平均查找长度不仅与表中元素个数有关,而且与每块中元素个数有关。

4. ( )对一棵二叉排序树按前序方法遍历得出的结点序列是从小到大的序列。

5. ( )任一查找树(二叉排序树)的平均查找时间都小于用顺序查找法查找同样结点的线性表的平均查找时间。

6. ( )在查找树(二叉树排序树)中插入一个新结点,总是插入到叶结点下面。

7. ( )设 T 为一棵二叉平衡树,在其中插入一个结点 n,然后立即删除该结点后得到 T_1,则 T 与 T_1 必定相同。

8. ( )在平衡二叉树中,向某个平衡因子不为零的结点的树中插入一新结点,必引起平衡旋转。

9. ( )散列表的结点中只包含数据元素自身的信息,不包含任何指针。

10. ( )对大小均为 n 的有序表和无序表分别进行顺序查找,在等概率查找的情况下,对于查找成功,它们的平均查找长度是相同的,而对于查找失败,它们的平均查找长度是不同的。

三、填空

1. 顺序查找 n 个元素的顺序表,若查找成功,则比较关键字的次数最多为________次;当使用监视哨时,若查找失败,则比较关键字的次数为________。

2. 已知有序表为(12,18,24,35,47,50,62,83,90,115,134)当用二分法查找90时,需________次查找成功,47时________成功,查100时,需________次才能确定不成功。

3. 哈希表是通过将查找码按选定的________和________,把结点按查找码转换为地址进行存储的线性表。哈希方法的关键是________和________。一个好的哈希函数其转换地址应尽可能________,而且函数运算应尽可能________。

4. 有一个2000项的表,欲采用等分区间顺序查找方法进行查找,则每块的理想长度是________,分成________块最为理想,平均查找长度是________。

5. 假定有 k 个关键字互为同义词,若用线性探测再散列法把这 k 个关键字存入散列表中,至少要进行________次探测;拉链法需要________次探测。

6. 执行顺序查找时,储存方式可以是____________;二分法查找时,要求线性表____________,分块查找时要求线性表____________,而散列表的查找,要求线性表的存储方式是____________。

7. 如果按关键码值递增的顺序依次将关键码值插入到二叉排序树中,则对这样的二叉排序树检索时，平均比较次数为________次探测。

8. 在一棵有 n 个结点的非平衡二叉树中进行查找，平均时间复杂度的上限（即最坏情况平均时间复杂度）为________。高度为 8 的平衡二叉树的结点数至少有________个。

9. 已知 N 元整型数组 a 存放 N 个学生的成绩，已按由大到小排序，以下算法是用二分查找方法统计成绩大于或等于 X 分的学生人数，请填空使之完善。

```
#define N /*学生人数*/
int uprx(int a[ ],int x){//函数返回大于等于 X 分的学生人数
    int head = 1,mid,rear = N;
    do{
        mid = (head + rear)/ 2;
        if(x<= a[mid]){_____________;}
        else{_____________;}
    } while(________);
    if(a[head]<x){return head - 1;}
    else{return head;}
}
```

10. 假设 root 是一棵给定的非空二叉排序树，对于下面给出的子程序，当执行注释中给出的调用语句时，就可以实现如下的操作：在非空二叉排序树 root 中查找值为 k 的结点；若值为 k 的结点在树中，且是一个叶子结点，则删除此叶子结点，同时置 success 为“真”；若值为 k 的结点不在树中，或者虽然在树中，但不是叶子结点，则不进行删除，仅置 success 为“假”。应注意到非空二叉排序树只包含一个结点情况，此时树中的唯一结点，既是根结点，也是叶子结点。

```
class node{
    int  key;
    node *left, *right;
} ;
node *root;
int  k,success;
void del_leaf(node **t,int k,int *sn){
    node  *p= *t, *pf;
    *sn = 0;
    while(________ &&! *sn){
        if(k == p->key){ *sn = 1;}
        else{________;}
        if(k<p->key){________;}
        else{________;}
        if  ( *sn&& p->left == NULL&& p->right == NULL){
            if(________){
                if(pf->left == p){pf->left = null;}
                else{pf->right = null;}
            }
            else{_______________;}
            delete p;
        }
        else{ *sn = 0;}
    }
}
```

四、应用题

1. 散列表存储中解决碰撞的基本方法有哪些？其基本思想是什么？

2. 对下面的关键字集{30,15,21,40,25,26,36,37}若查找表的装填因子为0.8,采用线性探测再散列方法解决冲突,做:(1)设计散列函数;(2)画出散列表;(3)计算查找成功和查找失败的平均查找长度。

3. 已知长度为11的表(xal,wan,wil,zol,yo,xul,yum,wen,wim,zi,yon),按表中元素顺序依次插入一棵初始为空的平衡二叉排序树,画出插入完成后的平衡二叉排序树,并求其在等概率的情况下查找成功的平均查找长度。

4. 写一个判别给定二叉树是否为二叉排序树的算法。

实 验 8

一、实验估计完成时间(90分钟)

二、实验目的

1. 熟悉二分查找、动态查找以及散列表查找的特点。
2. 在具体的数据结构基础上实现这些查找操作,并能在实际应用中灵活择取。
3. 利用散列表解决实际问题。

三、实验内容

1. 在原有的二叉树类的基础上,实现以下操作:

(1) 编写在二叉排序树中插入新结点的函数;

(2) 编写两个函数找出一棵二叉排序树中关键码最小和最大的结点;

(3) 试编写一个main函数建立一棵二叉排序树,并从小到大依次输出该树中所有结点的值(假设结点值类型为整型)。

2. 下面是在二叉排序树中删除一个结点的算法,读懂程序,在空白处加上适当的注释。

```
template<class T>
void BinaryTree<T>::Remove(const T x,BinaryTreeNode<T> * & ptr){  //在二叉树中删除一个结点
    BinTreeNode<T> *  temp;
    if(ptr != NULL){
        if(x<ptr->data){Remove(x,ptr->left);} //____________________
        else{
            if(x>ptr->data){Remove(x,ptr->right);} //________________
            else{//____________________________________________
                if(ptr->left&& ptr->right){//____________________
                    temp = Min(ptr->right);    ptr->data = temp->data;
                    Remove(ptr->data,temp);
                }
                else{  //________________________________________
                    temp = ptr;
```

```
                        if(ptr->left == NULL){ptr = ptr->right;}
                        else{ptr = ptr->left;}
                        delete temp;
                    }
                }
            }
        }
    }
```

3. 试利用二叉排序树实现图书信息的检索操作：

图书信息主要有：书号（字符串类型），主关键字；书名（字符串类型）；作者（字符串类型）；单价（单精度类型）；册书（整数类型）。

（1）用 Insert 函数建立一个图书信息二叉排序树；

（2）根据输入的书号，查询出指定书号的其他图书信息。

四、实验结果

1. 二叉排序树基本操作的算法实现。（课堂验收）

2. 请写出图书信息的数据结构（包括数据和基本操作）。

3. 写出根据书号查询指定书号的图书信息函数的源代码。

五、实验总结

1. 搜索结构在数据处理很常见的一种运算。不同的搜索结构带来不同的搜索效果，你能列出一些目前常见的搜索结构吗？试分别简述。

(1) ____

____

____

____。

(2) ____

____

____

____。

(3) ____

____

____

____。

2. AVL树中，查找代价与树高（即树的形状）是紧密相关的，树的高度会影响查找效率。B树和红黑树是另外两种提高搜索效率的方法，请你简单介绍这两种方法的优势。

B树及其优势：

____

____

____。

红黑树及其优势：

____

____

____。

能还能列出一些别的搜索结构吗？

____

____

____

____

____。

3. 通过本次实验，你有哪些收获和问题？

____

____

____。

六、实验得分（　　　　　）

第9章 内部排序

温故而知新，可以为师矣。

学习目标

- 深刻理解排序的定义以及各种排序方法的特点，并能灵活应用。
- 掌握各种排序方法的排序过程以及其依据的原则。
- 理解各种排序方法的时间复杂度分析方法。

日常生活中常常要对收集的各种数据进行处理，如分类、检索等，而这些数据处理往往要遇到的核心运算就是排序(Sorting)。往往，在有序序列中进行分类和检索操作，会比在无序序列上操作效率高。排序已经广泛应用在几乎所有领域。

9.1 排序的概念及算法性能分析

9.1.1 排序的概念

排序的确切定义是设含有 n 个元素的序列为 $R_1,R_2,\cdots,R_n$，其相应的关键码序列为 $K_1,K_2,\cdots,K_n$。所谓排序，就是确定 $1,2,\cdots,n$ 的一种排列 $p_1,p_2,\cdots,p_n$，使各关键码满足如下的非递减(或非递增)关系：

$$K_{p_1}\leqslant K_{p_2}\leqslant\cdots\leqslant K_{p_n} \text{ 或 } K_{p_1}\geqslant K_{p_2}\geqslant\cdots\geqslant K_{p_n}$$

也就是说，排序就是根据关键码递增或递减的顺序，把数据元素或记录依次排列起来，使一组任意排列的数据元素变成一组按其关键码线性有序的数据元素。

用来作排序运算依据的关键码，可以是数字类型，也可以是字符类型。关键码数据类型的选取应根据问题的要求而定。

例如，在高考成绩统计中将每个考生作为一个记录。每条记录包含准考证号、姓名、各科的分数和总分数等项内容。若要唯一地标识一个考生的记录，则必须用“准考证号”作为关键字。若要按照考生的总分数排名次，则需用“总分数”作为关键字。

排序算法的稳定性。当待排序记录的关键字均不相同时，排序结果是唯一的，否则排序结果不唯一。在待排序的文件中，若存在多个关键字相同的记录，经过排序后这些具有相同关键字的记录之间的相对次序保持不变，该排序方法是**稳定的**；若具有相同关键字的记录之间的相对次序发生变化，则称这种排序方法是**不稳定的**。例如，对某个班上的同学按身高非降序排队(有相同身高的同学)，如果张某和李某同一身高，且在排队前张某在李某之前；那么，利用稳定的排序方法排队之后张某还是在李某之前，而对于不稳定的排序方法，李某可能会到张某之前。

如果在某种排序中需要关键码两两比较的，那么这种排序方法就是稳定的；否则，这种排序方法是不稳定的。不能说不稳定的排序方法就不好，各有各的使用场合。

排序方法的分类。可以从不同的角度出发对排序进行分类：

(1) 按是否涉及数据的内、外存交换划分

在排序过程中，若整个文件都是放在内存中处理，排序时不涉及数据的内、外存交换，则称之为**内部排序**(简称内排序)；反之，若排序过程中要进行数据的内、外存交换，则称之为**外部排序**。

内排序适用于记录个数不很多的小文件；而外排序则适用于记录个数太多，不能一次将其全部记录放人内存的大文件。

(2) 按排序的策略划分

可以将排序方法分为五类：**插入排序、选择排序、交换排序、归并排序和分配排序。**

9.1.2 排序算法的性能分析

衡量算法好坏的标准主要有两条：一是**执行时间和所需的辅助空间**；另一个则是**算法本身的复杂程度。**

排序算法的**执行时间是衡量算法好坏的最重要的参数。**大多数排序算法都有两个基本的操作：**比较两个关键字的大小和改变指向记录的指针或移动记录本身**(具体的操作依赖于待排序记录的存储方式)。排序的时间开销可用算法执行中这两个主要操作次数来衡量。

本章介绍的排序算法中，基本的排序算法，如直接插入排序、冒泡排序和直接选择排序在对有 n 个元素的序列进行排序时，时间开销是 $O(n^2)$，而更高效的排序方法，如快速排序、归并排序以及堆排序，时间复杂度为 $O(n\log_2 n)$。

排序算法所**需要的额外内存空间是衡量排序算法性能的另一重要特征。**额外的内存开销与排序表的存储结构有关。待排数据元素或记录常用的存储方式有：

(1) 以顺序表(或直接用向量)作为存储结构

排序过程：对记录本身进行物理重排(即通过关键字之间的比较判定，将记录移到合适的位置)。

(2) 以链表作为存储结构

排序过程：无须移动记录，仅需修改指针。通常将这类排序称为链表(或链式)排序。

(3) 以顺序表+索引表作为存储结构

用顺序的方式存储待排序的记录，但同时建立一个辅助表(如包括关键字和指向记录位置的指针组成的索引表)。

排序过程：只需对辅助表的表目进行物理重排(即只移动辅助表的表目，而不移动记录本身)。适用于难于在链表上实现，仍需避免排序过程中移动记录的排序方法。

因此，从额外空间开销的角度来说，主要排序分成三种类型：

(1) 除了可能使用一个堆或表外，不需要使用额外内存空间；

(2) 使用链表和指针、数组下标来代表数据，因此，存储这 n 个指针或下标需要额外内存空间；

(3) 需要额外的内存空间来存储要排序的元素序列的副本或排序的中间结果。

9.1.3 排序表类定义

在排序过程中待排序的元素序列顺序存放在一个数据表中，为此需要定义排序所要用到的排序表类。为了便于读取元素，可将排序表类定义为排序表元素定义的友元，可直接读取关键码和修改关键码；此外，还提供了 Swap 函数(交换两个元素位置)以及比较函数来操作类的对象，这些比较函数都是重载函数，可以直接用元素比较代替关键码比较。

在数据表中 Element 类型的元素被封装起来，仍然看满足抽象数据类型的要求。具体的排序类的定义如下所示(存放在 sort.h 文件中)。

```
#define random(x)(rand() % x)
const int DefaultSize = 100;
template<class T,class OtherType>class DataList;  //排序表类声明
template<class T,class OtherType>
class Element{
private:
    T key;                              //关键码
    OtherType * otherdata;              //元素中其他数据成员
public:
    Element(): key(0){}                 //构造函数
    T getKey(){return key;}             //提取关键码
    void setKey(const T x){key = x;}    //修改关键码
    Element<T,OtherType>& operator = (Element<T,OtherType>& x){//赋值
        key = x.key;   otherdata = x.otherdata;   return * this;
    }
    //排序过程需要通过关键字的比较,为了便于操作,重载定义关系运算符
    int operator == (Element<T,OtherType> &x){return(key == x.key);}  //判等
    int operator != (Element<T,OtherType> &x){return(key != x.key);}  //判不等
    int operator<= (Element<T,OtherType> &x){return(key<= x.key);}  //判小于等于
    int operator >= (Element<T,OtherType> &x){return(key >= x.key);}  //判大于等于
    int operator<(Element<T,OtherType> &x){return(key<x.key);}  //判小于
    int operator>(Element<T,OtherType> &x){return(key>x.key);}  //判大于
    friend class DataList<T,OtherType>;
};//排序表数据类定义

template<class T,class OtherType>
class DataList{
public:
    DataList(int length,int size = DefaultSize){//构造函数,随机产生指定长度关键码
        int j = 1;
        maxSize = size ;   currentSize = length ;
        Vector = new Element<T,OtherType>[maxSize + 1];//元素从 1 号单元开始存放
        srand((int)time(0));
        for(int i = 1;i<= currentSize; ++ i){//下标从 1 开始,0 位置留用
            Vector[i].key = random(1000);
            if(j>10){//每行输出 10 个关键码
                cout<<endl;   j = 1;
            }
            cout<<Vector[i].key<<"   ";   ++ j;
        }
        cout<<endl;
    }

    void Swap(Element<T,OtherType> &x,Element<T,OtherType> &y)
```

```
    {//对换元素
        Element<T,OtherType>temp = x;    x = y;    y = temp;
    }

    int Length(){return currentSize;} //取表长

    Element<T,OtherType>& operator[ ](int i){return Vector[i];}//取第 i 个元素

    void print()
    {//排序后的结果输出
        int i,j = 1;
        cout<<"排序后的结果为:"<<endl;
        for(i = 1;i<= currentSize; ++ i){
            if(j>10){
                cout<<endl;    j = 1;
            }
            cout<<Vector[i].key<<"  ";    ++ j;
        }
        cout<<endl;
    }
private:
    Element<T,OtherType> * Vector;     //存储排序元素的向量
    int maxSize,currentSize;           //向量中最大元素个数及当前元素个数
}; //排序表类定义
```

引用型重载操作的使用,可从第 i 个元素中取值,也可以向第 i 个元素赋值。

9.2 插入排序

插入排序(Insertion Sort)的**基本思想**是:每次将一个待排序的记录,按其关键字大小插入到前面已经排好序的子序列中的适当位置,直到全部记录插入完成为止。

本节介绍两种插入排序方法:直接插入排序和希尔排序。

9.2.1 直接插入排序

直接插入排序的基本思想是:假设向量 Vector 存储待排序元素或记录,当插入第 $i(i\geqslant 1)$ 个元素时,前面的 Vector[1],Vector[2],…,Vector[$i-1$]已经排好序。这时,用 Vector[i]的关键码与 Vector[$i-1$],Vector[$i-2$]…的关键码顺序进行比较,找到插入位置即将 Vector[i]插入,原来位置上的比 Vector[i]关键码大的元素向后顺移。

图 9-1 给出了直接插入排序过程。

例如,做第 4 趟插入排序时,将关键码 6 插入到前一个序列{5,7,9,10}中:首先,将 6 保存在一个临时变量 temp 中;其次,与序列中的关键码逐一(从序列尾到序列头)比较,如果序列中关键码比 6 大,该关键码向后顺移一个位置,直到关键码小于 6 为止,在这里 10,9,7 依次顺移(原来 6 的位置已放入 10。因此,在插入前必须将 6 暂时放入到 temp 中保存);最后,将 6 放入到比它小的关键码后的一个位置中,即 6 放在 5 之后,这时,前 5 个元素排序后的序列为{5,6,7,9,10},则第 4 趟排序结束。

	[1]	[2]	[3]	[4]	[5]	[6]	[7]	[8]	[9]	[10]	比较次数	移位次数
位　序	9	5	7	10	6	7*	12	1	4	3		
	[9]					......						
第一趟	[5	9]									1	3
第二趟	[5	7	9]								2	3
第三趟	[5	7	9	10]							1	2
第四趟	[5	6	7	9	10]						4	5
第五趟	[5	6	7	7*	9	10]					3	4
第六趟	[5	6	7	7*	9	10	12]				1	2
第七趟	[1	5	6	7	7*	9	10	12]			7	9
第八趟	[1	4	5	6	7	7*	9	10	12]		8	9
第九趟	[1	3	4	5	6	7	7*	9	10	12]	9	10

图 9-1　直接插入排序过程示例

为了说明算法是否稳定,给重复的关键码做个标识。例,关键码序列中有两个相同的 7,第二个 7 就用“7 * ”表示。如果排序后的序列中,“7 * ”可能会在“7”之前(待排序元素初始序列可能不同,但关键码的相对位置不变),那么就说明这个排序算法是不稳定的。

从排序过程中,可以看出:第 i 趟排序要与第 $i-1$ 个关键码到第 1 个关键码进行比较(最大比较次数),一共要进行 $i-1$ 趟排序。因此,直接插入排序算法需要用 2 重循环实现。

具体的实现源代码如下所示:

```
template<class T,class OtherType>
void InsertionSort(DataList<T,OtherType>&list){//按关键码 Key 非递减顺序对表进行排序
    for(int i = 2;i<= list.Length(); ++ i){         //元素从 1 开始存放,从 2 开始插入排序
        list [0] = list[i];   int j = i - 1;        //第 i 个元素暂存 0 号单元
        while(list[0]<list[j]){                     //关键码大的记录依次往后移
            list[j + 1] = list[j]; -- j;
        }                                           //某趟排序结束
        list[j + 1] = list[0];
    }                                               //n - 1 排序结束
    list.print();
}
```

数据表中定义的重载运算符[ ],可以使得存取表中元素好比存取向量中元素一样方便:list[0]相当于 list. Vector[i]。此外,list[0]既起到临时存放元素作用(相当于临时变量 temp 作用),又起到监视哨的作用(可以避免每次比较都要判断是否超越了表头)。

算法分析

(1) 算法的时间复杂度分析

若待排序的元素个数为 n,则该算法共执行 $n-1$ 趟。关键码比较次数和元素移动次数与元素关键码的初始排列有关。因此,在最好情况下,即在排序前元素已按指定次序排列,那么每趟排序只需要与前一个关键码比较 1 次,总的比较次数为 $n-1$,元素移动次数为 0(上面的源代码中需要移动 2 次,因为是先移动再比较)。但是,在最差情况下(元素关键码排列是指定次序的逆序),则第 i 趟排序时要与前 i 个关键码进行比较,每比较 1 次就移动元素 1 次,则总的比较次数 KCN 和元素移动次数 RMN 为:

$$\text{KCN}=\sum_{i=1}^{n-1} i=\frac{n\cdot(n-1)}{2}\approx\frac{n^2}{2},\quad \text{RMN}=\sum_{i=1}^{n-1}(i+2)=\frac{(n+4)(n-1)}{2}\approx\frac{n^2}{2}$$

可见，**关键码比较次数和元素移动次数与元素关键码的初始排列密切相关**。若待排序序列中出现各种情况概率相同，则可取上述最好与最坏情况下的平均情况。在平均情况下关键码比较次数和移动次数均约为 $n^2/4$。因此，直接插入排序的时间复杂度为 $O(n^2)$。

(2) 算法的空间复杂度分析

算法所需的辅助空间是一个监视哨，辅助空间复杂度 $S(n)=O(1)$。

(3) 算法的稳定性分析

在直接插入排序过程中，是通过任意两个关键码两两比较得出有序序列的，所以这个**算法是稳定的排序算法**。

9.2.2　希尔排序

希尔排序(Shell Sort)是插入排序的一种，是一种缩小增量排序方法。因 D. L. Shell 于 1959 年提出而得名。

▶▶算法思路

(1) 先取一个小于 n 的整数 d_1 作为第 1 个增量，将全部元素分为 d_1 分组，所有距离为 d_1 的倍数的记录放在同一个组中；

(2) 先在各组内进行直接插入排序；

(3) 取第 t 个增量 $d_t<d_1$ 重复进行分组，重复(2)，直至所取的增量 $d_t=1(d_t<d_{t-l}<\cdots<d_2<d_1)$，即所有记录放在同一组中进行直接插入排序为止。

希尔排序方法实质上是一种分组插入方法。必须要做一次 $d_t=1$ 的直接插入排序。想想为什么？

图 9-2 给出了希尔排序过程。

当 $d_1=5$ 时，将初始序列分为 5 个组：{9，7＊}、{5，12}、{7，1}、{10，4}、{6，3}，每个组中的关键码分别进行直接插入排序，结果分别为：{7＊，9}、{5，12}、{1，7}、{4，10}、{3，6}。每个分组在原序列中位置保持不变，分组中的元素因为局部排序位置会发生变动，因此，此趟排序后的序列为：{7＊，5，1，4，3，9，12，7，10，6}。接着，$d_2=3$ 时重复上述过程……当 $d_3=1$ 时，整个元素序列已经达到基本有序，所以排序速度很快。整个排序的关键码比较次数和元素次数少于直接插入排序。

分组增量	[1]	[2]	[3]	[4]	[5]	[6]	[7]	[8]	[9]	[10]	比较次数	移位次数
	9	5	7	10	6	7*	12	1	4	3		
$d_1=5$											9	14
$d_2=3$	7*	5	1	4	3	9	12	7	10	6	11	18
$d_3=1$	4	3	1	6	5	9	7*	7	10	12	13	24
最终结果	1	3	4	5	6	7*	7	9	10	12		

图 9-2　希尔排序过程示意图

下面给出希尔排序算法的实现代码，算法中缩小增量的方式是 $d=\left\lfloor\frac{d}{3}\right\rfloor+1$。

```
template<class T,class OtherType>
void ShellSort(DataList<T,OtherType>&list){//对 list 进行希尔排序，gap 相当于上文中增量 d
    int gap = list.Length(),i,j;                    //gap 的初始值设置
    do{
        gap = gap/3 + 1;                            //求下一增量值
        for(i = 1 + gap;i<= list.Length(); ++ i){  //个子序列交替处理
            if(list[i]<list[i - gap]){              //如果前序列有序，则不用比较
                list[0] = list[i];   j = i - gap;   //list[0]只是暂存单元，不是监视哨
                do{                                 //从分组尾开始比较
                    list[j + gap] = list[j];   j = j - gap;   //元素后移，比较前一个元素
                } while(j>1&& list[0]<list[j]);
                list[j + gap] = list[0];            //将元素插入到序列中
            }
        }
    } while(gap>1);                                 //gap = 1 时整个排序结束
    list.print();
}
```

算法分析

(1) 算法时间复杂度分析

Shell 排序的执行时间依赖于增量序列，好的增量序列的共同特征：①最后一个增量必须为 1；②应该尽量避免序列中的值(尤其是相邻的值)为倍数的情况。

有人通过大量的实验，给出了目前较好的结果：当 n 较大时，比较和移动的次数约在 $n^{1.25}$ 到 $1.6n^{1.25}$ 之间。

希尔排序的时间性能优于直接插入排序。主要原因是：①当元素初态基本有序时分组内直接插入排序所需的比较和移动次数均较少。②当分组内 n 值较小时，n 和 n^2 的差别也较小，即直接插入排序的最好时间复杂度 $O(n)$ 和最坏时间复杂度 $O(n^2)$ 差别不大。③在希尔排序开始时增量较大，分组较多，每组的记录数目少，故各组内直接插入较快，后来增量 d_i 逐渐缩小，分组数逐渐减少，而各组的记录数目逐渐增多，但由于已经按 d_{i-1} 作为距离排过序，使元素排列较接近于有序状态，所以新的一趟排序过程也较快。

因此，希尔排序在效率上较直接插入排序有较大的改进。

(2) 空间复杂度分析

算法所需的辅助空间是暂存空间，辅助空间复杂度 $S(n)=O(1)$。

(3) 算法的稳定性分析

希尔排序是不稳定(图 9-2 中 7 * 排序后在 7 之后)的，因为在排序过程中不能保证关键码两两比较。

9.3 交换排序

交换排序的**基本思想**是：两两比较待排序记录的关键字，发现两个记录的次序相反时即进行交换，直到没有反序的记录为止。应用交换排序基本思想的主要排序方法有冒泡排序和快

速排序两种。

9.3.1　冒泡排序

冒泡排序的基本思想是：假设向量 Vector 存储待排序元素或记录，将被排序元素 Vector[1..n]垂直排列，每个记录 Vector[i]看作是重量为 Vector[i]. key 的气泡。根据轻气泡不能在重气泡之下的原则，从下（排序表尾）往上（排序表头）扫描 Vector：凡扫描到违反本原则的轻气泡，就使其向上“飘浮”。如此反复进行，直到最后任何两个气泡都是轻者在上，重者在下为止。图 9-3 演示了冒泡排序的过程。

位序	原始序列	第一趟	第二趟	第三趟	第四趟	第五趟	第六趟	第七趟	第八趟	第九趟
[1]	9	**1**								
[2]	5	9	**3**							
[3]	7	5	9	**4**						
[4]	10	7	5	9	**5**					
[5]	6	10	7	5	9	**6**				
[6]	7*	6	10	7	6	9	**7**			
[7]	12	7*	6	10	7	7	9	**7***		
[8]	1	12	7*	6	10	7*	7*	9	**9**	
[9]	4	3	12	7*	7*	10	10	10	10	**10**
[10]	3	4	4	12	12	12	12	12	12	12
	交换次数	8	7	7	2	2	1	1	0	0

图 9-3　冒泡排序过程示意图

第一趟扫描从无序区底部向上依次比较相邻的两个气泡的重量，若发现轻者在下、重者在上，则交换二者的位置。即依次比较(Vector[n]，Vector [$n-1$])，(Vector [$n-1$]，Vector [$n-2$])，…，(Vector [2]，Vector [1])；对于每对气泡(Vector [$i+1$]，Vector [i])($1\leqslant i\leqslant n-1$)，若 Vector [$i+1$]. key＜Vector [$i$]. key，则交换 Vector [$i+1$]和 Vector [$i$]的元素值。

第一趟扫描完毕时，“最轻”的气泡就飘浮到该区间的顶部，即关键字最小的纪录被放在最高位置 Vector[1]上。扫描 Vector[2..n]，扫描完毕时，“次轻”的气泡飘浮到 Vector[2]的位置上，…，最后，经过 $n-1$ 趟扫描可得到有序区 Vector[1..n]。

第 i 趟扫描时，Vector[1..$i-1$]($i=1$ 时，不存在有序区)和 Vector[i .. n]分别为当前的有序区和无序区。扫描仍是从无序区底部向上直至该区顶部。扫描完毕时，该区中最轻气泡飘浮到顶部位置 Vector[i]上，结果是 Vector[1..i]变为新的有序区。

因为每一趟排序都使有序区增加了一个气泡，在经过 $n-1$ 趟排序之后，有序区中就有 $n-1$个气泡，所以整个冒泡排序过程至多需要进行 $n-1$ 趟排序。

若在某一趟排序中未发现气泡位置的交换，则说明待排序的无序区中所有气泡均满足轻者在上，重者在下的原则，因此，冒泡排序过程可在此趟排序后终止。为此，在下面给出的算法中，引入一个布尔量 exchange，在每趟排序开始前，先将其置为 false。若排序过程中发生了交换，则将其置为 true。各趟排序结束时检查 exchange，若未曾发生过交换则终止算法，不再进行下一趟排序。冒泡排序算法实现源代码如下所示：

```
template<class T,class OtherType>
```

```
void BubbleSort(DataList<T,OtherType>&list){//自下向上扫描list,对list做冒泡排序
    int i,j;
    bool exchange;                  //交换标志,在某趟排序中其值不变,则排序结束
    for(i=1;i<list.Length();++i){//最多做n-1趟排序
        exchange=false;             //本趟排序开始前,交换标志应为假
        for(j=list.Length()-1;j>=i;--j){  //对当前无序区自下向上扫描
            if(list[j+1]<list[j]){          //轻气泡上浮,即交换记录
                list.Swap(list[j+1],list[j]);
                exchange=true;              //发生了交换,故将交换标志置为真
            }
        }
        if(!exchange){break;}               //本趟排序未发生交换,提前终止算法
    }
    list.print();
}
```

算法分析

(1) 算法的时间复杂度分析

算法的最好时间复杂度:若文件的初始状态是正序的,一趟扫描即可完成排序。所需的关键字比较次数 C 和记录移动次数 M 均达到最小值:$C_{min}=n-1,M_{min}=0$。冒泡排序最好的时间复杂度为 $O(n)$。

算法的最坏时间复杂度:若初始文件是逆序的,要进行 $n-1$ 趟排序。每趟排序要进行 $n-i$ 次关键字的比较($1\leqslant i\leqslant n-1$),且每次比较都移动元素都要移动3次。在这种情况下,比较和移动次数均达到最大值:

$\mathrm{KCN}_{max}=\frac{n\cdot(n-1)}{2}=O(n^2)$,$\mathrm{RMN}_{max}=\frac{3n\cdot(n-1)}{2}=O(n^2)$,冒泡排序的最坏时间复杂度为 $O(n^2)$。

算法的平均时间复杂度为 $O(n^2)$。

虽然冒泡排序不一定要进行 $n-1$ 趟,但由于它的记录移动次数较多,故平均时间性能比直接插入排序要差得多。

(2) 算法的空间复杂度分析

算法所需的辅助空间是暂存空间,辅助空间复杂度 $S(n)=O(1)$。

(3) 算法的稳定性分析

从排序过程可以得出冒泡排序是一种关键码两两比较的稳定的**排序方法**。

9.3.2 快速排序

快速排序是C. R. A. Hoare于1962年**提出的一种划分交换排序**。它采用了一种分治的策略,通常称其为分治法(Divide-and-Conquer Method)。

分治法的基本思想是:将原问题分解为若干个规模更小、但结构与原问题相似的子问题。递归地解这些子问题,然后将这些子问题的解组合为原问题的解。

快速排序的**基本思想**:假设向量Vector[low..high]存储待排序元素或记录,利用分治法可将快速排序的基本思想描述为:

(1) 划分

在Vector[low..high]中任选一个元素作为基准(元素为pivot,位序为pivotpos),以此基

准将当前无序区划分为左、右两个较小的子区间 Vector[low.. pivotpos－1)和 Vector [pivot-pos＋1.. high]，并使左边子区间中所有记录的关键字均小于等于基准元素关键码(pivot. key)，右边的子区间中所有记录的关键字均大于等于 pivot. key，而基准元素 pivot 则位于正确的位置(pivotpos)上，它无须参加后续的排序。

划分的关键是要求出基准元素所在的位置 pivotpos。划分的结果可以简单地表示为 pivot＝Vector[pivotpos]；Vector[low.. pivotpos－1]. key≤Vector[pivotpos]. key≤Vector[pivotpos＋1 .. high]. keys，其中 low≤pivotpos≤high。

(2) 求解

通过递归调用快速排序对左、右子区间 Vector[low.. pivotpos－1]和 Vector[pivotpos＋1.. high]快速排序。

(3) 组合

因为当“求解”步骤中的两个递归调用结束时，其左、右两个子区间已有序。对快速排序而言，“组合”步骤无须做什么，可看作是空操作。

图 9-4 给出了快速排序的第一趟排序过程。

										比较次数	交换次数
[9]	5	7	10	6	7*	12	1	4	3		
↑i									↑j		
3	5	7	10	6	7*	12	1	4	□	1	1
	↑i								↑j		
3	5	7	10	6	7*	12	1	4	□	1	0
		↑i							↑j		
3	5	7	10	6	7*	12	1	4	□	1	0
			↑i						↑j		
3	5	7	□	6	7*	12	1	4	10	1	1
			↑i					↑j			
3	5	7	4	6	7*	12	1	□	10	1	1
				↑i				↑j			
3	5	7	4	6	7*	12	1	□	10	1	0
					↑i			↑j			
3	5	7	4	6	7*	12	1	□	10	1	0
						↑i		↑j			
3	5	7	4	6	7*	□	1	12	10	1	1
						↑i	↑j				
[3	5	7	4	6	7*	1]	[9]	[12	10]	1	1
							i↑↑j				

图 9-4　第一趟快速排序示意图

算法思路

将第 1 个元素作为基准元素(pivotops＝1)，i 和 j 分别为第 1 个和最后元素的位序。第 j 个元素的关键码与基准元素关键码进行比较：

(1) 如果第 j 个元素关键码小于基准元素关键码，则两个元素交换位置(为了减少移动次数，在最终基准位置 pivotops 未定前，只是将第 j 个元素移动原基准元素所在位置，基准元素放在一个暂存空间内)；否则，i 增值。

(2) 第 i 个元素的关键码与基准元素关键码进行比较：如果第 i 个元素关键码小于基准元素关键码，则将第 i 个元素移到基准元素所在位置；否则，j 减值。

(3) 如此重复，直至 $i=j$ 为止，最终的基准元素位置就是 i 或 j，最后将基准元素移到第 i 或第 j 个单元。至此，第一趟排序结束(基准元素前面的元素的关键码都小于或等于基准元素关键码，而后面元素的关键码则都大于基准元素关键码)。

快速排序算法的递归算法源代码如下所示：

```
template<class T,OtherType>
void QuickSort(DataList<T,Othertype>&list,int low,high){//对 Vector[low..high]快速排序
    int pivotpos; //划分后的基准记录的位置
    if(low<high){//仅当区间长度大于 1 时才须排序
        pivotpos = Partition(low,high);    //对 Vector[low..high]做划分
        QuickSort(list,low,pivotpos - 1);  QuickSort(list,pivotpos + 1,high);
          //左右区间递归排序
    }
}
```

为排序整个元素序列，只需调用 QuickSort(list,1,n)，即可完成对 list. Vector[1..n]的排序。

划分算法 Partition 源代码如下所示：

```
template<class T,class OtherType>
int Partition(DataList<T,OtherType>&list,int i,int j){
      //调用 Partition(low,high)时，划分 Vector[low..high]，返回基准记录的位置
    Element<T,OtherType>pivot = list[i]; //用区间的第 i 个记录作为基准
    while(i<j){//从区间两端交替向中间扫描，直至 i = j 为止
    //pivot 在位置 i 上，从右向左扫描，查找第 1 个关键字小于 pivot.key 的 Vector[j]
        while(i<j&& list[j] > = pivot){ -- j;}
        if(i<j){//找到的 Vector[j].key<pivot.key，相当于交换两个元素，交换后 i 指针加 1
            list[i ++ ] = list[j];
        }
        //pivot 在位置 j 上，从左向右扫描，查找第 1 个关键字大于 pivot.key 的 Vector[i]
        while(i<j&& list[i]<= pivot){ ++ i;}
        if(i<j){//找到了 Vector[i].key>pivot.key，相当于交换两个元素，交换后 j 指针减 1
            list[j -- ] = list[i];
        }
    }
    list[i] = pivot;//基准记录已被最后定位
    return i;
}
```

在当前无序区中选取划分的基准关键字是决定算法性能的关键。

算法分析

(1) 算法的时间复杂度分析

快速排序的时间主要耗费在划分操作上，对长度为 k 的区间进行划分，共需 $k-1$ 次关键字的比较。

最坏时间复杂度：最坏情况是每次划分选取的基准都是当前无序区中关键字最小(或最大)的元素，划分的结果是基准左边的子区间为空(或右边的子区间为空)，而划分所得的另一个非空的子区间中元素数目，仅仅比划分前的无序区中元素个数减少一个。

因此，快速排序必须做 $n-1$ 次划分，第 i 次划分开始时区间长度为 $n-i+1$，所需的比较次数为 $n-i(1\leqslant i\leqslant n-1)$，故总的比较次数达到最大值：$\text{KCN}_{\max}=\dfrac{n\cdot(n-1)}{2}=O(n^2)$。如果

按上面给出的划分算法，每次取当前无序区的第1个记录为基准，那么当元素关键码已按递增序（或递减序）排列时，每次划分所取的基准就是当前无序区中关键字最小（或最大）的元素，则快速排序所需的比较次数反而最多。

?为什么说最坏情况下的快速排序将退化到冒泡排序（如果冒泡排序中没有交换标志）？

最好时间复杂度：在最好情况下，每次划分所取的基准都是当前无序区的“中值”元素，划分的结果是基准的左、右两个无序子区间的长度大致相等。总的关键字比较的时间复杂度为 $O(n\log_2 n)$。

!用递归树来分析最好情况下的比较次数更简单。因为每次划分后左、右子区间长度大致相等，故递归树的高度为 $O(\log_2 n)$，而递归树每一层上各结点所对应的划分过程中所需要的关键字比较次数总和不超过 n，故整个排序过程所需要的关键字比较总次数 $C(n)=O(n\log_2 n)$。

因为快速排序的记录移动次数不大于比较的次数，所以快速排序的最坏时间复杂度应为 $O(n^2)$，最好时间复杂度为 $O(n\log_2 n)$。

尽管快速排序的最坏时间为 $O(n^2)$，但就平均性能而言，它是基于关键字比较的内部排序算法中速度最快者，快速排序亦因此而得名。它的平均时间复杂度为 $O(n\log_2 n)$。

(2) 算法的空间复杂度分析

快速排序在系统内部需要一个栈来实现递归。若每次划分较为均匀，则其递归树的高度为 $O(\log_2 n)$，故递归后需栈空间为 $O(\log_2 n)$。最坏情况下，递归树的高度为 $O(n)$，所需的栈空间为 $O(n)$。

(3) 算法的稳定性分析

在快速排序的每趟排序元素的位置是相对于基准元素而言。因此，快速排序是一种**不稳定的排序方法**。

9.4 选择排序

选择排序(Selection Sort)的基本思想是：每一趟从待排序的元素中选出关键字最小的元素，顺序放在已排好序的子序列的最后，直到全部记录排序完毕。

常用的选择排序方法有直接选择排序和堆排序。

9.4.1 直接选择排序

直接选择排序的基本思想是：n 个元素的直接选择排序可经过 $n-1$ 趟直接选择排序得到有序结果。

(1) 初始状态：无序区为 Vector [1..n]，有序区为空。

(2) 第1趟排序：在无序区 Vector [1..n]中选出关键码最小的元素 Vector [k]，将它与无序区的第1个记录 Vector [1]交换，使 Vector [1..1]和 Vector [2..n]分别变为记录个数增加1个的新有序区和记录个数减少1个的新无序区。

(3) 第 i 趟排序：第 i 趟排序开始时，当前有序区和无序区分别为 Vector [1..$i-1$]和 Vector [i..n]($1\leqslant i\leqslant n-1$)。该趟排序从当前无序区中选出关键码最小的元素 Vector [k]，将它与无序区的第1个记录 Vector [i]交换，使 Vector [1..i]和 Vector [i+1..n]分别变为元素个数增加1个的新有序区和元素个数减少1个的新无序区。

(4) n 个元素直接选择排序可经过 $n-1$ 趟直接选择排序得到有序结果。

图 9-5 给出了直接选择排序的过程。

在第一趟排序时，在第 2～10 个元素的关键码之间找出最小值 1(比较 9 次)，最小值 1 小于第一个元素的关键码 9，于是两个元素交换(交换次数为 1)，别的元素保持不变。如此重复，直到第 9 趟排序后，序列中前 9 个元素已正序排列，且元素的关键码均比最后一个，即第 10 个元素的关键码小。

	[1]	[2]	[3]	[4]	[5]	[6]	[7]	[8]	[9]	[10]	比较次数	交换次数
	9	5	7	10	6	7*	12	1	4	3		
第一趟	[1]	5	7	10	6	7*	12	9	4	3	9	1
第二趟	[1	3]	7	10	6	7*	12	9	4	5	8	1
第三趟	[1	3	4]	10	6	7*	12	9	7	5	7	1
第四趟	[1	3	4	5]	6	7*	12	9	7	10	6	1
第五趟	[1	3	4	5	6]	7*	12	9	7	10	5	0
第六趟	[1	3	4	5	6	7*]	12	9	7	10	4	0
第七趟	[1	3	4	5	6	7*	7]	9	12	10	3	1
第八趟	[1	3	4	5	6	7*	7	9]	12	10	2	0
第九趟	[1	3	4	5	6	7*	7	9	10]	12	1	1

图 9-5　直接选择排序示意图

直接选择排序的具体算法源代码如下所示：

```
template<class T,OtherType>
void SelectSort(DataList<T,OtherType>&list){//对 list 进行直接选择排序
    int i,j,k;
    for(i = 1;i<list.Length(); ++ i){//做第 i 趟排序(1≤i≤n - 1)
        k = i;        //在当前无序区 Vector[i + 1..n]中选 key 最小的纪录 Vector[k]
        for(j = i + 1;j<= list.Length(); ++ j){
            if(list[j]<list[k]){//k 记下目前找到的最小关键字元素所在的位置
                k = j;
            }
        }
        if(k ! = i){//找出第 i 趟最小值位序 k,如果不是第 i 个关键字,则交换Vector[i]和 Vector[k]
            list.Swap(list[k],list[i]);
        }
    }
    list.print();
}
```

算法分析

(1) 算法的时间复杂度分析

无论元素初始序列状态如何，在第 i 趟排序中选出最小关键字的记录，需做 $n-i$ 次比较，因此，总的比较次数为：$KCN=\frac{n\cdot(n-1)}{2}=O(n^2)$。

当初始元素序列为正序时，移动次数为 0；初态序列为反序时，每趟排序均要执行交换操作，总的移动次数取最大值 $3(n-1)$。直接选择排序的平均时间复杂度为 $O(n^2)$。

(2) 算法的空间复杂度分析

算法所需的辅助空间是暂存空间，辅助空间复杂度 $S(n)=O(1)$。

(3) 算法的稳定性分析

从图 9-5 中可以看出,直接选择排序是**不稳定**的,因为关键码之间不是两两比较。

9.4.2 堆排序

(1) 堆的定义

***n* 个关键字序列 $K_1,K_2,\cdots,K_n$ 称为堆,当且仅当该序列满足如下性质(简称为堆性质):$K_i \leqslant K_{2i}$ 且 $K_i \leqslant K_{2i+1}$ 或 $K_i \geqslant K_{2i}$ 且 $k_i \geqslant K_{2i+1}$,** $(1 \leqslant i \leqslant \left\lfloor \frac{n}{2} \right\rfloor)$。

若将此序列所存储的向量 heap[1..*n*]看作是一棵完全二叉树的存储结构,则堆实质上是满足如下性质的完全二叉树:树中任一非叶结点的关键字均不大于(或不小于)其左右孩子(若存在)结点的关键字。图 9-6 中的两棵二叉树均为堆的树形表示。

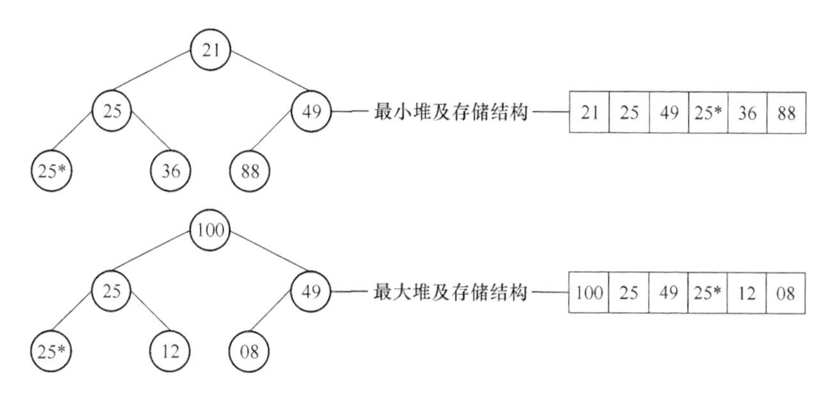

图 9-6 直接选择排序示意图

?完全二叉树具有怎样的性质能使它能在顺序存储结构中较方便地找到某结点对应的双亲结点和左右孩子结点?

最小堆:根结点(堆顶)的关键字是堆里所有结点关键字中最小者的堆称为最小堆。

最大堆:根结点(堆顶)的关键字是堆里所有结点关键字中最大者的堆称为最大堆。

堆中任一子树亦是堆。现讨论的堆实际上是二叉堆(Binary Heap),类似地可定义 *k* 叉堆。

下面给出最大堆的类定义。为了便于理解,堆中元素直接存放的是元素的关键码,其数据类型为 T。用顺序存储结构表示最大堆,因此,该类定义类似于顺序表。

```
#define DEFAULTSIZE 30
template<class T>
class MaxHeap{//关键码的类型为 T,在此记录其他数据项省略
public:
    MaxHeap(int sz = DEFAULTSIZE);                //构造函数,初始化空堆
    MaxHeap(T arr[ ],int n);                      //构造函数,用关键码数组构造堆
    ~MaxHeap(){delete [ ]heap ;}                  //析构函数
    bool Insert(const T key);                     //将关键码 key 插入到一个堆中
    bool RemoveMax(T&key);                        //删除堆顶最大关键码
    intLength()const{return currentSize;}         //求堆的长度
    bool IsEmpty()const{return currentSize = = 0;}              //判堆空
    bool IsFull()const{return currentSize = = maxHeapSize;}     //判堆满
    void MakeEmpty(){currentSize = = 0;}                        //置空堆
    void HeapSort();                                            //堆排序,非递减序列
```

```
        void print(){//顺序输出堆中关键码值
            cout<<"Output all data of the heap:"<<endl;
            for(int i = 1;i<= currentSize; ++ i){cout<<heap[i]<<"   ";}
            cout<<endl;
        }
    }
    private:
        T * heap;                                   //存放堆中关键码(从 1 开始)
        int currentSize;                            //当前堆中关键码个数
        int maxHeapSize;                            //允许的关键码最大个数
        void siftDown(int start,int end);           //从 start 下滑到 end 调整成最大堆
        void siftUp(int start);                     //从 start 到 1 上滑调整成最大堆
        void Swap(int i,int j);                     //交换两个指定关键码的值
    };//heap.h 文件中定义最大堆的类定义及基本操作的实现
```

(2) 堆的基本操作实现

① 堆的建立

有两种方式可以建立最大堆：

• 用 MaxHeap 类定义中的第一个构造函数先建立一个空堆；然后，多次调用 Insert 函数插入一个个关键码，每插入一个关键码后就对它进行上滑调整(调用 siftUp 函数)，使当前堆成为最大堆，多次插入和多次上滑调整后，便建立了一个最大堆。

• 利用 MaxHeap 中第二个构造函数，先将一个数组中的所有关键码复制到 heap 中，然后，对它进行一次下滑调整(调用 siftDown 函数)，建立一个最大堆。

两种方法建立最大堆的实现代码如下所示：

```
template<class T>
MaxHeap<T>::MaxHeap(int sz){      //建立空堆(第一种方法)
    maxHeapSize = sz;
    heap = new T[maxHeapSize + 1];  //下标从 1 开始
    currentSize = 0;                //最大标号
}
```

第一种方法的具体实现过程如下所示：

```
void main(){
    int temp;
    int arr[10] = {22,3,66,12,45,100,9,33,80,10};
    MaxHeap<int>H;              //建立空堆
    for(int i = 0;i<10; ++ i){//在现有堆中插入新关键码,再上滑调整堆
        H.Insert(arr[i]);
    }
    H.print();                  //顺序输出堆中关键码值
}
```

输出结果：

```
Output all data of the heap:
100  80  66  33  45  22  9  3  12  10
```

根据完全二叉树的性质，假设结点在顺序结构中编号为 i，如果它的左右孩子存在，则左右孩子的编号分别为 $2i$ 和 $2i+1$(二叉树中根结点的编号从 1 开始)。为了便于计算，堆中关键码的存储从 1 开始。0 号空间可以留用。因此，currentSize 实际是堆中最后关键码下标。

```
template<class T>
MaxHeap<T>::MaxHeap(T arr[ ],int n){//复制一个数组值,然后将它调整成一个最大堆(第二种方法)
    maxHeapSize = DEFAULTSIZE >= n ? DEFAULTSIZE : n;
    heap = new T[maxHeapSize + 1];   currentSize = n;
    for(int i = 1;i<= n; ++ i){
        heap[i] = arr[i - 1];          //复制数组 arr 中关键码值
    }
    int currentPos = currentSize/2;  //大于该编号的结点都是叶子结点,无须调整
    while(currentPos >= 1){          //下滑调整到最大堆
        siftDown(currentPos,currentSize);
        -- currentPos;
    }
}
```

修改 main()函数,便可得到最大堆中关键码序列。

```
void main(){
    int temp;
    int arr[10] = {22,3,66,12,45,100,9,33,80,10};
    MaxHeap<int>H(arr,10);            //复制数组关键码建堆
    H.print();                        //顺序输出堆中关键码值
}
```

输出结果:

```
Output all data of the heap:
100  80  66  33  45  22  9  3  12  10
```

② 堆的插入元素和上滑调整

在堆中插入元素后,仍要保持最大堆的特性。因此,在堆插入元素后要进行调整,使之成为新的堆。为了使调整过程中元素移动次数最小,将新插入元素添加在当前堆的最后,然后由下往上将它移到适当的位置,最终形成一个新堆。

图 9-7 演示了新元素插入后上滑调整为新堆的过程。

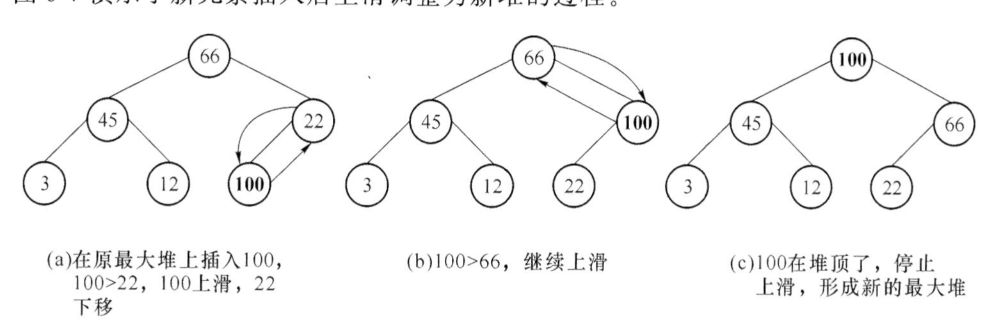

图 9-7 最大堆中插入元素过程示意图

算法思路

① 当一个结点编号为 i=start 新结点,它的第一个有可能上滑的位置是它的双亲(双亲编号为 start/2)。

② 如果第 i 个新结点的关键码值小于双亲结点关键码的值,双亲下移到它的位置,新结点上移,即 $i=i/2$。

③ 重复②,直到新结点已是根结点或新结点的双亲结点的关键码值不比它小为止。

在新结点上滑过程中,为了减少移动次数,并不是每次都要将关键码值放入上滑位置,只

需要不断更新上滑位置，直到上滑到最终位置时才将新结点插入到指定位置。如图 9-7 中，100>22，22 下移，100 的编号由 6 更新为 3；100>66，66 下移，100 编号由 3 更新为 1，上滑终止。这时，才将 100 放入 1 号空间。具体的实现代码如下所示：

```
template<class T>
void MaxHeap<T>::siftUp(int start)
{//编号为 start 的新结点上滑，形成新的最大堆。上滑的终止条件是其双亲结点的关键码值大于或等
   于其值，或者其上滑到的位置已是 1。
    int i = start,j = i / 2;
    heap[0] = heap[i];                    //留用的 0 号空间暂存待上滑结点
    while(i>1){
        if(heap[j]>temp)break;            //父结点值大，不调整，结束上滑过程
        else{//父结点下移，更新上滑位置
            heap[i] = heap[j];
            i = j;   j = i / 2;           //新的上滑位置和新的父结点位置的设置
        }
    }
    heap[i] = heap[0];                    //插入结点移至最终的位置
}

template<class T>
bool MaxHeap<T>::Insert(const T key){//将关键码 key 插入到一个堆中
    if(IsFull()){//堆满
        cerr<<"Heap Full!"<<endl;   return false;
    }
    heap[ ++ currentSize] = key;          //新元素插入到当前堆最后
    siftUp(currentSize);                  //新结点上滑，形成新的最大堆
    return true;
}
```

③ 堆的删除元素和下滑调整

由于堆的特性，最大堆的删除操作就是将最大堆的堆顶元素（关键码最大值），即其完全二叉树的顺序表示的第 1 号元素删去。在把这个元素取走后，一般以堆的最后结点填补取走的堆顶元素，并将堆的实际元素个数减 1。但是，用最后一个元素填补会破坏最大堆的特性，需要调用下滑函数 siftDown 从堆顶向下进行下滑调整。其删除元素的过程如图 9-8 所示。

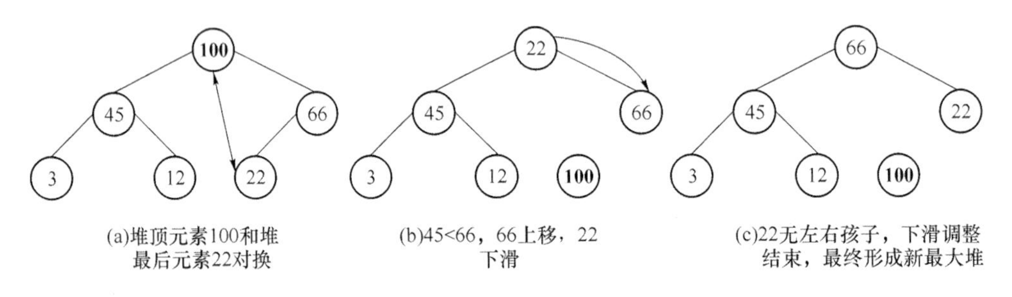

图 9-8　最大堆中删除元素过程示意图

算法思路

① 当一个编号为 i=start 的结点（对换后的堆顶元素）进行下滑调整时，它的下一个下滑位置可能是其左右孩子中关键码值最大的位置。

② 第 i 个结点的左孩子存在，则左孩子是第 $2i$ 个结点，且设 $j=2i$。右孩子存在，则右孩

子是第 $2i+1$ 个结点，如果右孩子值大于左孩子值，则 $j=2i+1$。如果第 j 个结点的值大于第 i 个结点的值，那么第 i 个结点下滑 $i=j$，第 j 个结点上移。

③ 如此重复②，直到下滑到指定的 end 位置，或者待下滑结点无左右孩子为止。

如，对换后带下滑的结点(关键码为 22)的左右孩子关键码最大的是 66，66 上移，22 下滑；22 无最右孩子，下滑调整结束，当前堆即为删除 100 后的新的最大堆。删除元素和下滑调整算法的实现源代码如下所示：

```
template<class T>
void MaxHeap<T>::siftDown(int start,int end)
{//私有函数，结点从 start 开始调到 end 结束，如果子女的关键码值大于父结点的值，则相互交换，可以
   将一个集合局部调整到最大堆
    int i = start,j = 2 * i;
    T temp = heap[i];
    while(i<= end){
        if(j>end){break;}                        //i 是叶子结点
        if(j + 1<end&& heap[j]<heap[j + 1]){ ++ j;} //左右孩子关键码比较
        if(temp > = heap[j]){break;}             //待下滑结点关键码大于孩子关键码，停止下滑
        else{                                    //孩子结点上移，更新下滑位置
            heap[i] = heap[j];
            i = j;     j = 2 * i;
        }
    }
    heap[i] = temp;                              //待下滑结点移至最终的下滑位置
}
template<class T>
bool MaxHeap<T>::RemoveMax(T&key){              //删除堆顶最大关键码
    if(IsEmpty()){cerr<<"Heap Empty!"<<endl;   return false;}
    key = heap[1];   heap[1] = heap[currentSize];//删除堆顶元素，将堆中最后元素移至堆顶
    -- currentSize;                              //元素个数减 1
    siftDown(1,currentSize - 1);                 //堆顶元素下滑调整堆
    return true;
}
```

④ 堆的排序

堆排序是一树形选择排序。它的特点是：在排序过程中，将 heap[1..n]看成是一棵完全二叉树的顺序存储结构，利用完全二叉树中双亲结点和孩子结点之间的内在关系(完全二叉树性质)，在当前无序区中选择关键字最大(或最小)的元素。

在直接选择排序中，为了从 heap[1..n]中选出关键字最小的纪录，必须进行 $n-1$ 次比较，然后在 heap[2..n]中选出关键字最小的纪录，又需要做 $n-2$ 次比较。事实上，后面的 $n-2$ 次比较中，有许多比较可能在前面的 $n-1$ 次比较中已经做过，但由于前一趟排序时未保留这些比较结果，所以后一趟排序时又重复执行了这些比较操作。

堆排序可通过树形结构保存部分比较结果，可减少比较次数，它利用了最大堆(最小堆)堆顶记录的关键字最大(或最小)这一特征，使得在当前无序区中选取最大(或最小)关键字的记录变得简单。

▶▶▶ 算法思路

① 先根据初始关键码集合建成一个最大堆，此堆 heap[1..n]为初始的无序区。

② 再将关键字最大的纪录 heap[1]（堆顶元素）和无序区的最后一个纪录 heap[n]交换，由此得到新的无序区 heap[1..$n-1$]和有序区 heap[n]，且满足 heap[1..$n-1$].key≤heap[n].key。

③ 交换后新根 heap[1]可能违反堆性质，故应将当前无序区 heap[1..$n-1$]调整为最大堆。

④ $n=n-1$，重复②～③，直到无序区只有一个元素为止。

最大堆排序算法实现的基本步骤如下所示：

① 初始化一个最大堆——调用构造函数。

② 将堆顶元素和无序区中最后一个元素互换——调用 Swap 函数。

③ 从堆顶元素开始，将无序区调整为新的最大堆——调用 siftDown 函数。

④ 重复②～③，直到无序区中只有一个元素，即重复执行 n 次交换及调整。

图 9-9 演示了最大堆第一趟排序的过程。

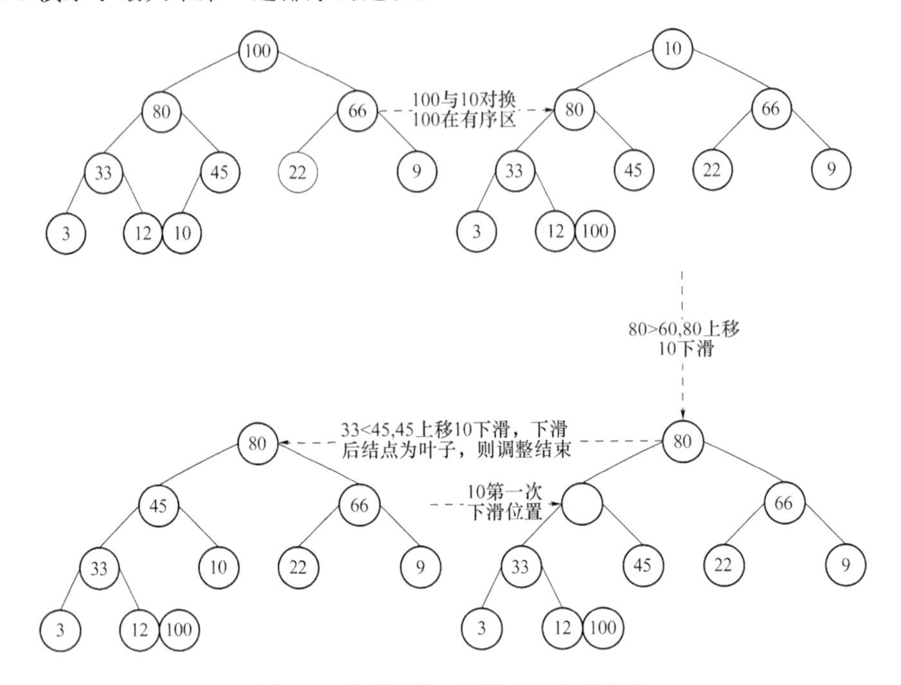

图 9-9　最大堆第一趟排序过程示意图

最大堆排序算法实现源代码如下所示：

```
template<class T>
void MaxHeap<T>::HeapSort(){           //对一个最大堆进行堆排序，排序之后的关键码是一个非递减序列
    int i;
    for(i = currentSize;i>1;--i){      //将第 i 大的关键码放置 currentSize - i + 1 号位置
        Swap(1,i);   siftDown(1,i - 1);
    }
}
```

n 个元素的最大堆堆排序只需做 $n-1$ 趟排序，选出较大的 $n-1$ 个关键字即可得到一个按关键字非递减有序序列。

用最小堆排序与最大堆排序类似，只不过其排序结果是非递增有序的。**堆排序和直接选择排序相反**：在任何时刻，堆排序中无序区总是在有序区之前，且有序区是在原向量的尾部由后往前逐步扩大至整个向量为止。

修改 main()函数，调用最大堆排序 HeapSort 函数便可得到最大堆中关键码序列。

```
void main(){
    int temp;
    int arr[10] = {22,3,66,12,45,100,9,33,80,10};
    MaxHeap<int>H(arr,10);          //复制数组关键码建堆
    H.print();                      //顺序输出堆中关键码值
    H.HeapSort();                   //堆排序，得到一个非递增序列
}
```

输出结果：

```
Output all data of the heap:
100  80  66  33  45  22  9  3  12  10
Output all data of the heap:(排序后)
3  9  10  12  22  33  45  66  80  100
```

算法分析

(1) 算法的时间复杂度分析

堆排序的时间复杂度主要由建立初始堆和反复建堆这两部分的时间复杂度组成。

设堆中有 n 个结点，且完全二叉树的深度为 k，则有 $2^{k-1} \leqslant n < 2^k$，在第 i 层上的结点数 $\leqslant 2^{i-1}(i=1,2,\cdots,k)$。在第一个形成初始堆的 for 循环中对每一个非叶子结点调用了一次堆调整算法 siftDown()，因此，该循环所用的计算时间为：$2 \cdot \sum_{i=1}^{k-1} 2^{i-1} \cdot (k-i)$，其中，$i$ 是层次编号，2^{i-1} 是第 i 层最大结点数，$(k-i)$ 是第 i 层能够移动的最大距离。设 $j=k-i$，则有：

$$2 \cdot \sum_{i=1}^{k-1} 2^{i-1} \cdot (k-i) = 2 \cdot \sum_{j=1}^{k-1} 2^{k-j-1} \cdot j = 2 \cdot 2^{k-1} \sum_{j=1}^{k-1} \frac{j}{2^j} < 4n = O(n)$$

设堆的高度为 k，则 $k=\lfloor \log_2 n \rfloor + 1$。在堆排序中，堆顶元素从根到叶的下沉，键的比较次数最多为 $2(k-1)$，交换记录之多 k 次。因此，在建立完堆后，排序过程中键的比较和交换次数 $2(\lfloor \log_2(n-1) \rfloor + \lfloor \log_2(n-1) \rfloor + \cdots + \lfloor \log_2 2 \rfloor) + k < 2n\log_2 n + k$。

因此，堆排序在最坏的情况下，时间复杂度为 $O(n\log_2 n)$。

(2) 算法的空间复杂度分析

算法所需的辅助空间主要是在第二个循环中用来执行元素交换所用的一个临时元素。因此，该算法的空间复杂度为 $O(1)$。

(3) 算法的稳定性分析

堆排序是一个**不稳定**的排序方法。

9.5 归并排序

归并排序(Merge Sort)是一种概念上最为简单的排序方法，它利用“归并”技术来进行排序。“**归并**”是指将若干个已排序的子文件合并成一个有序的文件的过程。

9.5.1 归并

假设初始序列含有 n 个记录，则可看成是 n 个有序的子序列，每个子序列的长度为 1，然后两两归并，得到 $n/2$ 个长度为 2 或 1 的有序子序列；再两两归并，……，如此重复，直至得到一个长度为 n 的有序序列为止。这种排序方法称为 **2-路归并排序**。

图 9-10 给出了 2-路归并排序过程。

从图 9-10 可以得出归并排序的运行时间不依赖待排序序列的初始排列，这样它就避免了

快速排序的最差情况。

两路归并，就是将两个有序表合并成一个新的有序表。例如，在表 L_1 中有两个已经有序的序列 Vector [left] …Vector [m]和 Vector [$m+1$]…Vector [right]，它们可以合并成为一个有序表，并存放于另一个表 L_2 的 Vector [left]…Vector [right]中（表结构参照 DataList 类）。

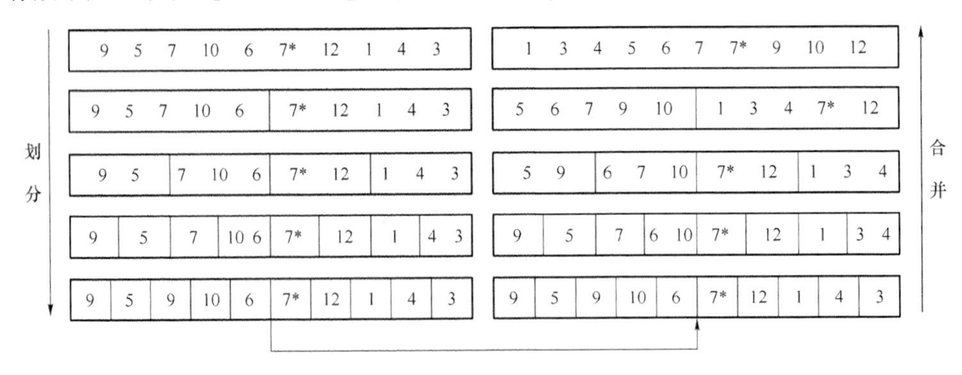

图 9-10　2-路归并排序过程示例

算法思路

（1）在执行 2-路归并算法时，先把待归并表 L_1 复制到辅助表 L_2 中，再从 L_2 归并到 L_1 中。

（2）在归并过程中，用两个变量 s_1 和 s_2 分别做 L_2 中两个序列的当前检测指示器，用变量 t 做归并后在 L_1 中当前存放的指示器。

（3）当 s_1 和 s_2 都在两个序列的长度内变化时，根据 L2. Vector [s1]和 L2. Vector [s2]的排列码大小，依次把排列码小的元素排放到 L1. Vector [t]中。

（4）重复(3)，当 s_1 与 s_2 中任意一个超出序列长度时，将另一个表中的剩余部分顺序复制到 L1. Vector [ ]中。

2-路归并算法的实现源代码如下所示：

```
template<class T,class OtherType>
void merge(DataList<T,OtherType>&L1,DataList<T,OtherType>&L2,const int left,const int mid,
const int right){
  //将 L1 中的两个有序子序列合并成一个有序序列，用到的辅助表为 L2
    int k,s1 = left,s2 = mid + 1,t = left;
    for(k = left;k<right; ++ k){L2[k] = L1[k];} //复制辅组表 L2
    while(s1<= mid&& s2<= right){                //有序表的合并
        if(L2[s1]<= L2[s2]){
            L1[t ++ ] = L2[s1 ++ ];
        }
        else{
            L1[t ++ ] = L2[s2 ++ ];
        }
    }
    while(s1<= mid){
        L1[t ++ ] = L2[s1 ++ ];
    }
    while(s2<= right){
        L1[t ++ ] = L2[s2 ++ ];
    }
} //此算法的排列比较次数为(mid - left + 1) + (right - mid) = right - left + 1,元素移动次数为 2
    (right - left + 1)
```

9.5.2 归并排序算法

归并排序算法在执行过程中一直调用一个划分过程,直到子序列为空或只有一个元素位置,共需 $\log_2 n$ 次递归(n 为待排序元素集的长度)。在归并过程长度为 2 的子序列,再归并成长度为 4 的子序列,以此类推,直到整个元素集按关键码有序为止。

2-路归并排序算法的实现源代码如下所示:

```
template<class T,class OtherType>
void MergeSort(DataList<T,OtherType>&L,DataList<T,OtherType>&L2,int left,int right)
{//2-路归并排序
    if(left >= right){return;}
    int mid = (left + right)/ 2;        //从中间划分两个子序列
    MergeSort(L,L2,left,mid);           //对左子序列进行递归排序
    MergeSort(L,L2,mid + 1,right);      //对右子序列进行递归排序
    merge(L,L2,left,mid,right);         //归并
}
```

算法分析

(1) 算法的时间复杂度分析

2-路归并排序算法所需时间主要包括划分两个子序列的时间、两个子序列分别排序的时间以及归并的时间。划分子序列的时间是一个常数,可以忽略不计。需要进行 $\lfloor \log_2 n \rfloor$ 趟 2-路归并,每趟归并排序的时间为 n,故 2-路归并排序算法时间复杂度无论是在最好还是最坏情况下均为 $O(n\log_2 n)$。

(2) 算法的空间复杂度分析

算法需要一个辅助空间暂存两个有序序列归并的结果,故其辅助空间复杂度 $S(n)=O(n)$。

(3) 算法的稳定性分析

归并排序过程中元素的关键码需要两两比较,因此,它是一种**稳定的排序方法**。

9.6 基数排序

基数排序(Radix Sort)和前述各类排序方法完全不同,它是一种借助多关键字排序的思想对单逻辑关键字进行排序的方法。

9.6.1 基数排序思想

基数排序的思想类似于扑克牌排队的方法。一般地,记录的关键字由 d 位数字组成,即 $K_i^0 K_i^1 \cdots K_i^{d-1}$,每个数字表示关键字的一位,其中 K_i^0 为最高位排序码,K_i^{d-1} 为最低位排序码,每一位排序码的值都在 $0 \leqslant K < \mathrm{rd}$ 范围内,rd 称为基数(如十进制数的基数为 10)。

基数排序有两种常用的方法,一种是**最高位优先**(Most Significant Digit first,MSD),另一种是**最低位优先**(Least Significant Digit first,LSD)。

MSD 通常是一个递归过程:首先根据最高位 K^0 进行排序,得到若干个元素组,元素组中的每个元素都有相同的排序码 K^0。然后,分别对每组中的元素根据排序码 K^1 进行排序,按 K^1 值的不同,再分成若干个更小的子组,子组中每个元素具有相同的排序码 K^0 和 K^1。依此类推,直到对排序码 K^d 完成排序为止。最后,把所有子组中的元素依次连接起来,就得到一个

有序的元素序列。

LSD 的排序过程是：先按最低位排序码 K^{d-1} 的值对记录进行排序。在此基础上，再按次低位进行排序。依此类推，直至最高位，则完成了基数排序的整个过程。使用这种排序方法对每一个排序码进行排序时，无须分组，而是整个元素组都参与排序。

在此，着重介绍 LSD 方法。

9.6.2 LSD 基数排序

LSD 基数排序借助"分配"和"收集"两种操作对单关键字进行排序。

算法思路

(1) "**分配**"指每趟排序将各位关键字码按值大小分配至 radix 个队列(radix 成为排序的基数，十进制数的基数为 10，因此，共需设置 10 个队列，编号为 0～9)中，每个队列中关键字相应位的数值相同。

(2) "**收集**"是指重新依次按顺序将队列中关键字从队列头到队列尾连成一个序列。

(3) 重复(1)和(2)中的"分配"和"收集"过程，直至关键字最高位"收集"完毕，这时的序列便是最终的有序序列。

假设关键码序列为{19，13，05，27，01，26，31，16，09，11，21}，第一次分配的过程是按个位排序码值顺序将各个关键码分配(插入)到队列中："19"分配到 9 号队列中，"13"分配到 3 号队列中，"05"分配到 5 号队列中，…，依此类推，"21"分配到 1 号队列中。

第一次收集的过程是将 10 个队列中关键码按队列编号顺序从小到大收集(删除)，结果为{01，31，11，21，13，05，26，16，27，19，09}。第二次分配是按十位排序码值顺序将各个关键码分配到队列中，然后再进行收集；重复以上的分配和收集过程，直到按最大排序码进行分配和收集，得到关键码的有序序列为止。

图 9-11 演示了整个基数排序的过程。

排序前	按末位排序 (分配到队列)	收集	按首位排序 (分配到队列)	收集
19	(0)	01	(0) 01 05 09	01
13	(1) 01 31 11 21	31	(1) 11 13 16 19	05
05	(2)	11	(2) 21 26 27	09
27	(3) 13	21	(3) 31	11
01	(4)	13	(4)	13
26	(5) 05	05	(5)	16
31	(6) 26 16	26	(6)	19
16	(7) 27	16	(7)	21
09	(8)	27	(8)	26
11	(9) 19 09	19	(9)	27
21		09		31

图 9-11　LSD 基数排序示例

队列的特点是先进先出。插入操作就是从队尾插入元素；删除操作则是从队头删除元素。LSD 基数排序中"分配"就是进行队列插入操作，而"收集"则是进行删除操作。

LSD 排序的"分配"和"收集"，需要重排元素之间顺序，即需要移动大量元素，这样会降低排序算法的效率。在此，用静态链表来实现基数 LSD 算法。

在静态链表中，所有参加排序的元素(以下就用关键码表示)都附加一个链接指针，这个指针不是指向下一个数据的地址(动态链表)，而是用一个整型的变量保存的下一个数据的编号。在 LSD 排序过程中可根据关键码的排序码将关键码链接起来，而无须移动关键码。

静态表类定义如下所示：

```
#define random(x)(rand() % x)
const int RADIX = 10;//基数定义
const int DEFAULTSIZE = 20;
class staticLinkedList;
class Element{
private:
    int key;        //关键码
    int link;       //结点的链接指针，指向下一个结点的编号(顺序存储结构中序号的链接)
public:
    friend class staticLinkedList;
    Element():link(0){}                              //构造函数
    Element(int x,int next = 0):key(x),link(next){}  //构造函数
    int getKey(){return key;}                        //获取关键码
    int getLink(){return link;}                      //获取链接指针
    void setLink(int l){link = l;}                   //设置连接指针
};//静态链表结点类
class staticLinkedList{
private:
    Element * Vector;   //静态链表 Vector[1:length],Vector[0]留作头结点
    int maxSize;        //最大元素个数
    int length;         //当前元素个数
public:
    staticLinkedList(int len,int sz = DEFAULTSIZE):maxSize(sz),length(len)
    {//生成 len 长度的随机关键码序列
        Vector = new Element[sz];
        srand((int)time(0));
        for(int i = 1;i<= length; ++ i){
            Vector[i] = random(100);   Vector[i].link = i + 1;//链接下一个关键码
        }
        Vector[0].link = 1;               //设置头指针
        Vector[length].link = 0;          //最后的关键码元素没有后继
    }
    int Length(){return length;}          //取当前表长
    Element& operator[ ](int i){return Vector[i];}  //存取结点的重载运算符
};//静态链表类定义，存放在文件“staticList.h”中
```

从静态链表的类定义可以看出，静态链表是一种链式存储结构，但是元素是存储在连续的存储空间内，但连续空间内的顺序关系并不能表示逻辑上的顺序关系，需要用静态的链指针表示逻辑上的顺序关系。

下面是 LSD 基数排序算法的实现源代码：

```
void DigitSort(staticLinkedList&List,int d){//对排序码不超过 d 的一组关键码进行 LSD 基数排序
    int rear[RADIX],front[RADIX];           //RADIX 队列的尾指针和头指针
    int i,j,k,last,current,n = List.Length();
    current = 1;
    for(i = d;i >= 1;i --){//按排序码从低位到高位分配
        for(j = 0;j<RADIX;j ++){front[j] = 0;} //初始化队列
```

```
            while(current != 0){
                k = getDigit(List[current].getKey(),d,i);      //取第 i 为排序码
                if(front[k] == 0){//按排序码将关键码链接到队列中
                    front[k] = current;            //空队列,则链接队列头
                }
                else{
                    List[rear[k]].setLink(current);//与同一队列中前一个元素链接
                }
                rear[k] = current;                     //队尾指向新进元素
                current = List[current].getLink();//分配下一个关键码
            }
            j = 0;
            while(front[j] == 0){ ++ j;} //开始进行收集,首先跳过空队列
            current = front[j];            //第一个非空队列中第一个元素编号
            List[0].setLink(current);    //更新链表头结点
            last = rear[j];
            for(k = j + 1;k<RADIX; ++ k){
                if(front[k]){//当前队头结点于前一个队列的末尾结点链接
                    List[last].setLink(front[k]);
                    last = rear[k];
                }
            }
            List[last].setLink(0);   //静态链表最后结点的后继设置为 0
        }
        cout<<"The consequence of sort is:"<<endl;
        //从静态链表的头结点开始输出所有关键码有序序列
        i = List[0].getLink();    j = 1;
        while(i){
            if(j>10){cout<<endl;   j = 1;};
            cout<<List[i].getKey()<<"\t";    ++ j;    i = List[i].getLink();
        }
        cout<<endl;
    }
```

其中,函数 getDigit()是按位获取来排序的关键码排序码。实现源代码如下所示:

```
    int getDigit(int key,int d,int i){//获取排序码
        for(int j = d;j>i; -- j){key = key / 10;}
        return(key == 0 ? 0:key % 10);
    }
```

算法分析

(1) 算法的时间复杂度分析

LSD 基数排序时间主要包括“分配”和“收集”关键码的时间。假设待排序表长为 n,排序码共有 d 位,排序的基数为 rd,那么整个 LSD 基数排序需要重复进行 d 趟分配和收集,总的时间复杂度为 $O(d(n+\mathrm{rd}))$。

(2) 算法的空间复杂度分析

使用静态链表,无须为移动数据而设置辅助空间。算法需要辅助空间只用于开辟队列,故辅助空间复杂度 $S(n)=O(\mathrm{rd})$。

(3) 算法的稳定性分析

基数排序是一种稳定的排序方法。

若基数排序中排序基数 radix 相同，对于元素个数较多而排序码位数较少的情况，使用链式基数排序比较好。

9.7　各种内部排序方法比较

因为不同的排序方法适应不同的应用环境和要求，所以选择合适的排序方法应综合考虑下列因素：

(1) 待排序的记录数目 n；

(2) 记录的大小(规模)；

(3) 关键字的结构及其初始状态；

(4) 对稳定性的要求；

(5) 语言工具的条件；

(6) 存储结构；

(7) 时间和辅助空间复杂度等。

综合比较本章所介绍的所有内部排序方法(如表 9-1 所示)，可以得出以下结论：

(1) 从算法平均时间性能而言，快速排序最佳，其所需时间最省。但快速排序在最坏情况下将退化为冒泡排序，时间性能不如堆排序和归并排序。而后两者相比较的结果是，在 n 较大时，归并所需时间比堆排序省，但它所需要的辅助存储空间比较多。

表 9-1　各种内部排序算法比较

排序方法	平均时间	最坏情况	辅助存储
简单排序	$O(n^2)$	$O(n^2)$	1
快速排序	$O(n\log_2 n)$	$O(n^2)$	$O(\log_2 n)$
堆 排 序	$O(n\log_2 n)$	$O(n\log_2 n)$	$O(1)$
归并排序	$O(n\log_2 n)$	$O(n\log_2 n)$	$O(n)$
基数排序	$O(d(n+\mathrm{rd}))$	$O(d(n+\mathrm{rd}))$	$O(\mathrm{rd})$

(2) 表 9-1 简单排序包括除希尔排序外所有插入排序、冒泡排序和简单的选择排序，其中，以直接插入排序最为简单，当元素序列中关键码“基本有序”或 n 较小时，它是一种最佳排序方法，因此，常将它与其他排序方法，诸如快速排序、归并排序等结合使用。

(3) 基数排序的时间复杂度也可写成 $O(d \cdot n)$。因此，它最适用于 n 值很大而关键码较小的序列。若关键码也很大，而序列中大多数记录的“最高位关键码”均不同，则可按“最高位关键码”不同将序列分成若干“小”的子序列，而后进行直接插入排序。

(4) 从排序方法的稳定性来说，基数排序是稳定的，大多数时间复杂度为 $O(n^2)$ 的简单排序也是稳定的(直接选择排序是不稳定的排序方法)，然而，快速排序、堆排序和希尔排序等时间性能比较好的排序方法都是不稳定的。一般来说，排序过程中的“比较”是在“相邻的两个记录”之间进行的排序方法是稳定的。值得提出的是，稳定性是由排序方法本身决定的。由于大多数情况下的排序是按记录的主关键码进行的，则所用的排序方法是否稳定无关紧要。若排序按记录的次关键码进行，则应根据问题所需慎重选择排序方法及描述算法。

综上所述，在本章讨论的所有排序方法中，没有哪一种是绝对最优的。因此，在实际应用时，需要根据不同情况选择适当排序算法，甚至可以将多种排序方法结合起来使用。

（1）若 n 较小（如 $n \leqslant 50$），可采用直接插入或直接选择排序。

当记录规模较小时，直接插入排序较好；否则，因为简单选择移动的记录数少于直接插入，应选直接选择排序为宜。

（2）若文件初始状态基本有序（指正序），则应选用直接插入、冒泡或随机的快速排序为宜。

（3）若 n 较大，则应采用时间复杂度为 $O(n\log_2 n)$ 的排序方法：快速排序、堆排序或归并排序。

快速排序是目前基于比较的内部排序中被认为是最好的方法，当待排序的关键字是随机分布时，快速排序的平均时间最短。

堆排序所需的辅助空间少于快速排序，并且不会出现快速排序可能出现的最坏情况。这两种排序都是不稳定的。若要求排序稳定，则可选用归并排序。

（4）在基于比较的排序方法中，每次比较两个关键字的大小之后，仅仅出现两种可能的转移，因此可以用一棵二叉树来描述比较判定过程。

当文件的 n 个关键字随机分布时，任何借助于“比较”的排序算法，至少需要 $O(n\log_2 n)$ 的时间。基数排序可能在 $O(n)$ 时间内完成对 n 个记录的排序。但是，基数排序只适用于像字符串和整数这类有明显结构特征的关键字，而当关键字的取值范围属于某个无穷集合（例如实数型关键字）时，无法使用基数排序，这时只有借助于“比较”的方法来排序。

（5）有的语言（如 Fortran，Cobol 或 Basic 等）没有提供指针及递归，导致实现归并、快速（它们用递归实现较简单）和基数（使用了指针）等排序算法变得复杂。此时可考虑用其他排序。

（6）本章给出的排序算法，输入数据均是存储在一个向量中。当记录的规模较大时，为避免耗费大量的时间去移动记录，可以用链表作为存储结构。譬如插入排序、归并排序、基数排序都易于在链表上实现，使之减少记录的移动次数。但有的排序方法，如快速排序和堆排序，在链表上却难于实现，在这种情况下，可以提取关键字建立索引表，然后对索引表进行排序。然而更为简单的方法是：引入一个整型向量 t 作为辅助表，排序前令 $t[i]=i(0\leqslant i<n)$，若排序算法中要求交换 $V[i]$ 和 $V[j]$，则只需交换 $t[i]$ 和 $t[j]$ 即可；排序结束后，向量 t 就指示了记录之间的顺序关系：$V[t[0]]$. key$\leqslant V[t[1]]$. key$\leqslant \cdots \leqslant V[t[n-1]]$. key，若要求最终结果是：$R[0]$. key$\leqslant R[1]$. key$\leqslant \cdots \leqslant R[n-1]$. key 则可以在排序结束后，再按辅助表所规定的次序重排各记录，完成这种重排的时间是 $O(n)$。

拓展 快速排序中，基准元素的选择是决定排序性能的关键，查阅相关资料，理解一些快速排序改进算法的思路，并对算法进行评价。

本章总结

- 排序算法是一种基本且常用的算法。内部排序主要包括插入排序（主要有直接插入排序和希尔排序）、交换排序（主要有冒泡排序和快速排序）、选择排序（主要有直接选择排序和堆排序）以及其他排序方法（主要有归并排序和基数排序）。
- 在选择排序算法时应考虑影响排序效果的因素。这些因素主要包括：(1)待排序记录规模、数据结构以及初始状态；(2)对算法稳定性要求；(3)语言工具的限制；(4)算法的时间复杂度和空间复杂度。在实际应用时，对排序算法的选择往往取决于以上这些因素。
- 不同的应用环境，选择不同的排序算法。没有万能的排序算法，在实际应用时，需要根据不同情况选择适当排序算法，甚至可以将多种排序方法结合起来使用。
- 理解算法排序的稳定性。如果存在多个具有相同排序码的记录，经过排序后，这些记录的相对次序仍然保持不变，则这种排序算法称为稳定的。如插入排序、冒泡排序、归并排序、基数排序等都是稳定的排序算法；否则，称算法为不稳定的，如直接选择排序、堆排序、希尔排序、快速排序等都是不稳定的排序算法。

练　　习

一、选择题

1. 某内排序方法的稳定性是指(　　)。

A. 该排序算法不允许有相同的关键字记录　B. 该排序算法允许有相同的关键字记录

C. 平均时间为 $O(n\log n)$的排序方法　　D. 以上都不对

2. 若需在 $O(n\log_2 n)$的时间内完成对数组的排序，且要求排序是稳定的，则可选择的排序方法是(　　)。

A. 快速排序　　B. 堆排序　　C. 归并排序　　D. 直接插入排序

3. 下列内部排序算法中：A. 快速排序　B. 直接插入排序　C. 二路归并排序　D. 直接选择排序　E. 起泡排序　F. 堆排序

(1) 其比较次数与序列初态无关的算法是(　　)。

(2) 不稳定的排序算法是(　　)。

(3) 在初始序列已基本有序(除去 n 个元素中的某 k 个元素后即呈有序，$k \ll n$)的情况下，排序效率最高的算法是(　　)。

(4) 排序的平均时间复杂度为 $O(n \cdot \log n)$的算法是(　　)为 $O(n \cdot n)$的算法是(　　)。

4. 在下列排序算法中，哪一个算法的时间复杂度与初始排序无关(　　)。

A. 直接插入排序　B. 气泡排序　　C. 快速排序　　D. 直接选择排序

5. 数据序列(8,9,10,4,5,6,20,1,2)只能是下列排序算法中的(　　)的两趟排序后的结果。

A. 选择排序　　B. 冒泡排序　　C. 插入排序　　D. 堆排序

6. 对一组数据{84,47,25,15,21}排序，数据的排列次序在排序的过程中的变化为(1) 84 47 25 15 21　(2)15 47 25 84 21　(3)15 21 25 84 47　(4)15 21 25 47 84，则采用的排序是(　　)。

A. 选择　　B. 冒泡　　C. 快速　　D. 插入

7. 下列排序算法中(　　)不能保证每趟排序至少能将一个元素放到其最终的位置上。

A. 快速排序　　B. SHELL 排序　　C. 堆排序　　D. 冒泡排序

8. 下列排序算法中，占用辅助空间最多的是(　　)。

A. 归并排序　　B. 快速排序　　C. 希尔排序　　D. 堆排序

9. 对由 n 个记录所组成的表按关键码排序时，下列各个常用排序算法的平均比较次数分别是：二路归并排序为(　　)，直接插入排序为(　　)，快速排序为(　　)，其中，归并排序和快速排序所需要的辅助存储分别是(　　)和(　　)。

A. $O(1)$　　B. $O(n\log_2 n)$　　C. $O(n)$　　D. $O(n^2)$

E. $O(n(\log_2 n)^2)$　　F. $O(\log_2 n)$

10. 对关键码序列{28,16,32,12,60,2,5,72}进行快速排序，从小到大一次划分结果为(　　)。

A. (2,5,12,16)26(60,32,72)　　B. (5,16,2,12)28(60,32,72)

C. (2,16,12,5)28(60,32,72)　　D. (5,16,2,12)28(32,60,72)

11. 快速排序方法在(　　)情况下最不利于发挥其长处。

A. 要排序的数据量太大　　　　　　　　B. 要排序的数据中含有多个相同值

C. 要排序的数据个数为奇数　　　　　　D. 要排序的数据已基本有序

12. 以下序列不是堆的是(　　)。

A. (100,85,98,77,80,60,82,40,20,10,66)

B. (100,98,85,82,80,77,66,60,40,20,10)

C. (10,20,40,60,66,77,80,82,85,98,100)

D. (100,85,40,77,80,60,66,98,82,10,20)

13. 堆排序是(　　)类排序,堆排序平均执行的时间复杂度和需要附加的存储空间复杂度分别是(　　)。

A. 插入　　B. 交换　　C. 归并　　D. 基数

E. 选择　　F. $O(n^2)$和$O(1)$　　G. $O(n\log_2 n)$和$O(1)$

H. $O(n\log_2 n)$和$O(n)$　　I. $O(n^2)$和$O(n)$

14. 排序方法有许多种,(　　)法从未排序的序列中依次取出元素,与已排序序列(初始时为空)中的元素作比较,将其放入已排序序列的正确位置上;(　　)法从未排序的序列中挑选元素,并将其依次放入已排序序列(初始时为空)的一端;交换排序方法是对序列中的元素进行一系列比较,当被比较的两元素逆序时,进行交换;(　　)和(　　)是基于这类方法的两种排序方法,而(　　)是比(　　)效率更高的方法;(　　)法是基于选择排序的一种排序方法,是完全二叉树结构的一个重要应用。

A. 选择排序　　B. 快速排序　　C. 插入排序　　D. 起泡排序

E. 归并排序　　F. SHELL 排序　　G. 堆排序　　H. 基数排序

15. 在内排序的过程中,通常需要对待排序的关键码进行多编扫描,采用不同重新排序方法,会产生不同的排序中间结果。设要将序列＜Q,H,C,Y,P,A,M,S,R,D,F,X＞中的关键码按字母序的升序排列,则(　　)是冒泡排序一趟扫描的结果,(　　)是初始步长为 4 的希尔(SHELL)排序一趟扫描的结果,(　　)是合并排序一趟扫描的结果,(　　)是以第一个元素为分界元素的快速排序一趟扫描的结果,(　　)是堆排序初始建堆的结果。

A. f,h,c,d,p,a,m,q,r,s,y,x　　B. p,a,c,s,q,d,f,x,r,h,m,y

C. a,d,c,r,f,q,m,s,y,p,h,x　　D. h,c,q,p,a,m,s,r,d,f,x,y

E. h,q,c,y,a,p,m,s,d,r,f,x

二、判断题

1. (　　)当待排序的元素很大时,为了交换元素的位置,移动元素要占用较多的时间,这是影响时间复杂度的主要因素。

2. (　　)内排序要求数据一定要以顺序方式存储。

3. (　　)冒泡排序和快速排序都是基于交换两个逆序元素的排序方法,冒泡排序算法的最坏时间复杂性是$O(n^2)$,而快速排序算法的最坏时间复杂性是$O(n\log_2 n)$,所以快速排序比冒泡排序算法效率更高。

4. (　　)堆肯定是一棵平衡二叉树。

5. (　　)在用堆排序算法排序时,如果要进行增序排序,则需要采用“最大堆”。

6. (　　)在分配排序时,最高位优先分配法比最低位优先分配法简单。

7. (　　)在任何情况下,归并排序都比简单插入排序快。

8. (　　)在执行某种排序算法的过程中出现了排序码朝着最终排序序列相反的方向移动,从而认为该排序算法是不稳定的。

9. (　　)在初始数据表已经有序时,快速排序算法的时间复杂度为 $O(n\log_2 n)$。

10. (　　)排序算法中的比较次数与初始元素序列的排列无关。

三、填空题

1. 若不考虑基数排序,则在排序过程中,主要进行的两种基本操作是关键字的________和记录的________。

2. 分别采用堆排序,快速排序,冒泡排序和归并排序,对初态为有序的表,则最省时间的是________算法,最费时间的是________算法。

3. 不受待排序初始序列的影响,时间复杂度为 $O(n^2)$ 的排序算法是________,在排序算法的最后一趟开始之前,所有元素都可能不在其最终位置上的排序算法是________。

4. 直接插入排序用监视哨的作用是________。监视哨的位置在________。

5. 设用希尔排序对数组{98,36,-9,0,47,23,1,8,10,7}进行排序,给出的步长(也称增量序列)依次是 4,2,1 则排序需________趟,写出第一趟结束后,数组中数据的排列次序________。

6. 堆排序是一种________类型的排序,它的一个基本问题是如何建堆,常用的建堆算法是 1964 年 Floyd 提出的________,对含有 n 个元素的序列进行排序时,堆排序的时间复杂度是________,所需要的附加结点是________。

7. 堆是一种有用的数据结构。堆实质上是一棵________结点的层次序列。关键码序列 05,23,16,68,94,72,71,73 是否满足堆的性质________。

8. 对于 7 个元素的集合{1,2,3,4,5,6,7}进行快速排序,具有最小比较和交换次数的初始排列次序为________。

9. 用链表表示的数据的直接选择排序,结点的域为数据域 data,指针域 next;链表首指针为 head,链表无头结点。

```
void selectsort(LinkList head){
    LinkList p = head;
    while(________){
        LinkList q = p,r = ________;
        while(________){
            if ________){
                q = r;
            }
            r = ________ ;
        }
        tmp = q->data;
        q->data = p->data;
        p->data = tmp;
        p = ________ ;
    }
}
```

10. 在空白处填上适当的语句，完成相应函数的操作。

```
void shift(DataType r[ ],int k,int m)
{//假设 DataType 为待排序元素类型，元素包括关键码域以及其他属性，r[k + 1..m]中各元素满足堆的
  性质，本算法调整 r[k]使整个序列 r[k..m]中各元素满足堆的性质
    int i = k,j = ________;
    int x = r[k].key;
    DataType t = r[k];
    int finished = 0;
    while(j<= m&& !finished){
        if(j<m&& ________){j = j + 1;}
        if(x<= r[j].key){
            finished = ________;
        }
        else{
            r[i] = ________;  i = j;   j = ________;
        }
    }
    r[i] = t;
}
```

四、应用题

1. 在各种排序方法中，哪些是稳定的？哪些是不稳定的？并为每一种不稳定的排序方法举出一个不稳定的实例。

2. 在堆排序、快速排序和归并排序中：

(1) 若只从存储空间考虑，则应首先选取哪种排序方法，其次选取哪种排序方法，最后选取哪种排序方法？

(2) 若只从排序结果的稳定性考虑，则应选取哪种排序方法？

(3) 若只从平均情况下排序最快考虑，则应选取哪种排序方法？

(4) 若只从最坏情况下排序最快并且要节省内存考虑，则应选取哪种排序方法？

3. 有一随机数组(25,84,21,46,13,27,68,35,20)，现分别采用希尔排序($d=3$)、快速排序、堆排序以及基数排序对它们进行非递减排序，写出每种排序方法的第一趟排序结果。

4. 冒泡排序算法是把大的元素向上移(气泡的上浮)，也可以把小的元素向下移(气泡的下沉)请给出上浮和下沉过程交替的冒泡排序算法。

5. 快速分类算法中，如何选取一个界值(又称为轴元素)，影响着快速分类的效率，而且界值也并不一定是被分类序列中的一个元素。例如，可以用被分类序列中所有元素的平均值作为界值。编写算法实现以平均值为界值的快速分类方法。

实　验　9

一、实验估计完成时间(90 分钟)

二、实验目的

1. 熟悉各类基本的内排序方法，并能定义恰当的数据结构实现这些常见的排序方法。

2. 加深理解树各类内排序方法的特点以适用场合，并能在实际应用中灵活择取。
3. 利用排序解决实际问题。

三、实验内容

1. 自定义并建立一个排序表类 Sort，并实现该类的一些基本操作：
(1) 编写一个构造函数，随机产生规定规模的关键码序列。
(2) 编写一个析构函数。
(3) 编写一个输出函数。
(4) 编写一些重载运算符函数，便于排序算法的实现。
(5) 编写一个 main 函数验证(1)～(4)几个函数的正确性。
2. 在 Sort 类中添加下面的排序函数，并验证它们的正确性：希尔排序、快速排序、堆排序。
3. 统计成绩
(1) 给出 n 个学生的考试成绩表，每条信息包括学生姓名和成绩。
(2) 按分数从高到低输出成绩名次，分数相同的为同一名次。

四、实验结果

1. 排序类定义以及基本操作实现源代码(课堂验收)。
2. 通过对比顺序排序表和链式排序表，简要列举一些它们在实际应用中的优势及限制：

____

____

____

____。

3. 请画出堆排序算法 N-S 图。

4. 写出“统计成绩”相关代码：
类定义：

______________________ ______________________

______________________ ______________________

______________________ ______________________

______________________ ______________________

______________________ ______________________

______________________ ______________________

排列成绩名次函数定义：

______________________ ______________________

______________________ ______________________

五、实验总结

1. 查阅相关资料，列出几种排序算法的改进算法，并简要说明算法的思路及特点，并举例说明它的实现过程(第一趟排序过程及结果)：

(1) ____
____
____。

(2) ____
____
____。

2. 回忆前几章内容，哪些算法在有序序列上实现，会提高算法的效率？

(1) ____
____
____。

(2) ____
____
____。

(3) ____
____
____。

(4) ____
____
____。

(5) ____
____
____。

3. 通过本次实验，你有哪些收获和问题？

____
____
____。

六、实验得分(　　　　　)

附录　实验总结

实验的基本评价

(1) 在全部实验中，你印象最深，或者相比较而言你认为最有价值的实验是：

① 实验名称：

你的理由是：

② 实验名称：

你的理由是：

③ 实验名称：

你的理由是：

(2) 在所有实验中，你认为应该得到加强的实验是：

① 实验名称：

你的理由是：

② 实验名称：

你的理由是：

③ 实验名称：

你的理由是：

(3) 对于本实验课程和本书的实验内容，你认为应该改进的其他意见和建议是：

课程学习能力测评

请根据你在本课程中的学习情况，客观地对自己在数据结构与算法方面做一个能力测评。请在表 1 的“测评结果”栏中合适的项下打“✓”。

表 1　课程学习能力测评

关键能力	评价指标	测评结果					备注
		很好	较好	一般	勉强	较差	
课程主要内容	1. 了解课程的主要内容						
	2. 熟悉课程的基本概念和常见的数据结构						
	3. 熟悉课程中常见的存储结构						
	4. 熟悉课程中主要算法的设计思想						
	5. 熟悉课程的网络计算环境						
C++语言程序设计与算法分析	1. 熟悉 C++语言编程环境						
	2. 掌握 C++语言调试方法						
	3. 熟悉 C++语言程序的基本格式与库函数						
	4. 熟悉面向对象程序开发方法						
	5. 初步掌握算法分析方法						
	6. 了解课程中主要算法的应用						
自我管理能力	1.课堂专注力						
	2.培养自己的责任心						
	3.实验和作业的完成						
	4.掌握、管理自己的时间						
	5.知识的拓展						
交流能力	1.知道如何尊重他人的观点等						
	2.能和他人有效沟通，在团队合作中表现						
	3.能获取并反馈信息						
解决问题能力	1.学会使用信息资源						
	2.能发现并解决一般问题						
	3.能对已有的算法进行改进						
设计创新能力	1.能灵活应用数据结构解决实际问题						
	2.综合运用所学知识进行设计和开发						

说明：“很好”为 5 分，“较好”为 4 分，其余类推。全表栏目合计满分为 100 分，你对自己的测评总分为：________分。

数据结构与算法实验总结

实验总结评价(教师)

参 考 文 献

[1] [美] 乔兹德克. C++数据结构与算法[M]. 4 版. 徐丹，吴伟敏，译. 北京：清华大学出版社，2014.

[2] 余腊生. 数据结构：基于 C++模板类的实现[M]. 北京：人民邮电出版社，2008.

[3] 殷人昆. 数据结构(用面向对象方法与 C++语言描述)[M]. 2 版. 北京：清华大学出版社，2007.

[4] 殷人昆. 数据结构习题解析[M]. 2 版. 北京：清华大学出版社，2011.

[5] 严蔚敏，吴伟民. 数据结构(C 语言版). 北京：清华大学出版社，2011.

[6] 严蔚敏，吴伟民. 数据结构题集(C 语言版). 北京：清华大学出版社，2011.